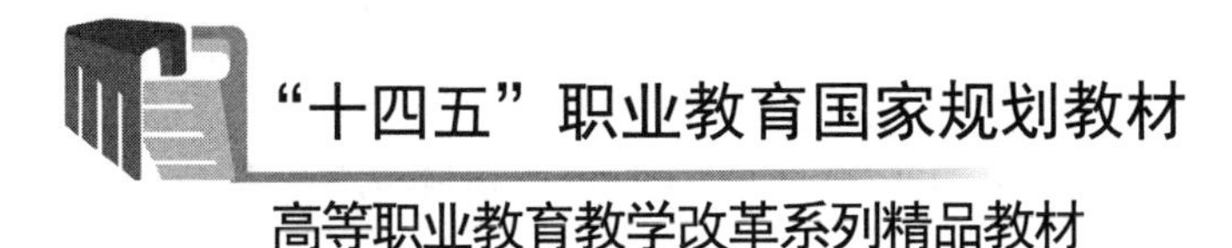

"十四五"职业教育国家规划教材

高等职业教育教学改革系列精品教材

机械设计基础

（第4版）

邵 刚 主 编

江道银 冯利华 副主编

電子工業出版社

Publishing House of Electronics Industry

北京 · BEIJING

内 容 简 介

本书以“突出技能，重在实用，淡化理论，够用为度”为指导思想，结合本课程的具体情况和教学实践、工程实践，把“理论力学”“材料力学”“机械原理”“机械零件”四门课程有机地融合在一起。主要内容包括：物体的受力及其分析；各种常用机构的工作原理、特点和应用；材料力学的基本知识；通用零、部件的工作原理、特点以及设计方法。本书共 17 章，每章后均有习题。

本书可作为高职高专院校机械制造类，尤其是数控技术专业、机电一体化专业的教学用书，也可作为成人高校教学用书以及工程技术人员参考用书。

图书在版编目（CIP）数据

机械设计基础 / 邵刚主编. —4 版. —北京：电子工业出版社，2019.4
ISBN 978-7-121-35787-9

Ⅰ. ①机… Ⅱ. ①邵… Ⅲ. ①机械设计－高等学校－教材 Ⅳ. ①TH122

中国版本图书馆 CIP 数据核字（2018）第 285949 号

责任编辑：王艳萍
印　　刷：三河市鑫金马印装有限公司
装　　订：三河市鑫金马印装有限公司
出版发行：电子工业出版社
　　　　　北京市海淀区万寿路 173 信箱　邮编：100036
开　　本：787×1 092　1/16　印张：17.75　字数：454.4 千字
版　　次：2006 年 1 月第 1 版
　　　　　2019 年 4 月第 4 版
印　　次：2025 年 1 月第 14 次印刷
定　　价：49.80 元

凡所购买电子工业出版社图书有缺损问题，请向购买书店调换。若书店售缺，请与本社发行部联系，联系及邮购电话：（010）88254888，88258888。

质量投诉请发邮件至 zlts@phei.com.cn，盗版侵权举报请发邮件至 dbqq@phei.com.cn。

本书咨询联系方式：wangyp@phei.com.cn。

前　言

本书以“突出技能，重在实用，淡化理论，够用为度”为指导思想，结合本课程的具体情况和教学实践、工程实践编写而成，可作为高职高专院校机械制造类，尤其是数控技术专业、机电一体化专业等的教学用书。

本书的主要特点是把“理论力学”“材料力学”“机械原理”“机械零件”四门课程有机地融合在一起。考虑到高等职业教育的特点，本书以传统内容为主，在保证基本知识和基本理论的前提下，摒弃了烦琐的理论推导和复杂的计算，突出了实用性和综合性，注意对学生基本技能的训练和综合能力的培养。本书根据实际生产中的情况，删除了机械的平衡与调速内容而增加了润滑与密封内容的篇幅，还单设了减速器一章，此外还增加了与数控机床相关的滚动螺旋传动与同步带的内容。

本书将力学中物体受力、构件变形分析方法和常用机构、通用零部件的设计方法有机地整合。根据高职院校的实际情况，本书力求做到讲清基础知识和理论，注重知识的实用性，理论推导从简，既降低了学生的学习难度，也突出了高职教育的特色。

本书由合肥通用职业技术学院邵刚担任主编，江道银、冯利华担任副主编。编写分工：邵刚编写第 7～17 章，江道银编写第 1 章、第 2 章，冯利华编写第 3～6 章。

由于作者水平所限，书中难免存在缺点和错误，恳请广大读者批评指正。

编　者

目　　录

第1章　物体的受力及其力学分析

1.1　力的基本概念

1.1.1　力的概念

1. 力的定义

力是物体间的相互作用。力的作用效应使物体运动状态发生变化或引起物体变形。例如，推车、抛物，由于力的作用，车、物的运动状态发生了变化；锻锤冲击锻件使锻件改变了形状等。力使物体的运动状态发生了变化的效应称为**力的外效应**；力使物体发生了变形的效应称为**力的内效应**。

2. 力的三要素

力对物体的作用效果，决定于三要素，即**力的大小**、**力的方向**、**力的作用点**。三个要素中任何一个要素的改变，都会使力的作用效果改变。

力是一个具有大小和方向的量，所以力是矢量。这个矢量用一个带箭头的有向线段表示，线段的长度按一定的比例，表示力的大小；线段箭头的指向表示力的方向；线段的起点 A 或终点 B 表示力的作用点，如图 1.1 所示。

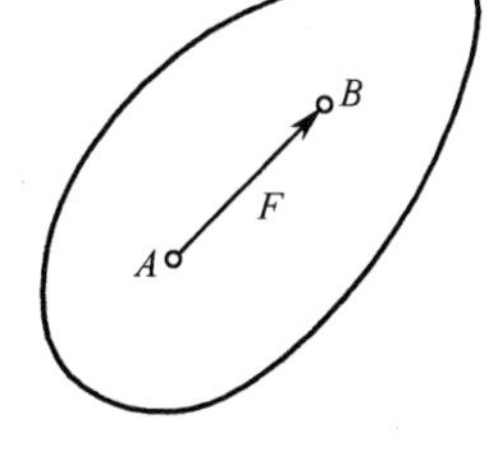

图 1.1　力

3. 力的单位

力的单位用国际单位制，N（牛）或 kN（千牛）表示。

4. 平衡

所谓平衡是指物体相对于地球处于静止或匀速直线运动状态。平衡是相对的，又是有条件的。

力系使物体处于平衡状态，该力系称为**平衡力系**。力系平衡所满足的条件称为**力系的平衡条件**。

5. 刚体的概念

在外力作用下形状和大小保持不变的物体称为刚体。实际上，任何物体在外力作用下都将发生变形，但微小变形对研究结果不产生显著影响，可以略去不计，静力学中研究的物体均视为**刚体**。

1.1.2　静力学的基本公理

经长期经验积累与总结，又经大量实践验证是符合客观实际的普遍静力学规律，称为

静力学的基本公理。这些公理是研究力系简化和平衡的主要依据。

1. 公理 1　力的平行四边形法则

作用于物体上同一点的两个力，可合成为一个作用于该点的合力，其大小和方向是以这两个力为邻边构成的平行四边形的对角线。

如图 1.2（a）所示，$\dot{F}_R$ 是 $\dot{F}_1$、$\dot{F}_2$ 的合力，则有

$$\dot{F}_R = \dot{F}_1 + \dot{F}_2$$

即合力等于两分力的矢量和。

为了简便，在运用作图法求合力时，只需画出力平行四边形的一半即可，这称为**力的三角形法则**，如图 1.2（b）、（c）所示。

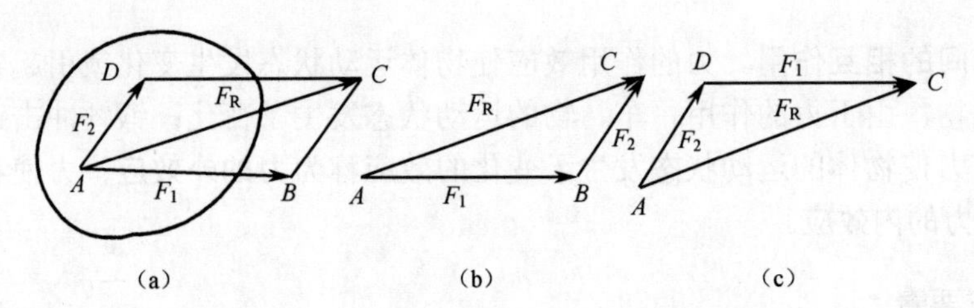

图 1.2　力的平行四边形法则、三角形法则

2. 公理 2　二力平衡公理

刚体在两个力作用下保持平衡的必要和充分条件是：**这两个力大小相等，方向相反，且作用在同一直线上**。

如图 1.3 所示的拉杆（或压杆）同时受到等值、反向、共线的两个力 F_A 和 F_B 作用，显然，该刚体是平衡的。

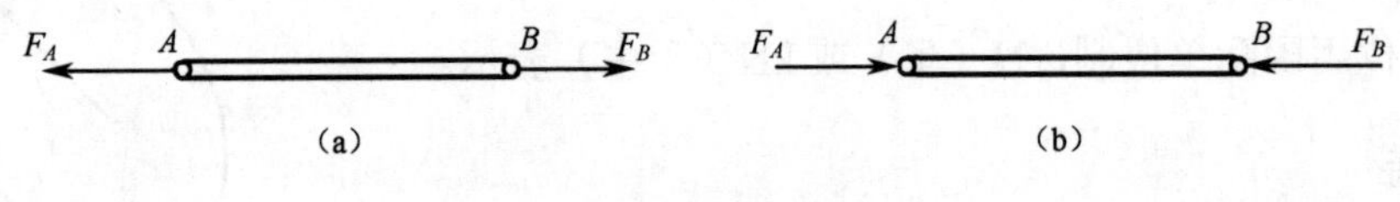

图 1.3　二力平衡

必须指出，本公理只适用于刚体。对于变形体，这个条件是不充分的。例如，一根绳索的两端受到等值、反向、共线的两拉力作用能平衡，若是压力则不能平衡。

在结构中凡只受二力作用，而处于平衡状态的构件，称为**二力构件**。

3. 公理 3　加减平衡力系公理

在已知刚体上加上或减去一个平衡力系，不改变原力系对刚体的作用效应。

根据上述三个公理，可以推导出下面两个推论。

推论 1　力的可传性原理

作用于刚体上的力可沿其作用线移动，而不改变该力对刚体的效应。

如图 1.4 所示，在 A 点的作用力 F 和在 B 点的作用力 F 对小车的效果相同。

推论 2　三力平衡定理

刚体在共面而又互不平行的三个力作用下若平衡，则此三个力的作用线必汇交于一点，如图 1.5 所示。

4. 公理 4　作用力与反作用力公理

两物体间的作用力与反作用力，总是等值、反向、共线，而且同时作用在两个物体上的。

公理 4 概括了两个物体间的相互作用力间的关系，指出力是成对出现的，有作用力就有反作用力。例如，图 1.6 中，如物体 B 对物体 A 施作用力 F，则物体 B 也受到物体 A 对它的反作用力 F'，且这两个力大小相等，方向相反，沿同一直线作用。

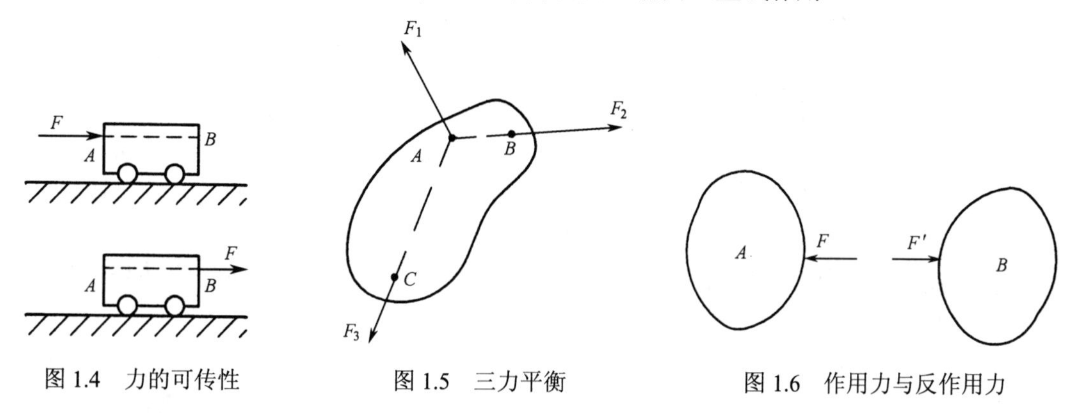

图 1.4　力的可传性　　图 1.5　三力平衡　　图 1.6　作用力与反作用力

1.2　工程中常见的约束

1.2.1　约束与约束反力

物体受的力可以分为**主动力和约束反力**，能够使物体产生运动，或运动趋势的力，称为**主动力**。主动力通常都是已知的。

一个物体的运动受到周围物体限制或阻碍时，这种限制就称为**约束**。例如，火车受铁轨的限制，只能沿轨道运行；房梁受立柱的限制，使它在空间得到稳定的平衡。

约束对物体的运动起限制作用的力，称为约束反力。约束反力的方向总是和该约束所能阻碍的运动方向相反。约束反力的作用点就是物体上与作为约束的物体相接触的点。约束反力是未知力，它的确定与约束类型及主动力有关，需要利用平衡条件确定。现将工程上常见的几种约束类型描述如下。

1. 柔性约束

由柔绳、链条、皮带等柔性物形成的被约束物体约束称为**柔性约束**。柔性体本身只能承受拉力，因此柔性约束反力作用在接触点，方向沿柔绳而背离被约束物体，用符号 F_T 表示。

如图 1.7（a）所示，重物用钢绳悬挂在固定架上；如图 1.7（b）所示的带传动，重物和皮带轮受到钢绳和皮带的拉力均属于此类约束反力。

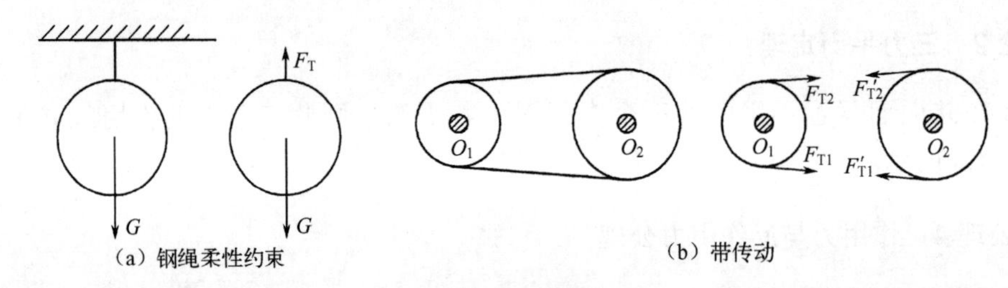

图 1.7　柔性约束

2. 光滑面约束

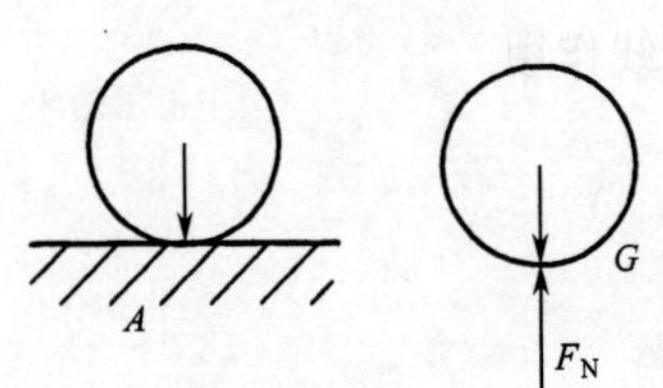

图 1.8　光滑面约束

两直接接触物体，忽略摩擦，把物体的接触面看成完全光滑的刚性接触面，简称为**光滑面约束**。光滑面约束反力的作用力通过接触点，方向沿接触面公法线而指向被约束物体，用符号 F_N 表示，如图 1.8 所示。

图 1.9（a）中直杆与方槽 A、B、C 三点接触，三点的约束反力均沿两者接触点的公法线方向指向直杆，如图 1.9（b）所示。

齿轮传动时，相啮合的一对轮齿的齿廓曲面相接触，如图 1.10 所示。两齿轮的相互作用力一定通过接触点并沿公法线方向分别指向另一个齿轮。

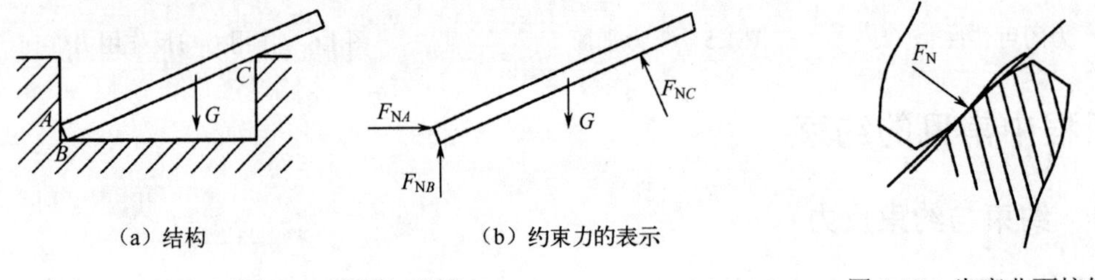

图 1.9　直杆与方槽　　图 1.10　齿廓曲面接触

3. 光滑铰链约束

（1）固定铰链和中间铰链。两构件采用圆柱销所形成的连接为铰链连接，这种约束是采用圆柱销 C 插入构件 A 和 B 的孔内而构成的，若不考虑摩擦，其接触面是光滑的，如图 1.11（a）、（b）所示。

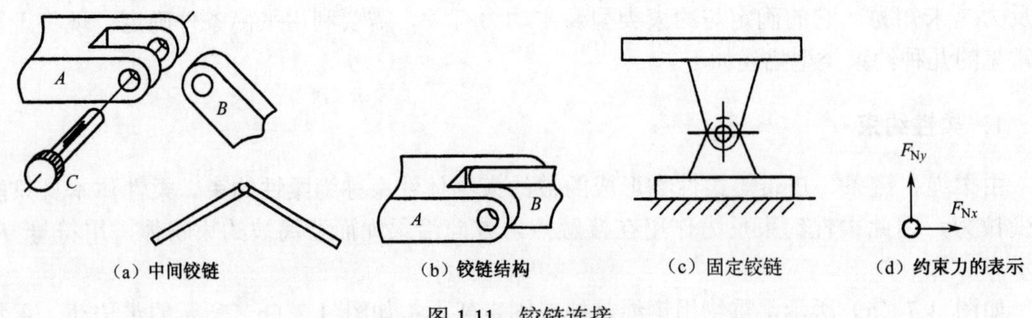

图 1.11　铰链连接

若相连接的构件有一个固定在地面或机架上，则这种约束称为**固定铰链**，如图 1.11（c）

所示，若无固定构件则称为中间铰链，如图 1.11（a）所示。

这类约束的约束反力沿圆柱面接触点的公法线通过圆柱销中心，方向不确定，通常用两个正交分力 $\dot{F}_{Nx}$、$\dot{F}_{Ny}$ 来表示，如图 1.11（d）所示。

必须强调，当中间铰链或固定铰链约束的是二力构件时，其约束反力满足二力平衡条件，沿两约束反力作用点的连线，方向是确定的。

（2）活动铰支座。支座下面装上滚子，使它能在支承面上任意移动，称为**活动铰支座**，如图 1.12 所示，如果接触面是光滑的，约束反力通过铰链中心，并垂直支承面，其方向随载荷的情况而定。

图 1.13 所示为 *ACB* 简支曲梁支承情况，*A* 为固定铰链，*B* 为活动铰链，约束反力画法如图 1.13（b）所示。

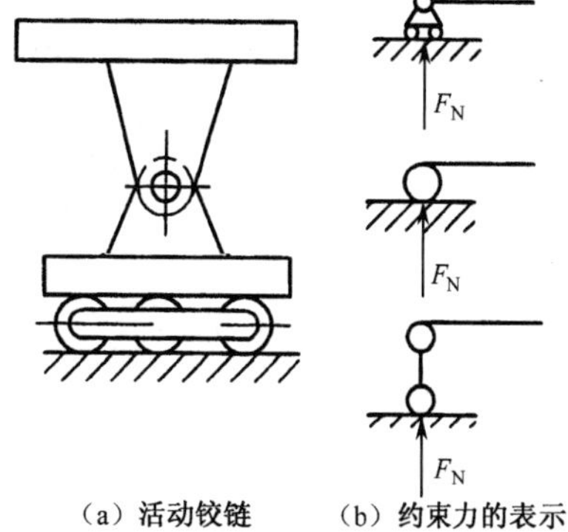

图 1.12　活动铰支座

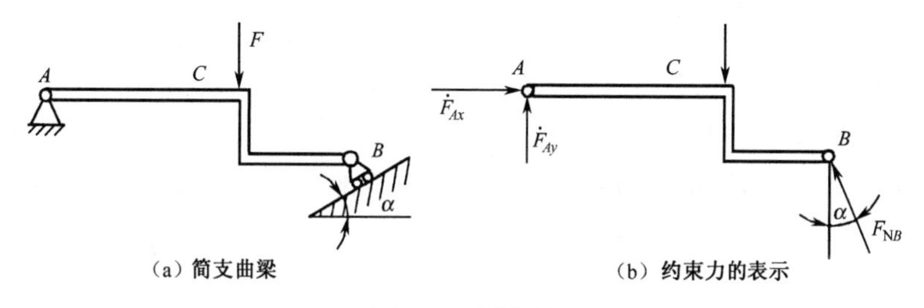

图 1.13　梁支承

4．固定端约束

工程中还有一种常见的基本约束类型，如图 1.14（a）、（b）、（c）所示建筑物上的阳台、车刀固定于刀架部分、电线杆埋入地下部分等，这些约束称为**固定端约束**，这种约束的特点是构件一端被固定，既不允许构件随意移动，也不允许构件绕其固定端转动。因此，固定端的约束就有两个约束反力 $\dot{F}_{Ax}$、$\dot{F}_{Ay}$ 和一个约束力偶矩 *M*，如图 1.14（f）所示。

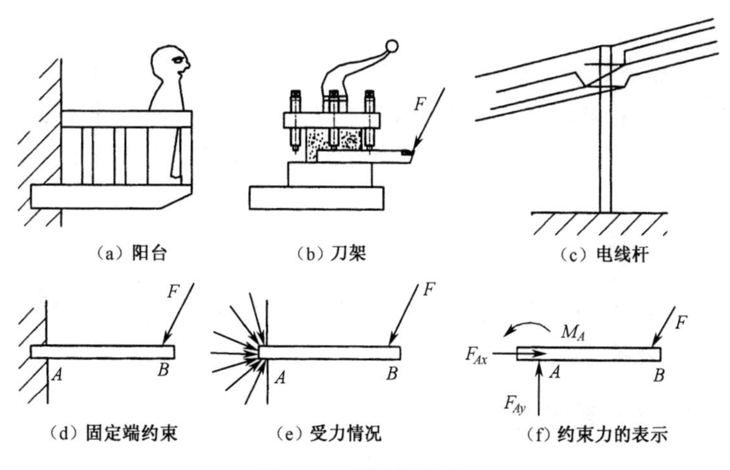

图 1.14　固定端约束

1.2.2 物体的受力分析

为了清楚地表示构件的受力情况，需把所研究的构件从周围的物体中分离出来，解除约束后的自由物体称为分离体。在分离体上画出全部（包括主动力和约束反力）的简图，称为**受力图**。

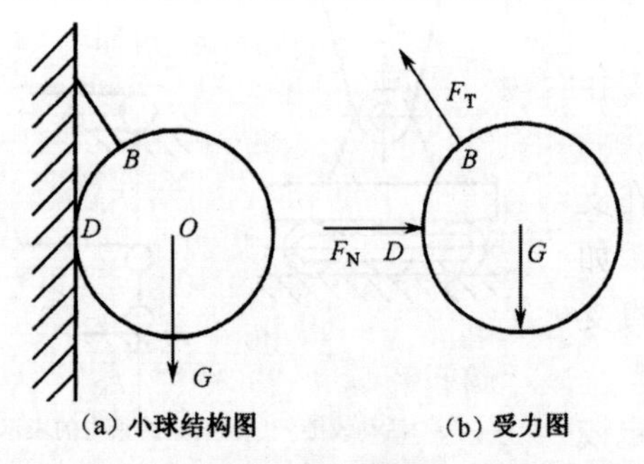

图 1.15 例 1.1

画受力图的步骤如下：

（1）确定研究对象，解除约束取分离体。

（2）画所有的主动力。

（3）画出全部约束反力。

例 1.1 重为 G 的球体，用绳子系在墙壁上，画球体的受力图。

解：（1）以球体为研究对象，取分离体，如图 1.15（b）所示，解除约束。

（2）画出主动力 $\dot{G}$。

（3）画出全部的约束反力：球体 B 处受到柔性约束，约束反力沿柔体中线背离球体，用 $\dot{F}_T$ 表示；在 D 处受光滑面约束，约束反力沿接触面 D 点的公法线，指向球体，用 $\dot{F}_N$ 表示。

例 1.2 如图 1.16 所示的三铰拱结构，左、右两部分铰接而成，左部分点 D 受主动力 $\dot{F}$ 作用，杆重不计。试画出 AB、BC 两杆的受力图。

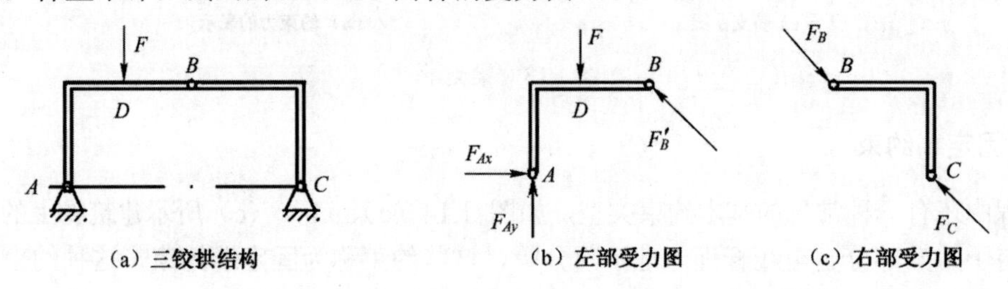

图 1.16 例 1.2

解：（1）先分析此杆受力，由于 BC 杆为二力构件，$\dot{F}_B$、$\dot{F}_C$ 作用线必通过 B、C 两点连线，如图 1.16（c）所示。

（2）再以 AB 为研究对象，画出主动力 $\dot{F}$。

（3）画约束反力。中间铰链 B 点的约束反力 $\dot{F}'_B$ 与 $\dot{F}_B$ 是一对作用力与反作用力，固定铰链 A 的约束反力的方向不定，可用两正交分力 $\dot{F}_{Ax}$ 和 $\dot{F}_{Ay}$ 表示，如图 1.16（b）所示。

1.3 平面汇交力系

凡各力的作用线均在同一平面内的力系称为**平面力系**。若各力的作用线全部汇交于一点，则称为**平面汇交力系**。

1.3.1 平面汇交力系的合成

1. 力在坐标轴上的投影

如图 1.17 所示，已知 F 作用于刚体平面内的 A 点，方向由 A 点指向 B 点，且与水平线的夹角为α。选定坐标系 xOy，过 F 的两端点 A、B 向坐标轴 x、y 作垂线，垂足 a、b 的连线就称为 F 在 x 轴上的投影，即 $F_x=ab$。力在坐标轴上的投影是代数量，正负规定为：从 a 到 b 的指向与坐标轴的正向相同为正，相反为负。

若已知 $\boldsymbol{F}$ 的大小及 $\boldsymbol{F}$ 与 x 轴的夹角α，则力在 x、y 轴的投影可由下式计算：

$$\left.\begin{aligned} F_x &= \pm F\cos\alpha \\ F_y &= \pm F\sin\alpha \end{aligned}\right\} \tag{1-1}$$

注意：（1）当力与轴平行时，力在轴上的投影绝对值等于力的大小。

（2）当力与轴垂直时，力在轴上的投影为零。

当力 F 沿坐标轴分解为两分力 $\dot{F}_x$、$\dot{F}_y$ 时，这两个分力的大小分别等于力 F 在两轴上的投影的绝对值，但当两轴不相互垂直时，分力 $\dot{F}_x$、$\dot{F}_y$ 与投影 F_x、F_y 值不等。

必须指出，**分力是矢量，而投影是代数量**。

2. 合力投影定理

图 1.18 表示平面汇交力系的各力矢 $\dot{F}_1$、$\dot{F}_2$、$\dot{F}_3$、$\dot{F}_4$ 组成的力多边形，$\dot{F}_{\mathrm{R}}$ 为合力。将力多边形中各力矢投影到 x 轴上，由图可见：

$$ae = ab + bc + cd - de$$

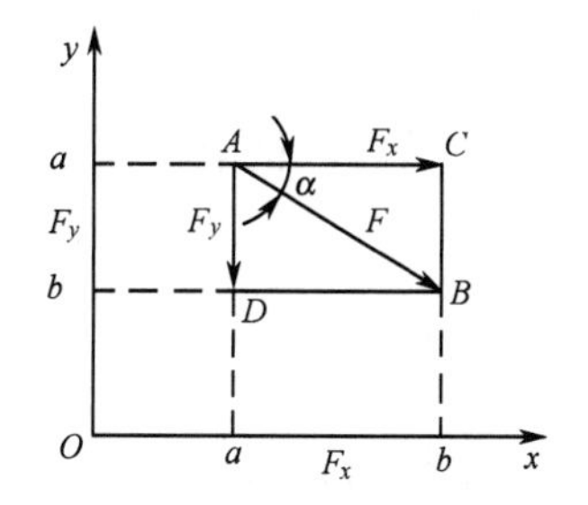

图 1.17　力在坐标轴上的投影

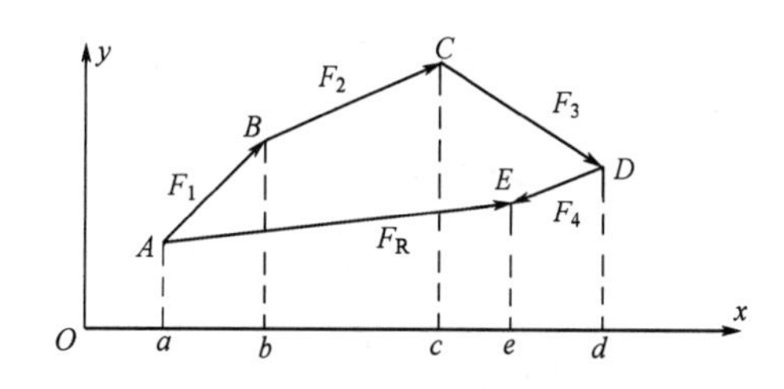

图 1.18　合力投影

按投影定义，上式左端为合力 $\dot{F}_{\mathrm{R}}$ 的投影，右端为四个分力的投影的代数和，即

$$F_{\mathrm{R}x} = F_{1x} + F_{2x} + F_{3x} + F_{4x} = \sum F_x$$

同理：

$$F_{\mathrm{R}y} = F_{1y} + F_{2y} + F_{3y} + F_{4y} = \sum F_y$$

上式可推广到 n 个力组成的力系，即

$$\left.\begin{aligned} F_{1x} + F_{2x} + \cdots + F_{nx} &= \sum F_x \\ F_{1y} + F_{2y} + \cdots + F_{ny} &= \sum F_y \end{aligned}\right\} \tag{1-2}$$

式（1-2）表明：**合力在某一轴上的投影等于各分力在同一轴上投影的代数和。这就是合力投影定理。**

3. 平面汇交力系合成的解析法

若物体受到平面汇交力系 $\dot{F}_1$，$\dot{F}_2$，…，$\dot{F}_n$ 作用，选定坐标系 xOy，求出各力在 x、y 轴

上的投影，则：

$$\left.\begin{aligned}F_{Rx}=F_{1x}+F_{2x}+\cdots+F_{nx}=\sum F_x\\F_{Ry}=F_{1y}+F_{2y}+\cdots+F_{ny}=\sum F_y\end{aligned}\right\}$$

合力大小和方向分别为：

$$F_R=\sqrt{F_{Rx}^2+F_{Ry}^2}=\sqrt{\left(\sum F_x\right)^2+\left(\sum F_y\right)^2} \tag{1-3}$$

$$\tan\alpha=\frac{\left|\sum F_y\right|}{\left|\sum F_x\right|}$$

式中，α 表示 F_R 与 x 轴所夹锐角。

1.3.2　平面汇交力系平衡方程及其应用

平面汇交力系平衡的必要和充分条件是力系的合力为零，即

$$F_R=\sqrt{F_{Rx}^2+F_{Ry}^2}=\sqrt{(\sum F_x)^2+(\sum F_y)^2}=0$$

$$\left.\begin{aligned}\sum F_x=0\\\sum F_y=0\end{aligned}\right\} \tag{1-4}$$

上式称为**平面汇交力系平衡方程**。因只有 2 个独立的方程，所以对于平面汇交力系，只能求解 2 个未知量。

例 1.3　将图 1.19 所示重为 G=5000N 的球体放在 V 形槽内，试求槽面对球的约束反力。

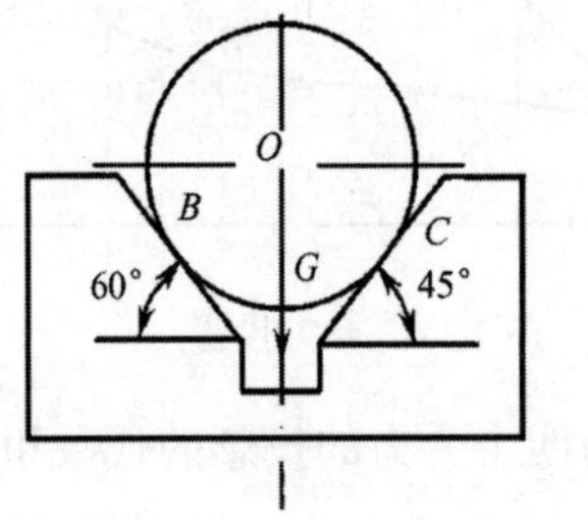

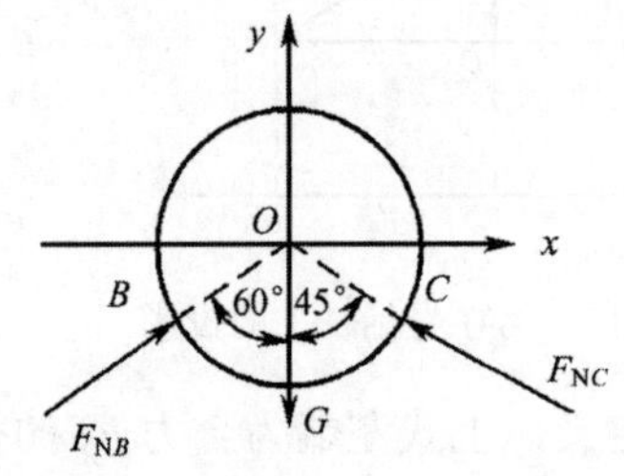

图 1.19　例 1.3 图

解：（1）以球体为研究对象，作用在它上面有重力 $\dot{G}$ 及光滑槽面的约束反力 $\dot{F}_{NB}$、$\dot{F}_{NC}$，其受力图如图 1.19（b）所示。

（2）选坐标轴，如图 1.19（b）所示。

（3）列平衡方程：

$$\sum F_x=0,\quad F_{NB}\sin60^\circ-F_{NC}\sin45^\circ=0$$

$$\sum F_y=0,\quad F_{NB}\cos60^\circ+F_{NC}\cos45^\circ-G=0$$

解方程得：

$$F_{NB}=3.66\text{N},\quad F_{NC}=4.48\text{N}$$

解题时可将坐标轴选取与未知力垂直（仅需一轴与一个未知力垂直）的方向，这样可列一个方程式解出一个未知力，避免求解联立方程，使计算简便。

1.4 力矩和力偶

力对物体除了移动效应，还有另一种作用，即力对物体的转动效应。本节将讨论描述这种作用的两个概念：**力矩和力偶**，以及它们的性质和计算方法。

1.4.1 力矩

1. 力对点之矩

力对点之矩如图 1.20 所示。用扳手拧紧螺母时，拧动螺母的转动效应不仅与力 $\dot{F}$ 的大小有关，而且与转动中心（O 点）到力的作用线的垂直距离 d 有关。工程上把力使物体绕 O 点转动效应的物理量称为力 $\dot{F}$ 对 O 点之矩，简称**力矩**，用 $M_O(\dot{F})$表示，即

$$M_O(\dot{F}) = \pm Fd \qquad (1\text{-}5)$$

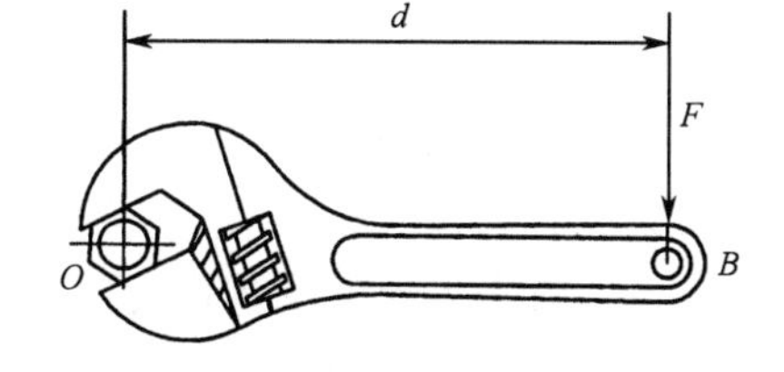

图 1.20 力对点之矩

式中，O 点称为力矩中心，简称**矩心**；O 点到 F 作用线的垂直距离称为**力臂**。正负号表明力矩是一个代数量，其正负规定为：**力使物体绕矩心做逆时针方向转动时，力矩为正，反之为负**。力矩的单位是 N·m。

2. 合力矩定理

若力系有合力，**则合力对某点之矩等于各个分力对同一点之矩代数和**，即

$$M_O(\dot{F}_R) = M_O(\dot{F}_1) + M_O(\dot{F}_2) + \cdots + M_O(\dot{F}_n) = \sum M_O(\dot{F}) \qquad (1\text{-}6)$$

式中，$\dot{F}_R$ 是 $\dot{F}_1, \dot{F}_2, \cdots, \dot{F}_n$ 的合力。

例 1.4 图 1.21 所示圆柱直齿轮的齿面受力 $F_n = 980\,\text{N}$，压力角α=20°，分度圆直径 d=160mm，试计算对轴心 O 的力矩。

解：（1）按力对点之矩的定义，有

$$M_O(\dot{F}_n) = F_n \cdot h = F_n \cdot \frac{d}{2}\cos\alpha = 980 \times \frac{160}{2}\cos 20^\circ / 1000 = 73.7\,\text{N}\cdot\text{m}$$

（2）按合力矩定理得：

$$M_O(\dot{F}_n) = M_O(\dot{F}_t) + M_O(\dot{F}_r) = F_n\cos\alpha \times \frac{d}{2} + F_n\sin\alpha \times 0$$

$$= 980 \times \cos 20^\circ \times \frac{160}{2} / 1000 = 73.7\,\text{N}\cdot\text{m}$$

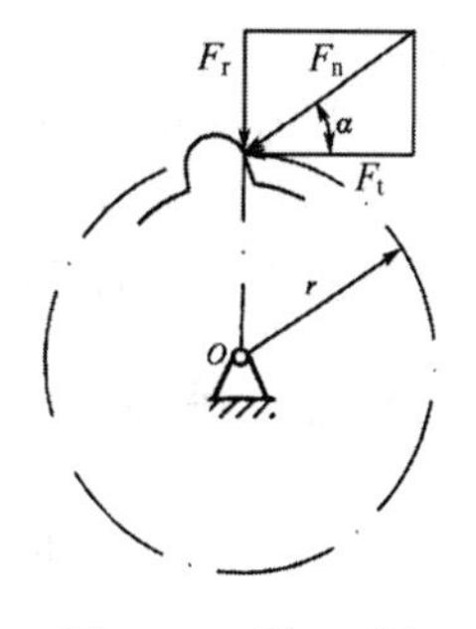

图 1.21 例 1.4 图

由此可见，以上两种方法的计算结果是相同的，这就验证了合力矩定理。

1.4.2 力偶

1. 力偶的概念

在实践中，常遇到某物体受一对大小相等、方向相反、作用线平行的两个力作用。例如，开门锁、司机用双手转动方向盘（见图 1.22（a））、钳工用双手转动杠丝锥功螺纹

（见图 1.22（b））等。这种**大小相等、方向相反、作用线平行的两个力称为力偶**，如图 1.22（c）所示。

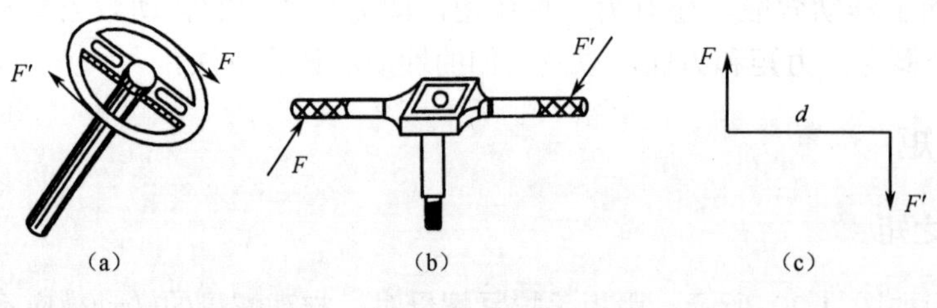

图 1.22　力偶

力偶中的两力作用线之间的垂直距离 d 称为**力偶臂**，力偶所在的平面称为**力偶的作用面**。

力偶对物体的转动效应取决于组成力偶反向平行力的大小、力偶臂的大小及力偶的转向。以力与力偶臂的乘积作为度量力偶在其作用面内对物体转动效应的物理量，称为**力偶矩**，记为 $M(\dot{F}、\dot{F}')$或 M，即

$$M(\dot{F}、\dot{F}') = \pm Fd \tag{1-7}$$

一般规定，**逆时针转向力偶矩为正，顺时针为负**。力偶矩的单位为 N·m。

力偶的三要素：**力偶矩的大小、转向及作用面**。三要素中的任何一个发生改变，力偶对物体的转动效应就会改变。

2. 力偶的性质

（1）力偶无合力。因为组成力偶的两个力在其作用面内任一坐标轴上的投影之和等于零。

（2）力偶只能用力偶来平衡。由于力偶对刚体只能产生转动效应，没有移动效应，所以力偶不能用一个力来代替，也不能用一个力来平衡。

（3）力偶的等效性。在同一平面内的两个力偶，如果它们的力偶矩大小相等，转向相同，则两力偶等效，且可以相互代换。

力偶和力是力学中的基本物理量。

1.4.3　平面力偶系的合成及平衡

1. 平面力偶系的合成

设在刚体基本平面上作用有若干个力偶，其力偶矩分别为 M_1, M_2, …, M_n，现求其合成结果。根据力偶的性质，力偶对刚体只产生转动效应，受若干个力偶共同作用时，也只能使刚体产生转动效应，可以证明，其力偶系对刚体的转动效应的大小等于各力偶转动效应的总和，即**平面力偶系合成一个合力偶，其合力偶矩等于各力偶矩的代数和**，即

$$M_R = M_1 + M_2 + \cdots + M_n = \sum M \tag{1-8}$$

2. 力偶系的平衡

平面力偶系平衡的必要与充分条件是：**力偶系中各力偶矩的代数和等于零**，即

$$\sum M = 0 \tag{1-9}$$

例 1.5 如图 1.23 所示多轴钻床在水平放置的工件上钻三个直径相同的圆孔，且每个钻头作用于工件的切削力偶矩为 $M_1=M_2=10\text{N}\cdot\text{m}$，$M_3=15\text{N}\cdot\text{m}$，转向如图 1.23 所示，固定螺栓 A、B 之间的距离 $L=0.2\text{m}$。求两个螺栓所受的力。

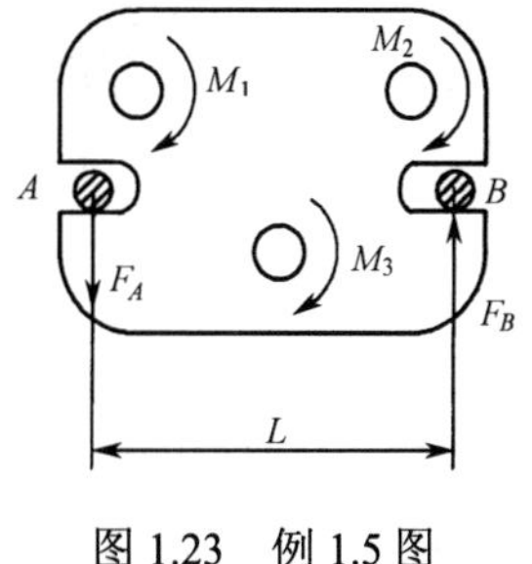

图 1.23 例 1.5 图

解：取工件为研究对象，作用于其上三个主动力偶矩和两个螺栓的受力作用而平衡，且在同一平面内，由于力偶只能用力偶平衡，两个螺栓的受力 $\dot{F}_A$ 和 $\dot{F}_B$ 必然组成力偶，该两力的方向假设如图 1.23 所示，且 $F_A=F_B$，由平面力偶系的平衡条件有

$$\sum M = 0$$

$$F_A \times L - M_1 - M_2 - M_3 = 0$$

解得：

$$F_A = F_B = \frac{M_1 + M_2 + M_3}{L} = \frac{10+10+15}{0.2} = 175\,\text{N}$$

所得 F_A 和 F_B 为正值，所设方向与实际方向相同。

1.4.4 力的平移定理

作用于刚体上的力，**均可平移到刚体内的任一点，但必须附加一力偶，其力偶矩等于原力对该点之矩。**

图 1.24 描述了力向作用线外一点平移的过程。欲将作用于刚体上 A 点的力 $\dot{F}$ 平移到平面上任一点 O，如图 1.24（a）所示，则可在 O 点施加一对与力 $\dot{F}$ 值相等的平衡力 $\dot{F}'$、$\dot{F}''$，如图 1.24（b）所示，取 $\dot{F}$ 与 $\dot{F}''$ 为一对等值、反向、不共线的平行力，组成一个力偶，称为**附加力偶**，其力偶矩等于原力 $\dot{F}$ 对 O 点力矩，即

$$M(\dot{F}、\dot{F}'') = M_O(\dot{F}) = \pm Fd$$

于是原来作用在 A 点的力 $\dot{F}$，与作用在 O 点的平移力 $\dot{F}'$ 和附加力偶 M 的联合作用等效。如图 1.24（c）所示。

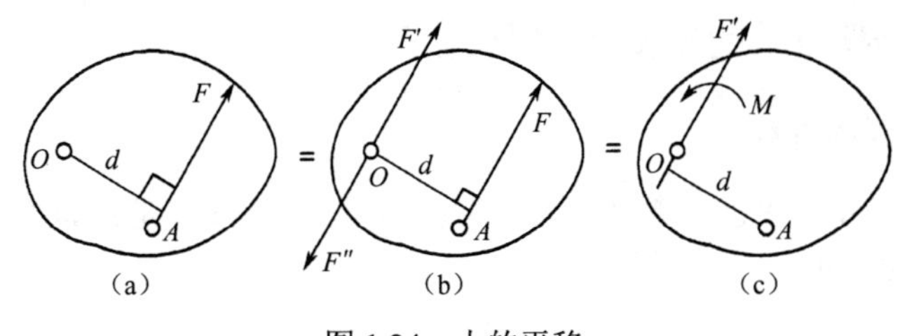

图 1.24 力的平移

1.5 平面一般力系

本节主要研究平面一般力系的简化与平衡方程的应用问题，同时还介绍力系平衡，考虑摩擦时平衡问题的解法。

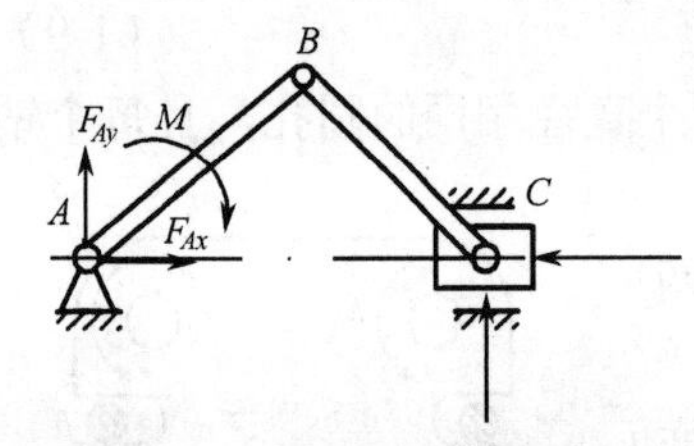

图 1.25　曲柄连杆机构的受力

各力的作用线处于同一平面内，既不平行又不汇交于一点的力系，称为**平面一般力系**。如图 1.25 所示的曲柄连杆机构的受力就属于一般力系。

1.5.1　平面一般力系的简化

设在刚体上作用一平面有一般力系 $\dot{F}_1$，$\dot{F}_2$，$\dot{F}_3$，…，$\dot{F}_n$，如图 1.26（a）所示，在平面内任取一点 O 作为简化中心，根据力的平移定理，将力系中各力都向 O 点平移，于是原力系就简化为一平面汇交力系 $\dot{F}_1'$，$\dot{F}_2'$，$\dot{F}_3'$，…，$\dot{F}_n'$ 和力偶系 $M_1, M_2, \cdots, M_n$，如图 1.26 所示。

平面汇交力系的合力 $\dot{F}_{\rm R}'$，称为**平面一般力系的主矢**。主矢 $\dot{F}_{\rm R}'$ 的大小和方向为：

$$\left.\begin{aligned} F_{\rm R}' &= \sqrt{\left(\sum F_x'\right)^2 + \left(\sum F_y'\right)^2} \\ \tan\alpha &= \left|\frac{\sum F_y}{\sum F_x}\right| \end{aligned}\right\} \tag{1-10}$$

附加力偶 $M_1, M_2, \cdots, M_n$ 组成的平面力偶系的合力矩 M_O 称为**平面一般力系的主矩**。由平面力偶系的合成可知，主矩等于各附加力偶矩的代数和，也等于各分力对简化中心力矩的代数和，作用在力系所在的平面上，如图 1.26（c）所示。即

$$M_O = \sum M = \sum M_O(\dot{F})$$

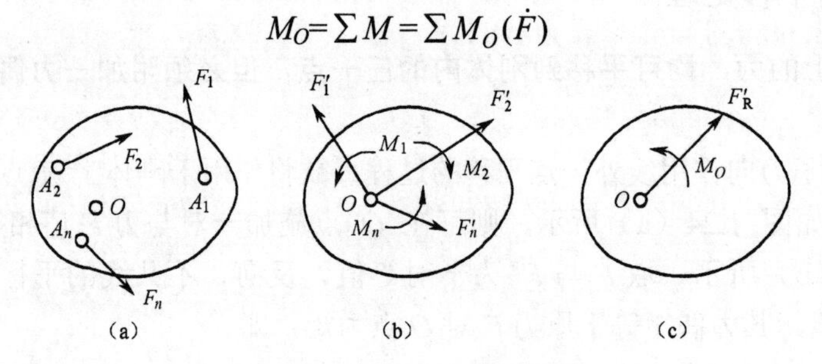

图 1.26　平面一般力系的简化

综上所述，**平面一般力系向平面内任一点简化，得到一主矢 $\dot{F}_{\rm R}'$ 和一主矩** M_O，主矢的大小和方向与简化中心的位置无关；主矩的值与简化中心的位置有关。

1.5.2　平面一般力系的平衡方程及其应用

1. 平衡条件和平衡方程

根据前面讨论可知，平面一般力系平衡的充分与必要条件是：**该力系的主矢和对任意一点的主矩都等于零**，即

$$\dot{F}_{\rm R}' = 0$$
$$M_O = 0$$

由此可得平面一般力系的平衡方程为：

$$\left.\begin{aligned} &\sum F_x = 0 \\ &\sum F_y = 0 \\ &\sum M_O(\dot{F}) = 0 \end{aligned}\right\} \tag{1-11}$$

上式是平面一般力系平衡方程的基本形式，它包括三个独立方程，可求解三个未知量。

2. 平衡方程的应用

利用平衡方程解题步骤与汇交力系解法一样，即

（1）取研究对象。

（2）画其受力图。

（3）列平衡方程。

在求解具体问题时，为了使每个方程中尽可能出现较少的未知量，从而简化计算，通常坐标轴选在与未知力垂直的方向上，矩心可选在未知力作用点（或交点）上。

例 1.6 如图 1.27（a）所示，起重机的水平梁 AB，A 端以铰链固定，B 端用拉杆拉住，梁重 W=4kN，载荷重 F=10kN。试求拉杆和铰链 A 的约束反力。

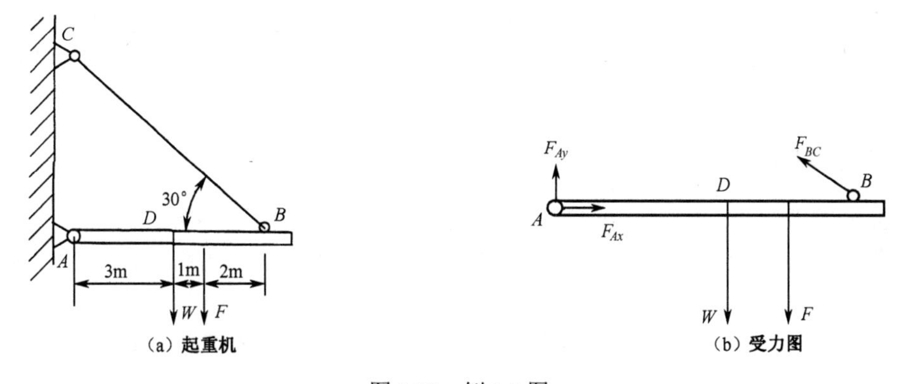

图 1.27　例 1.6 图

解：（1）取 AB 梁为研究对象。

（2）画受力图。主动力 $\dot{W}$ 、$\dot{F}$ ，拉杆的拉力 $\dot{F}_{BC}$ 和支座在 A 处的约束反力 $\dot{F}_{Ax}$ 、$\dot{F}_{Ay}$ 。

（3）取图 1.27（b）所示坐标系，列平衡方程如下：

$$\sum F_x = 0 \qquad F_{Ax} - F_{BC}\cos 30^\circ = 0$$

$$\sum F_y = 0 \qquad -F_{Ay} + W + F - F_{BC}\sin 30^\circ = 01$$

$$\sum M_A(F) = 0 \qquad F_{BC} \times 6 \times \sin 30^\circ - F \times 4 - W \times 3 = 0$$

解方程得：

$$F_{BC} = 17.33\,\text{kN}，\ F_{Ax} = 15.01\,\text{kN}，\ F_{Ay} = 5.33\,\text{kN}$$

求解平衡问题时，解方程与投影方程或力矩方程的先后顺序无关。一般先解包含一个未知力的方程，避免求解联立方程，使求解过程简便。

3. 平衡方程的其他形式

（1）二矩式方程形式如下：

$$\left.\begin{aligned} \sum F_x &= 0 \\ \sum M_A(\dot{F}) &= 0 \\ \sum M_B(\dot{F}) &= 0 \end{aligned}\right\} \qquad (1\text{-}12)$$

应用二矩式时，所选坐标轴不能与矩心 AB 的连线垂直。

（2）三矩式方程形式如下：

$$\left.\begin{aligned}\sum M_A(\dot{F})=0\\ \sum M_B(\dot{F})=0\\ \sum M_C(\dot{F})=0\end{aligned}\right\} \tag{1-13}$$

在列三矩式方程时，所选矩心 A、B、C 三点不能在一条直线上。

1.6 摩擦

在前面研究平衡问题时，都假定物体之间互相接触是完全光滑的，总是将摩擦忽略不计。但是绝对光滑的表面事实上并不存在，两物体的接触面之间都有摩擦，有时摩擦起着决定性的作用。例如，闸瓦制动器、摩擦轮传动等，都依靠摩擦来工作，这都是摩擦有用的一面。但同时摩擦会磨损零件、消耗动力、降低机械效率等，即存在不利的一面。

摩擦可分为滑动摩擦和滚动摩擦，滑动摩擦又可分为静滑动摩擦和动滑动摩擦。

1.6.1 滑动摩擦

互相接触的两物体，接触面间产生相对滑动或具有相对滑动趋势时，接触面间就存在阻碍相对滑动的切向阻力，这种阻力称为**滑动摩擦力**。滑动摩擦力的方向与物体相对运动（相对滑动趋势）的方向相反，只有相对滑动趋势而无相对运动时的摩擦，称为**静滑动摩擦**。接触面间产生相对滑动时的摩擦称为**动滑动摩擦**。

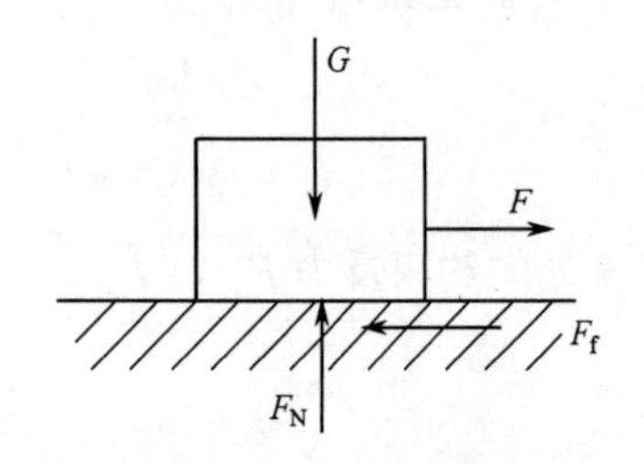

图 1.28 静滑动摩擦

1. 静滑动摩擦

通过图 1.28 所示的实验说明滑动摩擦的规律。

当一个较小的力 $\dot{F}$ 拉重为 G 的物体时，物体将平衡。由平衡方程可知，摩擦力 $\dot{F}_f$ 与主动力 $\dot{F}$ 大小相等。

当 $\dot{F}$ 逐渐增大，$\dot{F}_f$ 也随之增加，此时 $\dot{F}_f$ 和一般约束反力有共同的特点，即随主动力的变化而变化，但又存在不同于一般约束反力的特点，当 $\dot{F}_f$ 随 $\dot{F}$ 增加到某一临界最大值 F_{fmax}（称为临界摩擦力）时，就不会再增加；若继续增加 $\dot{F}$ 物体将开始滑动，静摩擦力在零和最大值范围内，即 $0<F_f\leqslant F_{fmax}$。

大量实验证明，**最大静摩擦力的方向与两物体相对滑动趋势的方向相反，其大小与物体接触面间的正压力成正比**，即

$$F_{fmax}=f\,F_N \tag{1-14}$$

式中，$\dot{F}_N$ 为接触面间的正压力；f 为**静滑动摩擦系数**，简称静摩擦系数。

f 的大小与两物体接触面间的材料表面情况有关，常用的静摩擦系数可在机械手册中查得。式（1-14）称为**库仑定律或静摩擦定律**。

由上述可知，静摩擦力也是一种被动且未知的约束反力，在一般平衡状态时 $0<F_f\leqslant F_{fmax}$。

由平衡方程确定，在临界状态下：

$$F_f=F_{fmax}=f\,F_N$$

2．动滑动摩擦

继续上述实验，当静摩擦力达到 F_{fmax} 时，若主动力再继续增大，物体便开始滑动，此时物体受到的摩擦阻力已由静摩擦力转化为动摩擦力 F'_{f} 。实验证明，动摩擦力的大小也与两物体间正压力 $\dot{F}_{\text{N}}$ 成正比，即

$$F'_{\text{f}} = f'F_{\text{N}} \tag{1-15}$$

式中，f'为**动摩擦系数**。它与材料和表面情况有关，通常$f'<f$。对于一般工程计算$f'\approx f$。

1.6.2　摩擦角与自锁现象

存在摩擦时，平衡物体受到的约束反力为：法向反力和切向反力（即静摩擦力），两者的合力称为全约束反力或全反力，以 F_{R} 表示，它与接触面法线的夹角为φ，如图 1.29 所示。由此得：

$$\tan\varphi = \frac{F_{\text{f}}}{F_{\text{N}}}$$

当静摩擦力达到最大值时，夹角φ也达到最大值φ_{m}，φ_{m}称为**摩擦角**，如图 1.29（b）所示。

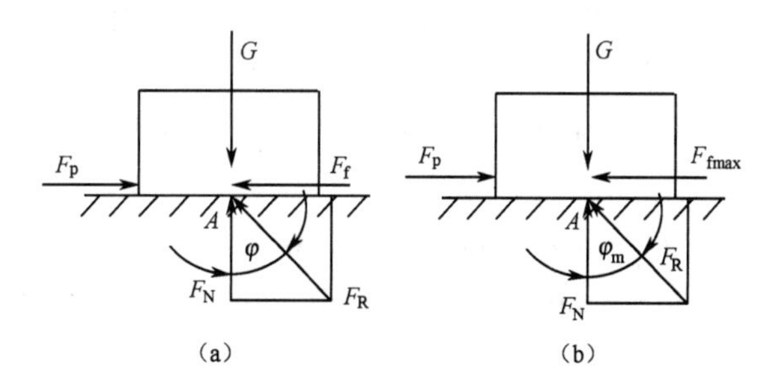

图 1.29　摩擦角

由图可知：

$$\tan\varphi_{\text{m}} = \frac{F_{\text{fmax}}}{F_{\text{N}}} = \frac{fF_{\text{N}}}{F_{\text{N}}} = f \tag{1-16}$$

上式表明，**静摩擦系数等于摩擦角的正切**。

由于静摩擦力是一个范围值，所以全反力与接触面间的夹角φ小于或等于摩擦角φ_{m}，即

$$0 \leqslant \varphi \leqslant \varphi_{\text{m}}$$

由于静摩擦力不可能超过其最大值，因此全反力的作用线不可能超出摩擦角的范围。当主动力的合力 $\dot{F}_{\text{Q}}$ 的作用线在摩擦角φ_{m} 以内，由二力平衡公理可知，全反力 $\dot{F}_{\text{R}}$ 与之平衡。因此，只要主动力合力的作用线与接触面法线间的夹角α不超过φ_{m}，即

$$\alpha \leqslant \varphi_{\text{m}} \tag{1-17}$$

则不论这个力多大，物体总是平衡的，这种现象称为**自锁**。式（1-17）为**自锁条件**。自锁条件常可用来设计某些结构和夹具，例如，砖块相对砖夹不下滑，脚套钩在电线杆上不自行下滑等都是自锁现象。

1.6.3　考虑摩擦时构件的平衡问题

考虑摩擦时的平衡问题，其解题方法、步骤与不考虑摩擦时的平衡问题基本相同。关键是：画受力图时摩擦力要正确画出，并要注意摩擦力的方向与滑动趋势相反；分析物体处于何种状态。一般状态下，静摩擦力的大小由平衡条件确定，并满足 $F \leqslant F_{fmax}$ 关系式。临界状态下，补充方程 $F_f = F_{fmax} = fF_N$，所得结果是平衡范围的极限值。

例 1.7　如图 1.30 所示一重为 G 的物块放在倾角为α 的固定斜面上。已知物块与斜面间的静摩擦系数为f，试求维持物块平衡的水平推力 F 的取值范围。

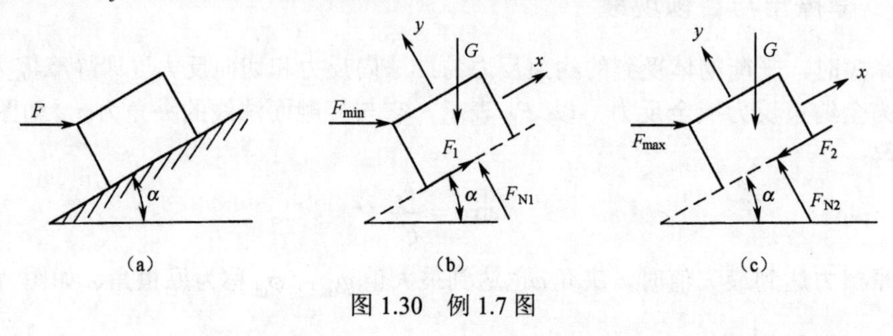

图 1.30　例 1.7 图

解：由于 F 值过大，物块将上滑，F 值过小，物块将下滑，故 F 值只在一定范围内（$F_{min} \leqslant F \leqslant F_{max}$）才能保持物块静止。

（1）物块处于下滑的临界状态时，$F = F_{min}$。画受力图（见图 1.30（b）)，建立坐标系，列平衡方程如下：

$$\sum F_x = 0 \qquad F_{min}\cos\alpha - G\sin\alpha + F_1 = 0$$
$$\sum F_y = 0 \qquad -F_{min}\sin\alpha - G\cos\alpha + F_{N1} = 0$$

补充方程：

$$F_1 = fF_{N1}$$

解得：

$$F_{min} = G\frac{\sin\alpha - f\cos\alpha}{\cos\alpha + f\sin\alpha}$$

（2）物块处于上滑的临界状态时，即 $F = F_{max}$。画受力图（见图 1.30（c）)，建立坐标系，列平衡方程如下：

$$\sum F_x = 0 \qquad F_{max}\cos\alpha - G\sin\alpha - F_2 = 0$$
$$\sum F_y = 0 \qquad -F_{max}\sin\alpha - G\cos\alpha + F_{N2} = 0$$

补充方程：

$$F_2 = fF_{N2}$$

解得：

$$F_{max} = G\frac{\sin\alpha + f\cos\alpha}{\cos\alpha - f\sin\alpha}$$

由以上分析得知，欲使物块保持平衡，力 F 的取值范围为：

$$G\frac{\sin\alpha - f\cos\alpha}{\cos\alpha + f\sin\alpha} < F < G\frac{\sin\alpha + f\cos\alpha}{\cos\alpha - f\sin\alpha}$$

1.7 空间力系

当物体所受**力的作用线不在同一平面内，而是在空间分布时，这样的力系称为空间力系**。图 1.31 所示传动轴的受力即为空间力系。与平面力系一样，空间力系可分为**空间汇交力系、空间平行力系和空间一般力系**。

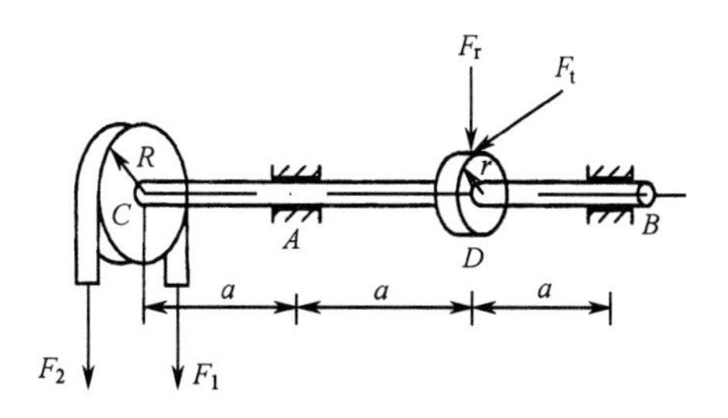

图 1.31 传动轴的受力

1.7.1 力在空间直角坐标系的投影

设空间直角坐标系的三个坐标轴如图 1.32 所示，已知 $\dot{F}$ 与三坐标轴的夹角分别为α、β、γ，则力在三个轴上的投影等于力的大小乘以该夹角的余弦，即

$$\left.\begin{aligned} F_x &= F\cos\alpha \\ F_y &= F\cos\beta \\ F_z &= F\cos\gamma \end{aligned}\right\} \qquad (1\text{-}18)$$

式中，α、β、γ分别为**力 $\dot{F}$ 与 x、y、z 轴所夹的锐角**。

如图 1.33 所示，若已知力 $\dot{F}$ 与 z 轴的夹角为γ，力与 z 轴所确定的平面与 x 轴的夹角为φ，可先将力 F 在 xOy 平面上投影，然后再向 x、y 轴进行投影，则力在坐标轴的投影分别为：

$$\left.\begin{aligned} F_x &= F\sin\gamma\cos\varphi \\ F_y &= F\sin\gamma\sin\varphi \\ F_z &= F\cos\gamma \end{aligned}\right\} \qquad (1\text{-}19)$$

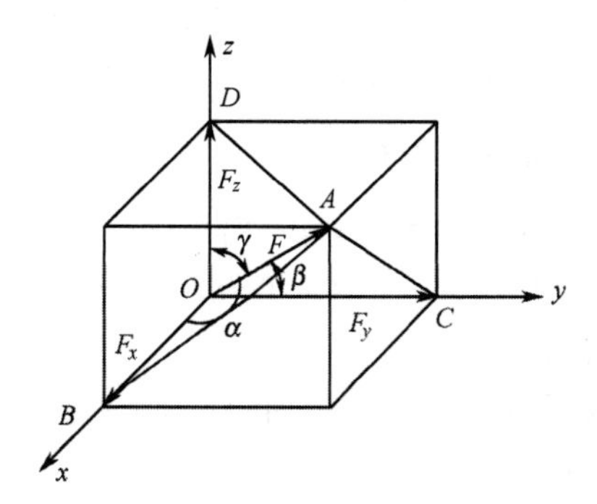

图 1.32 力在空间直角坐标系的投影

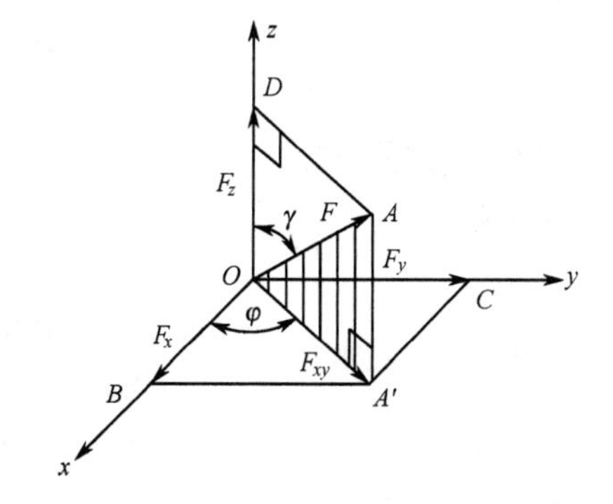

图 1.33 力在空间直角坐标系 xOy 平面上的投影

若已知 F_x、F_y、F_z，则合力的大小、方向由下式求得：

$$\left.\begin{aligned} F_R &= \sqrt{F_x^2 + F_y^2 + F_z^2} \\ \cos\alpha &= \frac{|F_x|}{F_R} \\ \cos\beta &= \frac{|F_y|}{F_R} \\ \cos\gamma &= \frac{|F_z|}{F_R} \end{aligned}\right\} \tag{1-20}$$

1.7.2 力对轴之矩

在工程中，常遇到刚体绕定轴转动的情形，为了度量力对转动刚体的作用效应，必须引入力对轴之矩的概念。

现以关门为例，如图 1.34 所示，门上一边有固定轴 z，在 A 点作用一力 $\dot{F}$，度量此力对刚体的转动效应，现将 $\dot{F}$ 分解为平行于 z 轴的分力 $\dot{F}_z$ 和垂直于 z 轴的分力 $\dot{F}_{xy}$（$\dot{F}$ 在垂直于 z 轴上的平面上的投影）。由于 $\dot{F}_z$ 对 z 轴之矩为零，只有 $\dot{F}_{xy}$ 对 z 轴有矩，即 $\dot{F}_{xy}$ 对 z 轴之矩就是力 $\dot{F}$ 对 z 轴之矩。d 为点 O 到力 $\dot{F}_{xy}$ 作用线的距离，则有

$$M_z(\dot{F})=M_z(\dot{F}_{xy})=M_O(\dot{F}_{xy})=\pm F_{xy}d \tag{1-21}$$

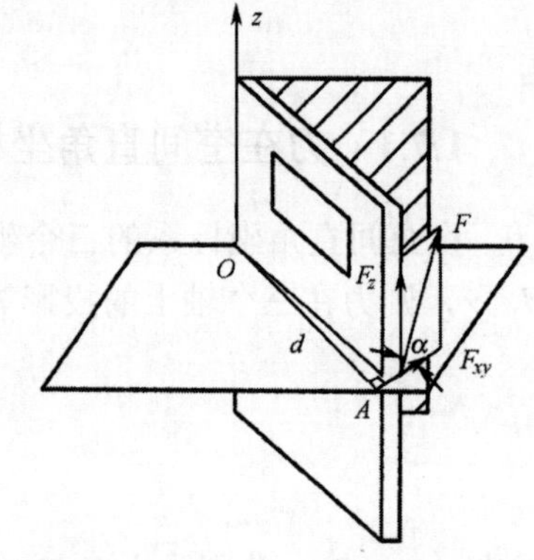

图 1.34　力对轴之矩

上式表明：**空间力对轴之矩是一个代数量，其值等于此力在垂直于该轴平面上的分力对该轴与平面的交点之矩**。其正负规定为：**从 z 轴的正向看，若力矩逆时针转动，则为正；反之为负**。

由力对轴之矩定义可知，当力的作用线与转轴平行时，或者与转轴相交时，即当力与转轴共面时，力对该轴之矩等于零。

1.7.3 合力矩定理

设有一空间力系由 $\dot{F}_1$，$\dot{F}_2$，…，$\dot{F}_n$ 组成，其合力为 $\dot{F}_R$，**则可证明合力 $\dot{F}_R$ 对某一轴之矩，等于力系中各力对同一轴之矩的代数和**，可写成：

$$M_z(\dot{F}_R)=\sum M_z(\dot{F}) \tag{1-22}$$

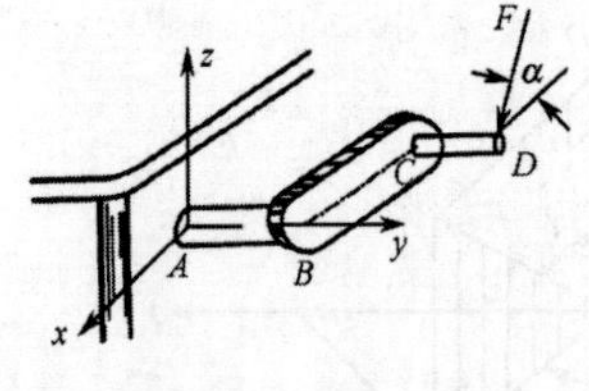

图 1.35　例 1.8 图

例 1.8　试计算如图 1.35 所示手柄力 $\dot{F}$ 对 x、y、z 轴之矩。已知：α=60°，F=100N，AB=20cm，BC=40cm，CD=15cm，A、B、C、D 处于同一水平面上。

解：$\dot{F}$ 为平行于 xOz 平面的力，在 x 轴和 z 轴上有投影，即 $F_x = F\cos 60°$，$F_z = F\sin 60°$。

按力对轴之矩，可求得：

$$M_x(\dot{F}) = -F_z(AB + CD) = -100\sin 60°\,(20 + 15) = -3031\text{N}\cdot\text{cm}$$

$$M_y(\dot{F}) = -F_z \times BC = -100\sin 60^\circ \times 40 = -3464\text{N}\cdot\text{cm}$$

$$M_z(\dot{F}) = -F_x(AB + CD) = -100\cos 60^\circ\ (20+15) = -1750\text{N}\cdot\text{cm}$$

1.7.4 空间力系的平衡方程

1. 空间力系平衡方程及其应用

某物体上作用有一个空间一般力系 $\dot{F}_1$，$\dot{F}_2$，…，$\dot{F}_n$。如果物体平衡，则力系平衡的必要与充分条件是：**该力系向任意点简化所得的主矢与主矩为零**。即 $\dot{F}_R'$=0，M_O=0。由此可得空间力系的平衡方程如下：

$$\left.\begin{aligned} &\sum F_x = 0 \\ &\sum F_y = 0 \\ &\sum F_z = 0 \\ &\sum M_x(\dot{F}) = 0 \\ &\sum M_y(\dot{F}) = 0 \\ &\sum M_z(\dot{F}) = 0 \end{aligned}\right\} \tag{1-23}$$

前三个方程称为**投影方程**，表示力系中各力在任意三个相互垂直的坐标轴上投影的代数和分别等于零。后三个方程称为**力矩方程**，表示力系中各力对三个坐标轴的力矩代数和分别为零，那么空间汇交力系的平衡方程为：

$$\left.\begin{aligned} &\sum F_x = 0 \\ &\sum F_y = 0 \\ &\sum F_z = 0 \end{aligned}\right\} \tag{1-24}$$

空间平行力系的平衡方程为：

$$\left.\begin{aligned} &\sum F_z = 0 \\ &\sum M_x(\dot{F}) = 0 \\ &\sum M_y(\dot{F}) = 0 \end{aligned}\right\} \tag{1-25}$$

以上两种力系只有三个独立的方程，故只能解三个未知量。

例 1.9 在三轮车上放一重量 F=1kN 的货物，重力的作用线在 M 点，如图 1.36（a）所示。已知：O_1O_2=1m，O_3D=1.6m，O_1E=0.4m，EM=0.6m，D 点是线段 O_1O_2 的中点，$EM\perp O_1O_2$。求 A、B、C 三处的约束反力。

解：（1）取小车为研究对象，画其受力图如图 1.36（b）所示。

（2）设坐标系，列出平衡方程：

$$\sum F_z = 0\text{，}\quad F_A + F_B + F_C - F = 0$$

$$\sum M_x = 0\text{，}\quad F_C \times 1.6 - F \times 0.6 = 0$$

$$\sum M_y = 0\text{，}\quad F \times 0.4 - F_B \times 1 - F_C \times 0.5 = 0$$

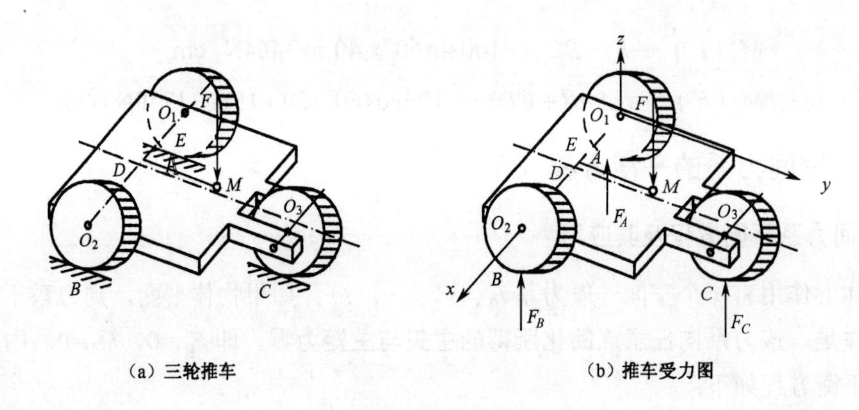

（a）三轮推车　　（b）推车受力图

图 1.36　例 1.9 图

解得：

$$F_C = \frac{0.6}{1.6} \times F = 0.375\text{kN}$$

$$F_B = F \times 0.4 - F_C \times 0.5 = 0.213\text{kN}$$

$$F_A = F - F_B - F_C = 0.412\text{kN}$$

2. 轴类构件的平衡问题的平面解法

在工程中，常将空间力系投影到三个坐标平面上，画出构件的三视图，分别列出它们的平衡方程，同样可解出未知量。这种将空间问题转化为三个平面问题的方法，称为**空间问题的平面解法**。本法适合于解轮轴类构件的平衡问题。

例 1.10　某鼓轮轴如图 1.37 所示，已知 W=8kN，b=c=30cm，a=20cm，大齿轮分度圆直径 d=40cm，在 E 点受 $\dot{F}_n$ 作用，$\dot{F}_n$ 与齿轮分度圆切线之夹角即压力角α=20°，鼓轮半径 r=10cm，A、B 两端为向心轴承。求：轮齿作用力 $\dot{F}_n$ 和轴承的约束反力。

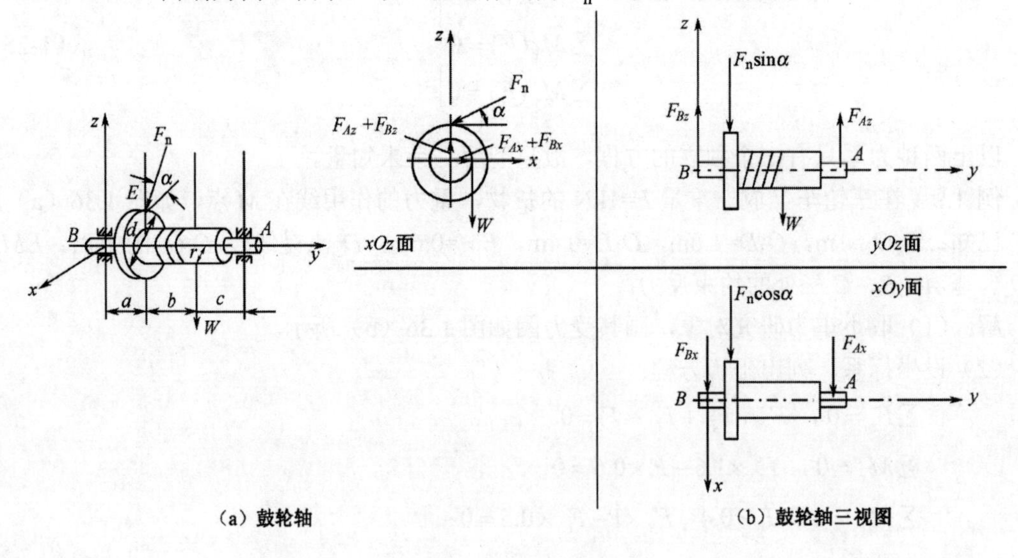

（a）鼓轮轴　　（b）鼓轮轴三视图

图 1.37　例 1.10 图

解：（1）取轴 AB 为研究对象，画出它在三个坐标平面上受力投影图，如图 1.37（b）所示。

（2）建立坐标系，列平衡方程。

xOz 平面：
$$\sum M_A(F)=0,\quad F_{\mathrm{n}}\cos\alpha\times\frac{d}{2}-Wr=0$$

得：
$$F_{\mathrm{n}}=\frac{Wr}{d/2\cos\alpha}=\frac{8\times10}{40/2\cos20^\circ}=4.26\mathrm{kN}$$

yOz 平面：
$$\sum M_B(F)=0\quad F_{Az}(a+b+c)-W(a+b)-F_{\mathrm{n}}\sin\alpha\times a=0$$

得：
$$F_{Az}=\frac{W(a+b)+F_{\mathrm{n}}\sin\alpha\times a}{a+b+c}=-5.36\mathrm{kN}$$

$$\sum F_z=0\quad F_{Az}+F_{Bz}-F_{\mathrm{n}}\sin\alpha-W=0$$

得：
$$F_{Bz}=F_{\mathrm{n}}\sin\alpha+W-F_{Az}=4.26\sin20^\circ+8-5.36=4.1\mathrm{kN}$$

xOy 平面：
$$\sum M_B(F)=0,\quad F_{Ax}(a+b+c)+F_{\mathrm{n}}\cos\alpha\times a=0$$

得：
$$F_{Ax}=\frac{-F_{\mathrm{n}}\cos\alpha\times a}{a+b+c}=-1.07\ \mathrm{kN}$$

$$\sum F_x=0,\quad F_{\mathrm{n}}\cos\alpha+F_{Ax}+F_{Bx}=0$$

得：
$$F_{Bx}=-F_{\mathrm{n}}\cos\alpha-F_{Ax}=-5.07\mathrm{kN}$$

习　题　1

1.1　何谓二力杆？二力构件的受力与其形状有关吗？为什么？

1.2　如图 1.38 所示刚体作用一汇交力系，且各力都不等于零，图中的 F_1 与 F_2 共线。试判断此力系能否平衡。

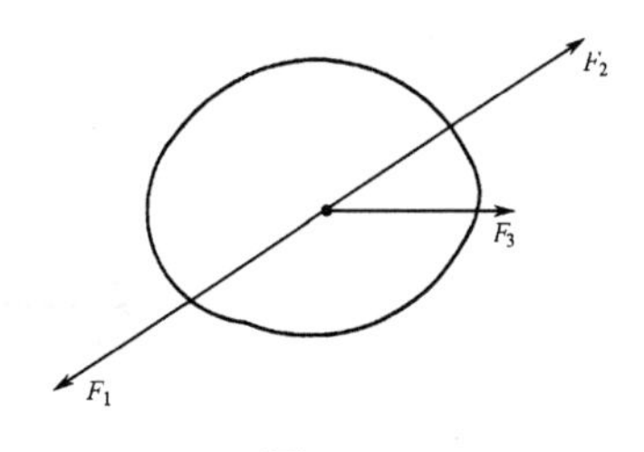

图 1.38

1.3　如图 1.39 所示各图中，力或力偶对点 A 的矩都相等，试分析三种情况的支座反力是否相同。

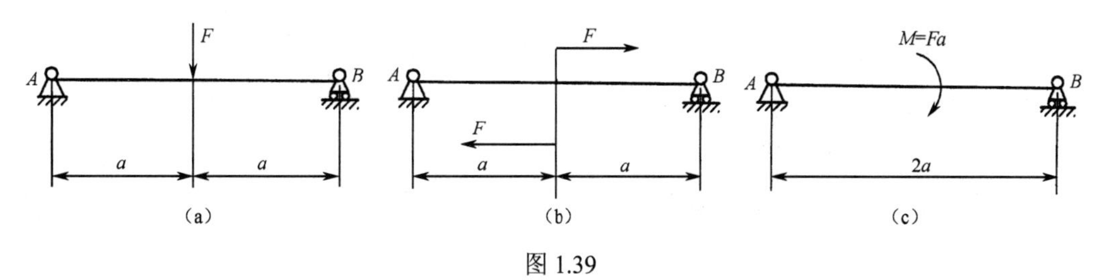

图 1.39

1.4 如果空间一般力系中各力作用线都平行于某一固定平面，试问这种力系有几个平衡方程？

1.5 分别画出图 1.40 中标有字符的物体的受力图。

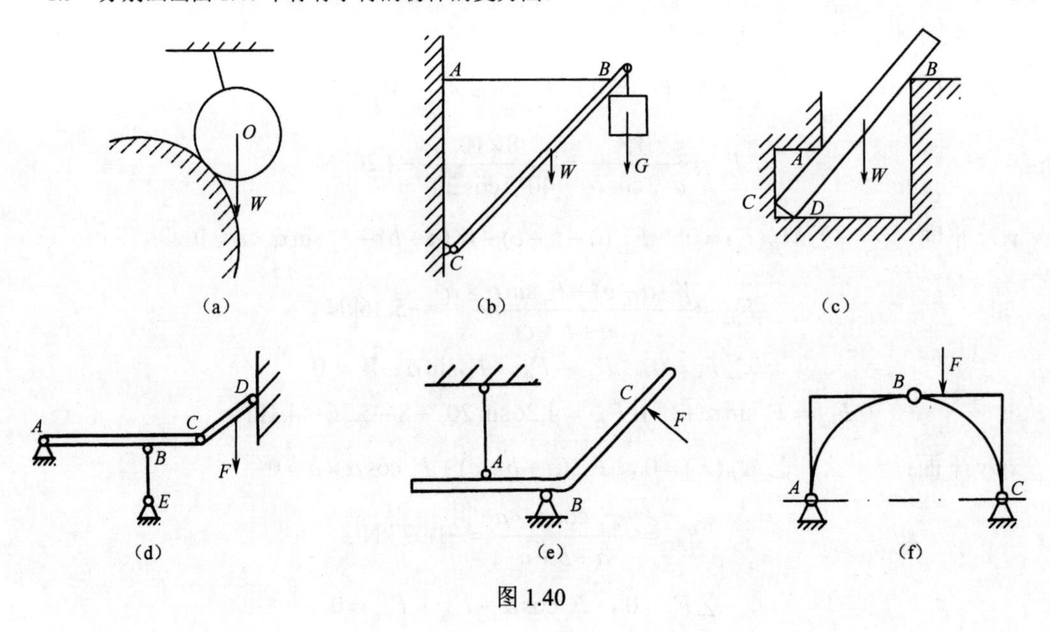

图 1.40

1.6 简易起重机支架 ABC 如图 1.41 所示，通过定滑轮匀速吊起重物，G=2kN。各杆自重、滑轮大小和各处摩擦均不计，求杆 AB 和 AC 所受的力。

1.7 图 1.42 所示梁 AB 上作用一力偶，其力偶矩 M=100N·m，梁长 AB=4m，不计梁的自重，求 A、B 支座的反力。

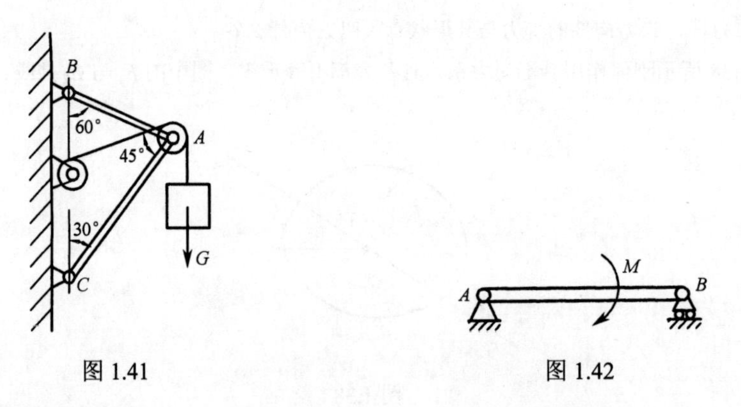

图 1.41　　图 1.42

1.8 如图 1.43 所示，已知 q、a，且 $F=qa$、$M=qa^2$，试求梁的支座反力。

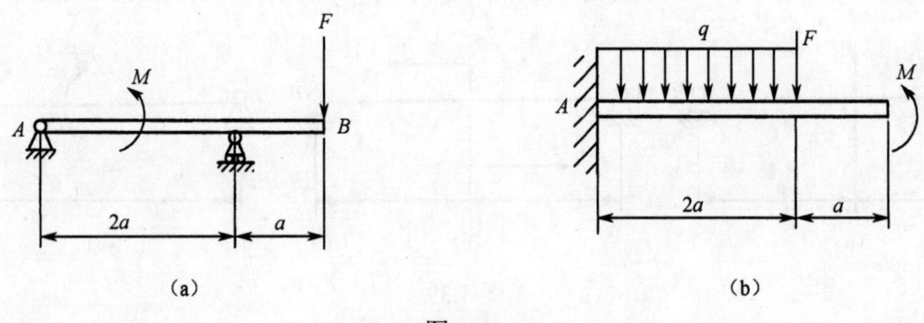

图 1.43

1.9 如图 1.44 所示，重 W 的均质球半径为 r，放在墙与杆 AB 之间，B 端用水平绳索拉住，杆长为 l，其与墙夹角为α。若不计杆重，求绳索的拉力，并问α为何值时绳的拉力最小？

1.10 楔形块放在 V 形槽内如图 1.45 所示，槽间夹角为 2α，所受力为 Q，两侧面间的摩擦系数均为 f，求沿槽推动楔块所需的最小水平力 F。

1.11 已知作用于手柄之力 F=100N，AB=10cm，BC=40cm，CD=20cm，α=30°，如图 1.46 所示，试求 $\dot{F}$ 对 y 轴之矩。

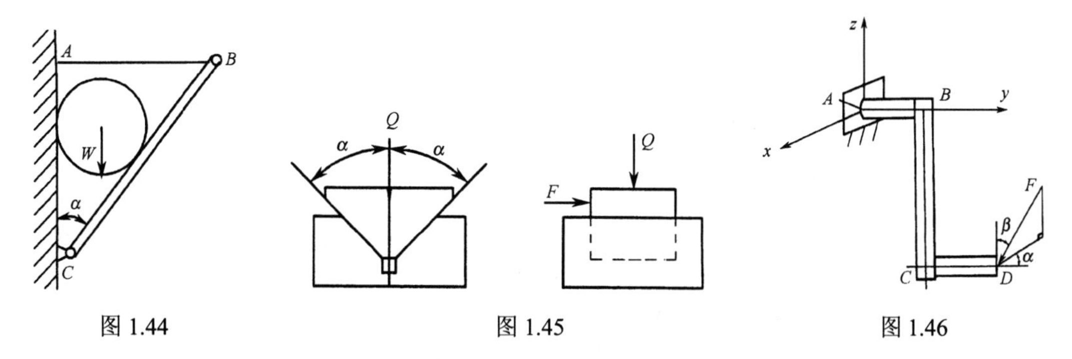

图 1.44　　图 1.45　　图 1.46

1.12 如图 1.47 所示为一绞车的正、侧视图，已知 G=2kN，试问垂直作用于手柄的力 F 应多大才能保持平衡，并求轴承的约束反力。

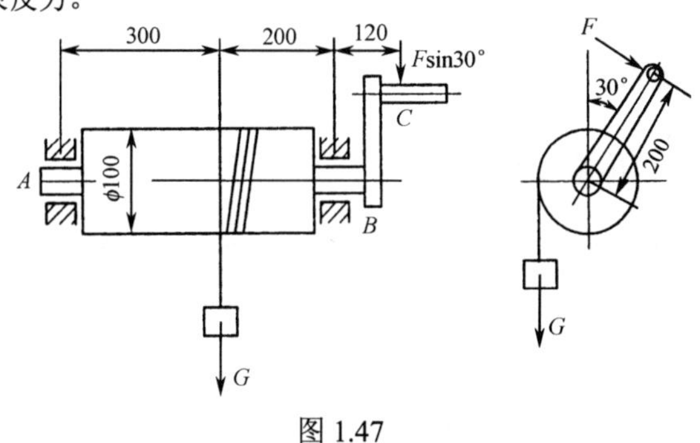

图 1.47

1.13 如图 1.48 所示某传动轴由两个轴承支承，直齿圆柱齿轮节圆直径 d=17.3cm，压力角α=20°，在法兰盘上作用一力偶矩 M=1030N·m 的力偶，若轮轴上的自重及摩擦不计，求传动轴匀速转动时 A、B 两轴承的约束反力。

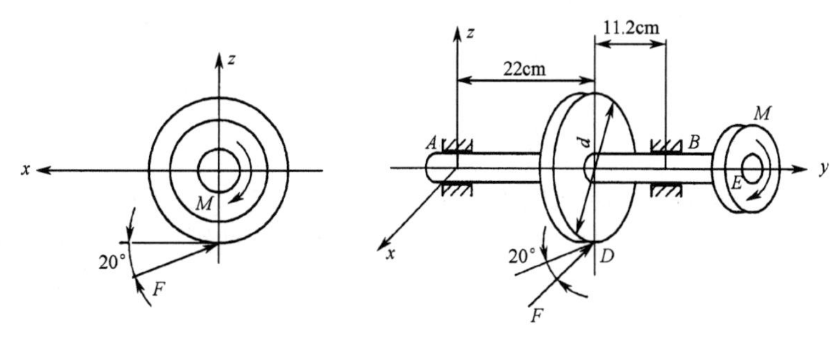

图 1.48

第 2 章　构件的强度和刚度

各种机器设备和工程机构都是由若干个构件组成的。生产实践中，必须使组成机器或机构的构件能够安全可靠的工作，才能保证机器或机构的安全可靠性。构件的安全可靠性通常是用构件承受载荷的能力（简称承载能力）来衡量的。研究构件承载能力的科学也称为**材料力学**。

构件的承载能力包括以下三方面的要求：

（1）强度。构件在载荷作用下会产生变形，构件产生显著的塑性变形或断裂将导致构件失效。例如，连接用的螺栓，产生显著的塑性变形就丧失了正常的连接功能。所以，把构件抵抗破坏的能力称为**构件的强度**。

（2）刚度。把构件抵抗变形的能力称为构件的**刚度**。

（3）稳定性。压杆能够维持原来直线平衡状态的能力称为**压杆的稳定性**。

2.1　轴向拉伸与压缩

2.1.1　轴向拉伸与压缩实例

轴向拉伸或压缩是杆件基本变形中最简单、最常见的一种。在图 2.1（a）所示的支架中，杆 *AB*、杆 *BC* 铰接于 *B* 点，在 *B* 点铰接处悬吊重物 *W*，由图 2.1（b）静力分析可知：杆 *AB* 是二力构件，受到压缩；杆 *BC* 也是二力构件，受到拉伸。

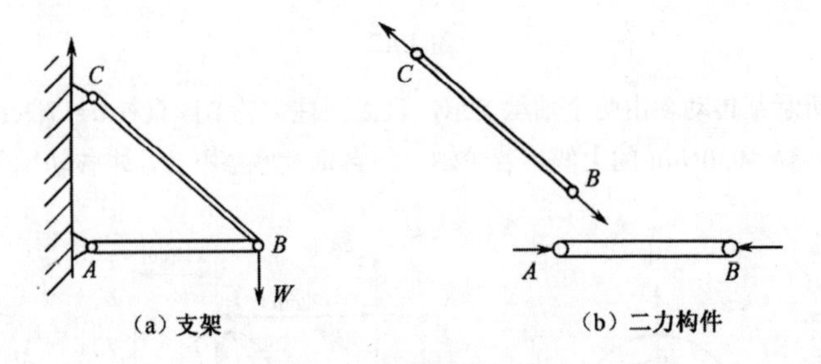

图 2.1　支架静力分析

此外，内燃机中的连杆、压缩机中的活塞等均属此类。这些构件具有共同的受力特点：作用于构件的外力与构件的轴线重合，构件的变形沿着轴线方向伸长或缩短。图 2.2 所示为轴向拉伸与压缩的简图。

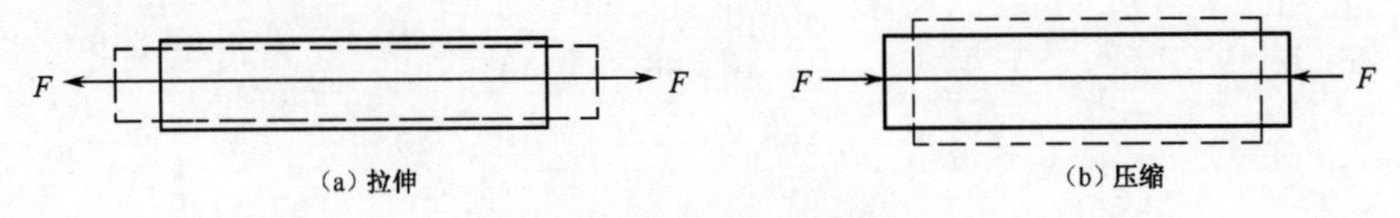

图 2.2　轴向拉伸与压缩

2.1.2 截面法、轴力与轴力图

1. 内力

杆件以外物体对杆件的作用力称为**外力**。杆件在外力作用下，连接两部分之间的相互作用力称为**内力**。内力随着外力的增大而增大，达到一定限度时，杆件就会发生破坏。

2. 截面法

要确定杆件某一截面中的内力，可以假想将杆件沿所求内力的截面截开，将杆分为两部分，并取其中一部分作为研究对象，此时，截面上的内力被显示出来，并成为研究对象上的外力。再由静力平衡条件求出此内力。这种求内力的方法称为**截面法**。其步骤概括如下。

（1）截：沿欲求内力的截面，假想用一个截面把杆件分为两段。

（2）取：取出任一段（左段或右段）为研究对象。

（3）列：列平衡方程式，求解内力。

3. 轴力与轴力图

拉、压杆内力的作用线与杆件轴线重合，用符号 F_N 表示，称为**轴力**。**方向规定：当轴力的方向背离截面时，杆件受拉，规定为正；当轴力的方向指向截面时，杆件受压，规定为负。**

为了形象直观地表示出各截面轴力的大小，用平行于杆轴线的 x 轴表示横截面位置，以垂直于 x 轴的坐标 F_N 表示轴力的数值，将各截面的轴力按一定比例画在坐标图上，并连以直线，得到的图线称为**轴力图**，如图 2.3 所示。轴力图可以形象地表示轴力随杆长的变化情况，明显看出最大轴力所在的位置。

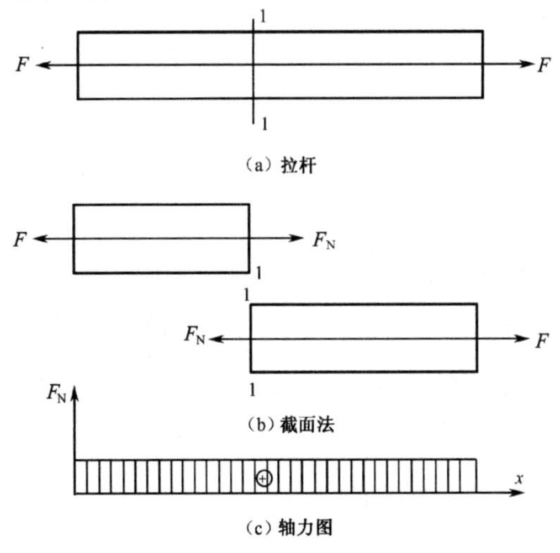

图 2.3 轴力图

例 2.1 杆件受力如图 2.4（a）所示，已知 F_1=20kN，F_2=30kN，F_3=10kN。试画出杆的轴力图。

解：（1）计算各段杆的轴力。

CD 段：用 1-1 截面在 *CD* 段内将杆件截开，取左段为研究对象，如图 2.4（b）所示，以 F_{N1} 表示截面上的轴力，并假设为拉力。由平衡方程：

$$\sum F_x = 0 \text{，} \quad F_{N1} + F_1 = 0$$

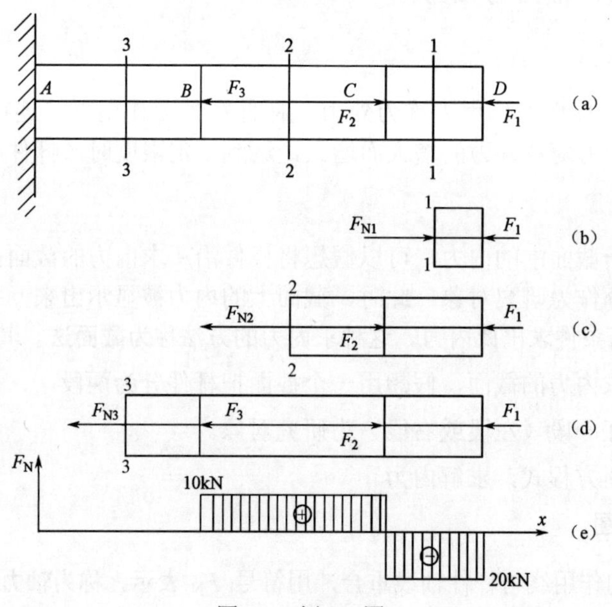

图 2.4 例 2.1 图

得：

$$F_{N1} = -F_1 = -20\text{kN}$$

式中，负号表示 *CD* 段轴力 F_{N1} 实际为压力。

BC 段：类似上述步骤，如图 2.4（c）所示，由平衡方程：

$$\sum F_x = 0\,,\quad F_{N2} + F_1 - F_2 = 0$$

得：

$$F_{N2} = -F_1 + F_2 = -20 + 30 = 10\text{kN}$$

式中，正号表示 *BC* 段轴力 F_{N2} 实际为拉力。

AB 段：同上。如图 2.4（d）所示，可得：

$$F_{N3} = -F_1 + F_2 - F_3 = -20 + 30 - 10 = 0$$

（2）画轴力图。以平行于杆轴的 x 轴为横坐标，垂直于杆轴的 F_N 轴为纵坐标，按一定比例将各段轴力标在坐标上，可作出轴力图，如图 2.4（e）所示。

2.1.3 拉（压）杆横截面上的应力

求出杆件轴力后，要解决强度问题还需要进一步研究横截面上的应力。应力的分布情况不能直接观察出来，但内力与变形有关，因此，可以通过变形来推测应力的分布。

如图 2.5 所示，在一等截面直杆的表面上，刻画出与轴线垂直的横线 *ab*、*cd*。在杆的两端施加一对轴向拉力 *F*，可以观察到，*ab*、*cd* 平行向外移动并与轴线垂直，只是相对距离增大了。

根据上述现象，假设在变形过程中，横截面始终保持为横截面，即为平面假设。在平面假设的基础上，设想任意两横截面之间所有纵向纤维都伸长相同的长度。

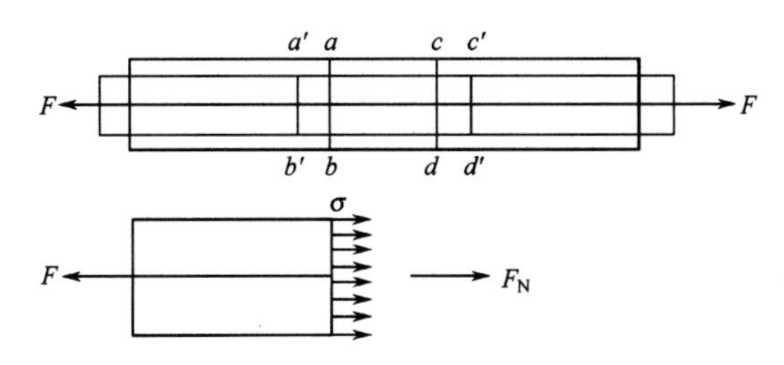

图 2.5　拉（压）杆横截面上的应力

根据材料的均匀连续假设，横截面上各点处纵向纤维的变形相同，受力也相同，因而轴力在横截面上是均匀分布的，且方向垂直于横截面。由上述可得结论：**轴向拉（压）时，横截面上各点处产生正应力**，用符号σ表示。其应力公式为：

$$\sigma = \frac{F_N}{A} \tag{2-1}$$

式中，F_N——横截面的轴力（N）；

　　A——横截面面积（mm^2）。

应力的单位是帕斯卡，简称帕，记作 Pa，即 $1Pa=1N/m^2$。由于 Pa 的单位较小，工程中常用 MPa（N/mm^2）或 GPa 作为应力单位，它们之间的换算关系为：

$$1GPa=10^3MPa=10^9Pa$$

正应力σ的正负规定为：**拉应力为正，压应力为负。**

例 2.2　如图 2.4 所示的例 2.1 的杆件，若各段横截面面积 $A=100mm^2$，试求各段横截面上的正应力。

解：（1）计算各段轴力并作轴力图。

CD 段：$F_{N1}=-20kN$

BC 段：$F_{N2}=10kN$

（2）确定应力。

CD 段：$\sigma_1 = \frac{F_{N1}}{A} = -\frac{20\times10^3}{100}$=-200MPa（压应力）

BC 段：$\sigma_2 = \frac{F_{N2}}{A} = \frac{10\times10^3}{100}$=100MPa（拉应力）

2.1.4　拉伸与压缩变形

1. 变形与线应变

如图 2.6 所示，等截面直杆的原长为 l，横向尺寸为 b，在轴向外力作用下，纵向伸长到 l_1，横向缩短到 b_1。把拉（压）杆的纵向伸长（或缩短）量称为绝对变形，用Δl 表示；横向伸长（或缩短）量用Δb 表示。

轴向变形：$\Delta l=l_1-l$

纵向变形：$\Delta b=b_1-b$

拉伸时Δl 为正，Δb 为负；压缩时Δl 为负，Δb 为正。

图 2.6　变形与线应变

绝对变形与杆件的原长有关，不能准确反映杆件的变形程度。消除杆长的影响，单位长度的变形量称为相对变形，用ε、ε_1表示为：

$$\varepsilon = \frac{\Delta l}{l} = \frac{l_1 - l}{l}$$

$$\varepsilon_1 = \frac{\Delta b}{b} = \frac{b_1 - b}{b}$$

ε与ε_1都是量纲为 1 的量，又称为**线应变**，其中ε称为纵向线应变，ε_1称为横向线应变。

实验表明，在材料的弹性范围内，其横向线应变与纵向线应变的比值为一常数，记作μ，称为泊松比。

$$\varepsilon_1 = -\mu\varepsilon$$

几种常用工程材料的μ值见表 2-1。

2. 胡克定律

实验表明，对等截面、等内力的拉（压）杆，当应力不超过某一极限值时，杆的纵向变形Δl与轴力F_N成正比，与杆长l成正比，与横截面面积A成反比。这一比例关系称为胡克定律。引入比例常数E，即

$$\Delta l = \frac{F_N l}{EA} \tag{2-2}$$

式中，比例系数E称为**材料的拉（压）弹性模量**，单位为 GPa。各种材料的弹性模量E由实验测定。几种常用工程材料的E、μ值见表 2-1。

表 2-1　几种常用工程材料的 E、μ 值

材 料 名 称	E（GPa）	μ
低碳钢	196～216	0.25～0.33
合金钢	186～216	0.24～0.33
灰铸铁	78.5～157	0.23～0.27
铜合金	72.6～128	0.31～0.42
铝合金	70	0.33

由公式（2-2）可知，轴力、杆长、横截面面积相同的直杆，E值越大，Δl越小，这说明E值表征了材料抵抗弹性变形的能力。EA值越大，Δl越小，拉（压）杆抵抗变形的能力就越强，所以，EA值是拉（压）杆抵抗变形能力的量度，称为**杆件的抗拉（压）刚度**。

对式（2-2）除以l，并用σ代替F_N/A，胡克定律可化简成另一种表达形式，即

$$\sigma = E\varepsilon \tag{2-3}$$

式（2-3）表明，当应力不超过某一极限值时，应力与线应变成正比。

2.1.5 材料拉伸与压缩时的力学性能及强度计算

1．材料拉伸与压缩时的力学性能

材料在外力作用下表现出来的性能称为**材料的力学性能**。材料的力学性能是通过试验的方法测定的，它是进行强度、刚度计算和选择材料的重要依据。

（1）塑性材料拉伸与压缩时的力学性能。工程中应用较广泛的塑性材料为低碳钢、铜和铝等。低碳钢在拉伸试验中具有典型性，因此主要介绍它的力学性能。通常把试验用的材料按国标中规定的标准，先做成如图 2.7 所示的标准试件，试件中间等直径杆部分为试验段，其长度 l 称为**标距**。

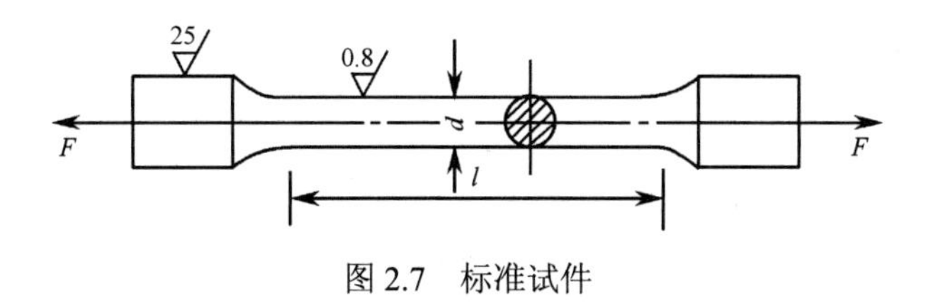

图 2.7 标准试件

① 低碳钢拉伸时的力学性能。试验时，将试件两端装夹在试验机工作台上、下夹头里，然后对其缓慢加载，直到把试件拉断为止。试验机上装有自动绘图仪，能自动绘出载荷 F 与变形Δl 的关系曲线，称为 $F-\Delta l$ 曲线。为消除尺寸的影响，将曲线纵坐标除以试件横截面面积 A，横坐标除以试件长度 l，$F-\Delta l$ 曲线就变成$\sigma-\varepsilon$ **曲线**。图 2.8 为低碳钢 Q235 拉伸时的$\sigma-\varepsilon$曲线。

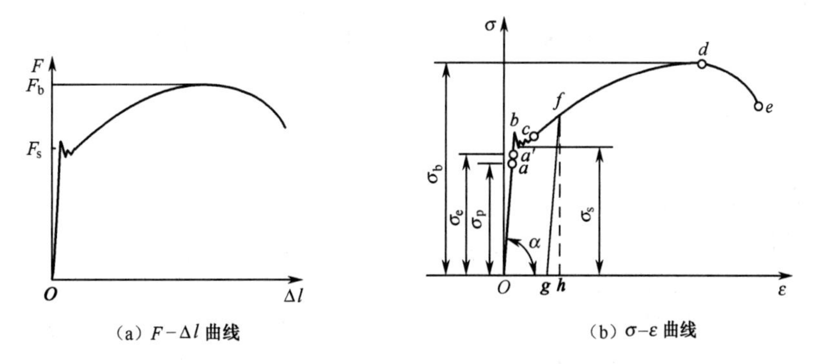

图 2.8 低碳钢 Q235 拉伸时的 $F-\Delta l$ 曲线和$\sigma-\varepsilon$曲线

由试验结果可以看出，其$\sigma-\varepsilon$曲线可分为以下四个阶段：

a．弹性阶段。在应力不超过 a' 点所对应的应力时，材料的变形全部是弹性的，即卸除载荷时，试件的变形全部消失。弹性阶段的最高点相对应的应力值σ_e 为材料的弹性极限。

在弹性阶段内，Oa 是直线，表明应力与应变成正比，材料符合胡克定律，即$\sigma=E\varepsilon$。直线 Oa 的斜率 $\tan\alpha=\dfrac{\sigma}{\varepsilon}=E$ 称为**材料的弹性模量**。直线部分最高点 a 对应的应力值σ_p 称为材料的比例极限。Q235 的$\sigma_p\approx200$MPa。

由于弹性极限与比例极限非常接近，工程实际中通常不严格区分。

b．屈服阶段。当应力超过图 2.8（b）中 b 点后，出现了锯齿形曲线，这表明应力变化

不大，但应变急剧增加，材料失去了抵抗变形的能力，这种现象称为**材料的屈服**，屈服阶段的最低点应力值σ_s称为**材料的屈服极限**，这时试件表面出现了与轴线大约成 45° 的滑移线。在这一阶段，材料将出现不能消失的塑性变形，这在工程上是不允许发生的。因此**屈服极限σ_s是衡量材料强度的重要指标**。Q235 的$\sigma_s \approx 235$MPa。

c．强化阶段。经过屈服阶段后，曲线从 c 点开始逐渐上升，材料又恢复了抵抗变形的能力，这种现象称为**强化**，这一阶段称为强化阶段。曲线最高点所对应的应力值σ_b称为**材料的强度极限，它是衡量强度的另一个重要指标**。Q235 的$\sigma_b \approx 400$MPa。

d．颈缩阶段。应力达到σ_b后，试件在某一局部范围内横向尺寸突然缩小，出现“颈缩”现象，如图 2.9 所示。试件很快被拉断。

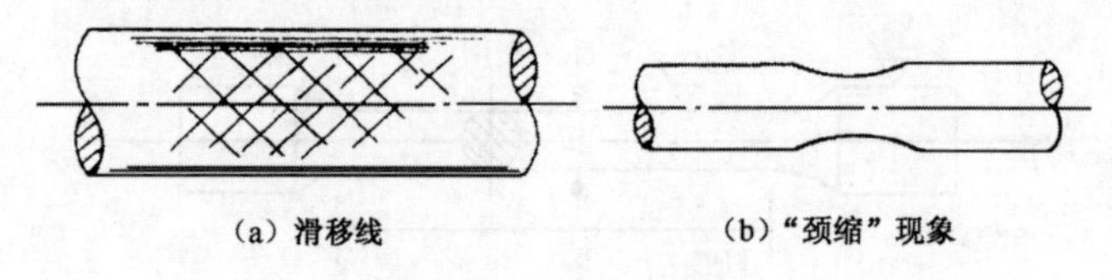

图 2.9 “颈缩”现象

e．塑性指标。

伸长率：$\delta = \dfrac{l_1 - l}{l}$

式中，δ——伸长率；

l_1——试件拉断后的长度；

l——试件原长度。

一般把$\delta \geqslant 5\%$的材料称为塑性材料；$\delta < 5\%$的材料称为脆性材料。

截面收缩率：

$$\psi = \frac{A - A_1}{A}$$

式中，ψ——截面收缩率；

A——试件原横截面面积；

A_1——试件断口处横截面面积。

δ、ψ值越大，其塑性越好，因此，δ、ψ是衡量材料塑性的主要指标。Q235 的δ=25%～27%，ψ=60%，是典型的塑性材料；而铸铁、混凝土、石料等没有明显的塑性变形，是脆性材料。

f．冷作硬化。在σ-ε曲线上的某一点 f 停止加载，并缓慢地卸去载荷，σ-ε曲线将沿着与 Oa 近似平行的直线 fg 退回到 g 点，gh 是消失了的弹性变形，Og 是残留下来的塑性变形，若卸载后再重新加载，σ-ε曲线将基本沿着 gf 上升到 f 点，再沿 fde 线直至拉断。把这种将材料预拉到强化阶段后卸载，重新加载使材料的比例极限和屈服极限得到提高而塑性降低的现象，称为**冷作硬化**。工程中利用冷作硬化来提高材料的承载能力，如冷拔钢筋。

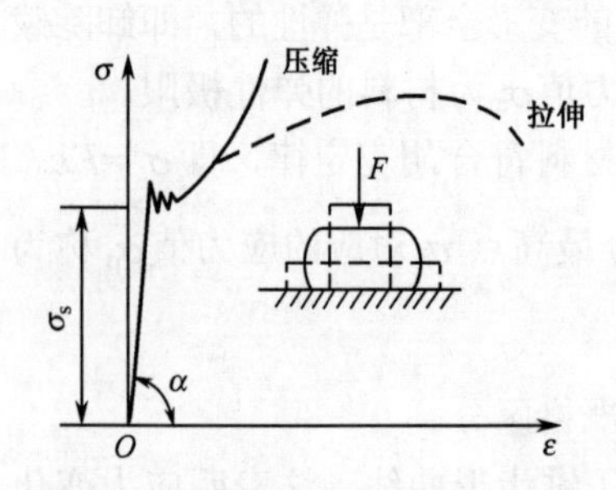

图 2.10 低碳钢压缩时的σ-ε曲线

② 低碳钢压缩时的力学性能。图 2.10 所示实线是低

碳钢压缩时的σ-ε曲线，与拉伸时σ-ε曲线（虚线）相比较，在屈服阶段以前，两曲线重合，低碳钢压缩时的比例极限、屈服极限、弹性模量均与拉伸时相同，过了屈服极限之后，试件越压越扁，不能被压坏，因此，测不出强度极限。

（2）脆性材料在拉伸与压缩时的力学性能。

① 抗拉强度σ_b。铸铁是脆性材料的典型代表。图 2.11（a）是铸铁拉伸时的σ-ε曲线，从图中可以看出，曲线没有明显的直线部分和屈服阶段，无颈缩现象而发生断裂破坏，断口平齐，塑性变形很小。把断裂时曲线最高点所对应的应力值σ_b称为**抗拉强度**。

② 抗压强度σ_{bc}。图 2.11（b）是铸铁压缩时的σ-ε曲线，曲线没有明显的直线部分，在应力很小时可以近似地认为符合胡克定律。曲线没有屈服阶段，变形很小时沿轴线大约成 45° 的斜面发生破坏。曲线最高点的应力值称为**抗压强度**，用σ_{bc}表示。

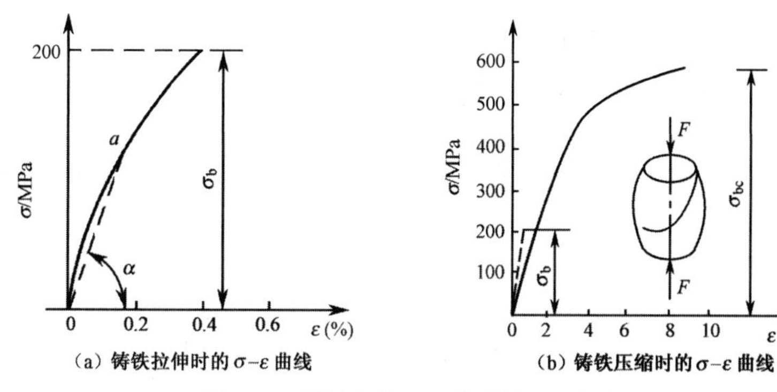

图 2.11　铸铁拉伸及压缩时的σ-ε曲线

与拉伸σ-ε曲线比较，铸铁材料的抗压强度约是抗拉强度的 4～5 倍。其抗压性能远大于抗拉性能，反映了脆性材料共有的属性。因此，工程中铸铁等脆性材料常用作受压构件。

2．杆件拉伸与压缩时的强度计算

（1）许用应力。任何工程材料能承受的应力都是有限度的，一般把使材料丧失正常工作能力时的应力称为**极限应力**。塑性材料的屈服极限σ_s与脆性材料的强度极限σ_b都是材料的极限应力。

由于工程构件的受载难以精确估计，以及构件材质的不均匀性、计算方法的近似性，为确保构件安全，还应使其有适当的强度储备。一般把极限应力除以大于 1 的安全系数 n 作为工作应力的最大允许值，称为**许用应力**，用$[\sigma]$表示，即

塑性材料：$[\sigma]=\dfrac{\sigma_s}{n_s}$

脆性材料：$[\sigma]=\dfrac{\sigma_b}{n_b}$

n_s、n_b分别为**塑性材料和脆性材料的安全系数**。

安全系数的选取是一个比较复杂的工程问题，如果取得过小，许用应力就会偏大，设计出的构件截面尺寸将偏小，虽能节约材料，但其可靠性会降低；若取得过大，许用应力就会偏小，构件截面尺寸将偏大，虽能偏于安全，但需多用材料，因此安全系数一定要选取得当。工程中塑性材料的安全系数 n_s=1.5～2.5，脆性材料的安全系数 n_b=2.0～3.5。

（2）拉、压杆的强度计算。为了保证杆件具有足够的强度，要求杆件内最大工作应力不得超过材料的许用应力，即

$$\sigma_{\max}=\frac{F_{\mathrm{N}}}{A}\leqslant[\sigma] \tag{2-4}$$

式（2-4）即为拉、压杆的强度条件。

对于塑性材料，拉、压强度条件相同；而对脆性材料来说，许用拉应力与许用压应力不相同，拉、压强度条件分别为：

拉强度条件：$\sigma_{\max}^{+}=\dfrac{F_{\mathrm{N}}}{A}\leqslant[\sigma^{+}]$

压强度条件：$\sigma_{\max}^{-}=\dfrac{F_{\mathrm{N}}}{A}\leqslant[\sigma^{-}]$

利用强度条件可以进行三方面计算：

① 强度校核。已知构件的横截面面积、材料的许用应力及所受的载荷，应用式（2-4）可以检验构件的强度是否足够。

② 设计截面。已知构件所受的载荷及材料的许用应力，则构件所需的横截面面积可用下式计算：

$$A\geqslant\frac{F_{\mathrm{N}}}{[\sigma]}$$

③ 确定许可载荷。已知构件的横截面面积 A 及材料的许用应力，则构件所承受的载荷可用下式计算：

$$F_{\mathrm{N}}\leqslant A\cdot[\sigma]$$

例 2.3 某铣床工作台进给液压缸如图 2.12 所示，缸内工作液压 p=2MPa，液压缸内径 D=75mm，活塞杆直径 d=18mm，已知活塞杆材料的[σ]=50MPa，试校核活塞杆的强度。

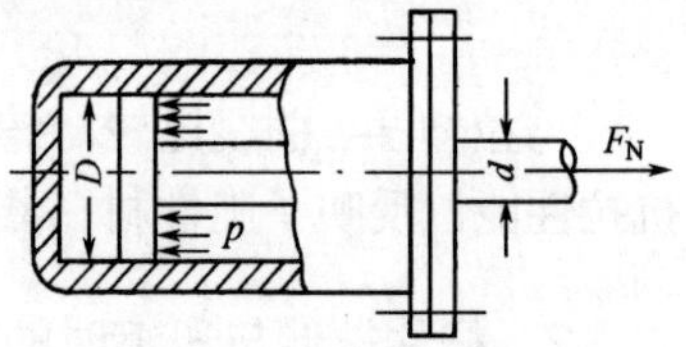

图 2.12　例 2.3 图

解：（1）求活塞的轴力。

$$F_{\mathrm{N}}=pA=p\frac{\pi}{4}(D^2-d^2)=2\times10^6\times\frac{\pi}{4}\times(75^2-18^2)\times10^{-6}=8.3\times10^3\,\mathrm{N}=8.3\mathrm{kN}$$

（2）按强度条件校核。

$$\sigma_{\max}=\frac{F_{\mathrm{N}}}{A}=\frac{8.3\times10^3}{\pi\times18^2\times10^{-6}/4}=40.04\mathrm{MPa}$$

因为 $\sigma_{\max}<[\sigma]$，所以活塞杆强度足够。

2.2 剪切与挤压

2.2.1 工程实例

工程上常用螺栓、铆钉、销钉、键等作为连接件。如图 2.13 所示的键连接和图 2.14 所示的铆钉连接，这些连接件都是受剪切零件的实例，它们有共同的特点：**受一对大小相等、方向相反、作用线平行且相距很近的外力作用，两力作用线之间的截面发生相对错动，这种变形称为剪切变形**，产生相对错动的截面称为**剪切面**。

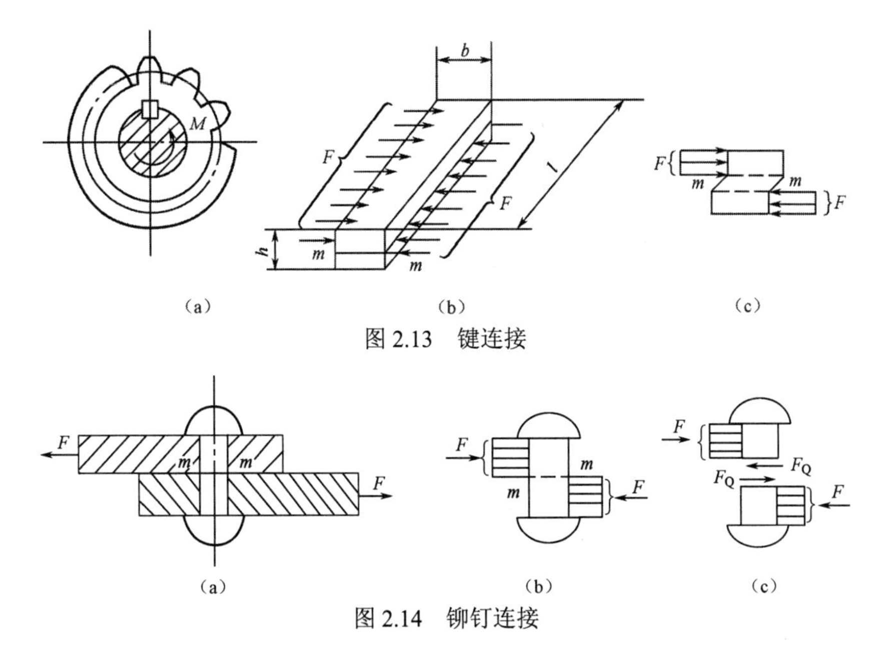

图 2.13　键连接

图 2.14　铆钉连接

连接件发生剪切变形的同时，连接件与被连接件的接触面相互作用而压紧，这种现象称为挤压。**挤压力过大时，在接触面的局部范围内将发生塑性变形，或被压溃，这就是挤压破坏**。挤压与压缩是两个不同的概念，挤压变形发生在两构件相互接触的表面，而压缩则发生在一个构件上。

2.2.2　实用计算

1. 剪切的实用计算

为了对连接件进行剪切强度计算，需求出剪切面上的内力。现以图 2.14 所示的铆钉为例，用截面法假想地将铆钉沿剪切面 $m\text{-}m$ 截开，任取一部分为研究对象，如图 2.14（c）所示，由平衡方程求得

$$F_Q = F$$

这个平行于截面的内力称为剪力，用 F_Q 表示。其平行于截面的应力称为**切应力**，用符号 τ 表示。剪力在剪切面上的分布较复杂，工程上常采用实用计算，即假设剪切面上的剪力是均匀分布的，因此

$$\tau = \frac{F_Q}{A} \tag{2-5}$$

式中，A 为剪切面面积。

为保证构件不发生剪切破坏，要求剪切面上的切应力不得超过材料的许用切应力，即

$$\tau = \frac{F_Q}{A} \leqslant [\tau] \tag{2-6}$$

式（2-6）为剪切强度条件。$[\tau]$ 可在有关手册中查得。

2. 挤压实用计算

如图 2.13（b）、（c）所示，键与键槽相互接触并产生挤压的侧面称为挤压面，把挤压

面上的作用力称为挤压力，用 F_{jy} 表示。挤压面上压应力称为**挤压应力**，用σ_{jy} 表示。挤压应力在挤压面上的分布也是较为复杂的。因此也采用实用计算，即假定挤压力在挤压面上是均匀分布的。由此可建立挤压的强度条件为：

$$\sigma_{jy}=\frac{F_{jy}}{A_{jy}}\leqslant[\sigma_{jy}]$$

式中，A_{jy} 为挤压计算面积。当接触面是平面时，接触面的面积就是挤压计算面积；当接触面是半圆柱面时，取圆柱体的直径平面作为挤压计算面积，如图 2.15（b）所示。

$[\sigma_{jy}]$可由手册查得。

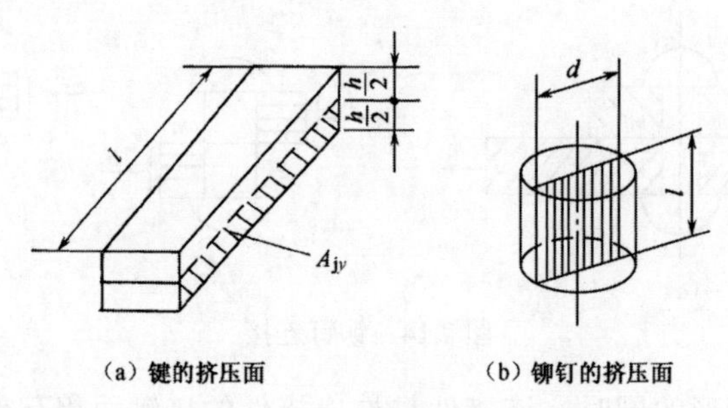

（a）键的挤压面　　（b）铆钉的挤压面

图 2.15　挤压面积

例 2.4　如图 2.16 所示，某齿轮用平键与轴连接，已知轴的直径 d=50mm，键的尺寸为 $l\times b\times h$=80mm×16mm×10mm，轴传递的扭矩 M=1kN · m，键的许用应力$[\tau]$=60MPa，许用挤压应力$[\sigma_{jy}]$=100MPa，试校核键的连接强度。

解：以键和轴为研究对象，其受力如图 2.16 所示，由平衡方程得

$$F=\frac{2M}{d}=\frac{2\times1\times10^3}{0.05}\text{N=40kN}$$

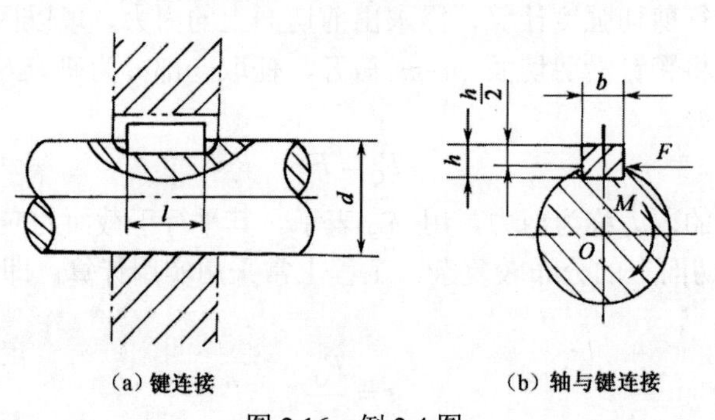

（a）键连接　　（b）轴与键连接

图 2.16　例 2.4 图

用截面法可求得剪力和挤压力为：

$$F_{\text{Q}}=F_{jy}=F=40\text{ kN}$$

校核键的强度，键的剪切面积 $A=bl$，挤压面积为 $A_{jy}=hl/2$，得剪应力和挤压应力分别为：

$$\tau=\frac{F_{\text{Q}}}{A}=\frac{40\times10^3}{16\times80}\text{=31.2MPa}<[\tau]$$

$$\sigma_{jy}=\frac{F_{jy}}{A_{jy}}=\frac{40\times10^3}{10\times80/2}=100\text{ MPa}<[\sigma_{jy}]$$

所以键的强度够。

2.3 圆轴扭转

2.3.1 工程实例

在工程实际中有些杆件会发生扭转变形，例如，开锁的钥匙，汽车方向盘操纵杆，图 2.17 所示机械中的传动轴等都是受扭的构件。

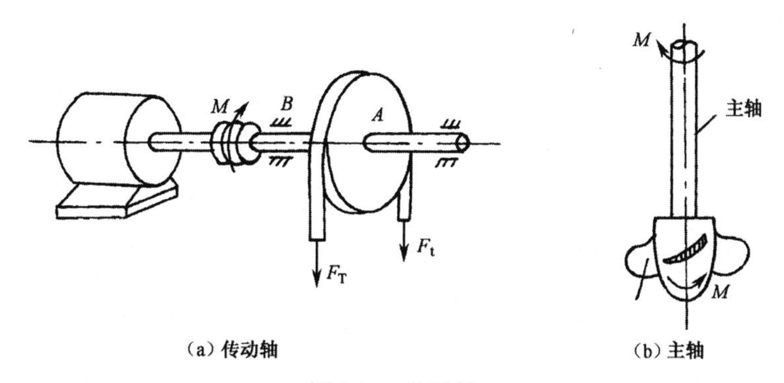

图 2.17 传动轴

扭转变形受力特点：**在垂直杆件轴线的平面内作用一对大小相等、方向相反的外力偶。其变形特点是：各横截面绕杆的轴线发生相对转动**，两截面相对转过的角度称为**扭转角**，如图 2.18 所示。

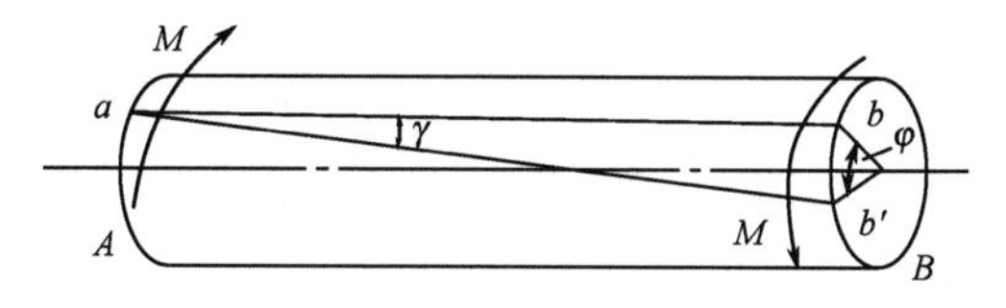

图 2.18 扭转角

2.3.2 扭矩与扭矩图

1. 外力偶矩的计算

实际中，作用于轴上的外力偶矩，并不都是直接给出的，根据给定的轴的转速 n 和轴传递的功率 P，由以下公式确定：

$$M = 9550\frac{P}{n} \tag{2-7}$$

式中，M——作用在轴上的外力偶矩（N·m）；

P——轴传递的功率（kW）；

n——轴的转速（r/min）。

2. 扭矩和扭矩图

（1）扭矩。圆轴在外力偶矩作用下，其横截面上将有内力产生，应用截面法可以求出横截面上的内力。如图 2.19 所示，假想地用一截面 m-m 将轴分成两段，取左段为研究对

象，如图 2.19（b）所示，由平衡方程得

$$T - M = 0$$

$$T = M$$

式中，T 为 m–m 截面的内力偶矩，称为**扭矩**。

如果取右段为研究对象，如图 2.19（c）所示，也可得到同样的结果。为了使从左、右两段求得同一截面上的扭矩相一致，通常使用右手螺旋法则规定扭矩的正负。即**以右手四指表示扭矩的转向，则大拇指的指向远离截面时，扭矩为正；反之，扭矩为负**，如图 2.19（d）所示。

（2）扭矩图。当轴上同时有几个外力偶作用时，各横截面上的扭矩必须分段计算。表示轴上各横截面扭矩变化规律的图形称为**扭矩图**。扭矩图的绘制方法与轴力图相似，即以横坐标表示横截面的位置，纵坐标表示相应截面的扭矩，正扭矩画在横坐标轴上方，负扭矩画在横坐标轴下方。

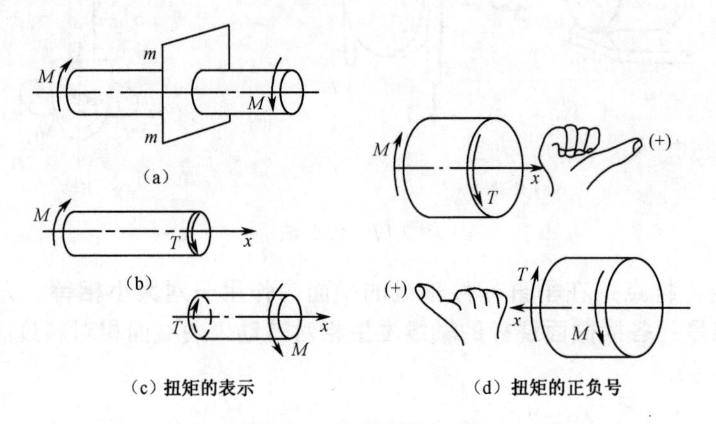

图 2.19　右手螺旋法则

例 2.5　图 2.20 所示为一传动轴，轮 A、B、C 上作用着外力偶，试画出轴的扭矩图。若将轮 A 和轮 B 的位置对调，其扭矩图有何改变？

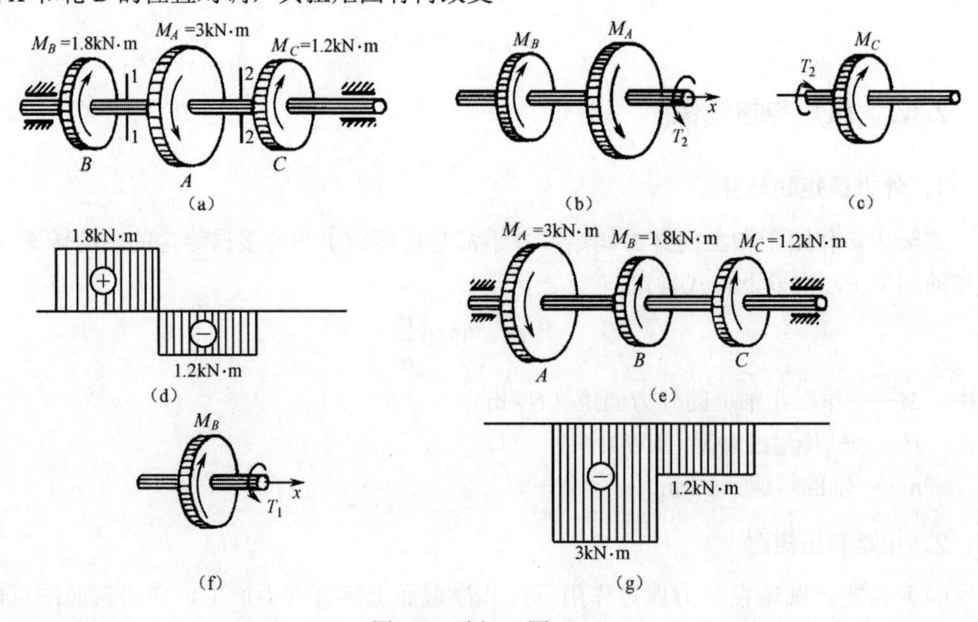

图 2.20　例 2.5 图

解：（1）计算各段扭矩。取 1-1 截面左侧为研究对象，如图 2.20（f）所示，T_1 表示截面的扭矩，由平衡方程得

$$T_1 = M_B = 1.8\text{kN}\cdot\text{m}$$

取 2-2 截面右侧为研究对象，如图 2.20（c）所示，T_2 表示截面的扭矩，由平衡方程得

$$T_2 = -M_C = -1.2\,\text{kN}\cdot\text{m}$$

若取右段为研究对象，如图 2.20（b）所示，结果与取左段相同。

（2）作扭矩图，如图 2.20（d）所示。

（3）对调轮 A 和轮 B 的位置后作扭矩图，如图 2.20（g）所示。

比较图 2.20（d）、（g）扭矩图，当轮的位置改变时，轴的扭矩最大值（绝对值）发生了变化，图 2.20（a）中 $|T|_{\max} = 1.8\,\text{kN}\cdot\text{m}$，而图 2.20（e）中 $|T|_{\max} = 3\,\text{kN}\cdot\text{m}$，轴的强度与扭矩的最大值有关。因此在布置各轮的位置时，要尽可能降低轴内的最大扭矩值。

2.3.3 圆轴扭转时横截面上的应力及强度计算

1. 圆轴扭转时横截面上的应力

为求得圆轴扭转时横截面上的应力，必须了解应力在截面上的分布规律，观察圆轴的变形情况。

取图 2.21（a）所示圆轴，在其表面画出一组平行轴线的纵向线与横向线（圆周线），表面形成许多小矩形。在轴上作用外力偶 M，可以观察到如下现象：

（1）各纵向线均倾斜一微小角度γ，原来轴表面上的小矩形变成平行四边形。

（2）圆周线均旋转了一微小角度，而圆周线的形状、大小及间距均无变化。

根据观察到的这些现象，由此可以得出：

① 相邻截面相对地转过了一个角度，即横截面间发生旋转式的相对错动，发生剪切变形，故横截面上有切应力存在。又因半径长度不变，故切应力方向必与半径垂直，如图 2.22 所示。

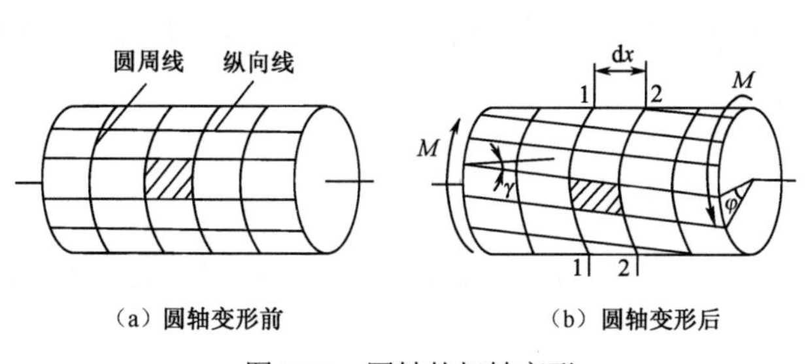

图 2.21 圆轴的扭转变形

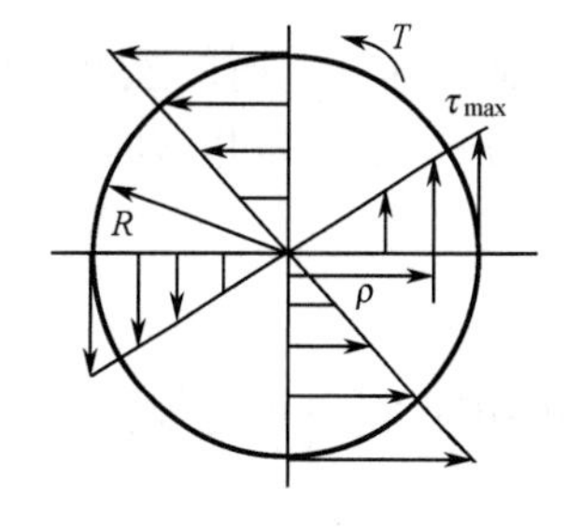

图 2.22 横截面上的切应力

② 由于相邻截面的间距不变，所以横截面上无正应力。

③ 横截面上的切应力在截面上不是均匀分布的，因此切应力计算公式不能直接写出，可通过几何关系、物理关系及静力学关系导出。因推导过程烦琐，在此不做详细介绍，只给出结果，即圆轴扭转时横截面上任意点的切应力计算公式为：

$$\tau_{\rho}=\frac{T\rho}{I_{P}} \tag{2-8}$$

式中，τ_{ρ}——横截面上任意点的切应力（MPa）；

T——横截面上的扭矩（N·m）；

ρ——横截面任意点到圆心的距离（mm）；

I_P——横截面对圆心的极惯性矩（m^4或mm^4）。

最大切应力发生在截面边缘处，即$\rho=R$时，其值为：

$$\tau_{max}=\frac{TR}{I_{P}}=\frac{T}{W_{P}} \tag{2-9}$$

式中，R为圆轴的半径（m或mm）；

$W_P=I_P/R$，称为**抗扭截面系数**（m^3或mm^3）。

极惯性矩及抗扭截面系数与截面的形状、大小有关，工程上圆轴有实心轴和空心轴，它们的I_P和W_P分别是：

实心轴：设直径为d，则有

$$I_{P}=\frac{\pi d^{4}}{32}\approx 0.1d^{4}$$

$$W_{P}=\frac{\pi d^{3}}{16}\approx 0.2d^{3}$$

空心轴：设外径为D_1，内径为d_1，则有

$$I_{P}=\frac{\pi}{32}D_{1}^{4}(1-\alpha^{4})\approx 0.1D_{1}^{4}(1-\alpha^{4})$$

$$W_{P}=\frac{\pi}{16}D_{1}^{3}(1-\alpha^{4})\approx 0.2D_{1}^{3}(1-\alpha^{4})$$

式中，$\alpha=d_1/D_1$。

2. 圆轴扭转时的强度计算

与拉伸（压缩）时的强度计算一样，圆轴扭转时必须使最大切应力τ_{max}不超过材料的许用切应力$[\tau]$，故圆轴扭转时的强度条件是：

$$\tau_{max}=\frac{T}{W_{P}}\leqslant[\tau]$$

许用切应力$[\tau]$值是根据试验测定的，可查有关手册。它与材料的许用拉应力$[\sigma]$之间存在下列关系：

对于塑性材料：$[\tau]=(0.5\sim0.6)[\sigma]$

对于脆性材料：$[\tau]=(0.8\sim1.0)[\sigma]$

例 2.6 某传动轴如图 2.23 所示，主动轮 C 输入外力偶矩 M_C=955N·m，从动轮 A、B、D 的输出外力偶矩分别为 M_A=159.2N·m，M_B=318.3N·m，M_D=477.5N·m，已知材料的许用应力$[\tau]$=40MPa，轴的直径为50mm。试校核轴的强度。

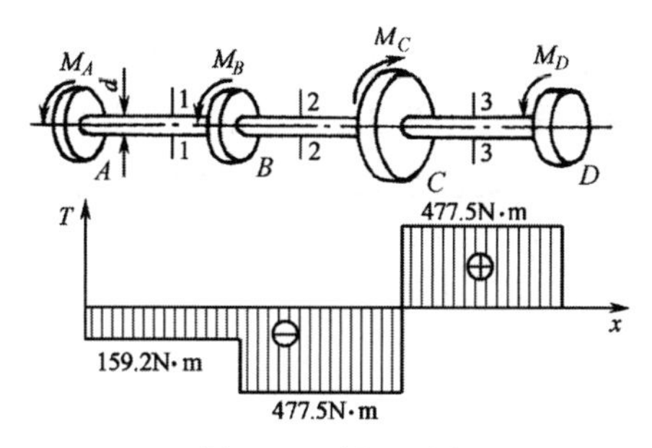

图 2.23　例 2.6 图

解：（1）计算轴各段的扭矩，画扭矩图。

$$T_1 = -M_A = -159.2\,\text{N}\cdot\text{m}$$

$$T_2 = -M_A - M_B = -159.2 - 318.3 = -477.5\text{N}\cdot\text{m}$$

$$T_3 = M_D = 477.5\,\text{N}\cdot\text{m}$$

由图 2.23 可知最大扭矩发生在 BC 段和 CD 段，即

$$T_{\max} = 477.5\,\text{N}\cdot\text{m}$$

（2）校核强度。

$$\tau_{\max} = \frac{T_{\max}}{W_\text{P}} = \frac{T_{\max}}{\dfrac{\pi d^3}{16}} = \frac{477.5\times10^3}{\dfrac{\pi\times50^3}{16}} = 19.5\text{MPa} < [\tau]$$

所以强度够。

2.4　直梁的平面弯曲

2.4.1　基本概念及基本形式

1. 平面弯曲

杆件受到垂直于杆件轴线的外力作用或在纵向平面内受到力偶作用（见图 2.24），杆件轴线由直线变成曲线，这种变形称为弯曲变形。以弯曲变形为主要变形的杆件称为梁。

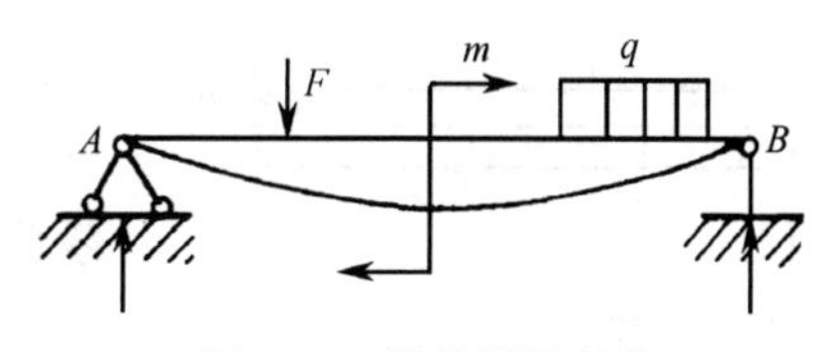

图 2.24　梁的平面弯曲

弯曲变形是工程中最常见的一种变形。例如，图 2.25 所示的火车轮轴，在外力作用下其轴线发生了弯曲。

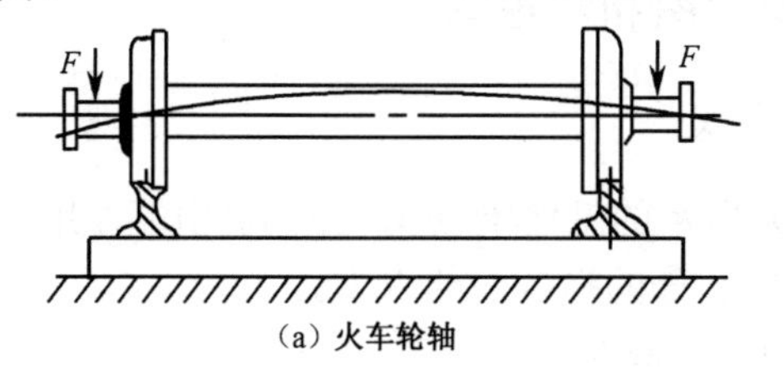

（a）火车轮轴

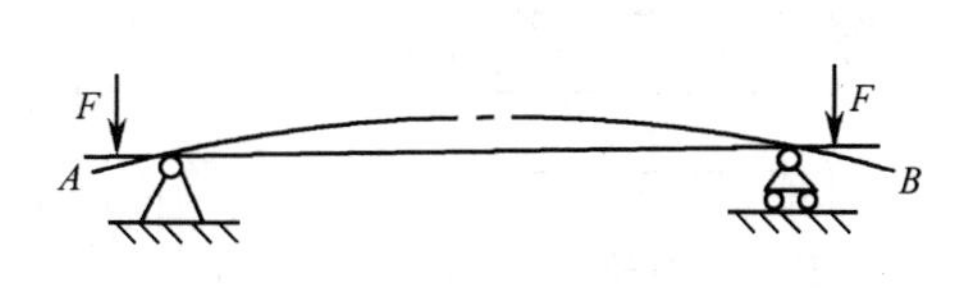

（b）弯曲变形

图 2.25　火车轮轴

工程中常见的梁，其横截面大多有一根对称轴，如图 2.26 所示，这根对称轴与梁的轴线所组成的平面称为**纵向对称平面**（见图 2.27）。如果作用在梁上的外力和外力偶都位于纵向对称平面内，梁变形后，轴线将是位于此纵向对称平面内的一条平面曲线，这种弯曲称为**平面弯曲**。它是最简单、最常见的弯曲变形。本节主要讨论直梁的平面弯曲。

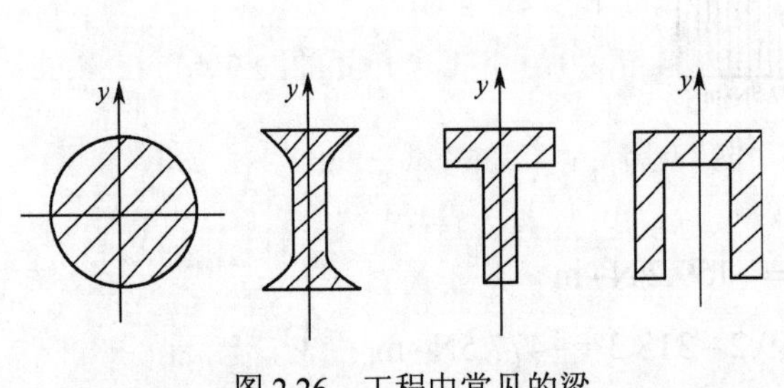

图 2.26　工程中常见的梁

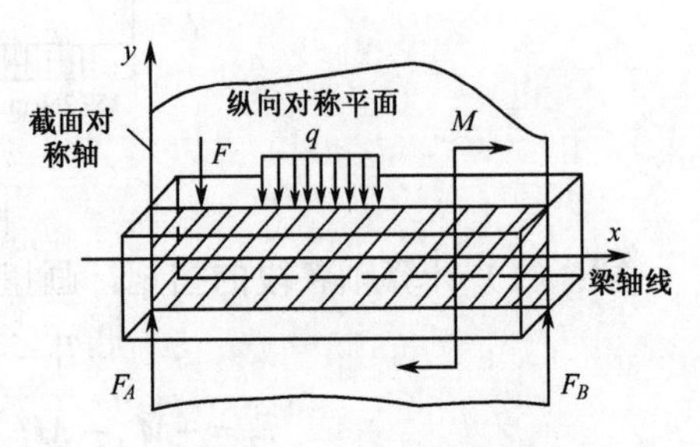

图 2.27　纵向对称平面

2. 梁的类型

工程中的梁按其支座情况分为下列三种形式：

（1）悬臂梁。梁的一端为固定端，另一端为自由端，如图 2.28（a）所示。

（2）简支梁。梁的一端为固定铰支座，另一端为活动铰支座，如图 2.28（b）所示。

（3）外伸梁。梁的一端或两端伸出支座的简支梁，如图 2.28（c）所示。

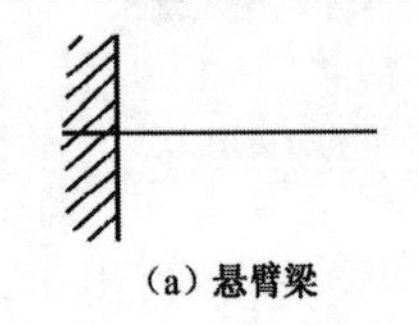

（a）悬臂梁

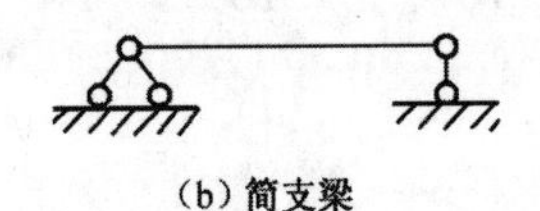

（b）简支梁

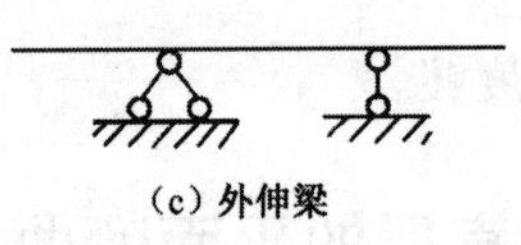

（c）外伸梁

图 2.28　梁的类型

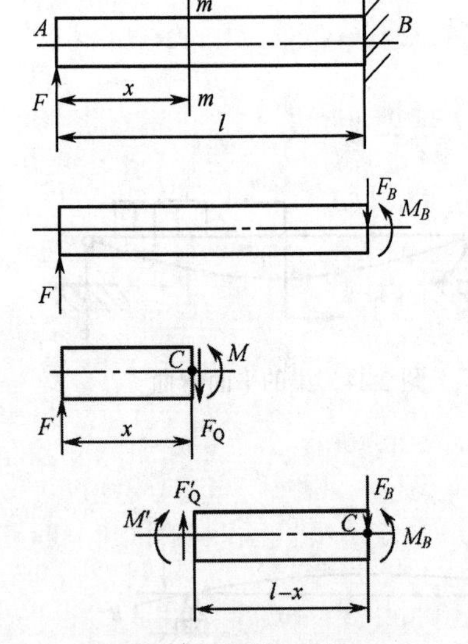

图 2.29　剪力和弯矩

作用于梁上的载荷，通常简化为三种形式，如图 2.24 所示。

（1）集中力。当力的作用范围相对梁的长度很小时，可简化为作用于一点的集中力。

（2）分布载荷。指载荷连续分布在梁的全长或部分长度上，其大小与分布情况有关。若均匀分布，则称为均布载荷，用载荷集度 q 表示，其单位为 N/m。

（3）集中力偶。当力偶作用范围远远小于梁的长度时，可简化为集中作用于某一截面的集中力偶。

2.4.2　剪力图和弯矩图

1. 剪力和弯矩

如图 2.29 所示的悬臂梁 AB，在其自由端作用一集中力 F，求距 A 端 x 处的横截面的内力。

用截面法，假想沿截面 m–m 将梁截分为两段，取左段为研究对象，要使左段梁处于平衡，那么横截面上必定有一个作用线与外力平行的力 F_Q 和一个纵向对称平面内的力偶矩

M。由平衡方程：

$$\begin{cases}\Sigma F_y = 0 \\ M_C = 0\end{cases}$$

$$\begin{cases}F - F_{\mathrm{Q}} = 0 \\ M - Fx = 0\end{cases}$$

得

$$\begin{cases}F_{\mathrm{Q}} = F \\ M = Fx\end{cases}$$

上式中 F_{Q} 和 M 是横截面上的内力，分别称为**剪力和弯矩**，图中的 C 是横截面的形心。

若取右段为研究对象，用同样的方法也可求得 $m-m$ 截面上的剪力和弯矩，其数值与用左段所得结果相同，但方向相反。为使无论用左段还是用右段所计算同一截面上的剪力和弯矩，不但数值相同，而且符号也相同，根据梁的变形情况，对剪力和弯矩的符号做如下规定：

截面处的左右两段发生左上右下的相对错动时，该截面的剪力为正（见图 2.30（a）），**反之为负**（见图 2.30（b））；**截面处的弯曲变形为上凹下凸时弯矩为正**（见图 2.31（a）），**反之为负**（见图 2.31（b））。

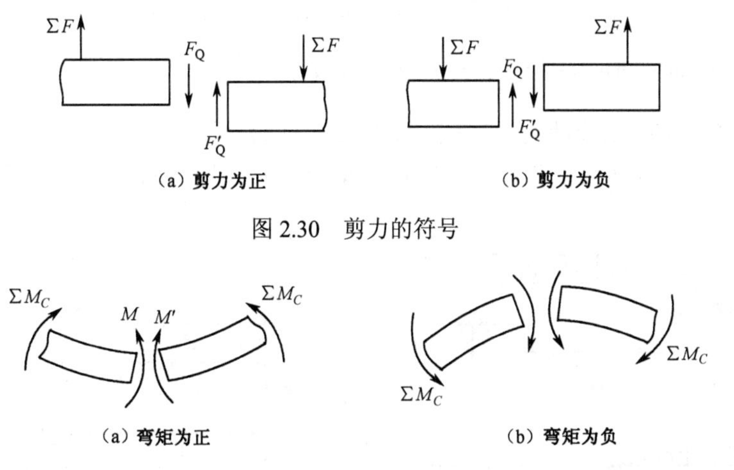

图 2.30　剪力的符号

图 2.31　弯矩的符号

利用截面法计算指定截面的内力时，一般均设剪力和弯矩为正，这样计算所得结果的正负，即为内力的实际正负。

2. 剪力图和弯矩图

任意横截面上的剪力和弯矩随横截面的位置变化而变化。若取梁的轴线为 x 轴，坐标 x 表示截面的位置，则各横截面上剪力和弯矩可以表示为坐标 x 的函数，即

$$F_{\mathrm{Q}} = F_{\mathrm{Q}}(x)$$

$$M = M(x)$$

以上函数式称为**剪力和弯矩方程**，表达了剪力和弯矩沿轴线变化的规律。为了能直观

地表达剪力和弯矩沿轴线变化情况，根据剪力方程和弯矩方程所绘制的图线称为**剪力图和弯矩图**。作剪力图、弯矩图基本方法是：先列剪力方程和弯矩方程，然后按方程描点作图。下面举例说明剪力图、弯矩图的作法。

例 2.7 如图 2.32 所示，作立式简支梁在均布载荷 q 作用下的剪力图和弯矩图。

解：（1）求支座反力。取整个梁为研究对象，由平衡方程求得反力如下。

$$F_A = F_B = \frac{1}{2}ql$$

（2）列剪力方程和弯矩方程。在轴上任取一截面，到支座 A 的距离为 x，由截面法得该截面的剪力方程和弯矩方程如下。

$$F_Q(x) = \frac{1}{2}ql - qx \tag{2-10}$$

$$M = \frac{1}{2}qlx - \frac{1}{2}qx^2 \tag{2-11}$$

（3）作剪力图和弯矩图。由式（2-10）可知，剪力 F_Q 是 x 的一次函数，剪力图是一条斜直线。两点可以确定一条直线，当 $x=0$ 时，$F_Q = \frac{1}{2}ql$；当 $x=l$ 时，$F_Q = -\frac{1}{2}ql$。连接两点可得剪力图，如图 2.32（b）所示。

由式（2-11）可知，弯矩 M 是 x 的二次函数，表明弯矩图是一抛物线，作抛物线时，至少要确定三个点，当 x=0 时，M=0；当 x=l, M=0。由剪力图可见，剪力等于零所对应的截面为 $x = \frac{l}{2}$，此截面所对应的弯矩取得极值，即 $M = \frac{ql^2}{8}$。

将以上三点连成抛物线即为弯矩图，如图 2.32（c）所示。

例 2.8 如图 2.33 所示，作立式简支梁在集中力 F 作用下的弯矩图。

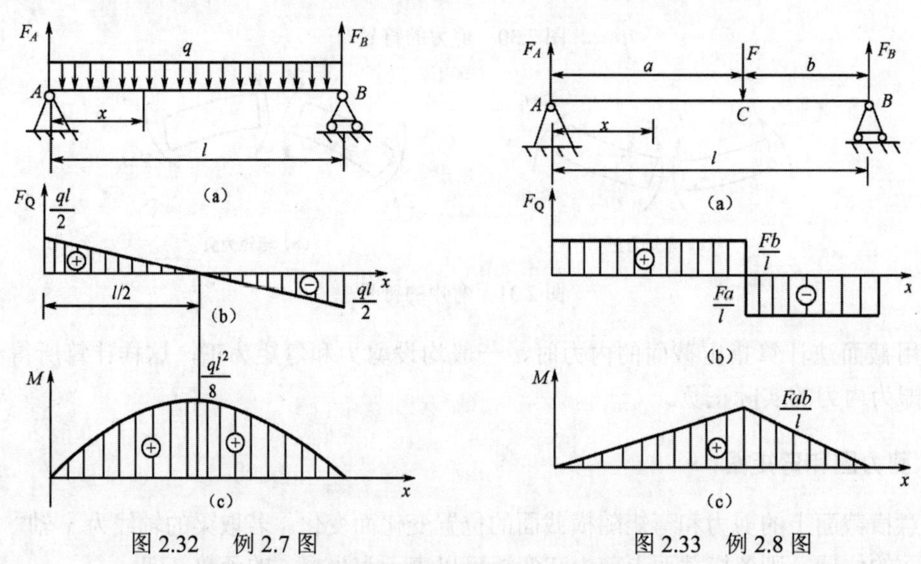

图 2.32　例 2.7 图　　　　图 2.33　例 2.8 图

解：（1）求支座反力。取整个梁为研究对象，由平衡方程得

$$\Sigma M_B = 0\text{，}\ F_A l - Fb = 0\text{，}\ F_A = \frac{Fb}{l}$$

$$F_y = 0，\quad F_A + F_B - F = 0，\quad F_B = \frac{Fa}{l}$$

（2）建立弯矩方程。截面 C 处有集中力 F 作用，所以要分段建立方程。

AC 段：
$$F_Q = F_A = \frac{Fb}{l} \tag{2-12}$$

$$M = F_A x = \frac{Fb}{l}x \tag{2-13}$$

BC 段：
$$F_Q = -F_B = -\frac{Fa}{l} \tag{2-14}$$

$$M = F_B(l-x) = \frac{Fa}{l}(l-x) \tag{2-15}$$

（3）作剪力图和弯矩图。由式（2-12）、式（2-14）可知，剪力是常数，两段剪力图均为水平线；由式（2-13）、式（2-15）可知，弯矩均为 x 的一次函数，弯矩图均为斜直线。采用描点作图法，绘出弯矩图，如图 2.33（b）所示。

由上两例可知，在均布载荷作用下，弯矩图为二次曲线；在无均布载荷作用处，弯矩图为斜直线，而弯矩图在此处出现转折。

例 2.9 如图 2.34 所示，作简支梁在集中力偶 M 作用下的弯矩图。

解：（1）求支座反力。取整个梁为研究对象，由平衡方程得

$$\Sigma M_B = 0，\quad -F_A l + M = 0$$

$$F_A = \frac{M}{l}$$

$$\Sigma F_y = 0，\quad F_A + F_B = 0$$

$$F_B = -F_A = -\frac{M}{l}$$

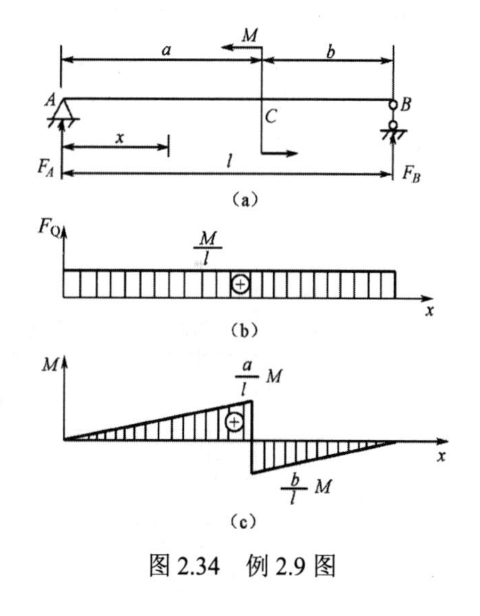

图 2.34 例 2.9 图

（2）建立剪力方程和弯矩方程。截面 C 处有集中力偶 M 作用，所以要分段建立方程。

AC 段：
$$F_Q = F_A = \frac{M}{l}$$

$$M = F_A x = \frac{M}{l}x$$

BC 段：
$$F_Q = F_A = \frac{M}{l}$$

$$M = F_B(l-x) = -\frac{M}{l}(l-x)$$

（3）作剪力图和弯矩图。由上面剪力方程可知，剪力是常数，两段剪力图均为水平线；由弯矩方程可知，弯矩均为 x 的一次函数，弯矩图均为斜直线。采用描点作图法，绘出剪力图和弯矩图，如图 2.34（b）、（c）所示。由图可见，在集中力偶作用处，弯矩图发生突变，突变值即为该处的力偶矩。若力偶为顺时针转向，则弯矩图从左向右向上突变；反之，向下突变。

由上述例题可总结出剪力图、弯矩图的下述规律：

（1）梁上某段无载荷作用时，剪力图为水平直线，弯矩图为斜线。

（2）梁上有均布载荷作用时，剪力图为斜直线，弯矩图为抛物线。

（3）在集中力F作用处，剪力图发生突变，弯矩图发生转折。

（4）在集中力偶 M 作用处，剪力图不变，弯矩图发生突变，突变值为集中力偶矩的大小。从左到右作图时，集中力偶M顺时针转向时，弯矩图向上突变；反之向下突变。

利用上述规律，可以检查剪力图、弯矩图是否正确，也可以不列剪力方程、弯矩方程，便可以快捷地绘出剪力图和弯矩图。

2.4.3 纯弯曲时横截面上的应力

在确定了梁横截面上的内力之后，还要进一步研究横截面上的应力。从而建立梁的强度条件，进行强度计算。

1. 纯弯曲的概念

大多数情况下，梁横截面上既有弯矩又有剪力。对于横截面上的某点而言，则既有正应力又有切应力。若梁的横截面上只有弯矩无剪力，称为**纯弯曲**。但是，梁的强度主要决定于横截面上的正应力，所以本小节将讨论梁在纯弯曲时横截面上的正应力计算。

如图 2.35（a）所示的外伸梁，该梁的剪力图和弯矩图如图 2-35（b）、（c）所示。梁在AC 和 DB 两段内各横截面上既有弯矩又有剪力，属于**剪切弯曲**。而在CD段内各横截面上只有弯矩没有剪力，属于**纯弯曲**。

（1）实验观察假设。将图 2.35 中梁受纯弯曲的CD段作为研究对象，变形前，在其表面画两条横向线$m-m$和$n-n$，再画两条与轴线平行的纵向线$a-a$和$b-b$（见图 2.35）。梁CD段是纯弯曲，相当于两端受力偶作用（见图 2.35（b））。观察纯弯曲时梁的变形，可以看到如下现象：

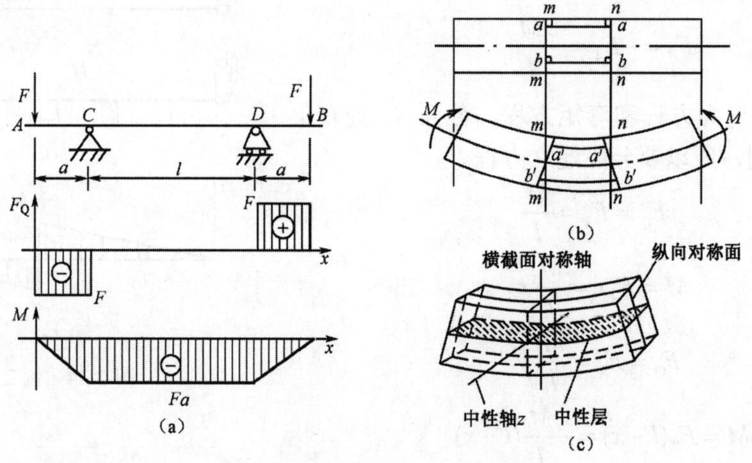

图 2.35 纯弯曲实验

① 梁变形后，横向线$m-m$和$n-n$仍为直线且与梁的轴线垂直，但倾斜了一个角度，如图 2.35（b）所示。

② 纵向线弯曲成圆弧线，纵向线$a-a$缩短了，而$b-b$伸长了。

根据上述现象，可对梁的变形提出如下假设：

① 平面假设：梁弯曲变形前横截面为平面，变形后仍保持平面，且绕某轴转过了一个角度。

② 单向受力假设：梁的各纵向线处于单向受拉或单向受压状态，因此横截面上只有正应力。

由以上实验和假设可知，梁下部纵向线受拉伸长，上部纵向线受压缩短，由于材料是均匀连续的，所以变形也是连续的，压缩区到伸长区之间，其中必有一条纵向线的长度保持不变。若把这条纵向线看成材料的一层纤维，则这层纤维既不伸长也不缩短，称为**中性层**，如图 2.35（c）所示。中性层与横截面的交线称为**中性轴**，即图 2.35（c）中的 z 轴。变形时梁横截面绕中性轴转动了一个角度。

（2）弯曲正应力的计算。

① 正应力的分布。根据以上分析，矩形截面梁在纯弯曲时的应力分布有如下特点：

a. 中性轴上的线应变为零，所以其正应力亦为零。

b. 距中性轴距离相等的各点，其线应变相等。根据胡克定律，它们的正应力也相等。

c. 在图 2.35 所示矩形截面梁纯弯曲的情况下，中性轴上部各点正应力为负值，中性轴下部各点正应力为正值。

d. 正应力沿 y 轴线性分布，最大正应力（绝对值）在离中性轴最远的梁上、下边缘处，如图 2.36 所示。

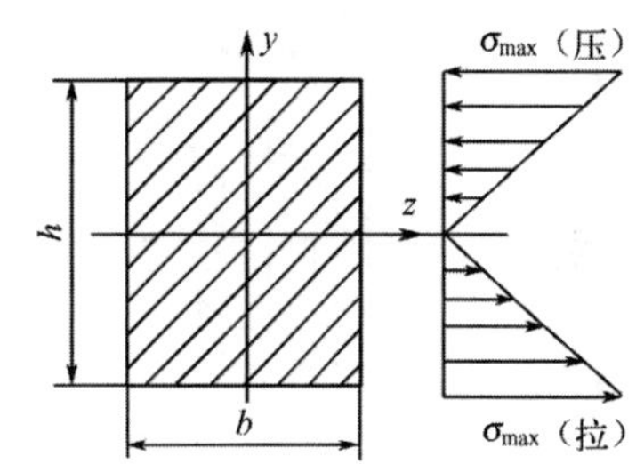

图 2.36　正应力分布

② 正应力的计算。纯弯曲时，由于横截面上的内力只有弯矩 M，所以横截面上的微内力对中性轴 z 的合力矩就是弯矩 M，即 $M=\int_A y\sigma \mathrm{d}A$。

由横截面上正应力的分布规律及梁的变形性质、静力学平衡方程，可以推导出梁纯弯曲时横截面上任意点的正应力的计算公式：

$$\sigma=\frac{My}{I_z} \tag{2-16}$$

式中，σ——横截面上任一点处的正应力；

M——横截面上的弯矩；

y——横截面上欲求应力的点到中性轴的距离；

I_z——横截面对中性轴的惯性矩。

由式（2-16）可以看出：中性轴上 $y=0$，故 $\sigma=0$；$y=y_{\max}$ 时，$\sigma=\sigma_{\max}$，显然最大正应力在离中性轴最远的边缘上，由式（2-16）可得：

$$\sigma_{\max}=\frac{M}{I_z}y_{\max}$$

计算梁横截面上的最大正应力，可令

$$W_z=\frac{I_z}{y_{\max}}$$

则

$$\sigma_{\max}=\frac{M}{W_z} \tag{2-17}$$

式中，W_z 称为**抗弯截面系数**。

梁的正应力计算公式是在纯弯曲的情况下推导出来的，但工程上的梁大都是剪力弯曲，经验证，对于梁的跨度 l 大于截面高度 h 的 5 倍（$l/h>5$）的剪力弯曲，用此公式计算应力的误差不到 5%，因此，剪力弯曲时仍应用上述公式计算正应力。

2.4.4 截面惯性矩和抗弯截面系数

截面惯性矩和抗弯截面系数 W_z，其大小不仅与截面面积的形状、尺寸有关，而且与截面面积的分布有关。

几种常用截面形状的 I_z、W_z 计算公式见表 2-2，其他常用型钢的 I_z、W_z 值可以从有关工程手册的“型钢表”中查出。

表 2-2 几种常用截面形状的 I_z、W_z 计算公式

截面图形	惯性矩	抗弯截面系数
矩形（y, z, h, b）	$I_z=\frac{bh^3}{12}$ $I_y=\frac{hb^3}{12}$	$W_z=\frac{bh^2}{6}$
空心矩形（y, z, H, h, b, B）	$I_z=\frac{BH^3-bh^3}{12}$ $I_y=\frac{HB^3-hb^3}{12}$	$W_z=\frac{BH^3-bh^3}{6H}$
圆形（y, z, O, d）	$I_z=I_y=\frac{\pi d^4}{64}$	$W_z=\frac{\pi d^3}{32}$
圆环（y, z, O, D, d）	$I_z=I_y=\frac{\pi D^4}{64}(1-\alpha^4)$ $\alpha=\frac{d}{D}$	$W_z=\frac{\pi D^3}{32}(1-\alpha^4)$ $\alpha=\frac{d}{D}$

2.4.5 梁的正应力强度计算

1. 梁的正应力强度条件

由梁的弯曲正应力公式可知，梁弯曲时截面上的最大正应力发生在截面的上、下边缘处。对于等截面梁来说，全梁的最大正应力一定在弯矩最大的截面的上、下边缘处，这个截面称为危险截面，其上、下边缘的点称为危险点。要使梁具有足够的强度，必须使梁内的最大工作应力 $\sigma_{\max}$ 不超过材料的许用应力$[\sigma]$，即

$$\sigma_{\max}=\frac{M_{\max}}{W_z}\leqslant[\sigma] \tag{2-18}$$

材料的弯曲许用应力$[\sigma]$可近似用单向拉伸（压缩）时的许用应力。

2. 梁的正应力强度校核

式（2-18）为梁弯曲时的强度条件，可以用来解决弯曲正应力强度计算的三类问题，即

校核强度、设计截面尺寸和确定许可载荷。

应注意的是，对于由塑性材料制造的梁，因材料的抗拉与抗压性能相同，即$[\sigma^+]=[\sigma^-]$，可以直接采用式（2-18）进行强度计算；而对于铸铁等脆性材料，由于它们的抗拉与抗压的性能不同，即$[\sigma^+]<[\sigma^-]$，应对拉伸和压缩分别进行强度计算，即

$$\sigma_{\max}^{+}=\frac{M_{\max}y_1}{I_z}\leqslant[\sigma^+] \quad (2\text{-}19)$$

$$\sigma_{\max}^{-}=\frac{M_{\max}y_2}{I_z}\leqslant[\sigma^-] \quad (2\text{-}20)$$

式中，y_1——受拉一侧的截面边缘点到中性轴的距离；

y_2——受压一侧的截面边缘点到中性轴的距离。

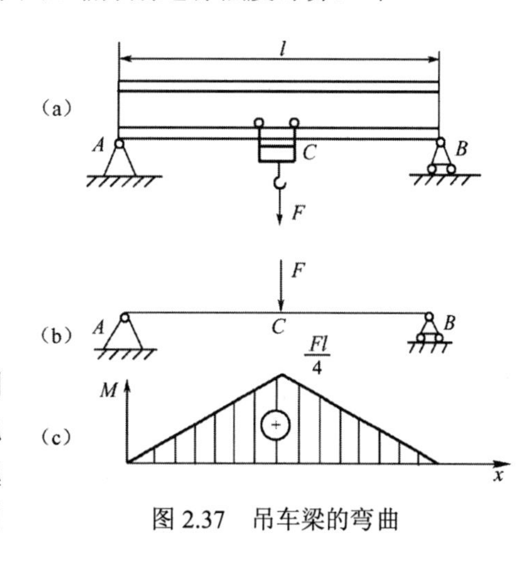

图 2.37　吊车梁的弯曲

例 2.10　如图 2.37 所示一吊车用矩形截面钢制成，则截面高 h=60mm，宽 b=20mm，将其简化为一简支梁，梁长 $l=5\,\text{m}$，自重不计。若最大起重载荷为 F=32kN（包括电葫芦和钢丝绳），许用应力$[\sigma]$=100MPa，试校核梁的强度。

解：（1）作弯矩图求最大弯矩。电葫芦移动到梁中点时，该处产生最大弯矩。梁的受力如图 2.37 所示，根据载荷情况得出梁的弯矩图为折线，求各点的弯矩。$M_A=0$，$M_C=\dfrac{Fl}{4}$，$M_B=0$，连接各点得弯矩图。中点所在截面为危险截面，即

$$M_{\max}=\frac{Fl}{4}=\frac{32\times5}{4}=40\text{kN}\cdot\text{m}$$

（2）校核梁的强度。抗弯截面系数为：

$$W_z=\frac{bh^2}{6}=\frac{20\times60^2}{6}=12\times10^3\,\text{mm}^3$$

$$\sigma_{\max}=\frac{M_{\max}}{W_z}=\frac{40\times10^3\times10^3}{12\times10^3}\approx3.333\,\text{MPa}<[\sigma]$$

所以强度足够。

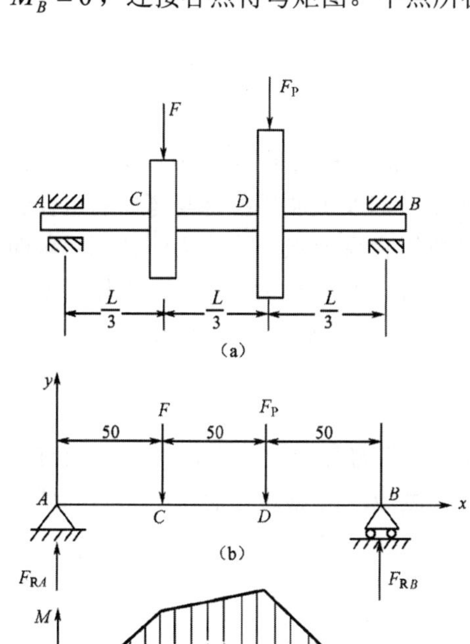

图 2.38　齿轮轴受力简图

例 2.11　如图 2.38 所示为齿轮轴受力简图。已知齿轮 C 所受径向力 F=6kN，齿轮 D 所受径向力 F_P=9kN，轴的跨度 L=150mm，材料的许用应力$[\sigma]$=100MPa，试确定轴的直径。

解：（1）画轴的计算简图。将齿轮轴简化为受两集中力作用的简支梁 AB。

（2）求支座反力。

$$\Sigma M_A=0，\quad F_{RB}L-F_P\frac{2L}{3}-F\frac{L}{3}=0$$

$$F_{RB}=\frac{2F_P+F}{3}=\frac{2\times9+6}{3}\text{kN}=8\text{kN}$$

$$\Sigma F_y = 0\text{，}\ F_{RA} + F_{RB} - F - F_P = 0$$

$$F_{RA} = F + F_P - F_{RB} = (6+9-8)\,\text{kN} = 7\text{kN}$$

（3）画弯矩图。由梁的受力得出梁的弯矩图为折线，求各点的弯矩：

$$M_A = 0\text{，}\ M_C = F_{RA}\frac{L}{3} = \frac{7\times150}{3} = 350\,\text{kN}\cdot\text{mm}$$

$$M_D = F_{RB}\frac{L}{3} = \frac{8\times150}{3} = 400\,\text{kN}\cdot\text{mm}$$

$$M_B = 0$$

连接各点画出弯矩，如图 2-38（c）所示。得最大弯矩在截面 D 处，$M_{max} = 400\,\text{kN}\cdot\text{mm}$。

（4）根据强度条件确定轴的直径。设轴的直径为 d，则由强度条件得：

$$\sigma_{max} = \frac{M_{max}}{W_z} \leqslant [\sigma]$$

$$W_z \geqslant \frac{M_{max}}{[\sigma]}$$

$$\frac{\pi d^3}{32} \geqslant \frac{M_{max}}{[\sigma]}$$

$$d \geqslant \sqrt[3]{\frac{32M_{max}}{\pi[\sigma]}} = \sqrt[3]{\frac{32\times400\times10^3}{\pi\times100}} \approx 34.4\text{mm}$$

取齿轮轴的直径 d=35mm。

2.5 合成弯扭的强度计算

2.5.1 拉伸与弯曲组合变形的强度计算

有些构件承受拉伸（或压缩）与弯曲的组合变形，如钻床立柱（见图 2.39）受到钻孔进刀力 F 作用，由于力作用线不通过立柱横截面中心，此时立柱受到轴向拉伸与弯曲的组合变形，简称为**拉弯组合变形**。现以钻床立柱为例来建立拉弯组合变形强度计算条件。应用截面法将立柱沿 m-n 截面处截开，取上半段为研究对象。由于上半段在外力及截面内力作用下平衡，故截面上有轴向内力 F_N 和弯矩 M，如图 2.39（b）所示，根据平衡方程可得：

$$F_N = F$$

$$M = Fe$$

横截面上既有均匀分布的拉伸正应力，又有不均匀分布的弯曲正应力，各点处同时作用的正应力可以进行叠加，如图 2.39（c）所示。截面左侧边缘的点处有最大压应力，截面右侧边缘的点处有最大拉应力，其值为：

$$\sigma_{max} = \frac{F_N}{A} + \frac{M}{W_z}$$

式中，F_N——横截面上的轴力（N）；

M——横截面上的弯矩（N·m）；

A——横截面面积（m^2）；

W_z——抗弯截面系数（m^3）。

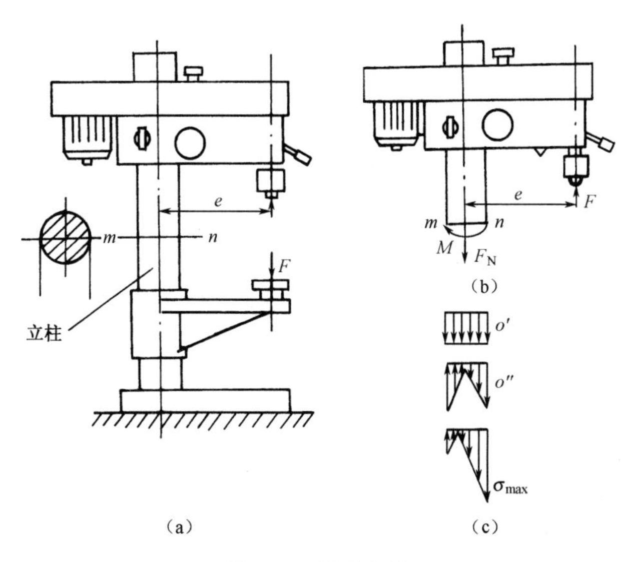

图 2.39　钻床立柱

由此可知，拉（压）与弯曲组合变形时的最大正应力必发生在弯矩最大的截面上，该截面称为危险截面。其强度条件为：

$$\sigma_{max}=\frac{F_N}{A}+\frac{M}{W_z}\leqslant[\sigma] \tag{2-21}$$

2.5.2　弯曲与扭转组合变形的强度计算

1. 弯曲与扭转组合变形的概念

工程机械中的转轴，通常发生弯曲和扭转变形。如图 2.40 所示电机轴，一端固定，一端自由，A 端装有直径为 D 的带轮，轮上受到垂直拉力 F 和 $2F$。将两拉力平移至轴心，得到力 F'和附加力偶 M_T。

垂直于轴线的力使轴发生弯曲变形，力偶 M_T 使轴发生扭转变形，电机轴这种既发生弯曲变形又发生扭转的变形，称为**弯曲和扭转组合变形，简称弯扭组合变形**。

2. 应力分析及强度条件

为了确定转轴的危险截面的位置，必须分析轴的内力。分别画出轴的弯矩图和扭矩图，固定端 A 处为危险截面，其上的弯矩和扭矩值分别为：

$$M=F'L$$

$$T=\frac{FD}{2}$$

式中，M——横截面上的弯矩（N·m）；

　　T——横截面上的扭矩（N·m）。

如图 2.40（e）、（f）所示为 A 截面处的弯曲正应力与扭转切应力的分布情况：在 C、E 两点正应力和切应力分别达到最大值，所以这两点为**危险点**，此两点的弯曲正应力与扭转切应力分别为：

$$\sigma = \frac{M}{W_z}$$

$$\tau = \frac{T}{W_P}$$

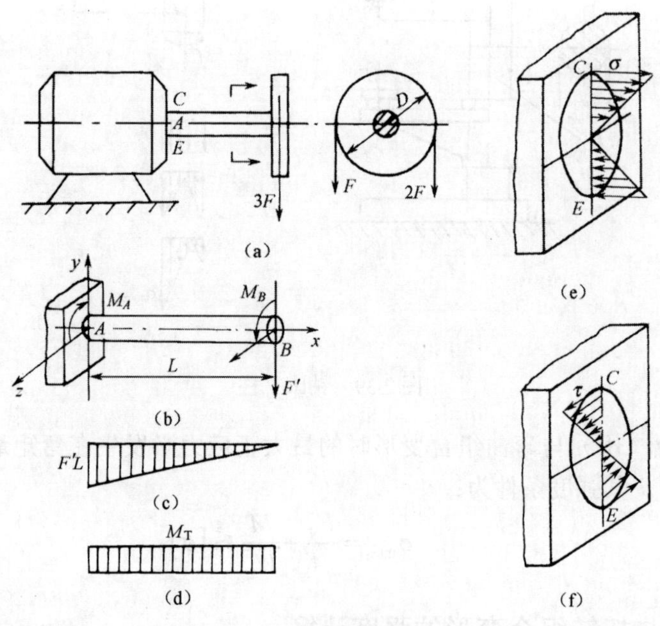

图 2.40　电机轴

式中，W_z——抗弯截面系数，实心圆轴 $W_z = \frac{\pi d^3}{32} \approx 0.1d^3$；

W_P——抗扭截面系数，实心圆轴 $W_P = \frac{\pi d^3}{16} \approx 0.2d^3$。

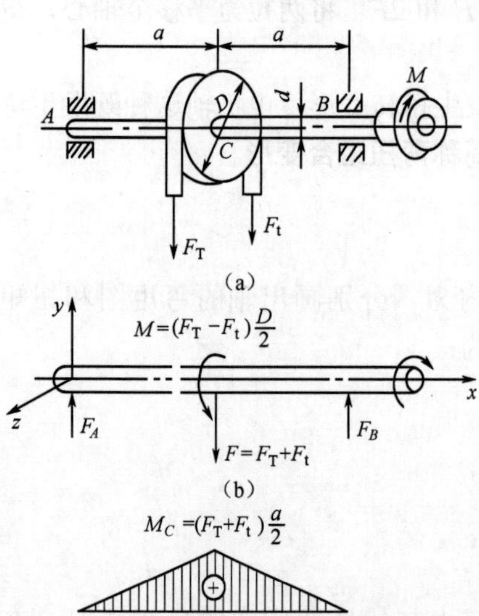

图 2.41　例 2.12 图

将圆轴弯扭组合变形的弯曲正应力和扭转切应力代入强度理论公式：

$$\sigma_{xd3} = \sqrt{\sigma^2 + 4\tau^2} = \sqrt{\left(\frac{M}{W_z}\right)^2 + 4\left(\frac{T}{W_P}\right)^2} \qquad (2\text{-}22)$$

由于 $W_P = 2W_z$，上式可写成：

$$\sigma_{xd3} = \frac{\sqrt{M^2 + T^2}}{W_z} \leqslant [\sigma] \qquad (2\text{-}23)$$

此式即为**圆轴弯扭组合变形的强度条件**。

3. 强度计算

例 2.12　如图 2.41 所示轴 *AB*，在轴右端的联轴器上作用外力偶矩 *M*，驱动轴转动。已知带轮直径 *D*=0.5m，带拉力 F_T=8kN，F_t=4kN，轴的直径 *d*=90mm，轴间距 *a*=500mm，若轴的许用应力 [*σ*]=50MPa，试校核轴的强度。

解：（1）外力分析。将带的拉力平移到轴线，画轴的受力简图，如图 2.41（b）所示。作用于轴上垂直向下的力 F 和作用面垂直于轴线的附加力偶矩 M，其值分别为：

$$F = F_{\mathrm{T}} + F_{\mathrm{t}} = 8+4 = 12\mathrm{kN}$$

$$M = (F_{\mathrm{T}} - F_{\mathrm{t}})D/2 = (8-4)\times 0.5/2 = 1\mathrm{kN}\cdot\mathrm{m}$$

F 与 A、B 处的支反力使轴产生平面弯曲变形，附加力偶 M 与联轴器上外力偶矩使轴产生扭转变形，因此轴 AB 发生弯扭组合变形。

（2）支反力 F_A、F_B 的计算。

$$\sum M_A=0，F_B\times 2a-F\times a=0，F_B=6\ \mathrm{kN}$$

$$\sum F_y=0，F_A+F_B-F=0，F_A=6\ \mathrm{kN}$$

（3）内力分析。作轴的弯矩图和扭矩图，如图 2.41（c）所示，由图可知轴的 C 截面为危险截面，该截面上的弯矩 M_C 和扭矩 T 分别为：

$$M_C = F_A\cdot a = (F_{\mathrm{T}} + F_{\mathrm{t}})a/2 = (8+4)\times 0.5/2 = 3\mathrm{kN}\cdot\mathrm{m}$$

$$T = M = 1\ \mathrm{kN}\cdot\mathrm{m}$$

（4）校核强度。由以上分析可知，C 截面上、下边缘点是轴的危险截面，其最大相当应力为：

$$\sigma_{\mathrm{xd3}} = \frac{\sqrt{M_{\max}^2 + T^2}}{W_z} = \frac{\sqrt{(3\times 10^6)^2 + (1\times 10^6)^2}}{0.1\times 90^3} \approx 43.3\mathrm{MPa} < [\sigma]$$

所以，轴的强度满足要求。

习　题　2

2.1　一根钢杆、一根铜杆，它们的截面面积不同，承受相同的轴向拉力，问它们的内力是否相同？

2.2　在拉（压）杆中，轴力最大的截面一定是危险截面，这种说法对吗？为什么？

2.3　三种材料的应力-应变图如图 2.42 所示，问哪种材料：（1）强度高。（2）刚度大。（3）塑性好。

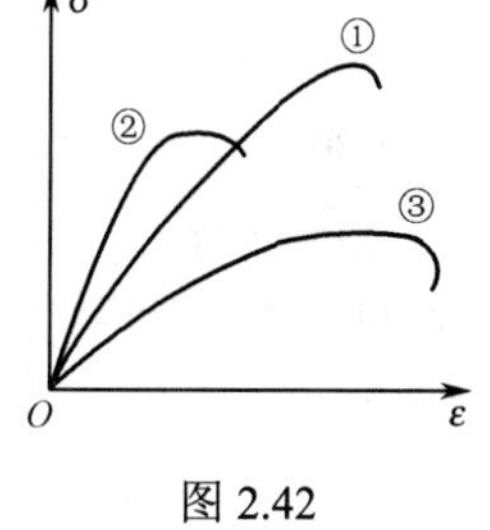

图 2.42

2.4　轴向压缩与挤压有什么不同？

2.5　三个轮的布置如图 2.43（a）、（b）所示，对轴的受力来说，哪种布置比较合理？

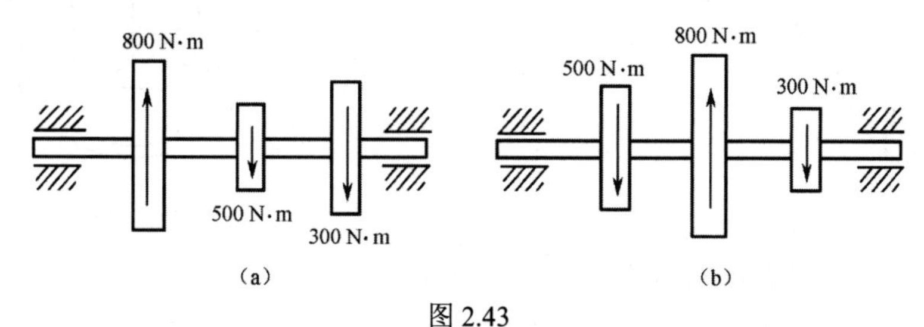

图 2.43

2.6　内、外径和长度均相同，但材料不同的两根空心圆轴，在相同扭矩作用下，它们的最大切应力是否相同？

2.7　一空心圆轴，外径为 D，内径为 d，其截面的极惯性矩 I_P 和抗扭截面模量 W_P，按下式计算是否正确？

$$I_P = \frac{\pi D^4}{32} - \frac{\pi d^4}{32}，\ W_P = \frac{\pi D^3}{16} - \frac{\pi d^3}{16}$$

2.8　悬臂梁在 B 端作用有集中力 F，它与梁的纵向对称面的夹角如图 2.44 所示，问当截面分别为圆形、正方形、长方形时，梁是否发生平面弯曲？为什么？

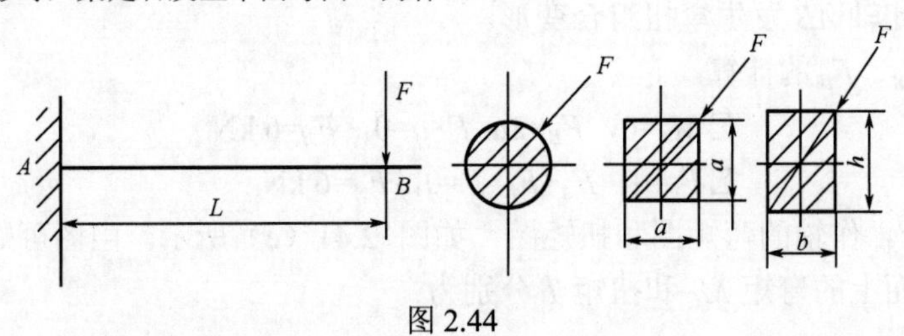

图 2.44

2.9　在集中力、集中力偶作用处截面的弯矩各有什么特征？

2.10　两根跨度相同的简支梁，承受相同的载荷，在下列情况下，其弯矩图是否相同？

（1）两根梁的材料不同，截面形状、尺寸相同。

（2）两根梁的截面形状、尺寸不同，材料相同。

2.11　求图 2.45 所示各杆指定截面上的轴力。

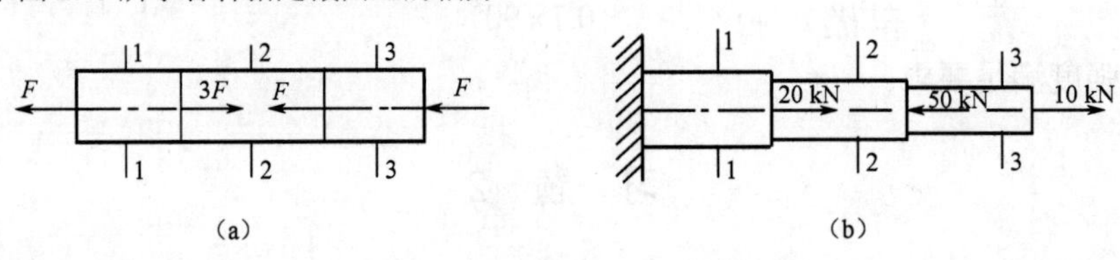

图 2.45

2.12　如图 2.46 所示支架，杆①为直径 d=16mm 的圆截面钢杆，许用应力[σ]=140MPa；杆②为边长 a=100mm 的正方形截面木杆，许用应力[σ]=4.5MPa。已知结点 B 处挂一重物 Q=35kN，试校核两杆的强度。

2.13　如图 2.47 所示的轴、毂用平键连接，若轴的直径 d=50mm，键的尺寸 b×h×L=14mm×9mm×45mm。已知轴所传递的扭矩 T=980N · m，材料的许用切应力[τ]=60MPa，许用挤压应力[σ_{jy}]=150MPa，试校核键的强度。

图 2.46　　　　图 2.47

2.14　求图 2.48 所示各轴中各段扭矩，并画出扭矩图。

2.15　传动轴如图 2.49 所示，已知 m_A=1.5kN · m，m_B=1kN · m，m_C=0.5kN · m，各段直径分别为 d_1=70mm，d_2=50mm。试求：

（1）画出扭矩图。

（2）求各段轴内的最大切应力和全轴的最大切应力。

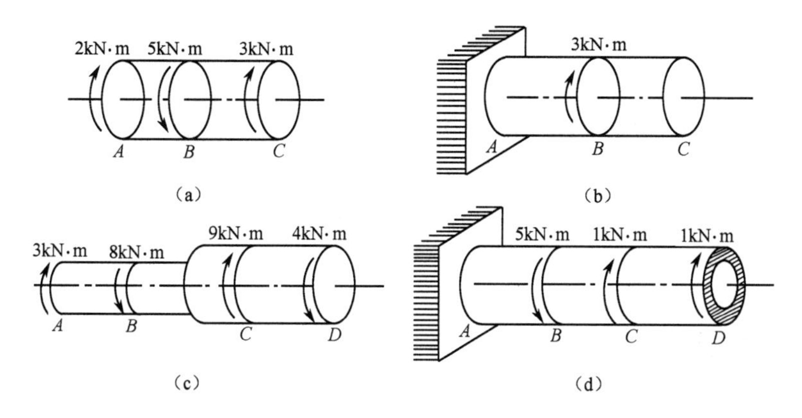

图 2.48

2.16　如图 2.50 所示传动轴，转速 n=400r/min，B 轮输入功率 P_B=60kW，A 轮和 C 轮输出功率相等，P_A=P_C=30kW。已知$[\tau]$=40MPa，试按强度条件选择轴的直径。

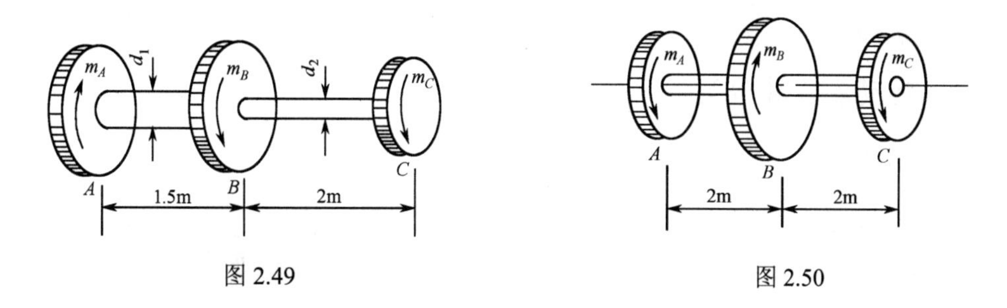

图 2.49　　　　　　　　　　　　　　图 2.50

2.17　已知 F、q、a，建立如图 2.51 所示各梁的剪力方程和弯矩方程，并画出剪力图和弯矩图。

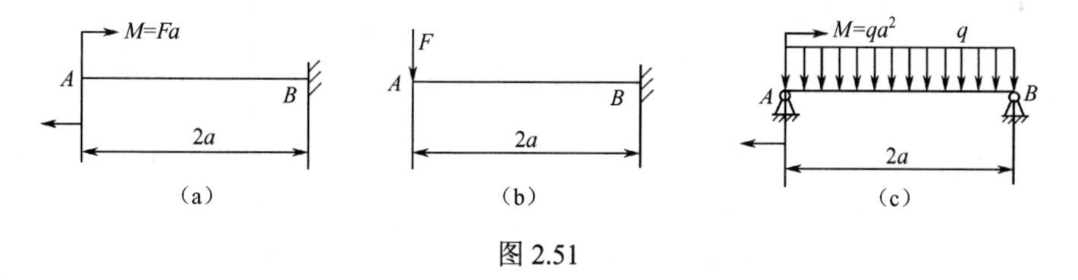

图 2.51

2.18　如图 2.52 所示圆截面简支梁，已知截面直径 d=60mm，作用力 F=6kN，a=600mm，试确定梁的危险截面，并计算梁的最大弯曲正应力。

2.19　手柄受力如图 2.53 所示。已知力 F=0.2kN，l=300mm，截面为矩形，b=10mm，h=20mm，$[\sigma^+]$=28MPa，$[\sigma^-]$=120MPa，试校核手柄的强度。

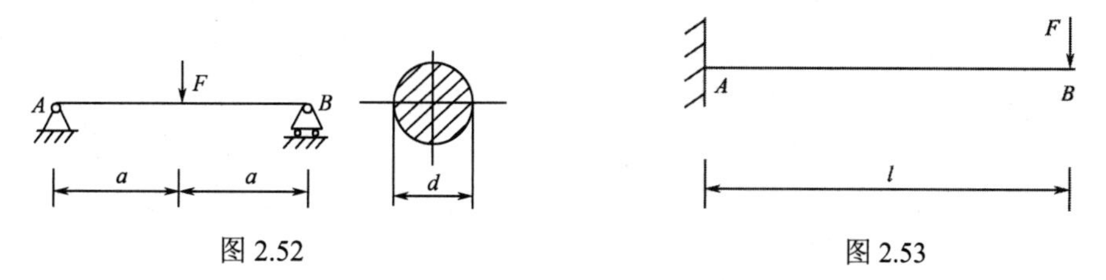

图 2.52　　　　　　　　　　　　　　图 2.53

第3章　平面机构的结构分析

机构是指具有相对运动的构件的组合。若组成机构的所有构件都在同一平面或相互平行的平面内运动，则称该机构为平面机构。

3.1　机构的组成

3.1.1　自由度

构件的自由度是指构件相对于参考系具有的独立运动参数的数目。一个做平面运动的构件具有 3 个独立的参数。如图 3.1 所示，在 xOy 坐标系中，构件 S 可随其上任一点 A 沿 x 轴、y 轴方向移动和绕 A 点转动。

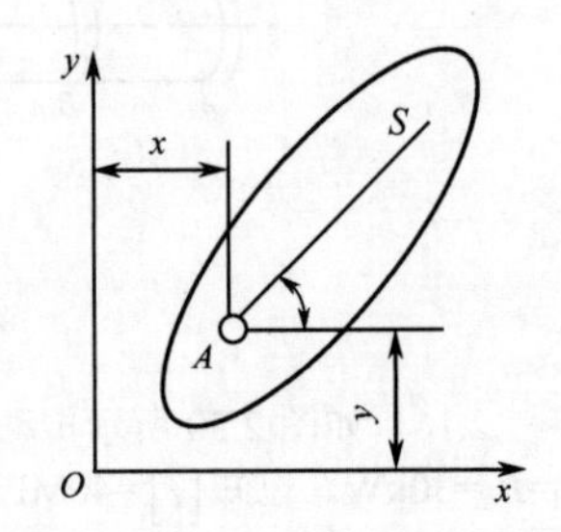

图 3.1　平面连杆机构自由度

3.1.2　运动副及其分类

1．运动副的概念

使两个构件直接接触并能产生一定的相对运动的连接，称为运动副。例如，轴与轴承的连接、活塞与汽缸的连接以及啮合中的一对齿廓等，都构成了运动副。

2．运动副的分类

两个构件通过运动副连接以后，相对运动受到限制。约束就是对独立运动所加的限制。引入一个约束将减少一个自由度，而约束的多少及约束的特点取决于运动副的形式。

构成运动副的两构件间的接触有点、线、面三种形式。根据接触的特征，运动副可分为低副和高副。面接触的运动副称为低副，点接触或线接触的运动副称为高副。

按照组成运动副两构件的相对运动是平面运动还是空间运动，可以把运动副分为平面运动副和空间运动副。本章主要讨论平面运动副。

（1）低副（转动副和移动副）

转动副是使两个构件的相对移动受到约束，而只有一个独立的相对转动自由度的运动副。如轴与轴承、铰链等，如图 3.2（a）、（b）所示。

移动副（见图 3.2（c））是使构件的一个方向的相对移动和相对转动受到约束，而只有一个方向独立的相对移动自由度的运动副，如汽缸与活塞、滑块与导轨等。

（2）平面高副

平面高副的构件沿公法线方向的移动受到约束，但可以沿接触点切线的方向独立运动，还可以同时绕某点独立转动。平面高副是一个自由度等于 2 的平面运动副。如齿轮副、凸轮副等，如图 3.3 所示。

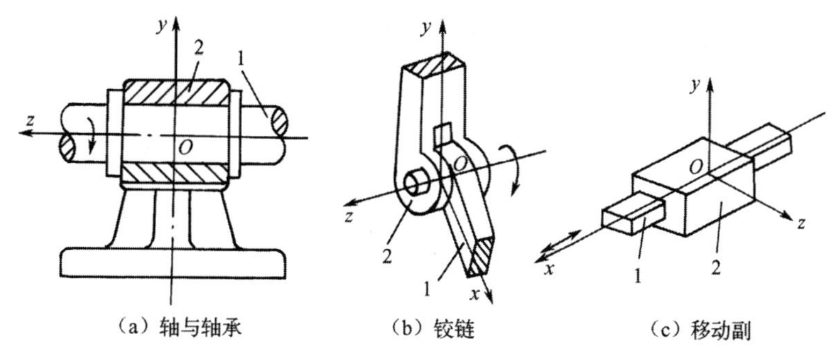

（a）轴与轴承　（b）铰链　（c）移动副

图 3.2　转动副和移动副

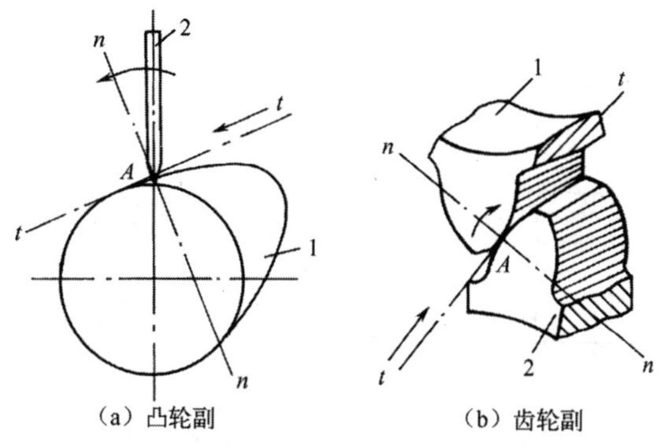

（a）凸轮副　（b）齿轮副

图 3.3　平面高副

（3）空间副

常见的空间副有球面副（见图 3.4（a））和螺旋副（见图 3.4（b））等。

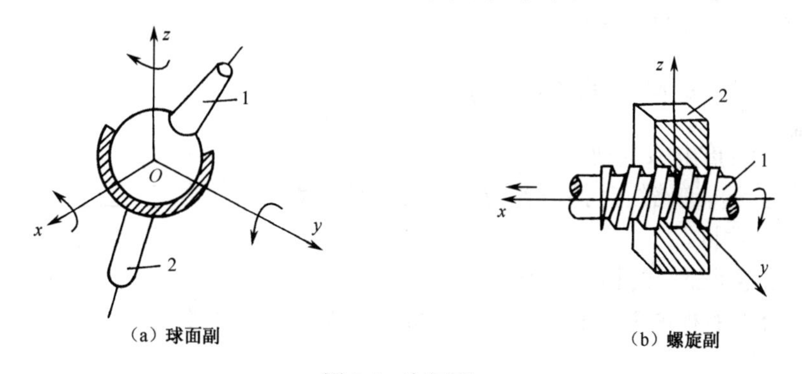

（a）球面副　（b）螺旋副

图 3.4　空间副

3.2　平面机构的运动简图

对机构进行分析和综合时，为了使问题简化，可撇开机构中与运动无关的元素，用简单的符号和线条代表运动副和构件，并按一定的比例尺表示机构的相互位置尺寸，绘制出图形，称为机构运动简图，简图可完全表达原机构具体的运动特征。

3.2.1　运动副及构件的表示法

构件常用直线或小方块来表示，画有斜线的表示机架，机架固定不动。

转动副的表示方法如图 3.5 所示，图中圆圈表示转动副，其圆心代表相对转动轴线。一个构件具有多个转动副时，则应在两线交界处涂黑，或在其内部画上斜线。

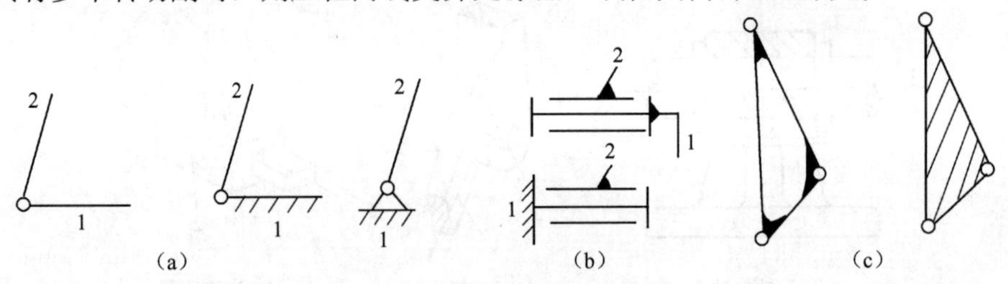

图 3.5　转动副的表示方法

两构件组成移动副的表示方法如图 3.6 所示，移动副的导路必须与相对移动方向一致。

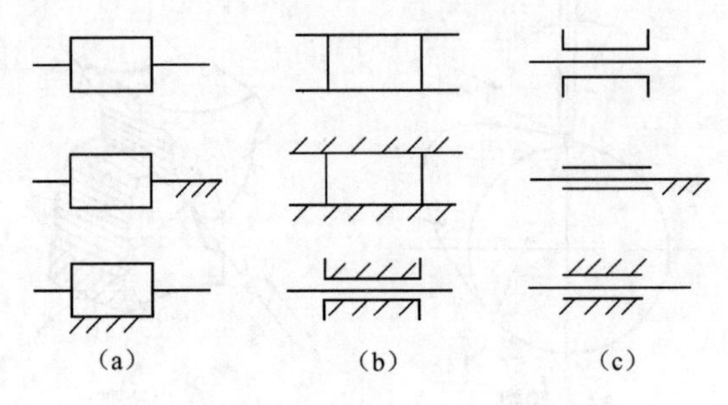

图 3.6　两构件组成移动副的表示方法

两构件组成平面高副时，需绘制出接触点的轮廓形状或按标准符号绘制。对于凸轮、滚子常画出其全部轮廓，如图 3.3（a）所示；对齿轮常画出其节圆，如图 3.7 所示。

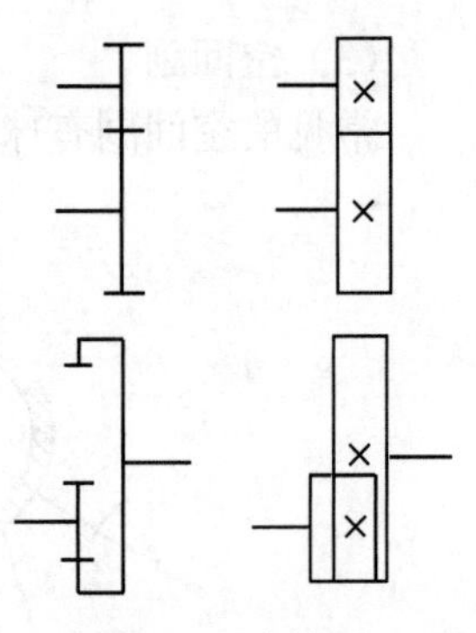

图 3.7　齿轮副

3.2.2　机构运动简图的绘制步骤

（1）分析机械的结构及其动作原理，找出机架、主动件和从动件。

（2）沿着运动传递路线，搞清各构件间的相对运动性质，确定运动副的类型和数目。

（3）测量出运动副间的相对位置。

（4）选择合理的视图平面和比例尺，用规定的符号和线条绘制出机构运动简图。

视图平面一般选择与各运动平面相平行的平面。

根据图纸的幅面及构件的实际长度选择合适的比例尺 u_l：

$$u_1=\frac{构件的实际长度}{构件的图示长度}\left(\frac{\mathrm{m}}{\mathrm{mm}}\right)$$

例 3.1　试绘制如图 3.8（a）所示牛头刨床主体运动的示意图。

解：（1）牛头刨床主体运动机构由齿轮 1 和 2、滑块 3、导杆 4、摇块 5、滑枕 6 及床身 7 组成。齿轮 1 为主动件，床身 7 为机架，其余的 5 个活动构件为从动件。

（2）齿轮 1、2 组成齿轮副；小齿轮 1 与床身 7 组成转动副；大齿轮 2 与床身 7、滑块 3 分别组成转动副；导杆 4 与滑块 3、摇块 5 分别组成移动副；导杆 4 与滑枕 6 组成转动副；摇块 5 与床身 7 组成转动副；滑枕 6 与床身 7 组成移动副。即本机构共有 1 个齿轮副、5 个转动副和 3 个移动副。

（3）选择合适的瞬时运动位置，如图 3.8（b）所示，按规定符号画出齿轮副、转动副、移动副及机架，并标注构件号。

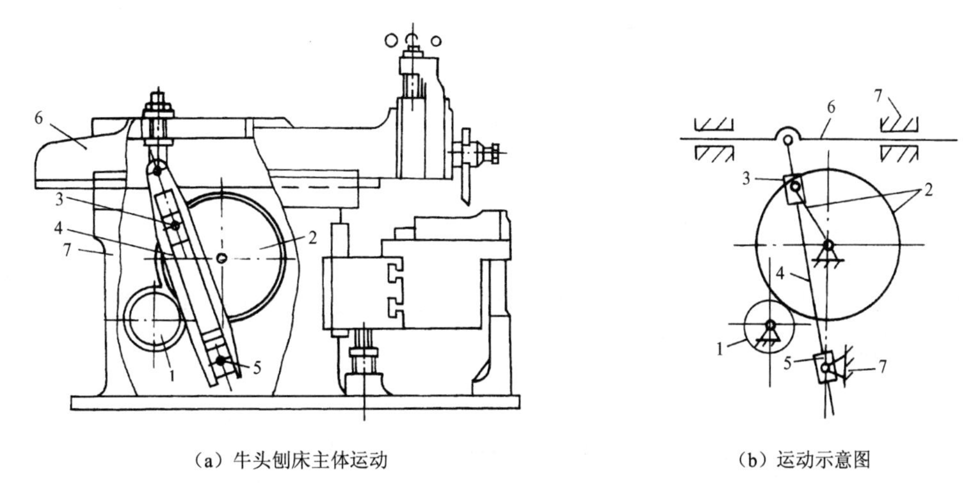

（a）牛头刨床主体运动　　（b）运动示意图

1、2—齿轮；3—滑块；4—导杆；5—摇块；6—滑枕；7—床身

图 3.8　牛头刨床主体运动结构

3.3　平面机构自由度

3.3.1　平面机构自由度的计算

平面机构自由度就是指机构中各构件相对于机架所能有的独立运动的数目之和。

一个做平面运动的自由构件具有 3 个自由度，因此平面机构中每个活动构件在未用运动副连接之前都有 3 个自由度，每个低副引入 2 个约束，使构件失去 2 个自由度。每个高副引入 1 个约束，使构件失去 1 个自由度。

设一个平面机构共有 N 个构件，其中 1 个构件为机架固定不动，则有 $n=N-1$ 个活动构件，当用 P_L 个低副和 P_H 个高副连接组成机构后，就引入了 $2P_L+P_H$ 个约束。因此，活动构件的自由度总数减去运动副引入的约束总数就是该机构的自由度，用 F 表示。即平面机构的自由度计算公式为：

$$F=3n-2P_L-P_H \tag{3-1}$$

3.3.2　机构具有确定运动的条件

机构具有确定运动的条件是：$F>0$，且 F 等于机构的主动件个数。

构件组的自由度与主动件的数目相比，可分为下列几种情况：

（1）当构件组的自由度小于或等于零时，它不是机构，而是不能产生相对运动的静定或超静定刚性桁架，如图 3.9（a）、（b）所示。

（2）当构件组的自由度大于零但小于主动件数时，会发生运动干涉而破坏构件，如图 3.9（c）所示，若机构减少一个主动件，则具有确定运动。

（3）当构件组的自由度大于主动件数时，机构从动件的运动是不确定的，如图 3.9（d）所示。若此机构有 2 个主动件，则有确定运动。

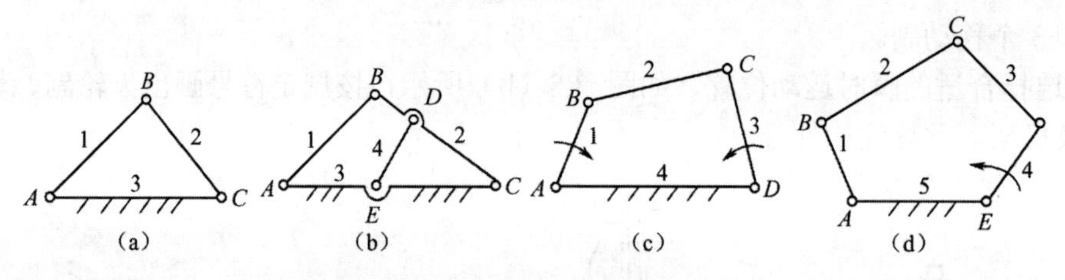

图 3.9 构件的自由度

3.3.3 计算机构自由度的注意事项

1．复合铰链

两个以上的构件共用同一转动轴线所构成的转动副称为复合铰链，如图 3.10 所示。由 m 个构件组成的复合铰链，应当按 m-1 个转动副计算。

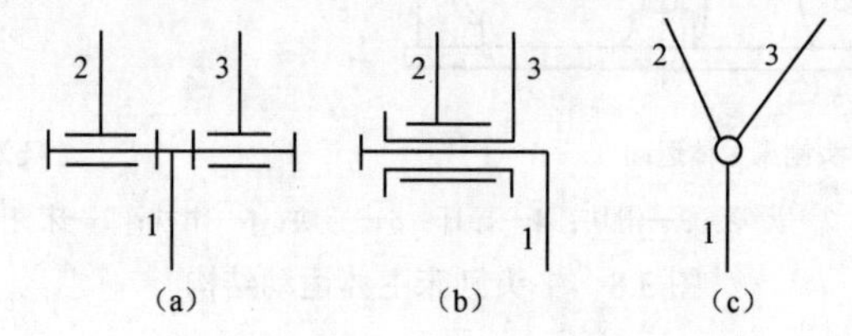

图 3.10 复合铰链

例 3.2 计算图 3.11 所示机构的自由度。

解：机构中活动构件数 n=5，A、B、D、E、F 各有一个转动副，C 处为 3 个构件组成的复合铰链，按 2 个转动副计算。故 P_L=7，P_H=0。

由式（3-1）得：

$$F=3\times5-2\times7-0=1$$

2．局部自由度

机构中出现的与输出无关的个别机构的独立运动自由度称为局部自由度。在如图 3.12（a）所示的凸轮机构中，滚子本身绕其轴心转动并不影响其他从动件的运动，该转动的自由度即为局部自由度。计算时应先把滚子看成与从动件连成一体的，消除局部自由度后（如图 3.12（b）所示），再计算整个机构自由度。

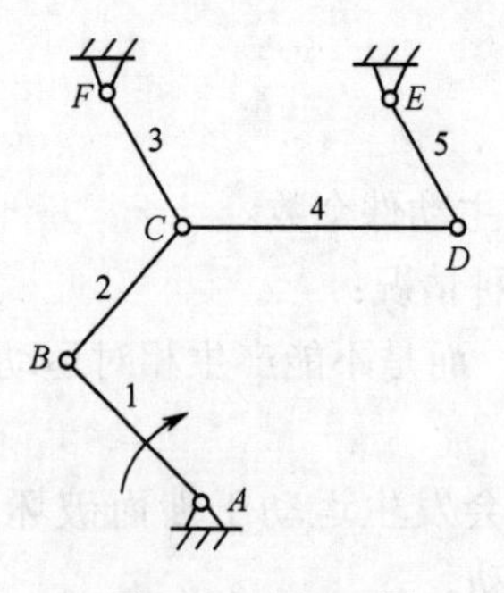

图 3.11 例 3.2 图

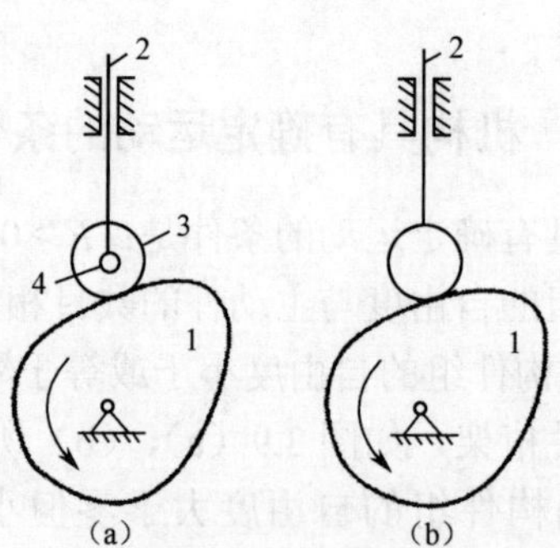

图 3.12 局部自由度

3. 虚约束

机构中与其他运动副所起的限制作用重复，对机构运动不起新的限制作用的约束，称为虚约束。在计算自由度时应先除去虚约束。

虚约束常在下列场合出现。

（1）运动轨迹相同。当不同构件上两点间的距离保持恒定时，若在两点间加上一个构件和两个转动副，就会引入一个虚约束。如图 3.13（a）所示的平行四边形机构中，构件 2 上的 *E* 点与机架上 *F* 点的距离保持不变。因此，*EF* 杆（构件 5）带入虚约束，计算构件自由度时，按图 3.13（b）处理，将构件 5 和两个转动副视为虚约束而除去不计。

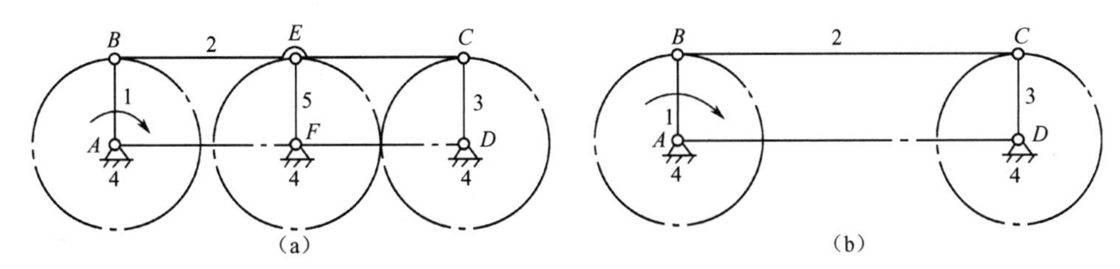

图 3.13　平行四边形机构中的虚约束

（2）移动副平行。两构件构成多个移动副且导路互相平行，这时只有一个移动副起约束作用，其余移动副为虚约束，如图 3.14 所示。

（3）转动副轴线重合。两构件组成多个转动副且其轴线相互重合，这时只有一个转动副起约束作用，其余转动副为虚约束。如图 3.15 所示的齿轮机构，*A* 和 *A′*以及 *B* 和 *B′*中各有一个虚约束。

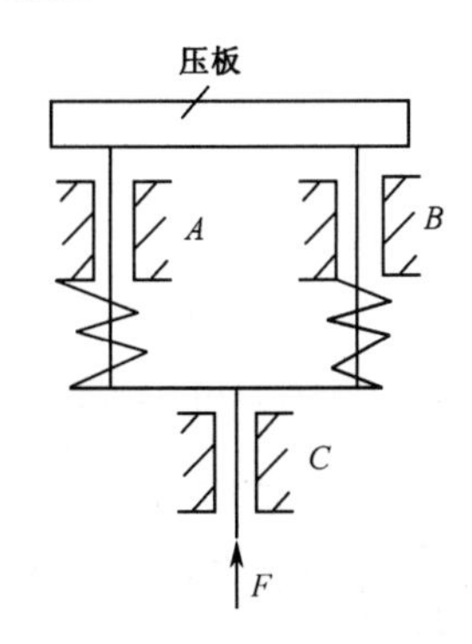

图 3.14　导路平行的多个移动副

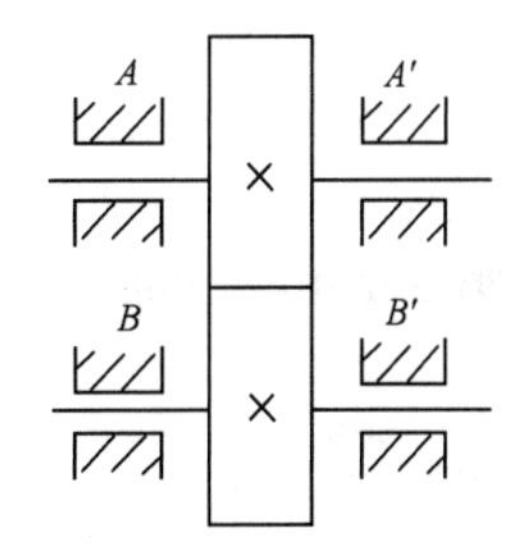

图 3.15　轴线重合的多个转动副

（4）对称机构。在输入和输出之间用多组完全相同的运动链来传递运动时，只有一组起独立传递运动的作用，而其余各组引入的约束为虚约束。如图 3.16 所示的行星轮系，为了受力均匀，提高承载能力，安装三个相同的对称分布的行星轮，实际上只要一个行星轮就能满足运动要求，每增加一个行星轮就引入一个虚约束。该机构中：

$$n=4，P_L=4，P_H=2，F=3\times4-2\times4-2=2$$

虚约束虽不影响机构的运动，但却可以增加机构的刚性，改善受力状况，因而在结构设计中被广泛使用。但是，结构中要实现虚约束必须保证足够的加工和装配精度，否则不满足其特定的几何条件，虚约束就会变成真约束，从而使机构无法正常工作。

例 3.3 计算图 3.17 所示机构的自由度。

解：机构中的滚子处有一个局部自由度。两个导路平行的移动副，其中之一为虚约束。三杆汇交处是复合铰链。将滚子与顶杆视为一体，去掉虚约束移动副，并注意复合铰链处的转动副的个数，则

$$n=7，P_L=9（7 个转动副，2 个移动副），P_H=1$$

由式（3-1）得：

$$F=3n-2P_L-P_H=3\times7-2\times9-1=2$$

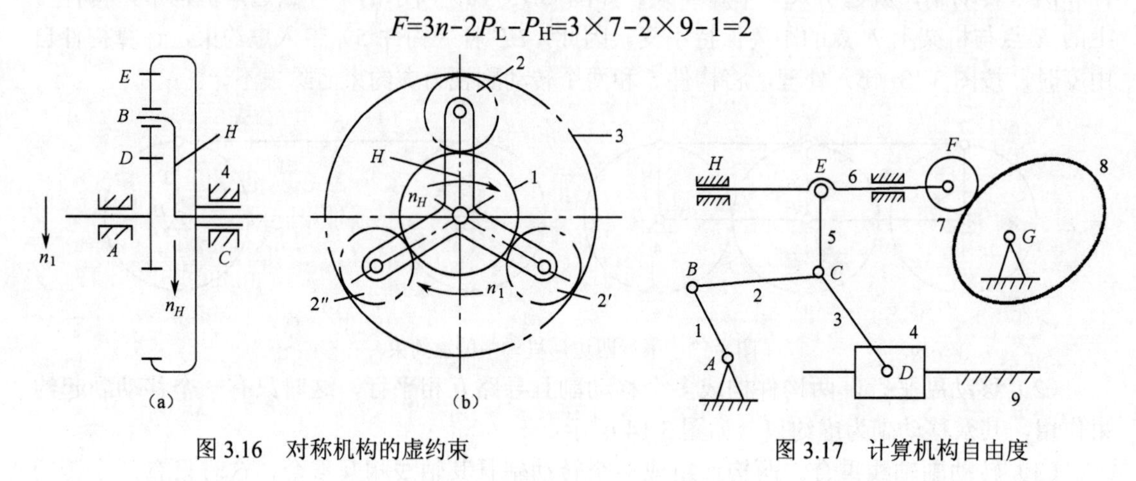

图 3.16 对称机构的虚约束

图 3.17 计算机构自由度

习 题 3

3.1 何谓运动副？运动副分为哪几类？

3.2 机构具有确定运动的条件是什么？

3.3 如何计算平面机构的自由度？计算自由度应注意哪些问题？

3.4 何谓机构运动简图？绘制的步骤如何？

3.5 计算图 3.18 中各机构的自由度，并指出其中是否含有复合铰链、局部自由度或虚约束。

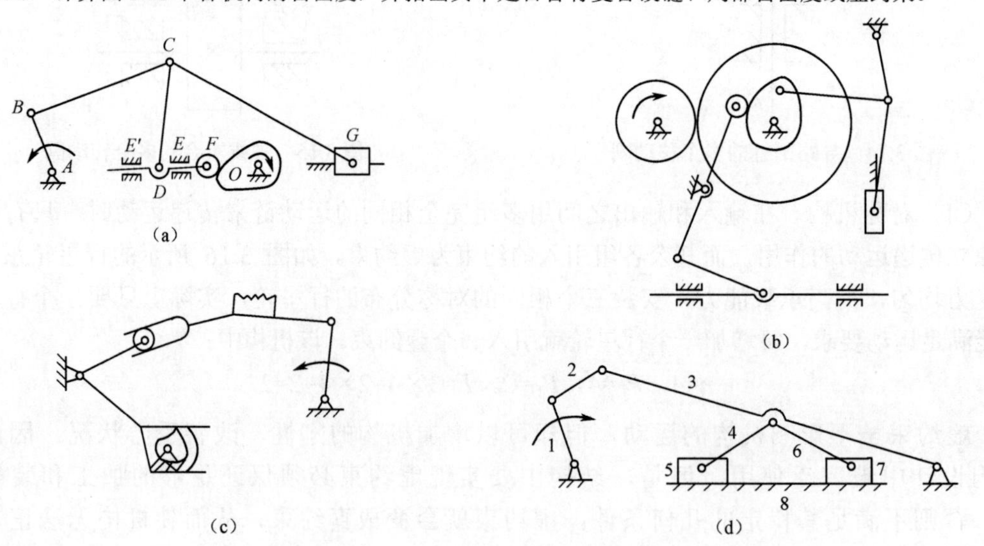

图 3.18

3.6　绘制图 3.19 中各机构的运动简图，并计算自由度。

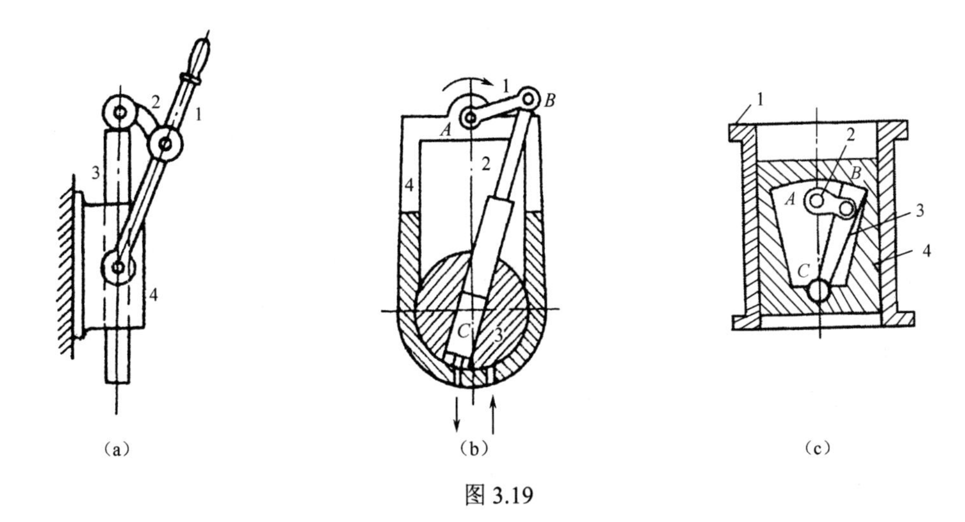

图 3.19

第 4 章　平面连杆机构

平面连杆机构是由若干构件通过低副连接而成的平面机构，又称为平面低副机构。平面连杆机构广泛应用于各类机械及仪表中，其主要特点有：

（1）低副是面接触的结构，传力时压强小，便于润滑，磨损小，承载能力强。

（2）构件简单，加工方便，工作可靠。

（3）能方便地实现各种基本运动形式，满足多种运动规律和运动轨迹的要求。

（4）只能近似实现给定的运动规律或运动轨迹，且设计较为复杂。

（5）运动惯性力难以平衡，不适用于高速的场合。

4.1　平面四杆机构的基本类型及其演化

4.1.1　平面四杆机构的基本类型

平面连杆机构按组成构件的数目可分为四杆机构、五杆机构、多杆机构，其中最基本的是平面四杆机构。当平面四杆机构中的运动副均为转动副时（见图 4.1）称其为铰链四杆机构。机构中的固定件称为机架，与机架相连的构件 1 和 3 称为连架杆，与机架相对的构件 2 称为连杆。在连架杆中，能做整周回转的称为曲柄，只能在小于 360° 范围内摆动的称为摇杆。

按铰链四杆机构有无曲柄，可将其分为三种基本形式。

1. 曲柄摇杆机构

两连架杆中一个为曲柄，另一个为摇杆的铰链四杆机构称为曲柄摇杆机构。如图 4.2 所示的雷达天线俯仰角调整机构，曲柄 1 为主动件，摇杆 3 为从动件。图 4.3 所示的缝纫机脚踏机构，摇杆 3（踏板）为主动件，曲柄 1 为从动件。

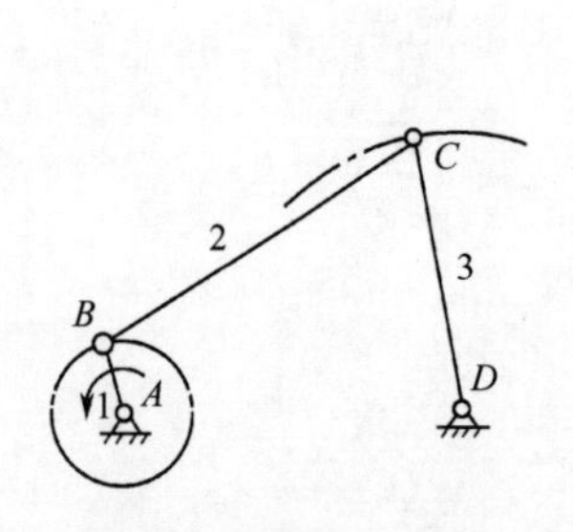

图 4.1　铰链四杆机构

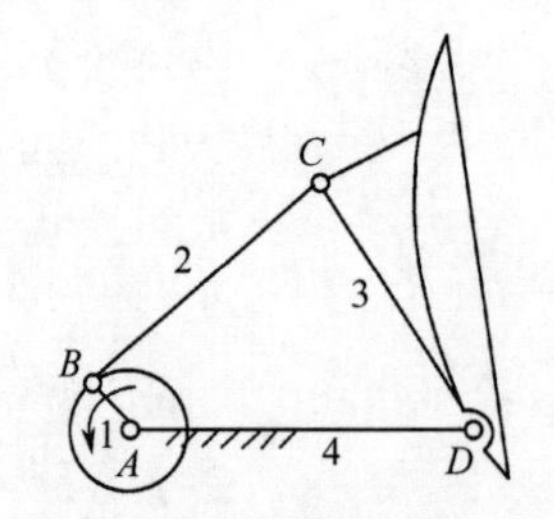

图 4.2　雷达天线俯仰角调整机构

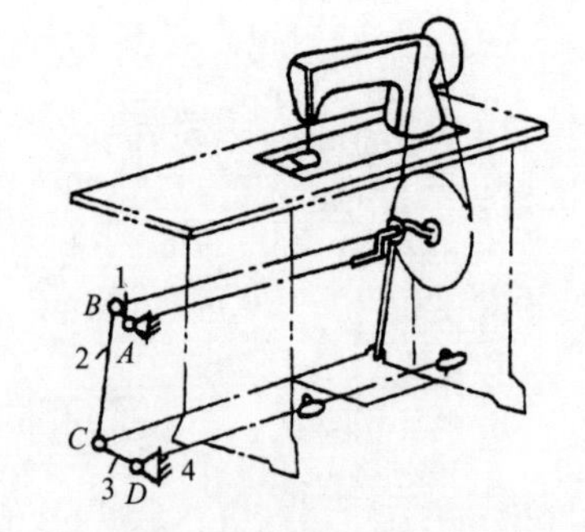

图 4.3　缝纫机脚踏机构

2. 双曲柄机构

两连杆均为曲柄的四杆机构称为双曲柄机构。如图 4.4 所示的惯性筛机构，主动曲柄做等速转动，从动曲柄做变速转动。

如图 4.5 所示的机车车辆联动机构，两曲柄长度相等，且连杆与机架长度也相等，这种机构称为平行双曲柄机构，它使各个车轮与主动轮具有相同的速度，其内含一个虚约束，以防止曲柄与机架共线时的运动不确定，如图 4.6 所示。

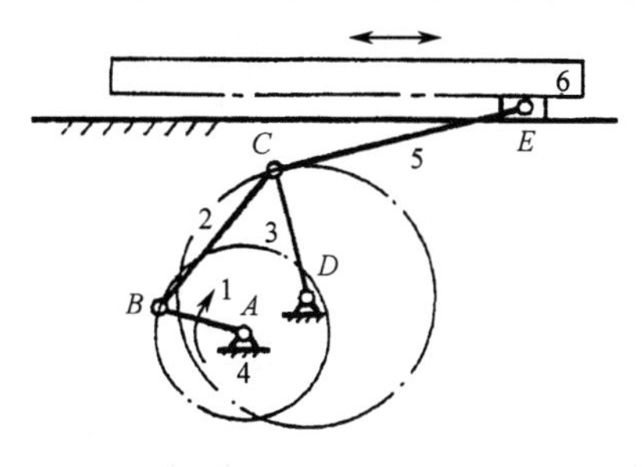

图 4.4　惯性筛机构

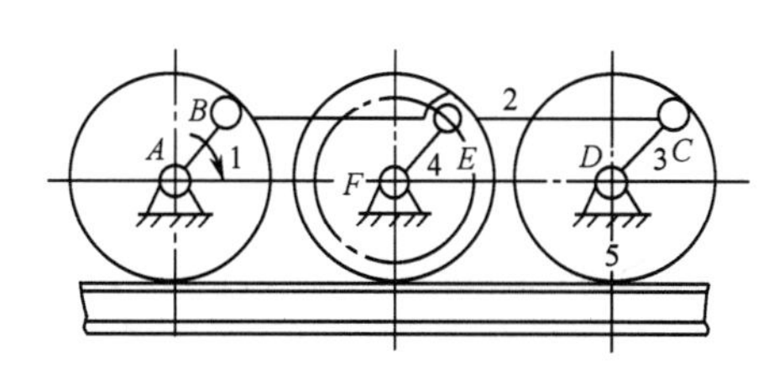

图 4.5　机车车辆联动机构

3. 双摇杆机构

两连架杆均为摇杆的四杆机构称为双摇杆机构。如图 4.7 所示的鹤式起重机的变幅机构，可实现货物水平移动，以减少功耗。图 4.8 所示的汽车前轮转向机构，两摇杆长度相等，称为等腰梯形机构。

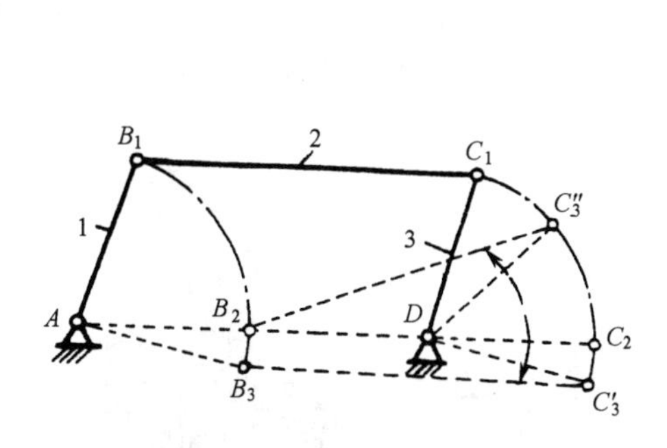

图 4.6　平行四边形机构

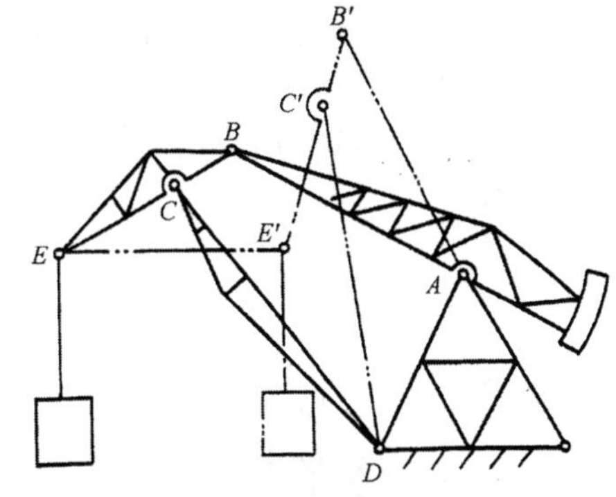

图 4.7　鹤式起重机的变幅机构

4.1.2　平面四杆机构的演化

1. 移动副取代转动副的演化

移动副可以看作一种特殊的转动副，即一种转动中心位于垂直于移动副导路无穷远处的转动副，如图 4.9 所示。

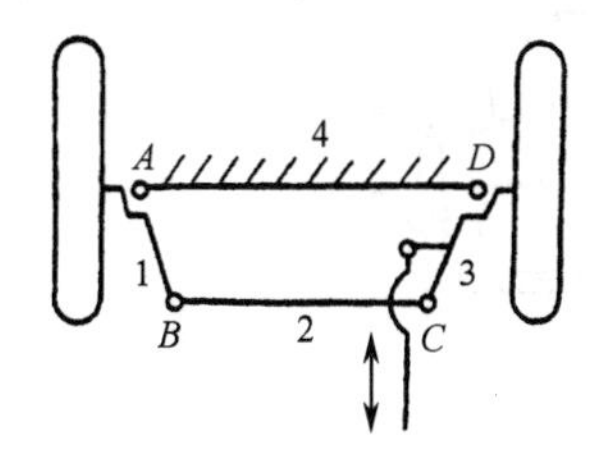

图 4.8　等腰梯形机构

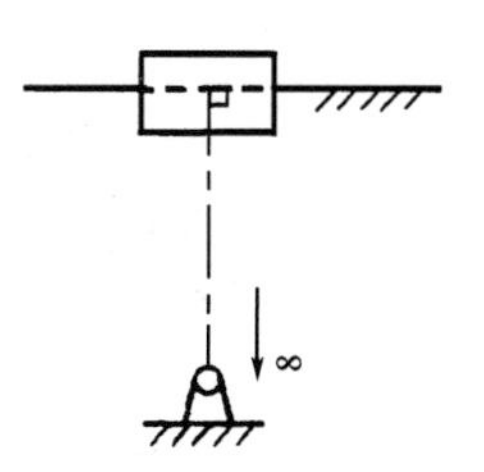

图 4.9　特殊的转动副

在如图 4.10（a）所示的曲柄摇杆机构中，当曲柄 1 转动时，摇杆 3 上 C 点的轨迹是圆弧 $\overset{\frown}{mm}$，且摇杆长度越长时，圆弧 $\overset{\frown}{mm}$ 越平直；当摇杆为无限长时，圆弧 $\overset{\frown}{mm}$ 将成为一条直线，这时把摇杆做成滑块，转动副 D 将转化为移动副，这种机构称为曲柄滑块机构，如图 4.10（b）所示。滑块移动导路到曲柄回转中心 A 之间的距离 e 称为偏距。如果 e 不为 0，称为偏置曲柄滑块机构。当曲柄等速转动时，偏置曲柄滑块机构可实现急回运动；当 e=0 时，称为对心曲柄滑块机构，如图 4.10（c）所示。曲柄滑块机构广泛应用于活塞式内燃机、空气压缩机、冲床等设备中，因此可以认为曲柄滑块机构是从曲柄摇杆机构演化而来的。

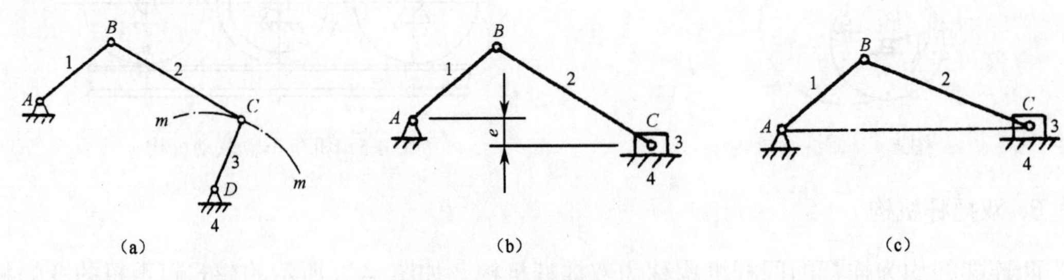

图 4.10　转动副转化为移动副

如果以两个移动副代替铰链四杆机构中的两个转动副，便可以得到四种形式的双滑块机构。如图 4.11 所示的正切机构、图 4.12（a）所示的曲柄移动导杆机构（正弦机构）、图 4.13（a）所示的双转块机构和图 4.14（a）所示的双滑块机构，图 4.12（b）所示的缝纫机刺布机构、图 4.13（b）所示的滑块联轴器，以及图 4.14（b）所示的双滑块机构分别是它们的应用实例。

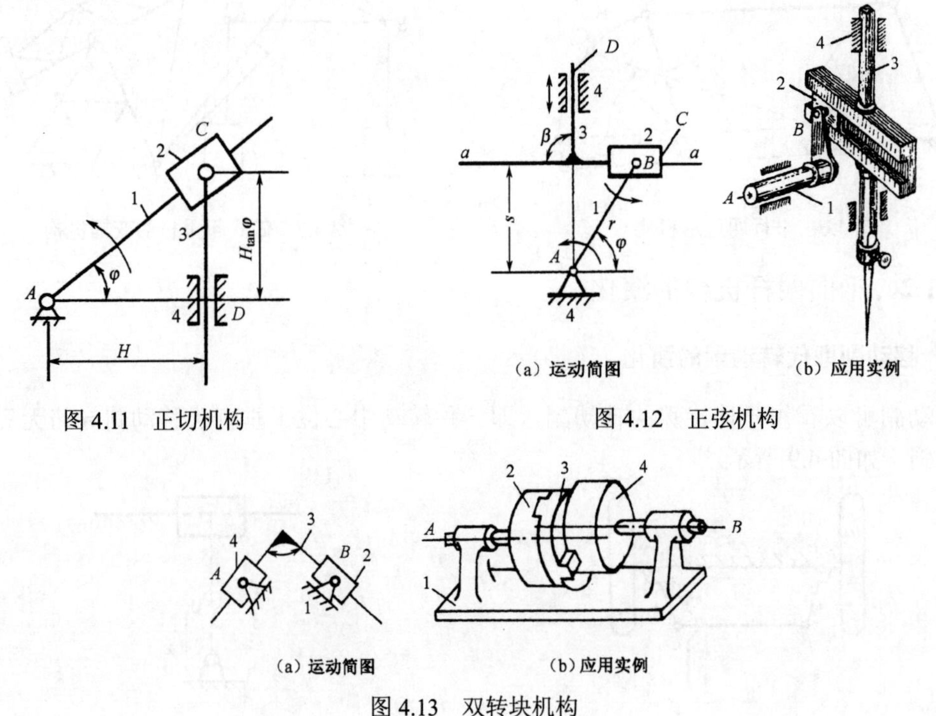

图 4.11　正切机构

图 4.12　正弦机构

图 4.13　双转块机构

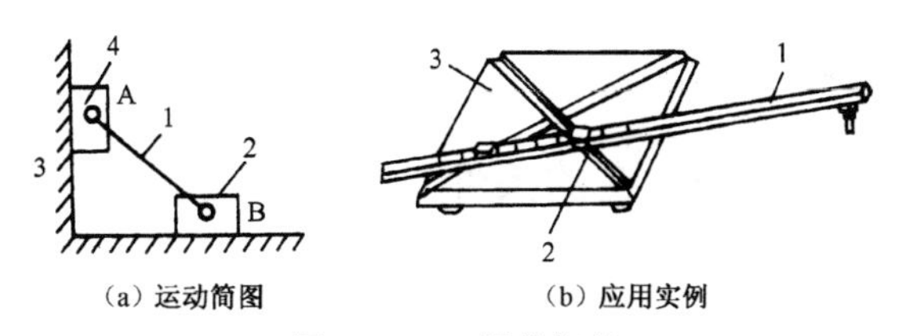

（a）运动简图　　（b）应用实例

图 4.14　双滑块机构

2. 取不同构件为机架

对一个曲柄摇杆机构变更机架，该机构可以演化为双曲柄机构、双摇杆机构和另一个曲柄摇杆机构。

同样，对曲柄滑块机构变更机架，该机构可以演化为导杆机构、摆动滑块机构、固定滑块机构。

表 4-1 列出了取不同构件为机架时获得的机构。

表 4-1　取不同构件为机架时获得的机构

机　　架	铰链四杆机构	含有移动副的四杆机构
4	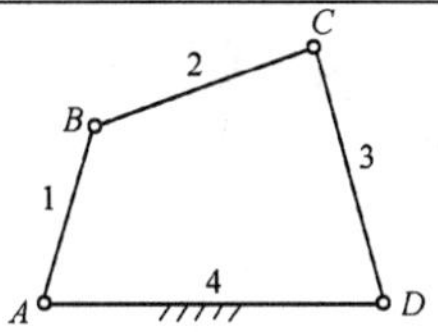 曲柄摇杆机构	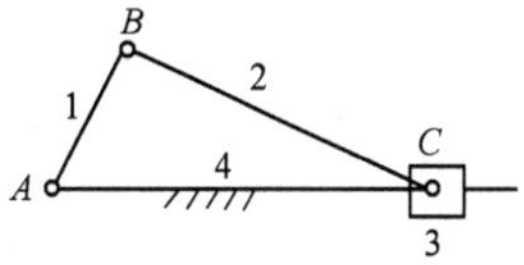 曲柄滑块机构
3	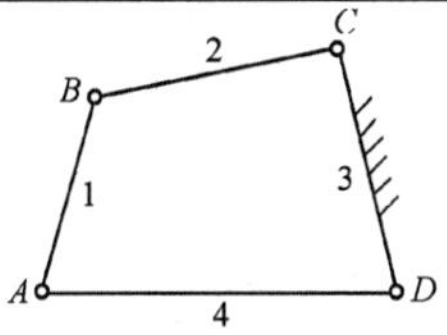 双摇杆机构	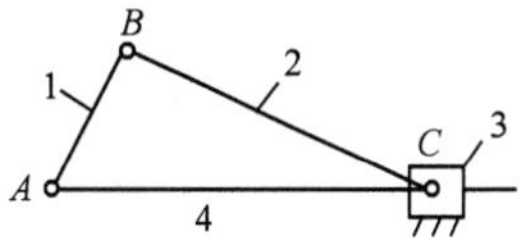 移动导杆机构
2	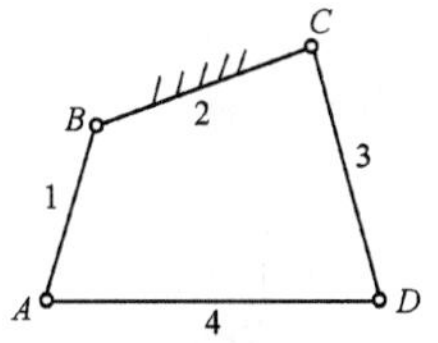 曲柄摇杆机构	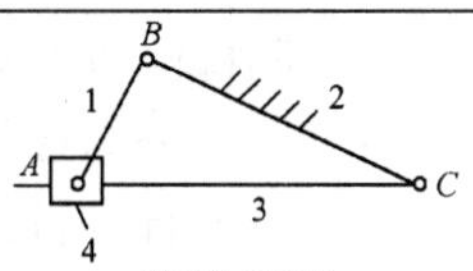 摆动导杆机构 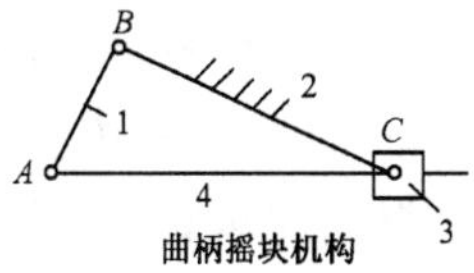 曲柄摇块机构
1	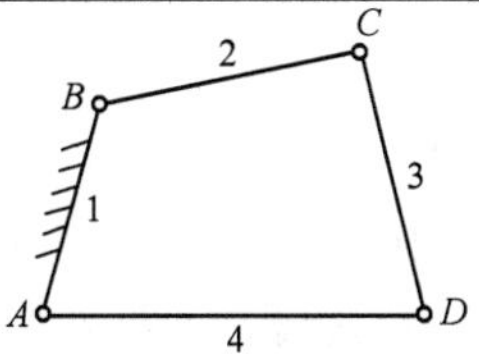 双曲柄机构	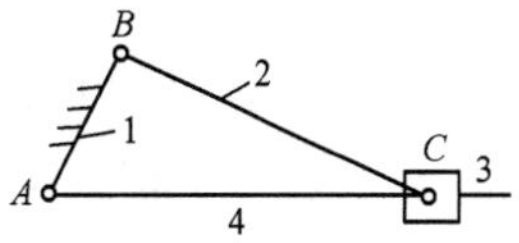 转动导杆机构

4.2 平面四杆机构的特性

4.2.1 铰链四杆机构曲柄存在的条件

铰链四杆机构的三种基本类型是按机构中是否存在曲柄来区分的。铰链四杆机构是否存在曲柄，取决于机构中各杆的相对长度和机架的选择。

如图 4.15 所示机构中，各杆长度分别为 l_1、l_2、l_3、l_4。假设杆 1 为曲柄，为保证曲柄 1 能整周回转，曲柄 1 必须顺利通过与机架 4 共线的两个位置 AB'和 AB''。在三角形 $B'C'D$ 和三角形 $B''C''D$ 中，由三角形的边长关系可得：

$$l_1+l_2\leqslant l_3+l_4 \tag{4-1}$$

$$l_1+l_3\leqslant l_2+l_4 \tag{4-2}$$

$$l_1+l_4\leqslant l_2+l_3 \tag{4-3}$$

将以上三式的任意两式相加可得：

$$l_1\leqslant l_2,\ l_1\leqslant l_3,\ l_1\leqslant l_4$$

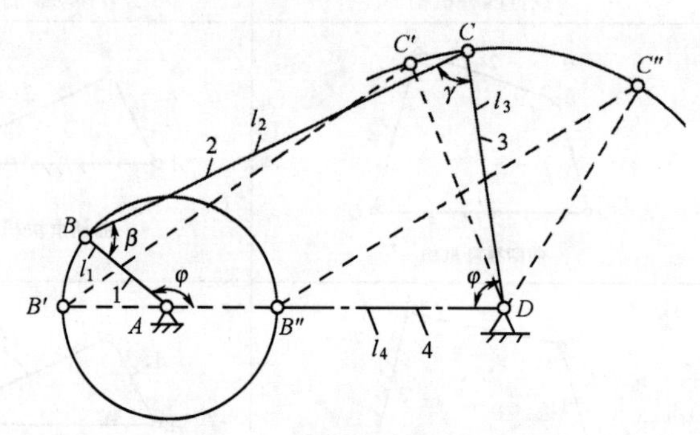

图 4.15 曲柄存在条件分析

上述关系说明，曲柄 AB 为最短杆，最短杆与最长杆长度之和小于或等于其余两杆长度之和。再结合“取不同构件为机架”的四杆机构演化原理，可推出曲柄存在的条件如下：

（1）必要条件：最短杆与最长杆的长度之和小于或等于其余两杆长度之和。

（2）充分条件：连架杆与机架中必有一个为最短杆。

根据曲柄存在的条件可知：

（1）当最长杆与最短杆的长度之和大于其余两杆长度之和时，只能得到双摇杆机构。

（2）当满足曲柄存在的必要条件时，最短杆为机架时，得到双曲柄机构；当最短杆的相邻杆为机架时得到曲柄摇杆机构；当最短杆的对面杆为机架时得到双摇杆机构。

4.2.2 急回特性

在曲柄摇杆机构、摆动导杆机构和曲柄滑块机构中，当曲柄为主运动件时，从动件往复运动时，存在左、右两个极限位置。如图 4.16（a）所示的曲柄摇杆机构，当摇杆 3 处在 C_1D 和 C_2D 两个极限位置时，曲柄 1 与连杆 2 共线。曲柄对应两极限位置所夹的锐角θ称为极位夹角。摇杆两极限位置间的夹角 ψ 称为最大摆角。图中 $AC_1=B_1C_1-AB_1$，$AC_2=B_2C_2+AB_2$。在图 4.16（b）所示摆动导杆机构中，导杆的两个极限位置是 B 点轨迹圆的两条切线 Cm 和 Cn，对于摆动导杆机构，极位夹角θ等于最大摆角ψ。在图 4.16（c）所示的偏置曲柄滑块机构中，当滑块在 C_1、C_2 两个极限位置时，曲柄与连杆共线，图中θ为极位夹角，$AC_1=B_1C_1-AB_1, AC_2=B_2C_2+AB_2$。

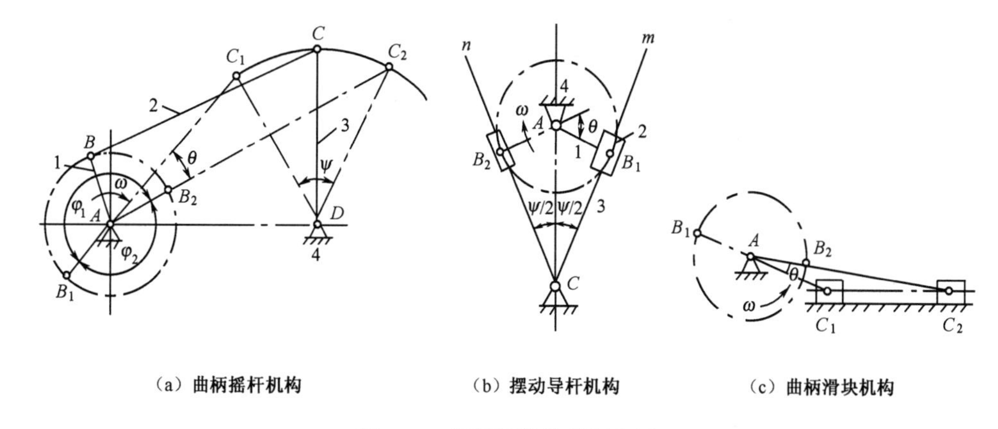

图 4.16　四杆机构的极限位置

对于图 4.16（a）所示的曲柄摇杆机构，设曲柄以等角速度ω顺时针转动，当曲柄从 AB_1 转至 AB_2 时，转过角度为$\varphi_1=180°+\theta$，所用时间 $t_1=\varphi_1/\omega$，摇杆从 DC_1 摆至 DC_2，摆角为ψ；当曲柄从 AB_2 转至 AB_1 时，转过角度为$\varphi_2=180°-\theta$，所用时间 $t_2=\varphi_2/\omega$，摇杆从 DC_2 摆回至 DC_1，摆角仍为ψ。由于$\varphi_1>\varphi_2$，所以 $t_1>t_2$，这反映了当曲柄匀速转动时，摇杆往复摆动的快慢不同。设摇杆从 DC_1 摆动至 DC_2 为工作行程，其平均速度 $v_1=C_1C_2/t_1$；摇杆从 DC_2 摆回 DC_1 为空回行程，其平均速度 $v_2=C_1C_2/t_2$。显然 $v_1<v_2$。当连杆机构主动件等速回转时，从动件空回行程平均速度大于从动件工作行程的平均速度，这种运动特性称为急回特性。牛头刨床、往复式运输机等机械就利用这种急回特性来缩短非生产时间，提高生产率。

急回特性可以用行程速比系数 K 来表示，即

$$K=v_2/v_1=(C_1C_2/t_2)/(C_1C_2/t_1)=t_1/t_2=\varphi_1/\varphi_2=(180°+\theta)/(180°-\theta) \tag{4-4}$$

式中，C_1C_2 为圆弧长度。

上式表明，极位夹角θ越大，K 值越大，急回特性越明显。当$\theta=0°$ 时，$K=1$，则机构无急回特性。

如果已知 K，可以求出极位夹角θ：

$$\theta=180°(K-1)/(K+1) \tag{4-5}$$

4.2.3　压力角和传动角

在生产中，不仅要求连杆机构能实现预定的运动规律，而且希望运转轻便，效率较高。如图 4.17 所示曲柄摇杆机构，如不计各杆质量和运动副中的摩擦，则连杆 BC 为二力杆，它作用于从动杆上的力 F 沿 BC 方向。F 与该力在摇杆上作用点的速度 v_c 方向所夹的锐角α 称为压力角。由图可见α越小，力 F 在 v_c 方向的有效分力 $F_t=F\cos\alpha$ 越大，机构运转越轻便，效率越高。也即是说，压力角α可作为判断机构传动性能的标志。在连杆设计中，为了度量方便，习惯用压力角α的余角γ（即连杆和从动摇杆之间所夹的锐角）来判断传力性能，γ称为传动角。因$\gamma=90°-\alpha$，所以α越小，γ越大，机构传力性能越好；反之，α越大，γ越小，机构传力越费劲，传动效率越低。

机构在运动中，传动角大小是变化的。为了保证机构传力性能良好，必须限定机构的最小传动角。对于一般机械，通常取$\gamma_{min}\geqslant 40°$；对于颚式破碎机、冲床等大功率机械，最小传动角应当取大一些，可取$\gamma_{min}\geqslant 50°$；对于小功率的控制机构和仪表，$\gamma_{min}$可略小于 40°。

曲柄摇杆机构的γ_{min}位置：如图 4.17 所示，摇杆 *CD* 为从动件，曲柄 *AB* 为主动件时，当主动件 *AB* 与机架 *AD* 共线时，传动角最小。比较两者两次共线时的γ，并取较小值为该机构的最小传动角γ_{min}。此图中γ_1为γ_{min}。

曲柄滑块机构的γ_{min}位置：如图 4.18 所示，滑块为从动件，曲柄为主动件，当曲柄与滑块的导路相垂直时，传动角最小。但对于偏置式曲柄滑块机构，γ_{min}出现在曲柄位于偏距方向相反一侧的位置。

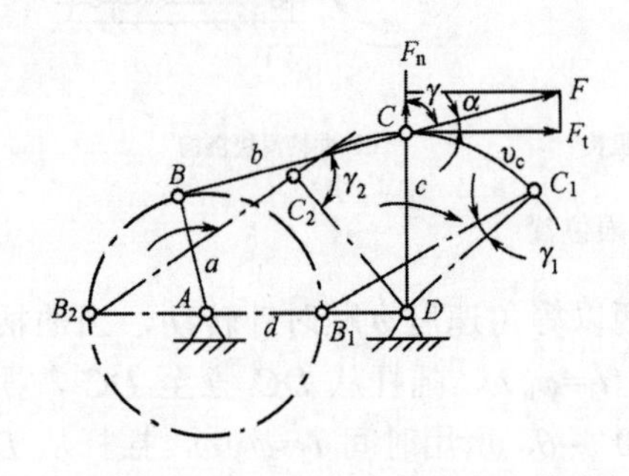

图 4.17　曲柄摇杆机构的压力角和传动角

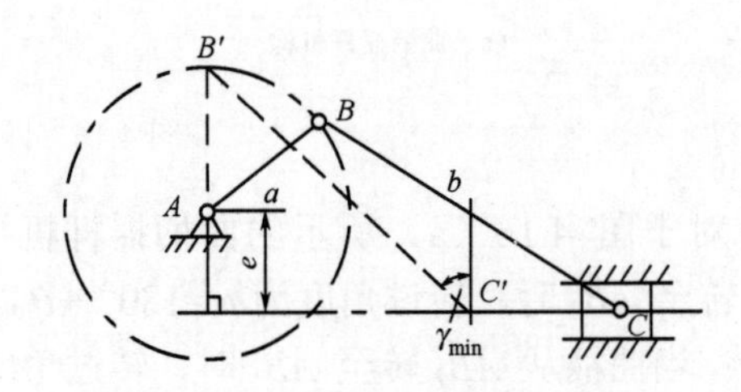

图 4.18　曲柄滑块机构的最小传动角

摆动导杆机构中，若以曲柄为主动件，则其压力角恒等于 0°，即传动角恒等于 90°，说明以曲柄为主动件时，机构具有最好的传力性能，如图 4.19 所示。

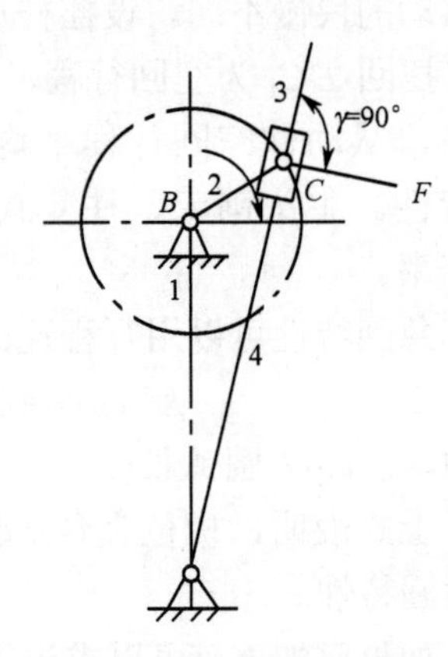

图 4.19　摆动导杆机构的γ

4.2.4　死点位置

如图 4.20 所示，在曲柄摇杆机构中，取摇杆 *CD* 为主动杆，当摇杆处在两极限位置时，连杆与曲柄共线。出现了传动角$\gamma=0°$的情况，若不计各杆的质量，则这时连杆加给曲柄的力将通过铰链中心 *A*，此力对 *A* 点不产生力矩，因此不能使曲柄转动。此时，摇杆上无论加多大驱动力也不能使曲柄转动，机构的此种位置称为死点位置。

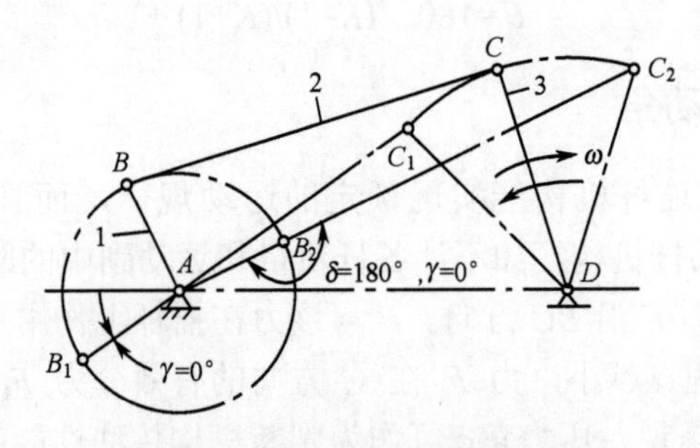

图 4.20　曲柄摇杆机构的死点位置

当机构处在死点位置时，从动件将卡死，或出现运动不确定现象。设计时必须采取措施确保机构能顺利通过死点。通常采用在从动件上安装飞轮，利用飞轮的惯性，或错位排列机构的方法使机构通过死点位置。

图 4.21（a）所示为缝纫机的踏板机构，图 4.21（b）为其机构运动简图。踏板 3（主动件）往复摆动，通过连杆 2 驱使曲柄 1（从动件）做整周转动，再经过带传动使机头主轴转动。在实际使用中，缝纫机有时会出现踏不动或倒车现象，这是机构处于死点位置导致的。在正常转动时，借助安装在机头主轴上的飞轮（即大带轮）的惯性作用，可以使缝纫机踏板机构的曲柄通过死点位置。图 4.22 所示的机车车轮联动机构就是利用机构错位排列的方法通过死点位置的。

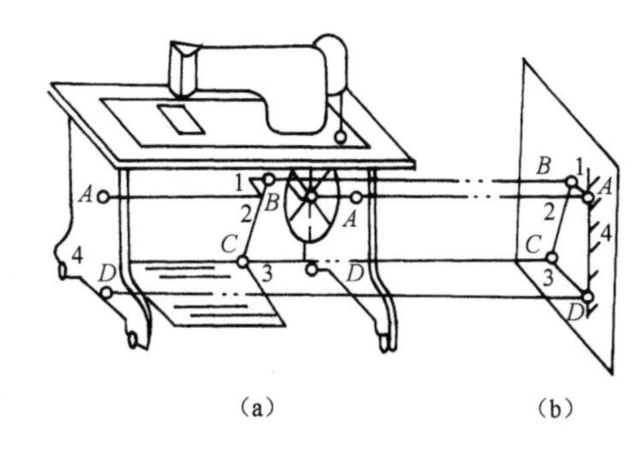

图 4.21　缝纫机的踏板机构

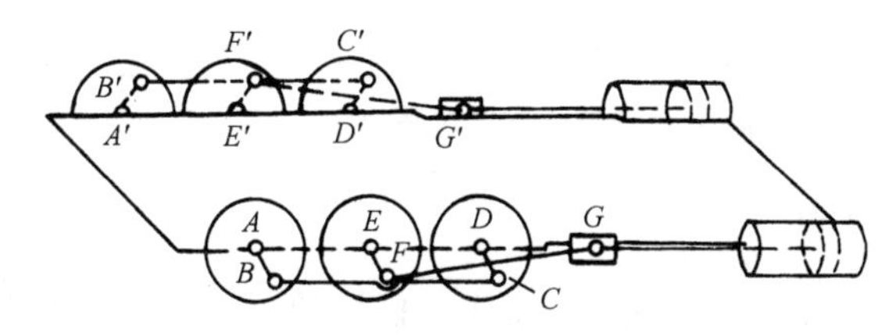

图 4.22　机车车轮联动机构

在工程实践中，常见利用死点来实现一些特定的工作要求。如图 4.23 所示夹紧装置，在连杆 2 的手柄处施以压力 F 将工件夹紧后，连杆 BC 与连架杆 CD 成一直线，撤去外力 F 之后，在工件 5 反弹力 F_n 作用下，从动件 3 处在死点位置，即使反弹力很大也不会使工件松脱。

图 4.24 所示的飞机起落架机构也是利用死点位置来承受降落时来自地面的冲击力以保证飞机安全着陆的。

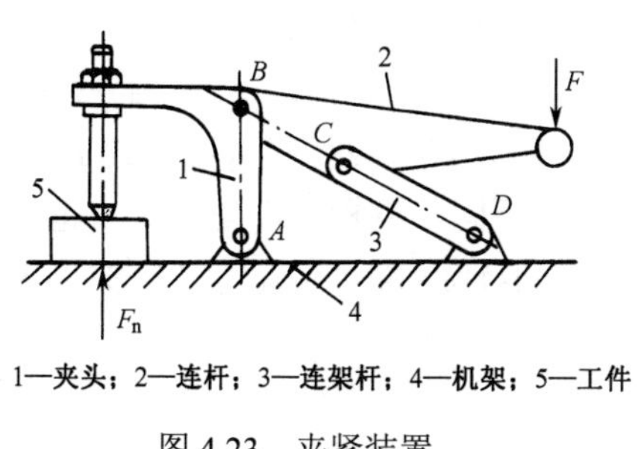

图 4.23　夹紧装置

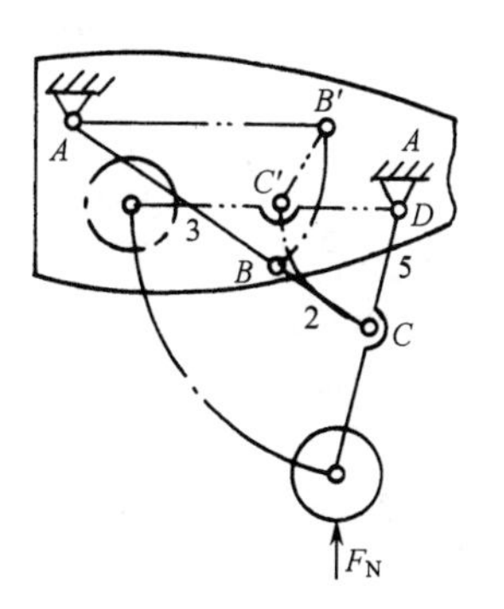

图 4.24　飞机起落架机构

4.3 图解法设计平面四杆机构

设计平面四杆机构，主要是根据已知条件来确定机构各构件的尺寸。在实际生产中，对平面机构提出的工作要求是多种多样的，给定的条件也不相同，通常可归纳为以下两类问题：

（1）实现给定的运动规律。例如，要求满足一定的急回特性要求，实现连杆的几组给定位置等。

（2）实现给定的运动轨迹。例如，要求连杆上某点能沿着给定的轨迹运动等。

平面四杆机构的设计方法有图解法、解析法和实验法。图解法直观；解析法要求建立方程式，然后求解，结果比较精确；实验法借助已汇编成册的连杆曲线图谱，根据预定运动轨迹从图谱中选择形状相近的曲线，同时查得机构各杆尺寸及描述点在连杆平面上的位置，再用缩放仪求出图谱曲线与所需轨迹曲线的缩放倍数，即可求出四杆机构的机构和运动尺寸，这种方法简单方便。本书主要介绍图解法。

4.3.1 按给定行程速比系数 *K* 设计四杆机构

1. 曲柄摇杆机构

已知摇杆的长度 l_{CD}、摆角 ψ 和行程速比系数 K，试设计该摇杆机构。

（1）由给定的行程速比系数 K，求出极位夹角 θ。

$$\theta = 180^\circ \frac{K-1}{K+1}$$

（2）选取适当的比例尺 μ_1，按 l_{CD} 和 ψ 作出摇杆的两个极限位置 C_1D、C_2D，如图 4.25 所示。

（3）连接 C_1C_2，作 $\angle C_1C_2O=\angle C_2C_1O=90^\circ-\theta$，以 O 为圆心，OC_1 为半径作圆 η，弧 C_1C_2 所对的圆心角为 $\angle C_1OC_2=2\theta$。

（4）在圆 η 上，弧 C_1C_2 所对的圆周角为 θ，在圆周上适当选取 A 点，使 $\angle C_1AC_2=\theta$，则 AC_1、AC_2 即为曲柄与连杆共线的两个位置。故 $AC_1=B_1C_1-AB_1$，$AC_2=AB_2+B_2C_2$，而 $AB_1=AB_2=AB$，$B_1C_1=B_2C_2=BC$，因此：

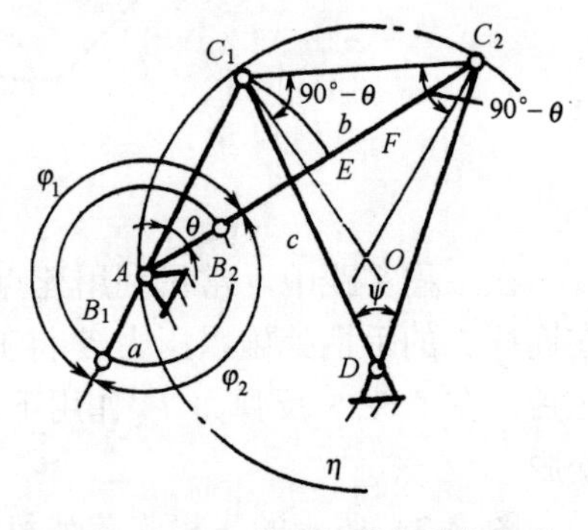

图 4.25 按 *K* 值设计曲柄连杆机构

曲柄的长度 $l_{AB}=\mu_1\times AB_1=\mu_1\times AB_2$

连杆的长度 $l_{BC}=\mu_1\times B_1C_1=\mu_1\times B_2C_2$

由于弧 C_1C_2 所对应的圆周角为 θ，故在圆 η 上任意选 A 点，均可使 $\angle C_1AC_2=\theta$，所以若仅按行程速比系数 K 设计，可得无穷多的解。A 点位置不同，机构传动角的大小也不同，因此可按照最小传动角或其他辅助条件来确定 A 点的位置。

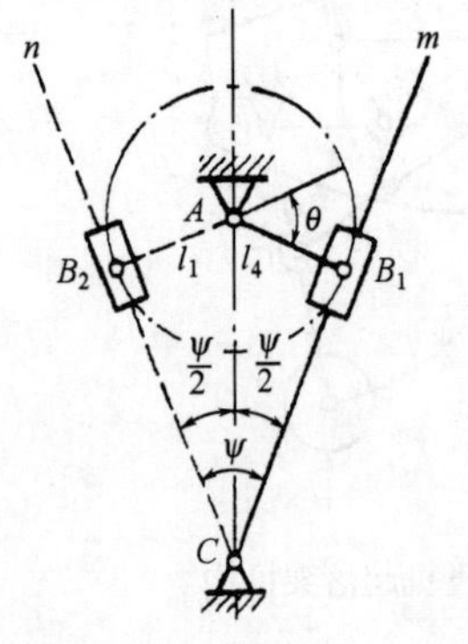

图 4.26 按 *K* 值设计导杆机构

2. 导杆机构

已知机架长度 l_{AC}、行程速比系数 K，试设计该机构。

由图 4.26 可知，导杆机构极位夹角 θ 等于导杆的摆角 ψ，所需确定的尺寸是曲柄长度 l_{AB}。其设计步骤如下：

（1）由已知行程速比系数 K，求得极位夹角 θ（即摆角 ψ）。

$$\psi = \theta = 180^\circ \ \frac{K-1}{K+1}$$

（2）任意固定铰链中心 C，以夹角 ψ 作导杆的两个极限位置线 Cm 和 Cn。

（3）作摆角 ψ 的平分线 AC，并在线上取 $\mu_1 \cdot AC = l_{AC}$，得固定铰链中心 A 的位置。

（4）过点 A 作 $AB_1 \perp Cm$，$AB_2 \perp Cn$，则 AB 就是曲柄，$l_{AB} = \mu_1 \times AB_1 = \mu_1 \times AB_2$。

4.3.2 按给定连杆位置设计四杆机构

如图 4.27 所示，已知连杆的长度 l_{BC} 及它所处的三个位置 B_1C_1、B_2C_2、B_3C_3，试设计该铰链四杆机构。

由于连杆上铰链 B（C）是在以 A（D）为圆心的圆弧上运动的，求出 A（D）点的位置即可确定该机构。设计步骤如下：

（1）选取适当的比例尺 μ_1，按照连杆长度 l_{BC} 及 BC 的三个已知位置画出 B_1C_1、B_2C_2、B_3C_3。

（2）连接 B_1B_2、B_2B_3、C_1C_2 和 C_2C_3，分别作它们的垂直平分线 b_{12}、b_{23} 和 c_{12}、c_{23}；b_{12} 和 b_{23} 的交点就是固定铰链中心 A，c_{12} 和 c_{23} 的交点就是固定铰链中心 D。

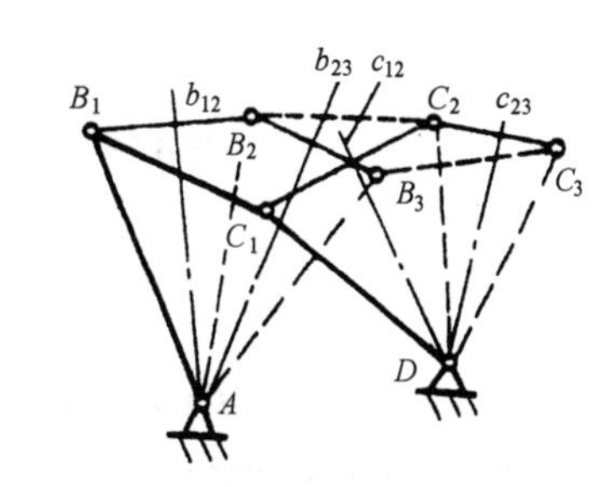

图 4.27 按给定连杆位置设计四杆机构

（3）连接 AB_1C_1D 即为所求的铰链四杆机构。

4.3.3 按给定两连杆的对应位置设计四杆机构

设已知机架长度 l_{AD} 及连杆架 AB、CD 的两组相应位置 α_1、φ_1 和 α_2、φ_2，试设计此铰链四杆机构。

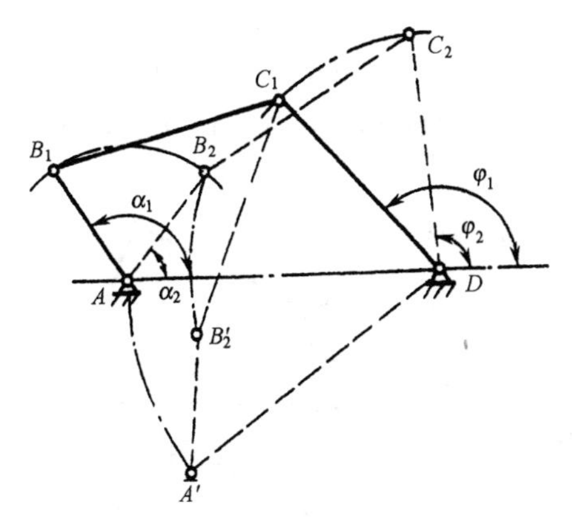

图 4.28 刚化反转法

此问题的关键是求铰链 C 的位置。如图 4.28 所示，采用刚化反转法将 AB_2C_2D 刚化后反转（$\varphi_1 - \varphi_2$）角，C_2D 与 C_1D 重合，AB_2 转到 $A'B_2'$ 的位置，此时可以将此机构看成以 CD 为机架，以 AB 为连杆的四杆机构，问题转化为按连杆的两个位置设计四杆机构。

现举例说明。如图 4.29（a）所示，已知四杆机构的一连架杆 AB 和机架 AD 的长度 l_{AB} 和 l_{AD}，连架杆 AB 和另一连架杆上标线 ED 的三组对应位置，试设计该铰链四杆机构。设计步骤如下：

（1）选取适当的比例尺 μ_1，按给定条件画出两连杆架的三组相应的位置，并连接 DB_2 和 DB_3，如图 4.29（b）所示。

（2）用反转法将 DB_2 和 DB_3 分别绕 D 点反转（$\psi_1 - \psi_2$）、（$\psi_1 - \psi_3$），得 B_2' 和 B_3'。

（3）作 B_1B_2'和 $B_2'B_3'$的垂直平分线 b_{12} 和 b_{23} 交于 C_1 点，连接 AB_1C_1D 即为该铰链四杆机构。

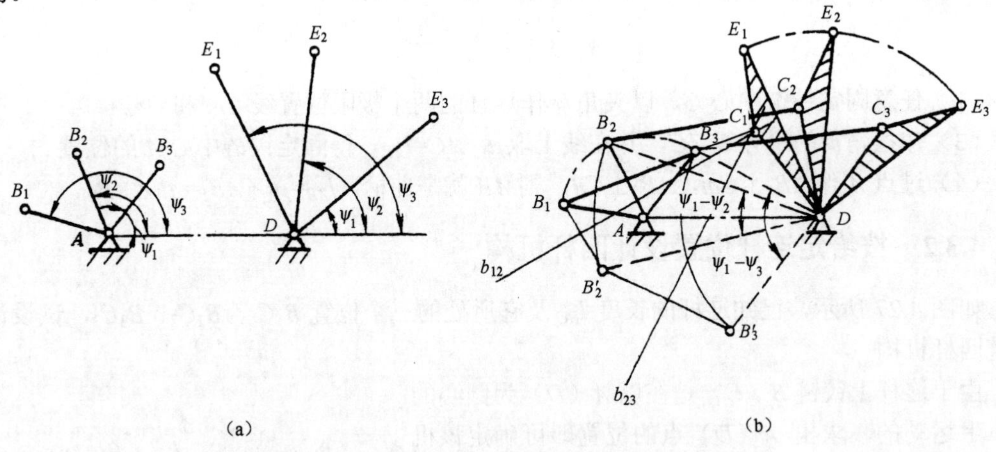

图 4.29　按给定两连架杆的对应位置设计四杆机构

习　题　4

4.1　平面连杆机构的特点是什么？

4.2　铰链四杆机构的基本类型有哪些？

4.3　什么是机构的死点位置？可能存在死点位置的机构有哪些？

4.4　铰链四杆机构中曲柄存在的条件是什么？曲柄是否一定是最短杆？

4.5　什么是极位夹角？极位夹角与行程速比系数有何关系？

4.6　已知平面四杆机构的各杆长度分别为：L_{AB}=60mm，L_{BC}=45mm，L_{CD}=50mm，L_{AD}=30mm。试问：欲获得（1）曲柄摇杆机构，（2）双摇杆机构，（3）双曲柄机构，应分别取何杆为机架？

4.7　一铰链四杆机构中，已知 L_{BC}=500mm，L_{CD}=350mm，L_{AD}=300mm，AD 为机架。试问：

（1）若此机构为曲柄摇杆机构，且 AB 为曲柄，求 L_{AB} 的最大值。

（2）若此机构为双曲柄机构，求 L_{AB} 的最小值。

（3）若此机构为双摇杆机构，求 L_{AB} 的取值范围。

4.8　在图 4.30 所示的铰链四杆机构中，各杆件长度分别为 L_{AB}=28mm，L_{BC}=52mm，L_{CD}=50mm，L_{AD}=72mm。

（1）若取 AD 为机架，求该机构的极位夹角θ，杆 CD 的最大摆角φ和最小传动角$\gamma_{\min}$。

（2）若取 AB 为机架，该机构将演化为何种类型的机构？为什么？

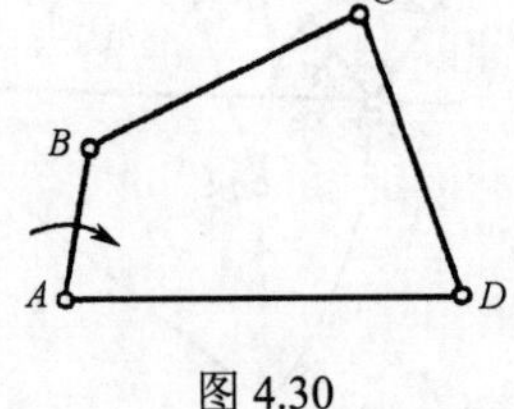

图 4.30

4.9　在曲柄摇杆机构中，已知一曲柄长为 50mm，连杆长为 70mm，摇杆长为 80mm，机架长为 90mm，曲柄转速 n_1=60r/min。试问：

（1）摇杆工作行程为多少秒？

（2）空回行程为多少秒？

（3）行程速比系数为多少？

4.10　在图 4.31 所示导杆机构中，已知 l_{AB}=40mm，试问：

（1）若机构为摆动导杆，l_{AC} 的最小值为多少？

（2）*AB* 为原动件时，机构的传动角为多大？

（3）若 l_{AC}=50mm，且此机构为转动导杆时，l_{AB} 的最小值为多少？

4.11　如图 4.32 所示，已知铰链四杆机构各构件的长度，试问：

（1）这是铰链四杆机构基本形式中的何种机构？

（2）若以 *AB* 为主动件，此机构有无急回特性？为什么？

（3）当以 *AB* 为主动件，此机构的最小传动角出现在机构何位置（在图上标出）？

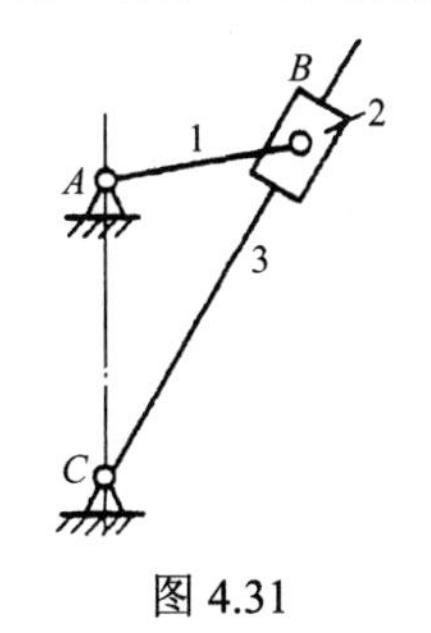

图 4.31

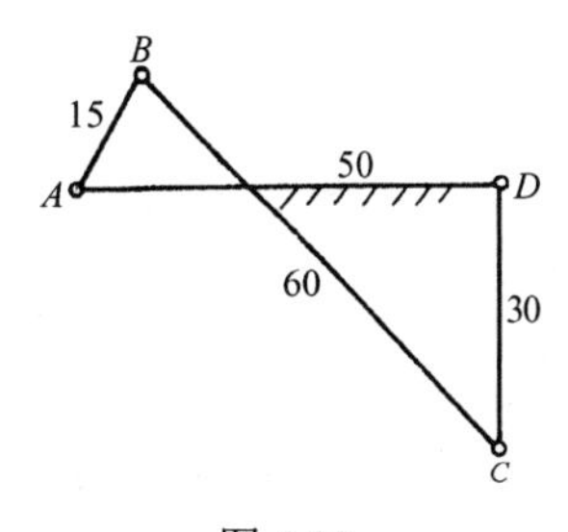

图 4.32

4.12　如图 4.33 所示的偏置曲柄滑块机构，已知行程速比系数 K=1.5，滑块行程 h=50mm，偏矩 e=20mm，试用图解法求：

（1）曲柄长度 l_{AB} 和连杆长度 l_{BC}；

（2）曲柄为主动件时机构的最大压力角 α_{max} 和最大传动角 γ_{max}；

（3）滑块为主动件时机构的死点位置。

4.13　设计如图 4.34 所示的铰链四杆机构，已知机架长 l_{AD}=600mm，要求两连架杆的三组对应位置为：φ_1=130° 和 ψ_1=110°、φ_2=80° 和 ψ_2=70°、φ_3=45° 和 ψ_3=30°，连架杆 *AB* 的长度 l_{AB}=200mm，连架杆 *CD* 上的标线 *DE* 的长度可取为 l_{DE}=400mm，试设计此四杆机构。

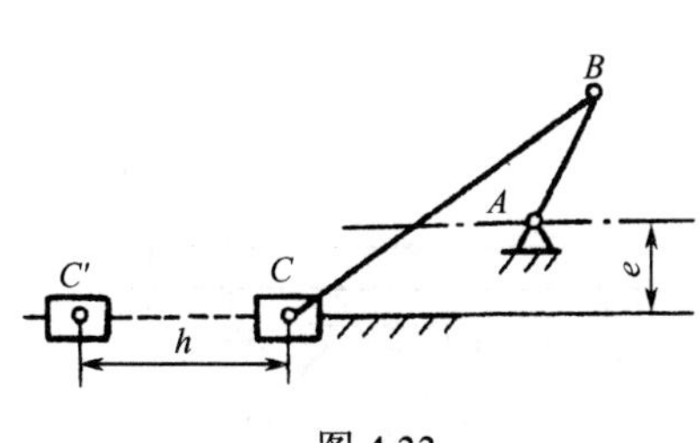

图 4.33

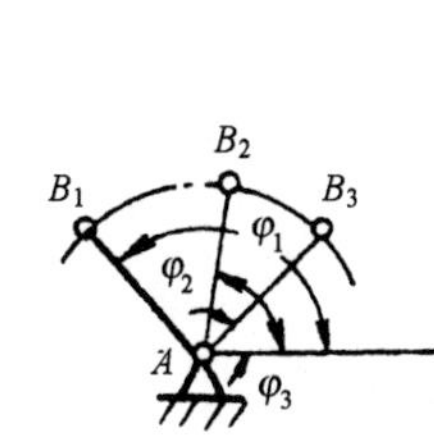

图 4.34

第5章　凸轮机构

5.1　概述

凸轮机构是通过高副接触带动从动件实现预期运动规律的一种高副机构。它广泛地应用于各种机械，特别是自动机械、自动控制装置和装配生产线中。在进行机械设计时，当从动件必须准确地实现某种预期的复杂运动规律时，常采用凸轮机构。

5.1.1　凸轮机构的应用及特点

如图 5.1 所示为内燃机的配气机构。其中构件 3 为机架，当凸轮 1 匀速转动时，其轮廓曲线迫使气阀 2（从动件）向下移动打开气门，可燃混合气进入气缸；当凸轮的最小半径处与从动件接触时，气门保持关闭。这样气门按预定时间打开或关闭，以完成内燃机的配气功能。弹簧使凸轮 1 与从动件 2 保持接触。

如图 5.2 所示为自动机床的进刀机构。

当凸轮做等速回转时，其上曲线凹槽的侧面推动从动件 2 绕 O 点做往复摆动，从而通过扇形齿轮 2 和固定在刀架 3 上的齿条，控制刀架做进刀和退刀运动。刀架的运动规律则取决于凸轮 1 上曲线凹槽的形状。

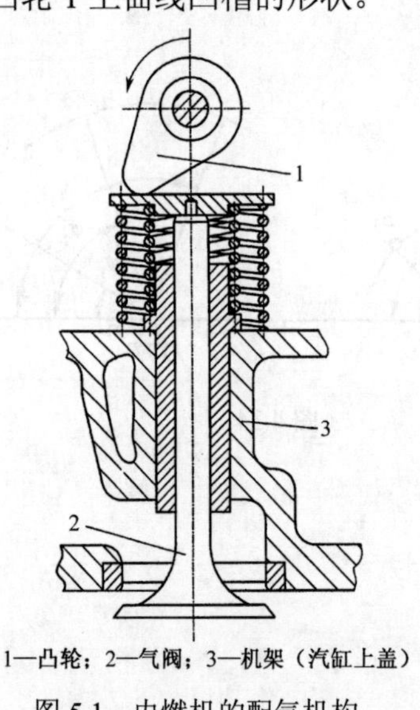

1—凸轮；2—气阀；3—机架（汽缸上盖）

图 5.1　内燃机的配气机构

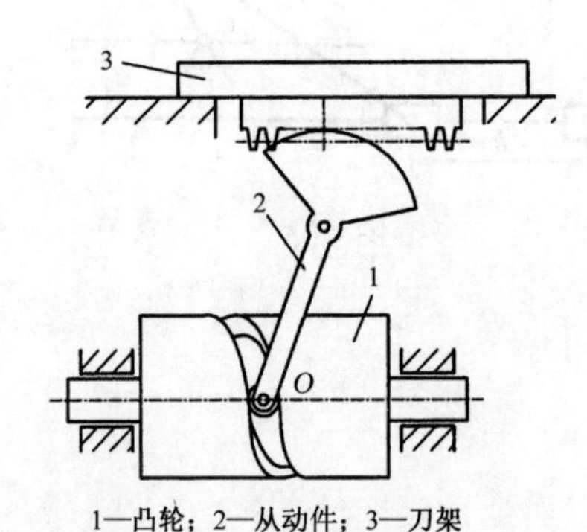

1—凸轮；2—从动件；3—刀架

图 5.2　自动机床的进刀机构

凸轮机构是**由凸轮、从动件和机架这三个基本构件所组成的高副机构**。凸轮是一个能控制从动件运动规律的具有曲线轮廓（凹槽）的构件，凸轮通常作为主动件并且等速运动；从动件是运动规律受凸轮轮廓控制的构件。凸轮机构主要用于转换运动形式，它可以将凸轮的转动变为从动件的连续或间歇移动（或摆动）；也能将凸轮的移动变为从动件的移动（或摆动）。

凸轮机构主要优点是：从动件的运动规律可以任意拟订，且结构简单、紧凑，故广泛应用于各种机械、仪器和操纵控制装置中；可以高速启动，动作准确可靠。**缺点是：**凸轮轮廓表面与从动件点或线接触，故易磨损。因此凸轮机构通常用于传力不大的场合。

5.1.2 凸轮机构的类型

1．按凸轮的形状分类

（1）盘形凸轮。如图 5.1 所示，凸轮呈盘状，并且具有变化的向径。当其绕固定轴转动时，可推动从动件在垂直于凸轮转轴的平面内运动。它是凸轮的最基本形式，结构简单，应用广泛。

（2）移动凸轮。当盘形凸轮的转轴位于无穷远处时就演化成了如图 5.3 所示的凸轮，这种凸轮称为移动凸轮。凸轮呈板状，它相对于机架做直线移动。

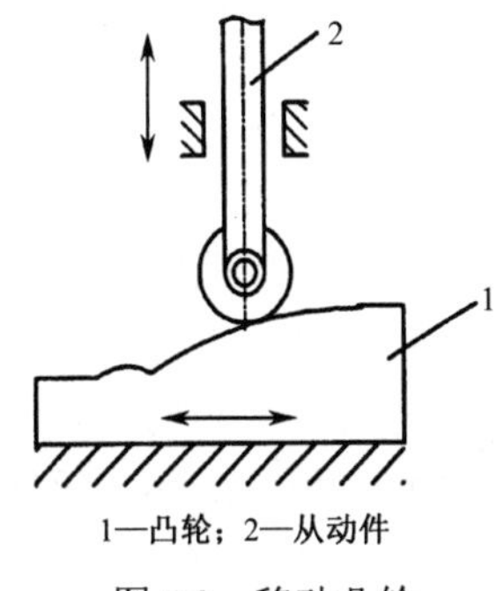

1—凸轮；2—从动件

图 5.3　移动凸轮

以上两种机构，凸轮与从动件之间的相对运动均为平面运动，故又称为**平面凸轮机构**。

（3）圆柱凸轮。如图 5.2 所示，凸轮的轮廓曲线在圆柱体上，它可以看成把上述移动凸轮卷成圆柱体演化而成的。在这种凸轮机构中，凸轮与从动件之间的相对运动是空间运动，故它属于**空间凸轮机构**。

2．按从动件的形状分类

（1）尖端从动件。如图 5.4 所示的凸轮就是尖端从动件，其特点是结构简单、紧凑，从动件尖端始终与凸轮轮廓接触，从而使从动件实现任意的运动规律。但尖端处易磨损，故只适用于速度较低和传力不大的场合。

（2）滚子从动件。如图 5.5 所示的凸轮就是滚子从动件，从动件端部装有可以自由转动的滚子，由于滚子与凸轮轮廓之间为滚动摩擦，摩擦阻力小，不易磨损，能传递较大的动力。但端部结构复杂，质量较大，不易润滑，且滚子与轴之间有间隙，故不适于高速场合。

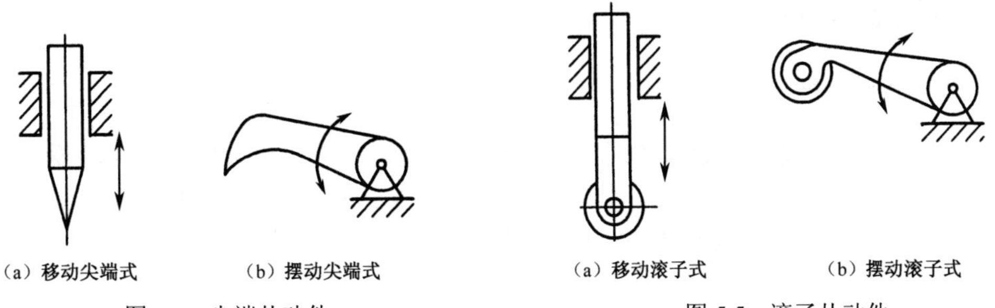

（a）移动尖端式　（b）摆动尖端式

图 5.4　尖端从动件

（a）移动滚子式　（b）摆动滚子式

图 5.5　滚子从动件

（3）平底从动件。如图 5.6 所示是平底从动件，其结构简单，从动件与凸轮轮廓表面接触的端面为一平面，接触处易形成油膜，润滑状况好，摩擦阻力小，传动效率高。其缺点是与之配合的凸轮轮廓必须全部为外凸形状，运动规律受到限制，适用于高速场合。

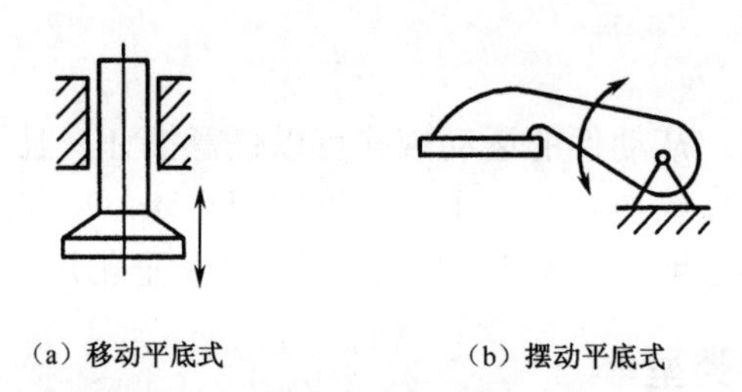

（a）移动平底式　　（b）摆动平底式

图 5.6　平底从动件

5.2　常用从动件运动规律

5.2.1　凸轮与从动件运动关系

如图 5.7 所示为尖端从动件盘形凸轮机构，**以凸轮轮廓最小向径所作的圆称为基圆**。从动件与基圆接触时处于“最低”位置。图 5.7（a）中尖端与基圆上 A 点接触为从动件上升的起始位置。当凸轮以等角速度ω逆时针转过δ_{t}角时，从动件尖端与凸轮轮廓 AB 端接触并按某一运动规律上升 h 至最高位置 B'，h 称为**升程**，这个过程称为**推程**，δ_{t} 称为**推程运动角**。凸轮转过δ_{s}角时，从动件与凸轮轮廓 BC 接触，并在最高点处静止不动，这个过程称为**远程休止过程**，δ_{s}称为**远休止角**。当凸轮转过δ_{h}角时，从动件尖端与凸轮轮廓上 CA'接触，从动件按某一运动规律下降 h，这个过程称为**回程**，δ_{h} 称为**回程运动角**。当凸轮转过 δ_{s}' 时，从动件尖端与凸轮轮廓 $A'A$ 接触，从动件在最低处静止不动，为近程**休止过程**，δ_{s}' 称为**近休止角**。凸轮连续回转时，从动件重复上述**升→停→降→停**的运动循环。

所谓从动件的**运动规律，是指从动件的位移** s、**速度** v **和加速度** a **随时间或凸轮转角的变化规律**，它们全面反映了从动件的运动特性及其变化的规律性。通常把从动件的 s、v、a 随时间 t 或凸轮转角δ变化的曲线统称为从动件的运动线图，如图 5.7（b）所示。从动件的运动规律与凸轮轮廓曲线的形状相对应，设计凸轮主要是根据从动件的运动规律，绘制凸轮轮廓曲线。

5.2.2　常用从动件运动规律

工程中对从动件的运动要求是多种多样的，经过长期的理论研究和生产实践，人们已经发现了多种具有不同运动特性的从动件的运动规律，其中在工程实际中经常用到的运动规律称为**常用运动规律**。

1．等速运动规律

从动件的运动速度为常数时的运动规律称为等速运动规律。采用这种运动规律时，从动件的位移与凸轮的转角δ成正比。其运动线图如图 5.8 所示，其位移曲线为一过原点的倾斜直线。根据位移、速度、加速度之间的导数关系可得运动方程如下：

$$\left.\begin{aligned} s&=\frac{h}{\delta_{\mathrm{t}}}\delta \\ v&=\frac{h}{\delta_{\mathrm{t}}}\omega \\ a&=0 \end{aligned}\right\} \tag{5-1}$$

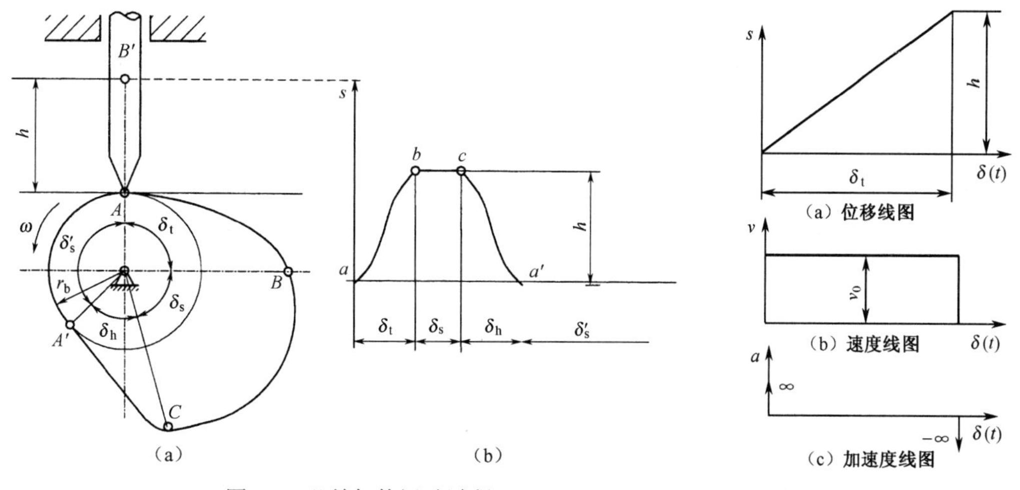

图 5.7　凸轮机构运动过程

图 5.8　等速运动线图

由图 5.8 可知，这种运动规律在行程的开始位置，速度由零突变为常数，其加速度为+∞。同理，在推程终止的瞬时，速度由常数变为零，其加速度为-∞，从而使从动件突然产生理论上为无穷大的惯性力。虽然实际上由于材料具有弹性，加速度和惯性力都不至于达到无穷大，但仍会使机构产生强烈冲击，这种冲击称为**刚性冲击**。因此，等速运动规律只适用于低速、轻载的场合。

2．等加速等减速运动规律

等加速等减速运动规律的特点是：通常在前半行程 $\frac{h}{2}$ 中做等加速运动，而在后半行程中做等减速运动，且加速度的绝对值相等。设加速度为常数，用积分法得等加速运动规律的方程：

$$\left.\begin{aligned} s &= \frac{2h}{\delta_t^2}\delta^2 \\ v &= \frac{4h\omega}{\delta_t^2}\delta \\ a &= \frac{4h\omega^2}{\delta_t^2} \end{aligned}\right\} \tag{5-2}$$

同理，可得另一半做等减速运动规律的方程：

$$\left.\begin{aligned} s &= h-\frac{2h}{\delta_t^2}(\delta_t-\delta)^2 \\ v &= \frac{4h\omega}{\delta_t^2}(\delta_t-\delta) \\ a &= -\frac{4h\omega^2}{\delta_t^2} \end{aligned}\right\} \tag{5-3}$$

根据式（5-2）和式（5-3），可以画出从动件做等加速等减速运动规律推程时的运动线图，如图 5.9 所示。

由运动线图可以看出，速度曲线是连续的，故不会产生刚性冲击。但加速度曲线不连续，加速度有突变，因而还存在有极限值的惯性力突变，由此产生有极限值的冲击力，这种由于加速度有极限值的突变所引起的冲击称为**柔性冲击**。因此，等加速等减速运动规律也只适用于中速、轻载的场合。

3．简谐运动规律

简谐运动规律的加速度按余弦曲线变化，故也称为余弦加速度运动规律，其运动方程为：

$$\left.\begin{aligned} s &= \frac{h}{2}\left[1-\cos\left(\frac{\pi}{\delta_{\mathrm{t}}}\delta\right)\right] \\ v &= \frac{\pi h\omega}{2\delta_{\mathrm{t}}{}^{2}}\sin\left(\frac{\pi}{\delta_{\mathrm{t}}}\delta\right) \\ a &= \frac{\pi^{2} h\omega^{2}}{2\delta_{\mathrm{t}}^{2}}\cos\left(\frac{\pi}{\delta_{\mathrm{t}}}\delta\right) \end{aligned}\right\} \tag{5-4}$$

简谐运动线图如图 5.10 所示，由图可以看出其速度曲线是连续的，故不会产生刚性冲击。始末两点才有加速度的突变，因此，也会产生柔性冲击。当从动件做无停歇的升→降→升…连续往复运动时，加速度曲线变为连续曲线（如图 5.10 中虚线所示），从而可避免柔性冲击。这种情况下可用于高速传动。

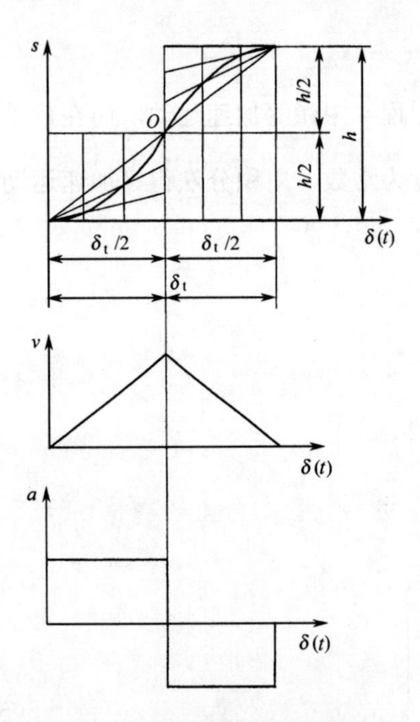

图 5.9　等加速等减速运动线图

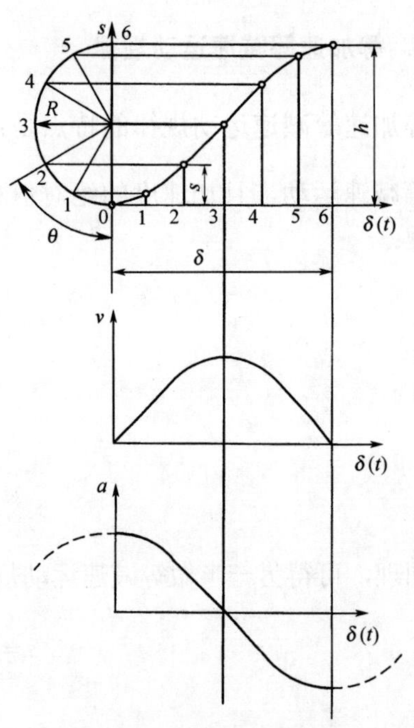

图 5.10　简谐运动线图

5.3　图解法设计盘形凸轮轮廓

凸轮轮廓的设计方法有图解法和解析法，但无论哪种方法，它们所依据的基本原理都是相同的，即反转法原理。

5.3.1 反转法原理

当凸轮机构工作时，凸轮与从动件都是运动的。为了在图纸上画出凸轮轮廓，应使凸轮与图纸平面相对静止，为此采用反转法。

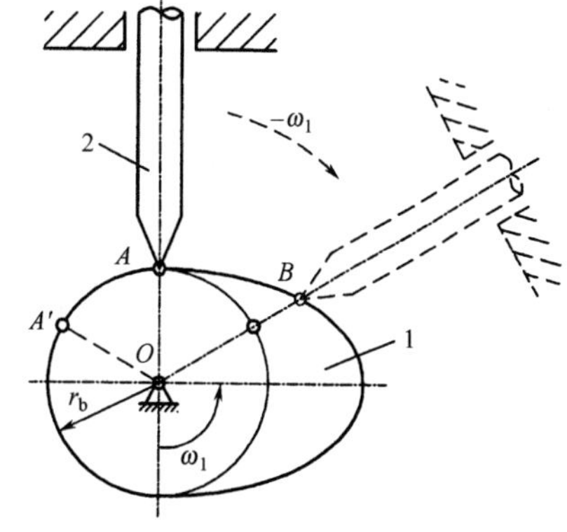

图 5.11 反转法原理

如图 5.11 所示，已知凸轮绕 O 轴以等角速度逆时针转动。如果在该机构上加一个公共角速度（$-\omega_1$），绕 O 轴反向回转，则凸轮与从动件之间的相对运动并不改变，但凸轮静止不动。从动件一方面随导路以（$-\omega_1$）转动，同时又在导路中做相对移动，运动到图 5.11 中所示的虚线位置。由于从动件尖端在运动过程中始终与凸轮轮廓曲线保持接触，所以此时从动件尖端所占据的位置 B 一定是凸轮轮廓曲线上的一点。若继续反转从动件，即可得到凸轮轮廓曲线的其他点。由于这种方法假定凸轮固定不动而使从动件连同导路一起反转，故称为**反转法**。

凸轮机构的形式多种多样，反转法适用于各种凸轮轮廓曲线设计。

5.3.2 图解法

1. 尖端对心移动从动件盘形凸轮

如图 5.12 所示，已知凸轮基圆半径 r_b、从动件运动规律（见图 5.12（b））及角速度 ω_1，凸轮顺时针转动。则凸轮轮廓曲线设计步骤如下：

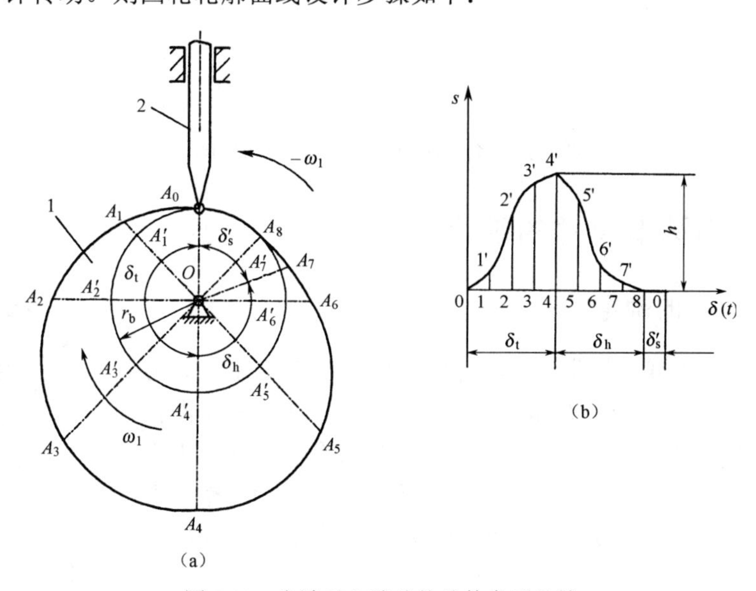

图 5.12 尖端对心移动从动件盘形凸轮

（1）选定适当的比例尺μ_1，作出从动件的位移曲线图，如图 5.12（b）所示。

（2）取与位移曲线相同的比例尺（长度比例尺），以 r_b 为半径作基圆，基圆与导路的交点 A_0 便是从动件尖端起始位置，如图 5.12（a）所示。

（3）在基圆上，自 OA_0 开始沿ω_1 相反方向（即$-\omega_1$）依次取推程角δ_t，回程运动角δ_h 及近程休止角 δ_s'，并将δ_t 和δ_h 各分成与图 5.12（b）对应的若干份，得基圆上各点 A_1'，A_2'，A_3'⋯，连接各径向线OA_1'，OA_2'，OA_3'⋯，便得到从动件导路反转后的一系列位置。

（4）径向线自基圆开始量取从动件在各位置的位移量，即线段 $A_1A_1'=11'$，$A_2A_2'=22'$，$A_3A_3'=33'$⋯，得从动件尖端反转的一系列位置 A_0, A_1, A_2, A_3⋯

（5）将 A_0, A_1, A_2, A_3⋯连成光滑曲线，即得到所求的凸轮轮廓。

2. 滚子对心移动从动件盘形凸轮

其轮廓绘制方法如图 5.13 所示，先把滚子中心看成尖端从动件的尖端，按上述尖端从动件的凸轮轮廓画出，作为理论轮廓η，再以η上各点为圆心，以滚子半径为半径作一系列滚子圆，然后作这些滚子圆的内包络线η'（若有带凹槽的凸轮，还应作出外包络线η''）即为滚子从动件的凸轮实际轮廓。由作图过程可知，滚子从动件凸轮的基圆半径应在凸轮理论曲线上量取。

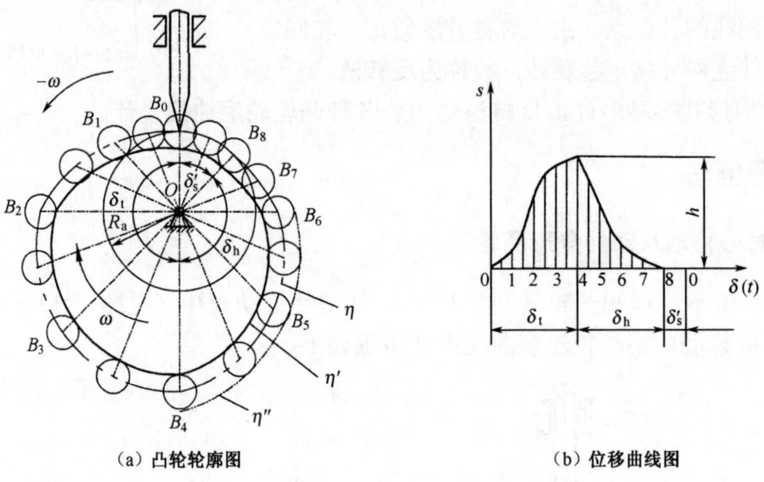

（a）凸轮轮廓图　　（b）位移曲线图

图 5.13　滚子对心移动从动件盘形凸轮

5.4　凸轮机构基本尺寸的确定

5.4.1　压力角的确定

如图 5.14 所示凸轮机构中，凸轮与从动件在 B 点接触。F_Q 为作用在从动件上的载荷，凸轮对作用在从动件上的法向力 F_n 是沿轮廓上点法线方向传递的。将 F_n 分解为沿导路方向的分力 F' 及垂直于导路方向分力 F''，F''使从动件压紧导路而产生摩擦力，摩擦力越大，机构的效率越低，因此是**有害分力**。F'和 F''的大小分别是：

$$F' = F_n \cos\alpha \quad \text{（有用分力）}$$

$$F'' = F_n \sin\alpha \quad \text{（有害分力）}$$

式中，α是凸轮对从动件的法向力 F_n 与从动件上该力作用点的速度 v 之间所夹的锐角，称为从动件在该位置时的**压力角**，通常也

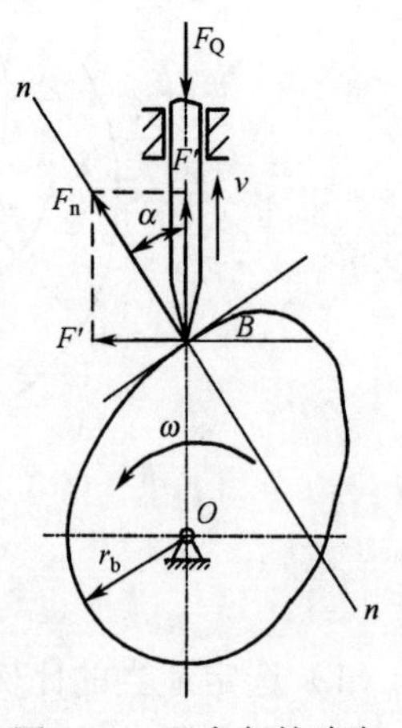

图 5.14　压力角的确定

称为凸轮机构的压力角。压力角α越大，则有用分力 F'越小，有害分力 F''越大，对传力越不利。当压力角大到一定程度时，不论作用力 F_n 有多大，都不能推动从动件，即机构发生自锁。因此，为保证凸轮机构正常工作，必须使轮廓上的最大压力角α_{max}不超过许用值[α]。在一般设计中，推荐许用压力角[α]的数值如下：

移动从动件推程：[α] ≤30°～40°

摆动从动件推程：[α] ≤40°～50°

机构回程时，从动件是在锁合力作用下返回的，发生自锁可能性很小，故回程压力角可以取大些，无论是移动还是摆动从动件，通常可取[α]=70°～80°。在设计凸轮机构时，应使最大压力角α_{max}小于或等于许用压力角[α]，即

$$\alpha_{max}\leqslant[\alpha]$$

5.4.2 凸轮基圆半径的确定

基圆半径 r_b 是凸轮的主要参数。基圆半径大，凸轮尺寸大，但压力角小，容易推动从动件；反之，基圆半径小，凸轮尺寸小，但压力角大，不容易推动从动件。设计时，应在$\alpha_{max}\leqslant[\alpha]$的原则下，尽可能取较小的基圆半径。凸轮的最大压力角α_{max}=[α]时的基圆半径称为最小基圆半径。

工程上已制备了几种从动件基本运动规律的**诺模图**（见图 5.15），这种图有两种用法：既可根据工作要求的许用压力角近似地确定凸轮的最小基圆半径，也可以根据所选用的基圆半径来校核最大压力角是否超过许用值。

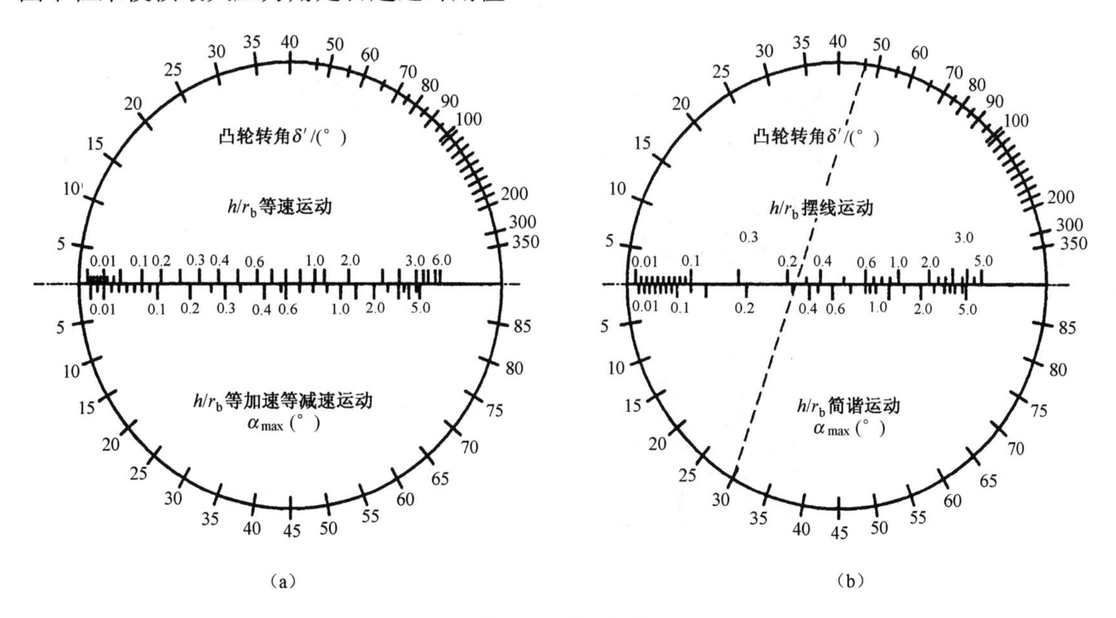

图 5.15 诺模图

例 5.1 欲设计一对心移动滚子从动件盘形凸轮机构，要求当凸轮转过推程角δ_t=45°时从动件按简谐运动规律上升，其升程 h=16mm，并限定凸轮机构的最大压力角等于许用值，α_{max}=30°。试用诺模图确定凸轮最小基圆半径。

解：选用如图 5.15（b）所示的诺模图，将图中位于圆周上标尺为δ_t=45°和α_{max}=30°的两

点以直线相连，如图中虚线所示。交简谐运动规律的水平标尺于大约 0.32 处，即 $h/r_b=0.32$。将 h=16mm 代入上式可得 $r_b=16/0.32$=50mm。

5.4.3 滚子半径的确定

滚子从动件盘形凸轮的实际轮廓，是以理论轮廓上各点为圆心作一系列滚子圆，然后作该圆族的包络线得到的。因此，凸轮实际轮廓线的形状将受滚子半径大小的影响。若滚子半径选择不当，有时可能使从动件不能准确地实现预期的运动规律。

下面以图 5.16 为例来分析凸轮实际轮廓线形状与滚子半径的关系。

如图 5.16（a）所示为内凹的凸轮轮廓线，a 为实际轮廓线，b 为理论轮廓线。实际轮廓线的曲率半径 ρ_a 等于理论轮廓线的曲率半径 ρ 与滚子半径 r_r 之和，即 $\rho_a=\rho+r_r$。因此，无论滚子半径大小如何，实际轮廓线总可以根据理论轮廓线作出。但是，对于如图 5.16（b）所示的外凸的凸轮轮廓线，由于 $\rho_a=\rho-r_r$，所以，当 $\rho>r_r$ 时，$\rho_a>0$，实际轮廓线总可以作出；若 $\rho=r_r$，则 $\rho_a=0$，即实际轮廓线将出现尖点，如图 5.16（c）所示，由于尖点处易磨损，故不实用；若 $\rho<r_r$，则 $\rho_a<0$，这时实际轮廓线将出现交叉，如图 5.16（d）所示，进行加工时，交点以外的部分将被刀切取，使凸轮轮廓线产生过度切割，致使从动件不能准确实现预期的运动规律，这种现象称为运动失真。因此，为避免运动失真，凸轮理论轮廓的最小曲率半径 ρ_{min} 与滚子半径 r_r 的关系，应为：

$$r_r \leqslant 0.8\rho_{min}$$

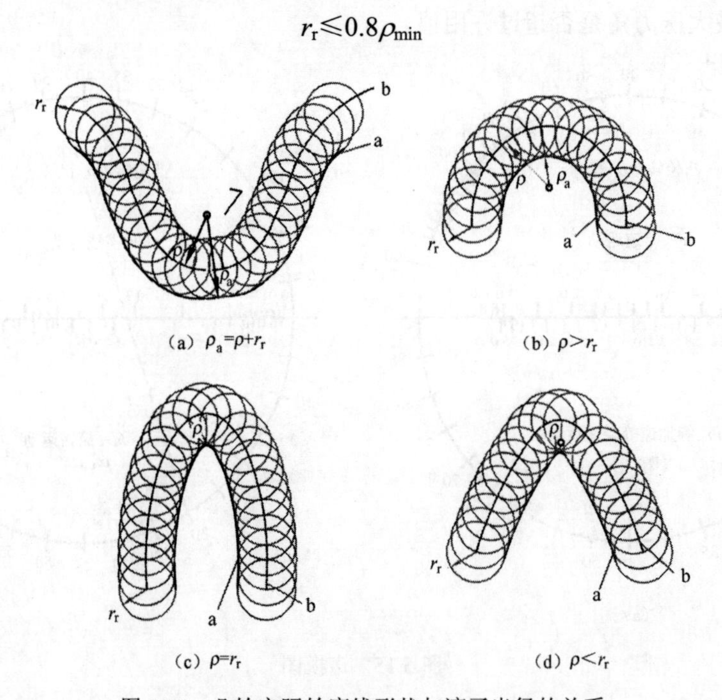

图 5.16 凸轮实际轮廓线形状与滚子半径的关系

习 题 5

5.1 凸轮和从动件保持接触的方式有哪些？

5.2　什么叫压力角？压力角大小对凸轮机构有何影响？

5.3　什么是反转法原理？

5.4　什么叫从动件的运动失真？如何避免？

5.5　如何确定凸轮机构中凸轮的基圆半径？

5.6　凸轮机构基圆半径过大、过小，会出现什么情况？

5.7　如何确定滚子从动件的滚子半径？

5.8　为什么要校核凸轮机构的压力角？校核时应满足什么条件？确定凸轮机构最大压力角有哪些常用的方法？

5.9　已知从动件的行程 h=50mm。

（1）推程运动角δ_t=120°，试用图解法画出从动件在推程时，等速运动的位移曲线。

（2）回程运动角δ_h=120°，试用图解法分别画出从动件在回程时，等加速和等减速运动的位移曲线。

5.10　一对心移动从动件盘形凸轮机构，已知行程 h=40mm，基圆半径 r_b=45mm，凸轮按逆时针转动，其运动规律如表 5-1 所示。

表 5-1

凸轮转角	0°～90°	90°～150°	150°～240°	240°～360°
从动件位移	等速上升	停止	等加速等减速下降	停止

要求：

（1）画出位移曲线。

（2）画出凸轮轮廓。

（3）校验从动件在起始位置和回程中最大速度时的压力角。

第6章　间 歇 机 构

6.1　棘轮机构

6.1.1　棘轮机构工作原理

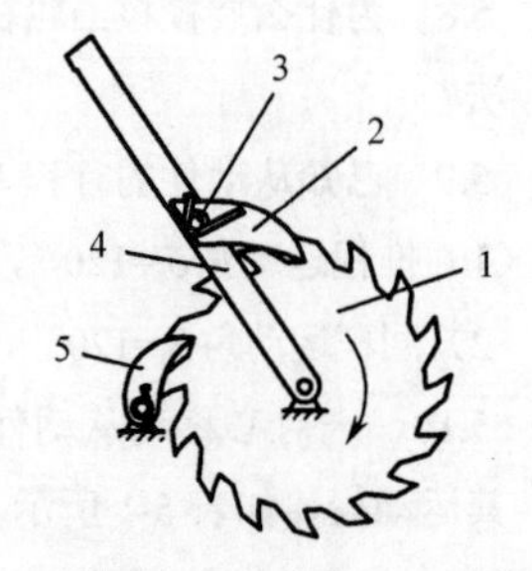

1—棘轮；2—主动棘爪；3—销轴；4—主动摆杆；5—止回棘爪

图 6.1　外啮合齿式棘轮机构

如图 6.1 所示为常见的外啮合齿式棘轮机构。它主要由棘轮、主动棘爪、止回棘爪、主动摆杆等组成。当主动摆杆 4 顺时针转动时，摆杆上铰接的主动棘爪 2 插入棘轮 1 的齿内并推动棘轮同向转过某一角度。当主动摆杆逆时针转动时，止回棘爪 5 阻止棘轮反向转动，此时主动棘爪在棘轮的齿背上滑回原位，棘轮静止不动，从而实现主动件的往复摆动转换为从动件的间歇运动。

6.1.2　棘轮机构的类型

1. 按结构分类

（1）齿式棘轮机构。齿式棘轮机构如图 6.1 所示。其特点是结构简单，制造方便，转角准确，运动可靠；行程可在较大范围内调节；动停时间比可通过选择合适的驱动机构来实现。但行程只能做有级调节；棘爪在齿背上的滑行易引起噪声、冲击和磨损，故不宜用于高速。

（2）摩擦式棘轮机构。摩擦式棘轮机构如图 6.2 所示。它以偏心扇形楔块代替齿式棘轮机构中的棘爪，以无齿式摩擦轮代替棘轮。它的特点是平稳，无噪声；行程可无级调节。因靠摩擦力传动，会出现打滑现象，一方面可起超载保护作用，另一方面使得传动精度不高，适用于低速轻载的场合。

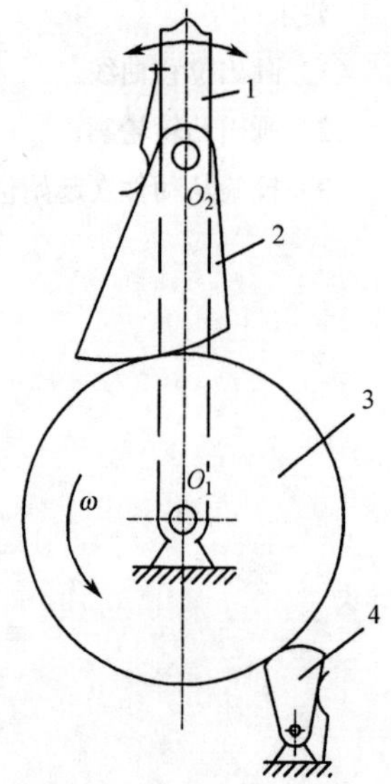

1—摆杆；2—主动楔块；3—摩擦轮；4—止回楔块

图 6.2　摩擦式棘轮机构

2. 按啮合方式分类

（1）外啮合方式。它们的棘爪或楔块均安装在从动轮的外部，如图 6.1、图 6.2 所示。外啮合棘轮机构应用较广。

（2）内啮合方式。它们的棘爪或楔块均安装在从动轮的内部。特点为结构紧凑，外形尺寸小。如图 6.3（a）所示为内啮合齿式棘轮机构，如图 6.3（b）所示为内啮合摩擦式棘轮机构。

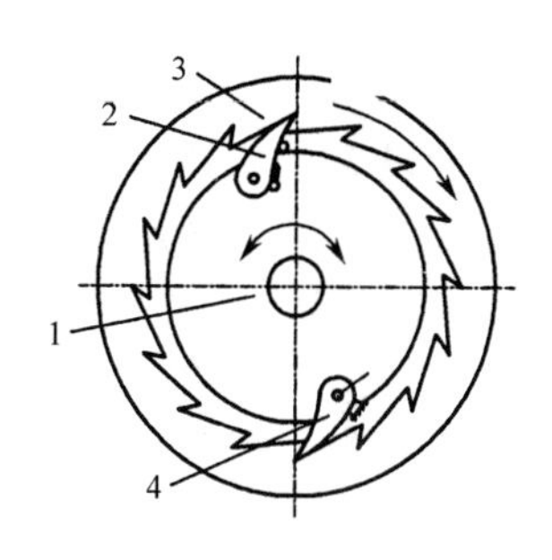

（a）内啮合齿式棘轮机构

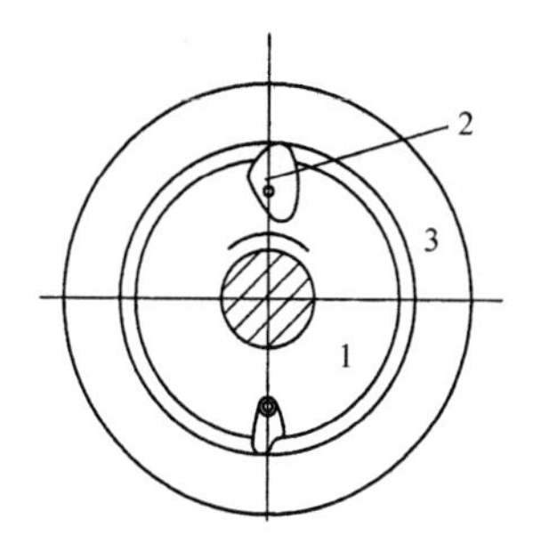

（b）内啮合摩擦式棘轮机构

1—主动轴；2—主动棘爪；3—棘轮；4—止回棘爪

图 6.3　内啮合棘轮机构

3．按运动形式分类

（1）单向式棘轮机构。从动件做单向间歇转动，如图 6.1、图 6.2、图 6.3 所示，各机构的从动件均做单向转动。如图 6.4 所示为一单向式棘轮机构，该机构的特点是，当主动轴 1 往复摆动时，主动棘爪 2 推动棘轮 3 做单向间歇移动。

（2）双动式棘轮机构。如图 6.5 所示为双动式棘轮机构，它装有两个主动棘爪，摆杆 1 绕 O_1 往复摆动一次，能使棘轮沿同一方向做两次间歇运动。这种棘轮机构每次停歇的时间较短，棘轮每次转角也较小。

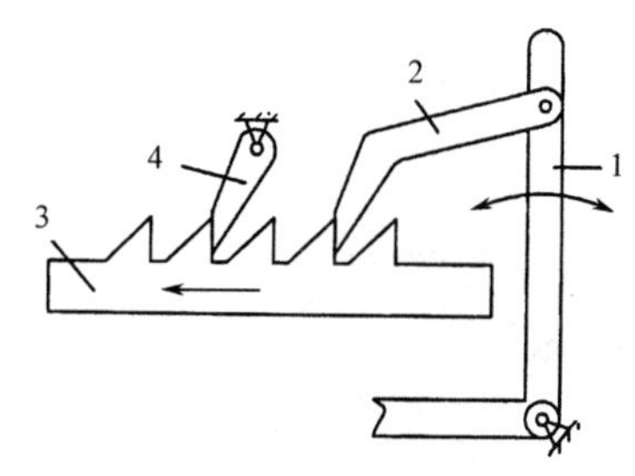

1—主动轴；2—主动棘爪；3—棘轮；4—止回棘爪

图 6.4　单向式棘轮机构

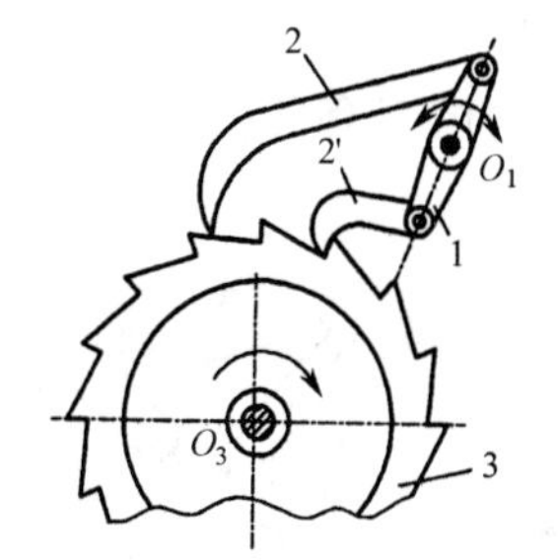

1—摆杆；2—主动棘爪；3—棘轮

图 6.5　双动式棘轮机构

6.1.3　棘轮转角的调节方法

（1）通过改变摇杆摆角的大小来调节棘轮的转角，如图 6.6（a）所示。

（2）利用遮板来调节棘轮的转角，如图 6.6（b）所示。

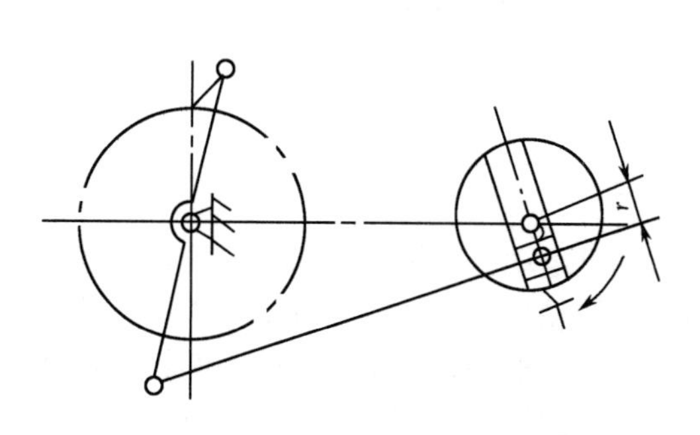

（a）用曲柄摇杆带动棘爪的棘轮

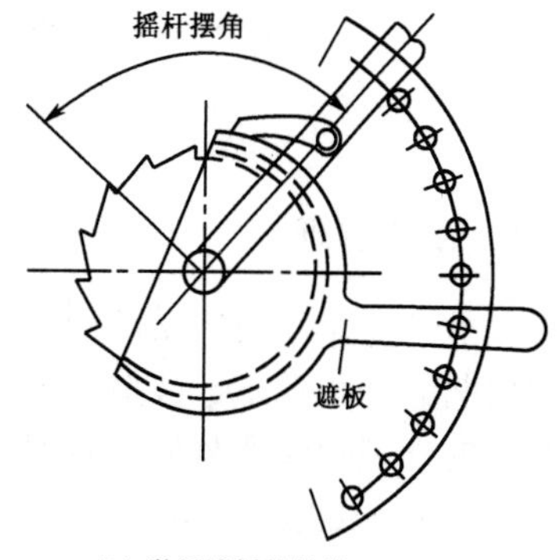

（b）装置遮板的棘轮

图 6.6　棘轮转角的调节方法

6.1.4 棘轮机构的特点和应用

齿式棘轮机构结构简单，工作可靠，制造方便，棘轮转角的大小可进行调节。同时由于棘轮的齿数可以根据需要来确定，且易于利用棘轮遮板来调整棘轮转过的齿数，故齿式棘轮机构常用于需经常调整棘轮转角大小或转角很小的场合。在生产实际中齿式棘轮经常同曲柄摇杆机构、凸轮机构或齿轮齿条等机构串联起来，共同完成单向间歇的运动，例如机械的送进、制动和超越。但转动时有噪声和冲击，棘轮容易磨损，所以可用于低速、轻载下实现的间歇运动，常用于机床和自动进给机构和转位机构，如牛头刨床横向进给机构和如图 6.7 所示的自动浇注输送装置。

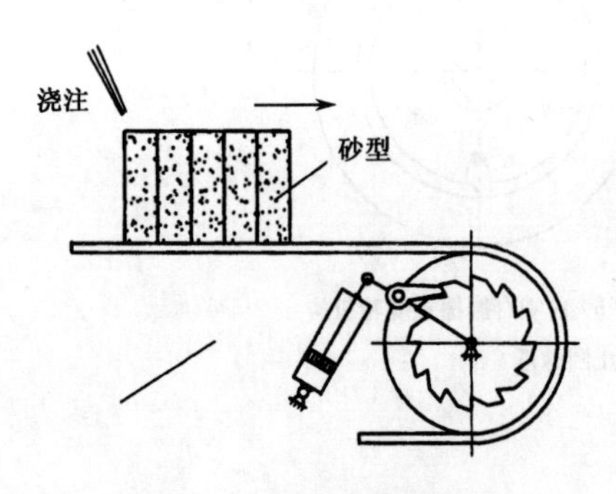

图 6.7　自动浇注输送装置

6.2　槽轮机构

6.2.1　槽轮机构的组成及工作原理

1．组成

槽轮机构由带有曲柄和圆销的拨盘 1，具有径向槽的槽轮 2 和机架组成，如图 6.8 所示。

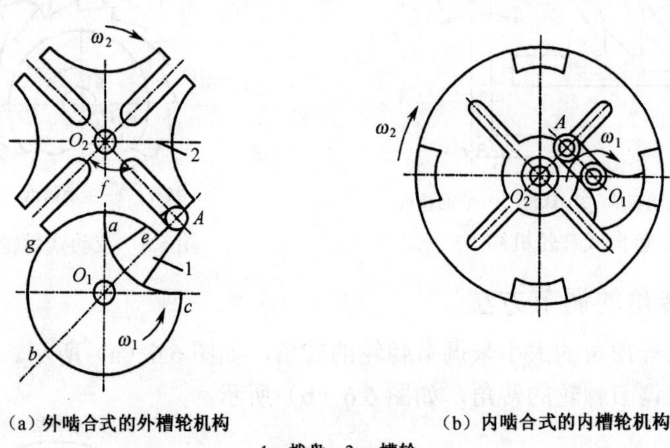

(a) 外啮合式的外槽轮机构　　(b) 内啮合式的内槽轮机构

1—拨盘；2— 槽轮

图 6.8　槽轮机构

2．工作原理

拨盘 1 以等角速度ω_1 做连续回转，槽轮 2 做间歇运动。圆销未进入槽轮的径向槽时，槽轮内凹的锁止弧 *efg* 被拨盘的外凸锁止弧锁住，故槽轮静止不动；当圆销进入槽轮的径向槽时，内外锁止弧所处的位置对槽轮无锁止作用，如图 6.8（a）所示，槽轮因圆销的拨动而转动；当圆销的另一边离开径向槽时，凹凸锁止弧又起作用，槽轮又卡住不动。当拨盘继续转动时，槽轮重复上述运动，从而实现间歇运动。

6.2.2 槽轮机构的类型、特点及应用

1. 类型

槽轮机构的类型有外啮合式的外槽轮机构（见图 6.8（a））和内啮合式的内槽轮机构（见图 6.8（b））。外槽轮机构的主、从动轮转向相反，内槽轮机构的主、从动轮转向相同。还有双圆销槽轮机构，拨盘 1 上装有两个圆销，当拨盘 1 转过一周时，槽轮 2 转动两次。

2. 槽轮机构的特点和应用

槽轮机构简单，制造方便，转位迅速。在进入和退出啮合时槽轮的运动要比棘轮的运动更为平稳。但由于槽轮每次转过的角度φ与槽轮的槽数 z 有关，要想改变其转角的大小，必须更换具有相应槽数的槽轮，所以槽轮机构多用来实现不需要经常调整转动角度的转位运动。此外，因槽轮的槽数不能过多，故槽轮的转角较大，当要求间歇转动的转角很小时，则不宜使用槽轮机构。槽轮的转角不能调节，当槽数 z 确定后，槽轮转角即被确定。槽轮机构的定位精度不高，只适用于转速不高的自动机械中，作为转位和分度机构。

如图 6.9 所示为槽轮机构在电影放映机中的应用情况。拨盘做连续转动，带动槽轮间歇转动，从而使胶片做间歇移动，完成胶片动作。

如图 6.10 所示为六角车床的刀架转位机构。该机构可装六种刀具，按加工工艺要求，通过槽轮机构自动更换刀具动作。

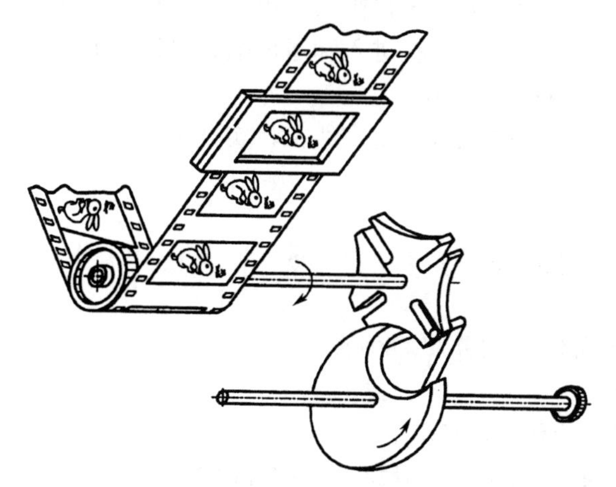

图 6.9 槽轮机构在电影放映机中的应用情况

图 6.10 六角车床的刀架转位机构

6.3 不完全齿轮机构简介

6.3.1 不完全齿轮机构工作原理和类型

不完全齿轮机构是由普通渐开线齿轮演变而成的一种间歇机构，如图 6.11 所示的不完全齿轮机构，其主动轮 1 的轮齿没有布满整个圆周，所以当主动轮 1 做连续转动时，从动轮 2 做间歇运动。当从动轮 2 停歇时，主动轮 1 的锁止弧（外凸圆弧）与从动轮 2 的锁止弧（内凹圆弧）相互配合，将从动轮 2 锁住，使其停歇在预定的位置上，以保证主动轮 1

的首齿下次再与从动轮相应的轮齿啮合而进行传动。

不完全齿轮机构也有外啮合和内啮合两种类型。如图 6.11（a）所示为外啮合不完全齿轮机构，轮 1 只有一段锁止弧，轮 2 有六段锁止弧，当轮 1 转一周时，轮 2 转六分之一周，两轮转向相反；如图 6.11（b）所示为内啮合不完全齿轮机构，轮 1 只有一段锁止弧，轮 2 有十二段锁止弧，当轮 1 转一周时，轮 2 转十二分之一周，两轮的转向相同。

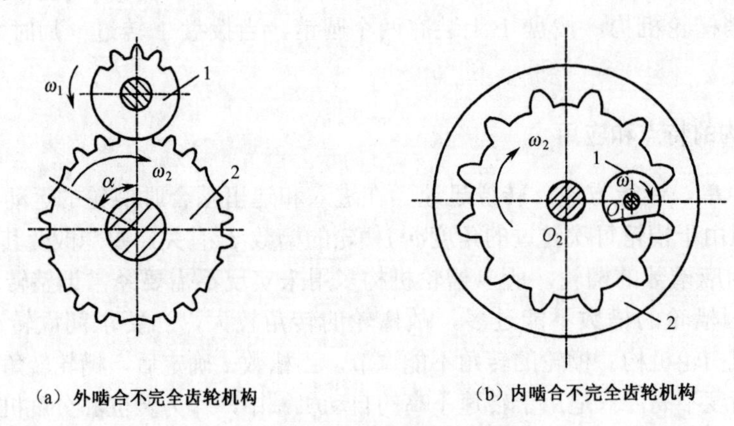

图 6.11　不完全齿轮机构

6.3.2　不完全齿轮机构的特点和应用

不完全齿轮机构的优点是设计灵活，从动轮的运动角范围大，很容易实现一个周期中的多次动、停时间不等的间歇运动。缺点是加工复杂；在进入和退出啮合时速度有突变，引起刚性冲击，不宜用于高速传动；主、从动轮不能互换。

不完全齿轮机构常用于多工位、多工序的自动机械或生产线上，实现工作台的间歇转位和进给运动。

习　题　6

6.1　齿式棘轮机构，根据其做间歇传动的方式不同，可分为哪几种类型？

6.2　调整棘轮的转角一般可采用哪几种方法？

6.3　就传动特性而言，槽轮机构与棘轮机构各有什么特点？

6.4　请参照图 6.8 说明，当槽轮机构的圆销 A 开始进入与即将脱离槽轮的径向槽时，内、外锁止弧应处于怎样的相对位置？

6.5　从运动学的观点比较棘轮机构、槽轮机构及不完全机构的异同点，并说明各自适用的场合。

第 7 章　螺纹连接和螺纹的传动

7.1　螺纹连接的基础知识

7.1.1　螺纹的形成和类型

如图 7.1（a）所示为直角三角形 ABC 绕在直径为 d_2 的圆柱面上，并使底边与圆柱体底边重合，三角形的斜边 AC 在圆柱面上形成一条螺旋线。如图 7.1（b）所示，用不同形状的车刀沿螺旋线切制出特定形状的沟槽就形成螺纹。

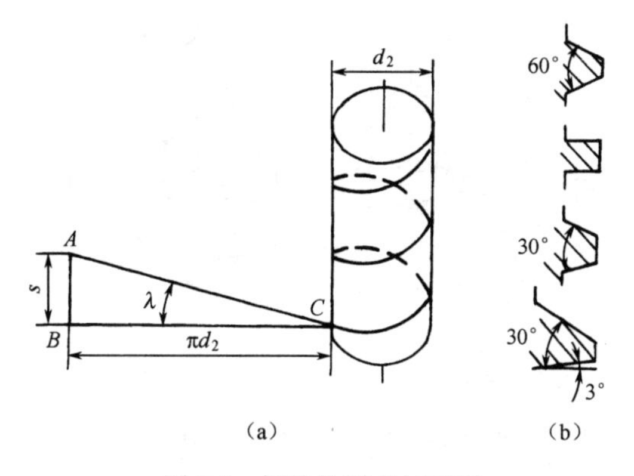

图 7.1　螺纹的形成与牙型

在圆柱体外表面形成的螺纹称为外螺纹，在圆柱体内表面形成的螺纹称为内螺纹，二者共同组成螺纹副用于连接和传动。螺纹有米制和英制两种，我国除管螺纹外都采用米制螺纹。螺纹轴向剖面形状称为螺纹的牙型，根据螺纹的牙型，螺纹可分为三角形、矩形、梯形和锯齿形螺纹等，如图 7.2 所示。其中三角形螺纹主要用于连接，其余的多用于传动。根据螺纹线的绕行方向，螺纹可分为左旋螺纹和右旋螺纹。规定螺纹直立时螺旋线向右上升的为右旋螺纹，向左上升的为左旋螺纹，如图 7.3 所示。机械制造中一般采用右旋螺纹。

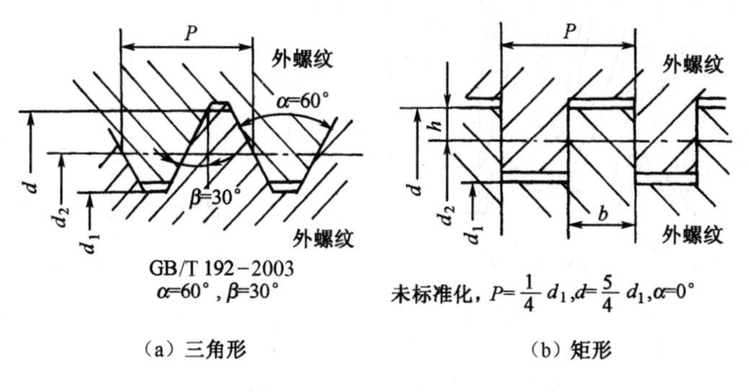

（a）三角形　　（b）矩形

图 7.2　螺纹的牙型

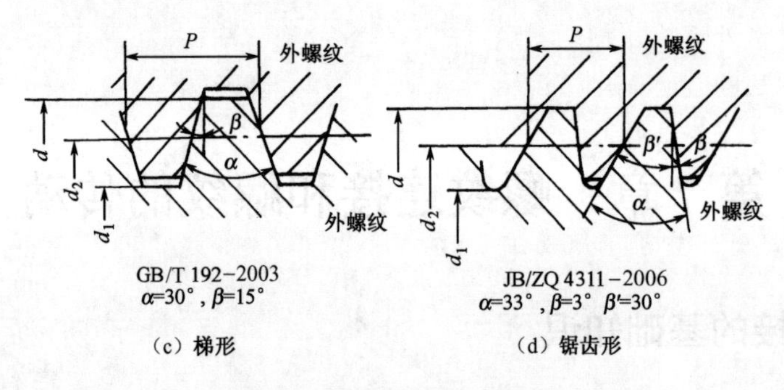

图 7.2　螺纹的牙型（续）

根据螺旋线的数目，可分为单线螺纹和等距排列的多线螺纹，如图 7.3 所示。为制造方便，螺纹一般不超过 4 线。

此外，根据母体的形状，可分为圆柱螺纹和圆锥螺纹。

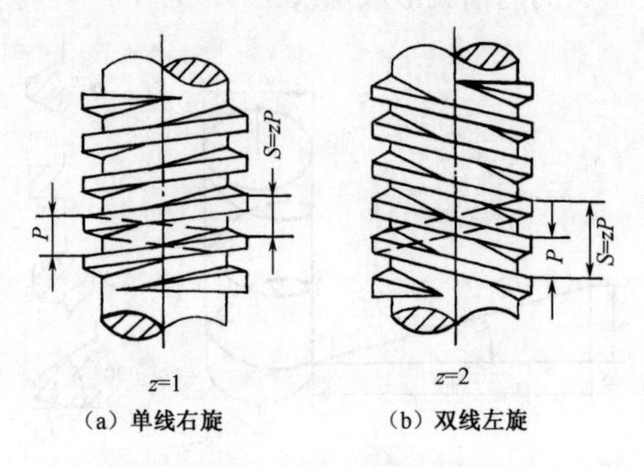

图 7.3　螺纹的线数螺距和导程

7.1.2　螺纹的主要参数

现在以圆柱螺纹为例，说明螺纹的主要参数，如图 7.4 所示。

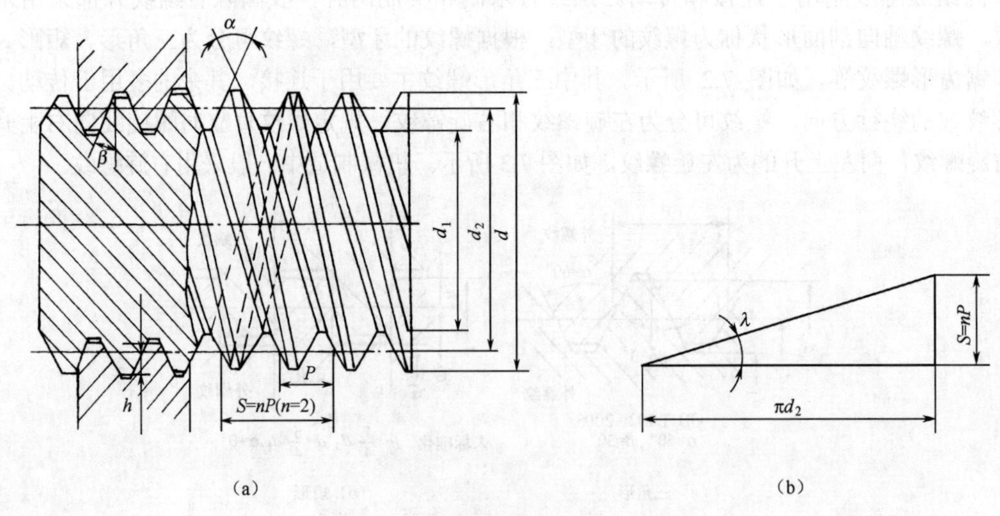

图 7.4　圆柱螺纹的主要几何参数

（1）大径 d。与外螺纹牙顶或内螺纹牙底相重合的圆柱体的直径，是螺纹的最大直径，标准中称为公称直径。

（2）小径 d_1。与外螺纹牙底或内螺纹牙顶相重合的假想圆柱体的直径，是螺纹的最小直径，常作为强度计算直径。

（3）中径 d_2。螺纹轴向剖面内，牙厚等于牙槽宽处的假想圆柱体的直径。

（4）螺距 P。螺纹相邻两牙在中径线上对应两点间的轴向距离。

（5）导程 S。同一条螺旋线上相邻两牙在中径线上对应两点间的轴向距离。设螺纹线数为 n，则 $S=nP$。

（6）升角 λ。中径 d_2 的圆柱上，螺旋线的切线与垂直于螺纹轴线的平面间的夹角，如图 7.4（b）所示，有

$$\tan\lambda=\frac{S}{\pi d_2}=\frac{nP}{\pi d_2} \tag{7-1}$$

（7）牙型角 α，牙型斜角 β。在螺纹轴向剖面内，牙型相邻两侧面的夹角称为牙型角 α；牙型侧边与螺纹轴线的垂线间的夹角称为牙型斜角 β。对于对称牙型，$\beta=\alpha/2$。

（8）螺纹牙工作高度 h。内外螺纹旋合后，螺纹接触在垂直于螺纹轴线方向上的距离。

7.1.3 常用螺纹的特点及应用

1. 普通螺纹

在国家标准中，把牙型角 $\alpha=60°$ 的三角形米制螺纹称为普通螺纹，如图 7.2（a）所示，大径 d 称为公称直径。同一公称直径下有多种螺距，其中螺距最大的称为粗牙螺纹，其余的称为细牙螺纹。普通螺纹的当量摩擦系数大，自锁性能好，牙根强度高，广泛用于各种紧固连接。粗牙螺纹应用最广。细牙螺纹的螺距小，升角小，易自锁，但不耐磨，易滑扣，适用于薄壁零件、受动载荷的连接和微调机构的调整。

2. 管螺纹

管螺纹是英制螺纹，牙型角 $\alpha=55°$，牙顶成弧形，旋合后螺纹间无径向间隙，紧密性好，公称直径为管子的内孔直径，广泛用于水、煤气、润滑等管路系统连接。按螺纹加工在圆柱上还是在圆锥上，可将管螺纹分为圆柱管螺纹（见图 7.5）和圆锥管螺纹，前者用于低压场合（1.5MPa 以下），后者用于高温高压或密封性要求较高的管连接。

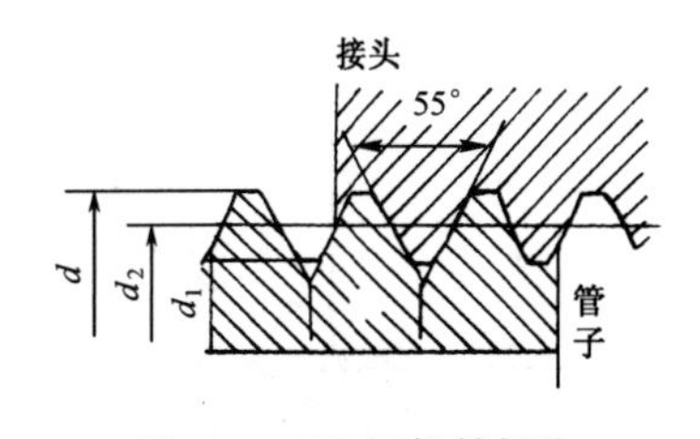

图 7.5　55° 圆柱管螺纹

3. 矩形螺纹

矩形螺纹的牙型为正方形，牙型角 $\alpha=0°$，如图 7.2（b）所示。它的传动效率高，但牙根强度低，磨损后造成的轴向间隙难以补偿，对中精度低，且精加工较困难。矩形螺纹未标准化，现在已经渐渐被梯形螺纹代替。

4. 梯形螺纹

梯形螺纹的牙型为等腰梯形，牙型角 $\alpha=30°$，如图 7.2（c）所示。它的效率比矩形螺

纹低，但易于加工，对中性好，牙根强度较高，当采用剖分螺母时可以消除因磨损而产生的间隙，因此广泛用于螺纹传动中。

5．锯齿形螺纹

锯齿形螺纹的工作面牙型角为 3°，非工作面牙型角为 30°，如图 7.2（d）所示，它兼有矩形螺纹效率高和梯形螺纹牙根强度高的优点，但只能用于单向承载的螺旋传动。

7.1.4 螺纹副的受力、效率和自锁分析

1．矩形螺纹

如图 7.6（a）所示的矩形螺纹，为分析方便设其螺母上承受一轴向载荷 F_r，根据螺纹形成原理，可将其沿中径 d_2 展开成一升角为λ的斜面，如图 7.6（b）所示，这样当匀速旋紧螺母时，相当于滑块在水平驱动力 F_d 作用下克服阻力 F_r 沿斜面等速上升，如图 7.7（a）所示。F_d 为作用在中径 d_2 上的圆周力，F_{N21} 为斜面对滑块的法向反力，F_{21} 为摩擦力，F_{R21} 为斜面对滑块全反力，λ为升角，φ为摩擦角，作力多边形，如图 7.7（b）所示，由图可得：

$$F_d = F_r \tan(\lambda+\varphi) \tag{7-2}$$

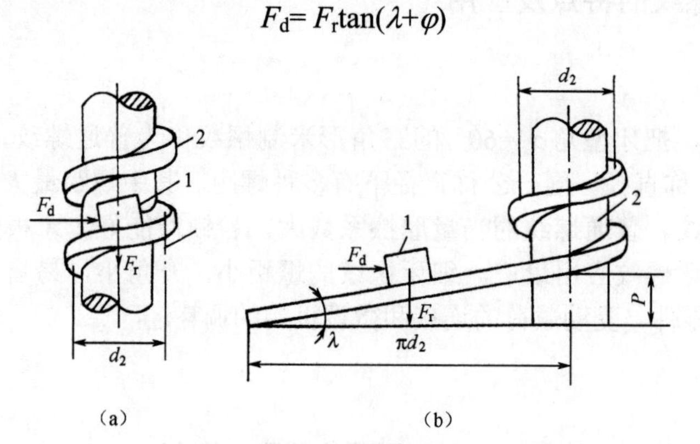

图 7.6 矩形螺纹

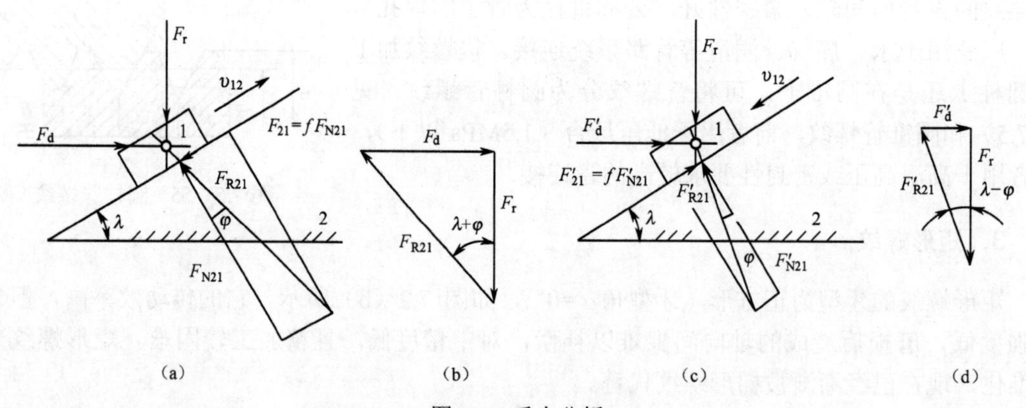

图 7.7 受力分析

则拧紧螺母所需的力矩为：

$$T = F_d d_2/2 = F_r d_2/2\ \tan(\lambda+\varphi) \tag{7-3}$$

若不考虑摩擦力，令φ=0，则代入上式可得理想驱动力矩为：

$$T_0=F_r d_2/2\ \tan\lambda \tag{7-4}$$

机械效率可以用力矩的形式来表示，将式（7-3）、式（7-4）代入下式：

$$\eta=\frac{\text{理想驱动力矩}}{\text{实际驱动力矩}}=\frac{T_0}{T}=\frac{\tan\lambda}{\tan(\lambda+\varphi)} \tag{7-5}$$

当拧松螺母时，相当于滑块在力 F_r 的作用下下滑，如图 7.7（c）所示，此时力多边形如图 7.7（d）所示，设维持滑块等速下滑的作用支持力为 F_d'，则

$$F_d'=F_r\tan(\lambda-\varphi) \tag{7-6}$$

则支持阻力矩为：

$$T'=F_r d_2/2\tan(\lambda-\varphi) \tag{7-7}$$

若不考虑摩擦，令φ=0，由上式可得理想支持阻力矩为：

$$T_0'=F_r d_2/2\ \tan\lambda \tag{7-8}$$

此时效率为：

$$\eta'=\frac{\text{实际阻力矩}}{\text{理想阻力矩}}=\frac{T'}{T_0'}=\frac{\tan(\lambda-\varphi)}{\tan\lambda} \tag{7-9}$$

如果要求螺母在力 F_r 作用下不会自动松脱，即要求机构自锁，必须使$\eta'\leqslant 0$，即

$$\frac{\tan(\lambda-\varphi)}{\tan\lambda}\leqslant 0$$

故螺纹自锁的条件为：

$$\lambda\leqslant\varphi \tag{7-10}$$

2．非矩形螺纹

非矩形螺纹是指牙型角不等于 0° 的三角形螺纹、梯形螺纹等。与矩形螺纹类似，三角形螺纹相当于槽面摩擦，只需将上述的摩擦角φ改为当量摩擦角φ_v即可，有：

$$\varphi_v=\arctan f_v=\arctan(f/\cos\alpha) \tag{7-11}$$

式中，β为三角形螺纹的牙型半角。

由于 $\cos\beta<1$，则$\varphi_v>\varphi$，所以三角螺纹的摩擦阻力大，效率低，易发生自锁，常用于连接螺纹。矩形螺纹效率高，常用于传动螺纹。

7.1.5 螺纹连接的基本类型

1．螺栓连接

螺栓连接有普通螺栓连接（见图 7.8（a））和铰制孔螺栓连接（见图 7.8（b））。普通螺栓连接，螺栓与孔之间有间隙，工作载荷只能使螺栓受拉伸。由于加工方便，成本低，所以应用最广。铰制孔螺栓连接，被连接件上的铰制孔和螺栓的光杆部分采用基孔制过渡配合，螺栓受剪切和挤压，主要用于需要螺栓承受横向载荷或需靠螺栓杆精确固定被连接件相对位置的场合。

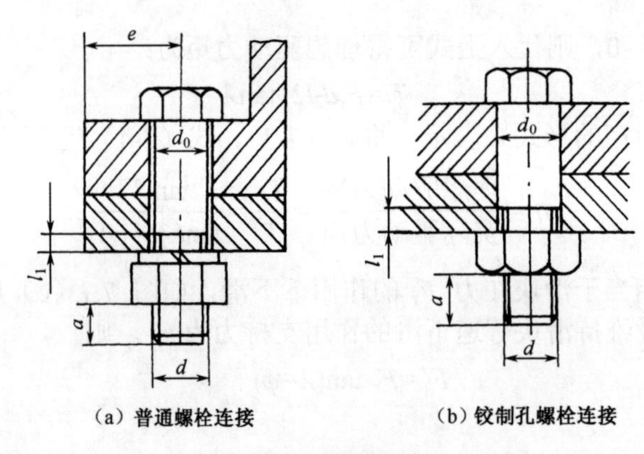

（a）普通螺栓连接　　（b）铰制孔螺栓连接

图 7.8　螺栓连接

2．螺钉连接

如图 7.9（a）所示为螺钉连接。这种连接不需用螺母，适用于一个被连接件较厚或另一端不能装螺母，且受力不大、不需要拆卸的场合。

3．双头螺柱连接

如图 7.9（b）所示为双头螺柱连接。螺柱两端均有螺纹，这种连接用于被连接件之一较厚、要求结构紧凑和经常拆装的场合。

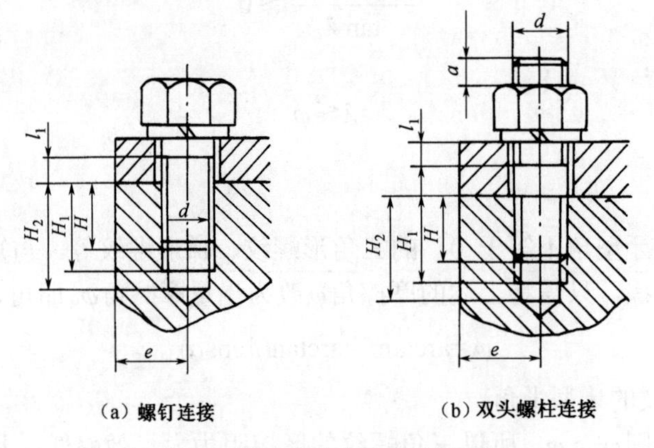

（a）螺钉连接　　（b）双头螺柱连接

图 7.9　螺钉连接和双头螺柱连接

4．紧定螺钉连接

如图 7.10 所示为紧定螺钉连接，将紧定螺钉旋入一零件的螺纹孔中，其末端顶住另一零件的表面，或顶入相应的凹坑中。常用于固定两个零件的相对位置，并可传递不大的力或扭矩。

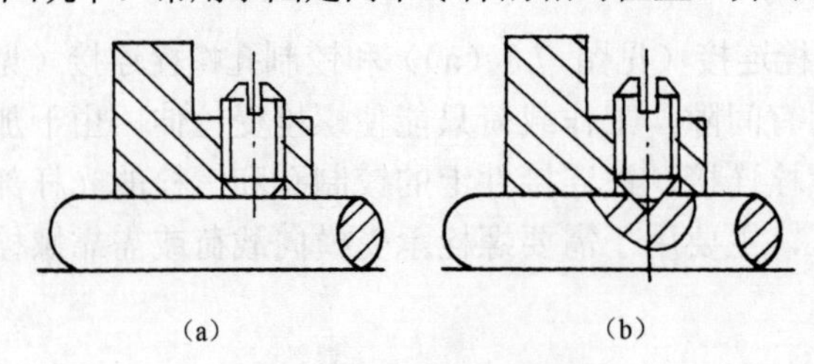
（a）　　（b）

图 7.10　紧定螺钉连接

7.1.6 常用螺纹连接件

螺纹连接件品种很多，大多已标准化。常用的标准螺纹连接件有螺栓、螺钉、双头螺柱、紧定螺钉、螺母和垫圈。

1．螺栓

螺栓头部形状很多，最常用的有六角头（见图 7.11（a））和小六角头（见图 7.11（b））两种。

根据制造方法及精度不同，螺栓可分为精制螺栓和粗制螺栓。精制螺栓其螺纹部分及所有表面均要加工。精制螺栓可分为普通精制螺栓（见图 7.11（a）和图 7.11（b））和铰制孔用螺栓（见图 7.11（c））。精制螺栓在机械制造中应用较广。

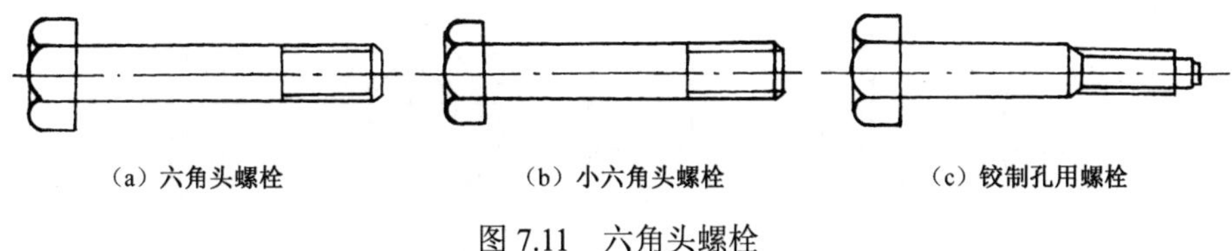

图 7.11 六角头螺栓

粗制螺栓的毛坯多由锻压或冲制而成，螺栓头及杆部都不加工，螺纹用切削或滚压法制成，多用于精度要求不高的建筑、农业等机械上。

2．螺钉

螺钉的结构形式与螺栓相同，但头部形式较多（见图 7.12），以适应对装配空间、拧紧程度、连接外观和拧紧工具的要求。有时也把螺栓作为螺钉使用。

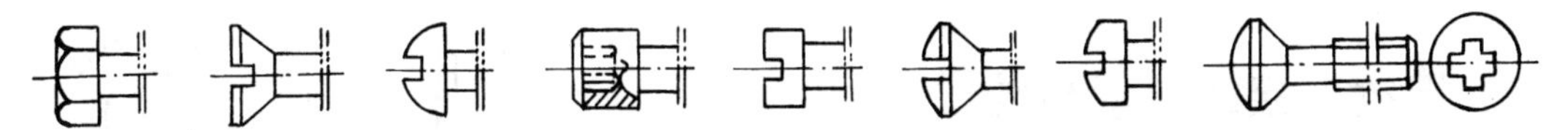

图 7.12 螺钉头部形式

3．双头螺柱

双头螺柱没有钉头，两端制有螺纹。结构有 A 型（有退刀槽，见图 7.13（a））与 B 型（无退刀槽，见图 7.13（b））之分。

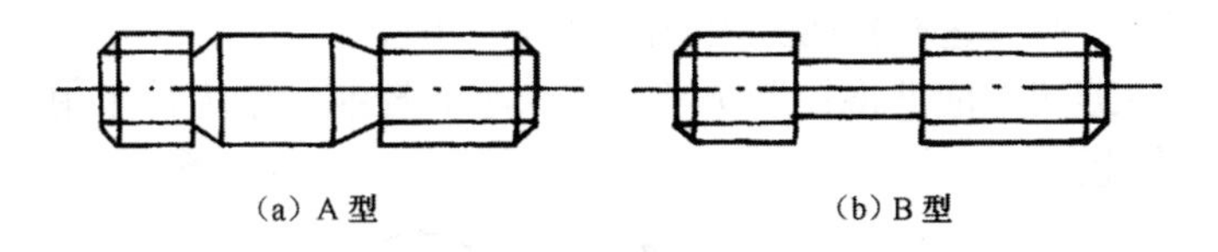

图 7.13 双头螺柱

4．紧定螺钉

紧定螺钉的头部和尾部制有各种形状。常见的头部形状有方头、六角头和内六角头（见图 7.14（a））等。螺钉的末端主要起紧定作用，常见的尾部形状有平端、圆柱端和锥端（见图 7.14（b））等。

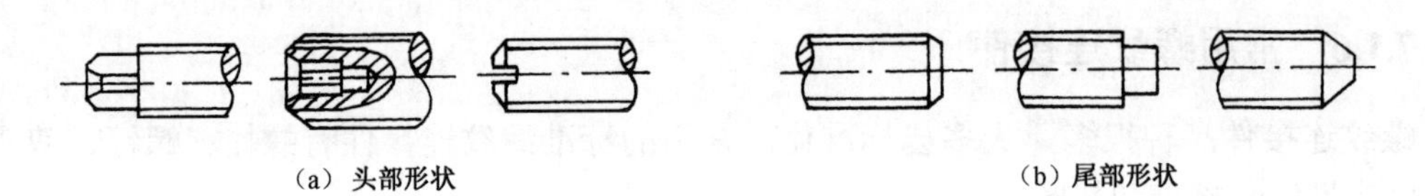

图 7.14　紧定螺钉

5．螺母

螺母的结构形式很多，最常用的是六角螺母。按厚度不同，螺母可分为标准螺母（见图 7.15（a））、扁螺母（见图 7.15（b））和厚螺母（见图 7.15（c））三种。螺母的制造精度与螺栓相同，也分为粗制和精制两种，以便与同精度的螺栓配用。如图 7.15（d）所示的圆螺母常用于轴上零件的轴向固定，并配有止退垫圈。

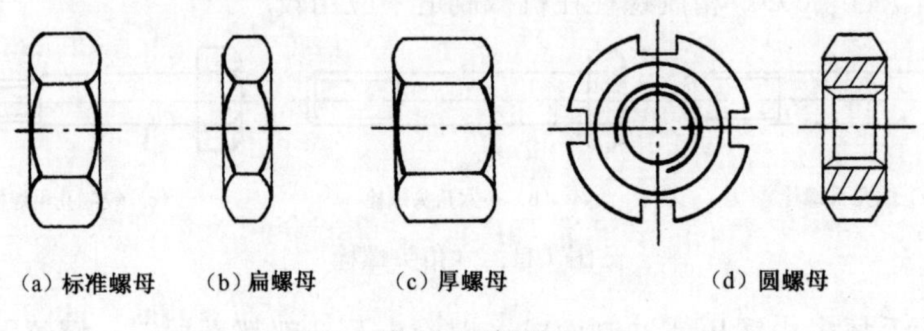

图 7.15　螺母

6．垫圈

垫圈的主要作用是增加被连接件的支承面积或避免拧紧螺母时擦伤被连接件的表面。常用的有平垫圈（见图 7.16（a））和斜垫圈（见图 7.16（b））。当被连接件表面有斜度时，应使用斜垫圈。有防松作用的垫圈见 7.2.2 小节。

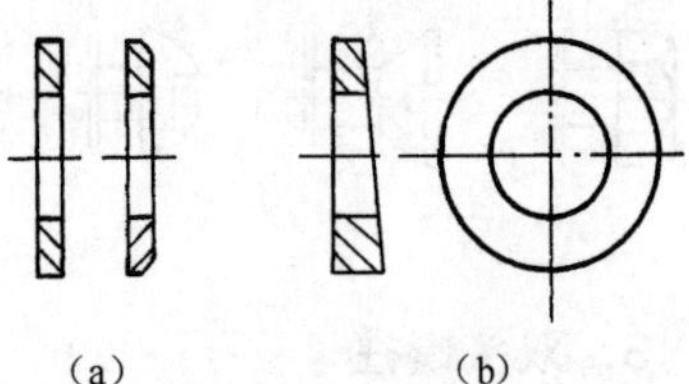

图 7.16　垫圈

7.2　螺纹连接的预紧与防松

7.2.1　螺纹连接的预紧

绝大多数螺纹在装配时都必须拧紧，使其受到预紧力作用，预紧的目的是增强连接的可靠性、紧密性和防松能力。如果预紧力过小，则会使连接不可靠；如果预紧力过大，又会导致连接过载甚至拉断。螺栓的预紧力一般可达材料屈服极限的 50%～70%。

对于重要的螺纹连接，应严格控制预紧力的大小。控制预紧力可采用如图 7.17 所示的测力矩扳手或定力矩扳手。

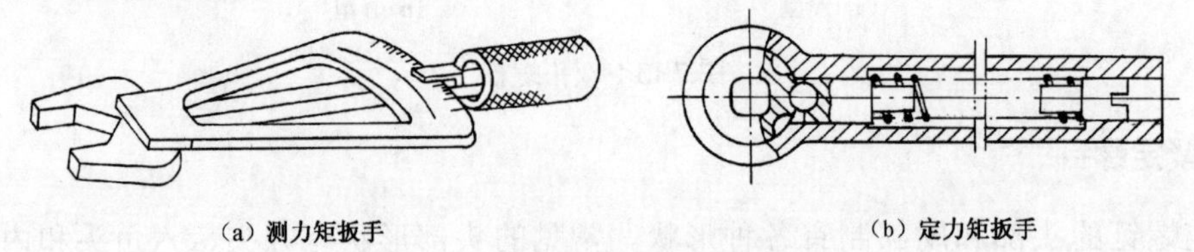

图 7.17　测力矩扳手和定力矩扳手

对于不能严格控制预紧力的重要螺栓连接，而只能靠安装经验来拧紧螺栓时，不宜采用小于 M12 的螺栓，以免装配时拧断。

7.2.2 螺纹连接的防松

连接中常用的三角螺纹和管螺纹都具有自锁性，在静载荷或冲击振动不大、工作温度变化不大时，不会自动脱落。但在冲击、振动或变载荷的作用下，或温度变化较大时，连接可能松脱。因此设计螺纹时必须考虑防松问题。

防松就是防止螺纹副的相对转动，具体方法很多，表 7-1 列出了一些常用的防松方法和原理。

表 7-1 常用的防松方法和原理

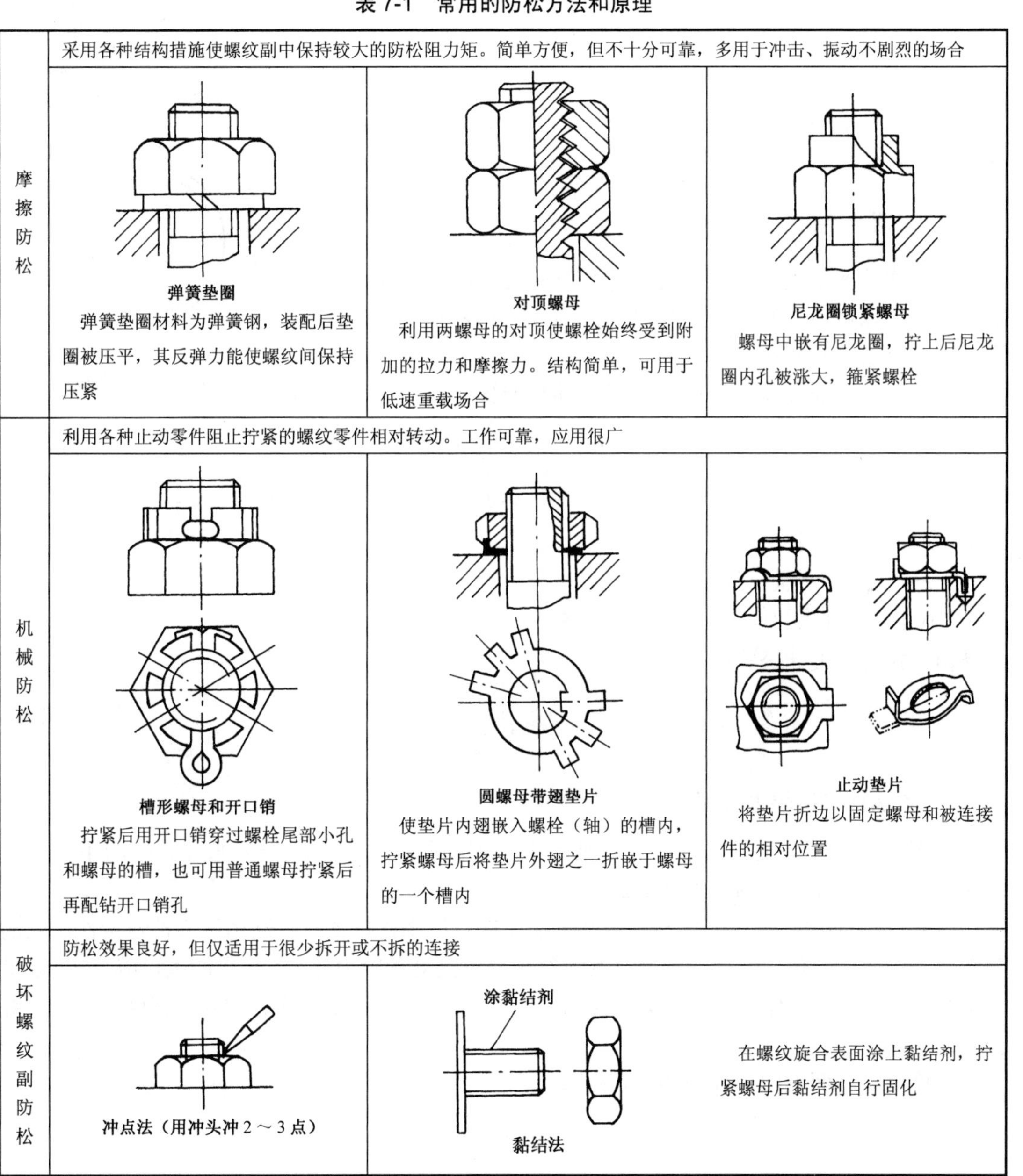

摩擦防松	采用各种结构措施使螺纹副中保持较大的防松阻力矩。简单方便，但不十分可靠，多用于冲击、振动不剧烈的场合		
	弹簧垫圈 弹簧垫圈材料为弹簧钢，装配后垫圈被压平，其反弹力能使螺纹间保持压紧	**对顶螺母** 利用两螺母的对顶使螺栓始终受到附加的拉力和摩擦力。结构简单，可用于低速重载场合	**尼龙圈锁紧螺母** 螺母中嵌有尼龙圈，拧上后尼龙圈内孔被涨大，箍紧螺栓
机械防松	利用各种止动零件阻止拧紧的螺纹零件相对转动。工作可靠，应用很广		
	槽形螺母和开口销 拧紧后用开口销穿过螺栓尾部小孔和螺母的槽，也可用普通螺母拧紧后再配钻开口销孔	**圆螺母带翅垫片** 使垫片内翅嵌入螺栓（轴）的槽内，拧紧螺母后将垫片外翅之一折嵌于螺母的一个槽内	**止动垫片** 将垫片折边以固定螺母和被连接件的相对位置
破坏螺纹副防松	防松效果良好，但仅适用于很少拆开或不拆的连接		
	冲点法（用冲头冲 2～3 点）	**黏结法** 涂黏结剂	在螺纹旋合表面涂上黏结剂，拧紧螺母后黏结剂自行固化

7.3 螺栓连接的强度计算

螺栓连接强度计算的目的是根据连接的结构形式、材料性质和载荷状态等条件，分析螺栓的受力和失效形式，然后按相应的计算准则计算螺纹小径，再按照标准选定螺纹公称直径和螺距等。螺栓其余部分尺寸及螺母、垫圈等，一般都可以根据公称直径直接从标准中选定。

7.3.1 普通螺栓的强度计算

普通螺栓连接的主要失效形式有：

（1）螺栓杆被拉断。

（2）螺纹压溃和剪断。

（3）螺纹因经常拆卸而磨损发生滑扣现象。

主要计算准则是螺栓杆不被拉断，一般采用螺纹小径 d_1 作为螺栓杆危险截面的计算直径。

1. 松螺栓连接强度计算

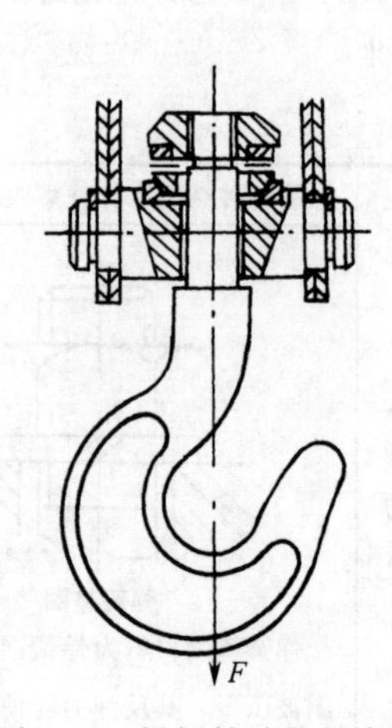

图 7.18 松螺栓连接的实例

这种连接在承受工作载荷之前不拧紧螺母，除有关零件的自重（通常可忽略不计），连接并不受力。如图 7.18 所示的起重吊钩是松螺栓连接的实例。

螺栓工作时受轴向工作载荷 F 时，其强度条件为：

$$\sigma=\frac{F}{A}=\frac{F}{\frac{\pi d_1^2}{4}}\leqslant[\sigma] \tag{7-12}$$

式中，d_1——螺纹小径（mm）；

F——工作载荷（N）；

$[\sigma]$——许用拉应力（MPa），见表 7.3。

由上式可得设计公式：

$$d_1\geqslant\sqrt{\frac{4F}{\pi[\sigma]}} \tag{7-13}$$

2. 紧螺栓连接强度计算

紧螺栓连接在装配时必须拧紧，要承受一定的预紧力，下面根据螺栓连接的不同受力形式，讨论紧螺栓连接的强度计算。

（1）仅受预紧力的紧螺栓连接。其工作原理是将螺栓拧紧后，利用压紧被连接件产生的摩擦力来传递外载荷。螺栓拧紧后，其螺纹部分不仅受预紧力 F_0 的作用产生拉应力σ，还受由于螺纹摩擦力矩的作用而产生的扭转剪应力τ，所以螺栓受复合应力作用，强度计算时应综合考虑拉力和剪应力的作用。

螺栓危险截面上的拉伸应力为：

$$\sigma=\frac{F_0}{\frac{\pi}{4}d_1^2}$$

螺栓危险截面上的剪应力为：

$$\tau = \frac{T_1}{W_T} = \frac{F_0 \tan(\lambda + \varphi_v) d_2 / 2}{\pi d_1^3 / 16}$$

对于常用的 M10～M68 普通螺纹的钢制螺栓，取 $f_v = \tan\varphi_v = 0.15$。经简化可得 $\tau \approx 0.5\sigma$，按第四强度理论求出危险截面的当量应力为：

$$\sigma_e = \sqrt{\sigma^2 + 3\tau^2} = \sqrt{\sigma^2 + 3(0.5\sigma)^2} \approx 1.3\sigma$$

故螺栓螺纹部分的强度条件为：

$$\sigma_e = 1.3\sigma = \frac{1.3F_0}{\frac{\pi d_1^2}{4}} \leqslant [\sigma] \tag{7-14}$$

上式说明：紧螺栓连接时螺栓虽然受拉扭的复合作用，它的强度仍可按纯拉伸计算，只需将拉力增大 30%，以考虑扭转的影响。

故设计公式为：

$$d_1 \geqslant \sqrt{\frac{4 \times 1.3F_0}{\pi[\sigma]}} \tag{7-15}$$

（2）承受轴向工作载荷的紧螺栓连接。这种承载形式在紧螺栓连接中比较常见，应用最广。如图 7.19 所示的汽缸与汽缸盖螺栓组连接就是这种连接的典型例子，螺栓预紧后，再受轴向工作载荷。

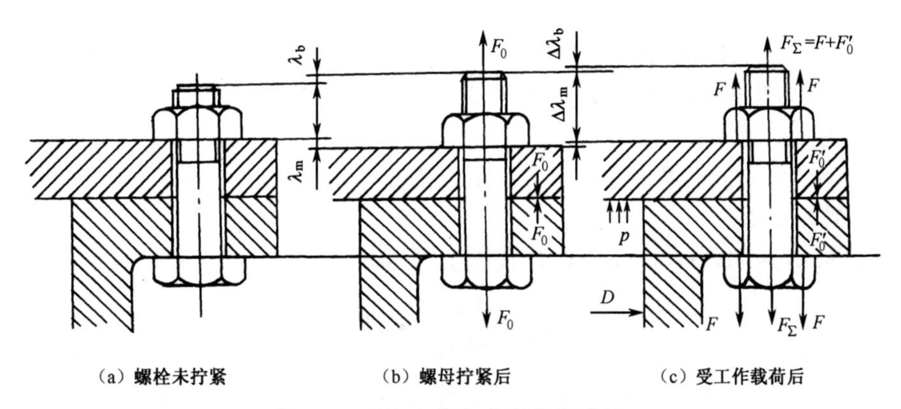

图 7.19　汽缸与汽缸盖螺栓组连接

如图 7.19（b）所示，螺栓只受预紧力 F_0，接合面也受压力的作用。工作时，在轴向工作载荷 F 作用下，接合面处由 F_0 压力减小为 F_0'，F_0' 称为残余预紧力，此时 F 也同时作用在螺栓上。因此，螺栓所受的轴向总拉力为：

$$F_\Sigma = F + F_0' \tag{7-16}$$

为保证连接的紧密性，残余预紧力 F_0' 应大于零。不同的应用场合，对残余预紧力有着不同的要求，一般可以参考以下经验数据来确定：对于一般连接，若工作载荷稳定，取 $F_0' =$（0.2～0.6）F；若工作载荷不稳定，取 $F_0' =$（0.6～1.0）F；对于有紧密性要求的连接，取 $F_0' =$（1.5～1.8）F。

当选定残余预紧力 F_0' 后，即可按式（7-16）求出螺栓所受总拉力 F_Σ。螺栓的强度条件

可按式（7-14）进行计算，即

$$\sigma = \frac{1.3F_{\Sigma}}{\frac{\pi d_1^2}{4}} \leqslant [\sigma] \tag{7-17}$$

则设计公式为：

$$d_1 \geqslant \sqrt{\frac{4 \times 1.3F_{\Sigma}}{\pi[\sigma]}} \tag{7-18}$$

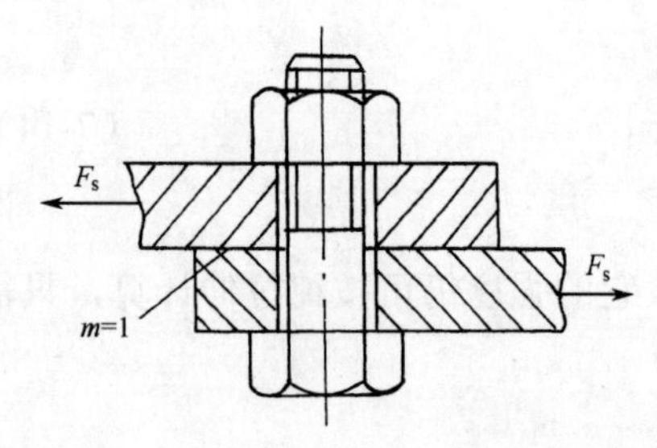

图 7.20　受横向工作载荷的普通螺栓连接

（3）承受横向工作载荷的普通螺栓连接。如图 7.20 所示，被连接件承受垂直于螺栓轴线的横向载荷，在 F_s 的作用下，被连接件的接合面间有相对滑动趋势，为防止被连接件相对滑动，应使预紧力 F_0 产生的摩擦力大于工作载荷 F_s，即

$$F_0 \cdot f \geqslant F_s$$

若考虑连接的可靠性及接合面的数量和螺栓数量，则上式可改为：

$$z \cdot F_0 \cdot f \cdot m \geqslant K_f \cdot F_s$$

故螺栓预紧力 F_0 为：

$$F_0 = \frac{K_f \cdot F_s}{f \cdot m \cdot z} \tag{7-19}$$

式中，F_s——螺栓所受的横向载荷（N）；

K_f——可靠性系数，通常 K_f=1.1～1.3；

m——接合面数量；

f——接合面之间的摩擦系数，对于钢或铸件可取 f=0.1～0.5；

z——螺栓个数。

当 f=0.15，K_f=1.1，m=1，z=1 时，代入上式可得：

$$F_0 = \frac{1.1F_s}{0.15 \times 1} = 7F_s$$

由此可见，当承受横向载荷 F_s 时，要使连接不发生滑动，螺栓要承受 7 倍于横向载荷的预紧力，这样设计出的螺栓结构笨重，尺寸大，不经济，尤其在受冲击、振动时容易使连接失效。

7.3.2　铰制孔螺栓连接的强度计算

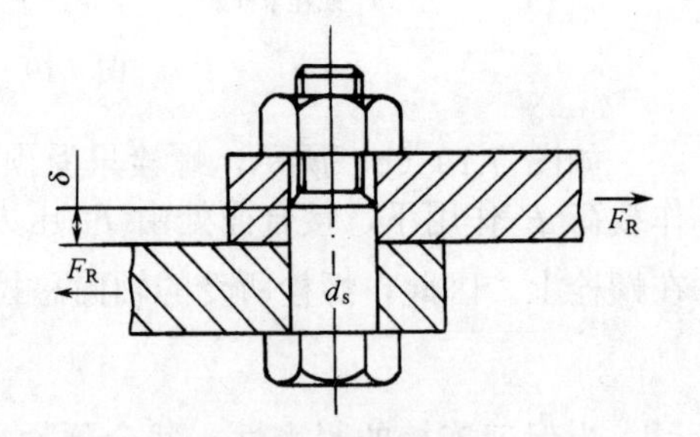

图 7.21　受横向外载荷的铰制孔螺栓连接

如图 7.21 所示，螺栓杆与孔壁间采用过渡配合，两者之间没有间隙。工作时，螺栓杆在结合面处受剪切，螺栓杆与孔壁之间受挤压。这种连接装配时也需适当拧紧，但预紧力很小，一般可忽略不计。螺栓杆剪切强度条件为：

$$\tau=\frac{F_{\mathrm{R}}}{m\cdot\pi d_{\mathrm{s}}^{2}/4}\leqslant[\tau] \tag{7-20}$$

螺栓杆与被连接件孔壁之间挤压强度条件为：

$$\sigma_{\mathrm{P}}=\frac{F_{\mathrm{R}}}{d_{\mathrm{s}}\cdot\delta}\leqslant[\sigma_{\mathrm{P}}] \tag{7-21}$$

式中，F_{R}——单个螺栓所受横向工作载荷（N）；

d_{s}——螺栓杆直径（mm）；

m——螺栓受剪面的数量；

δ——螺栓杆与孔壁接触面的最小长度（mm）；

$[\tau]$——螺栓的许用剪应力（MPa），见表 7-4；

$[\sigma_{\mathrm{P}}]$——螺栓与被连接件中、低强度材料的许用挤压应力（MPa）。

7.3.3 螺栓组连接的结构设计和受力分析

在机器中，螺纹连接绝大部分都是成组使用的，即所谓螺栓组。在设计螺栓组连接时，首先进行螺栓组的结构设计，即确定布置形式及数量等；然后进行螺栓组的受力分析，根据螺栓组的受力分析找出受力最大的螺栓，并确定其所受的工作载荷；最后，对此螺栓进行单个螺栓的强度计算。

螺栓组结构设计的注意事项：

（1）被连接件结合面通常设计成对称的简单几何形状。

（2）螺栓的布置应使螺栓受力合理，制造加工方便。分布在同一圆周上的螺栓数，应取 3、4、6、8、12 等易于等分的数目，便于加工。

（3）同一螺栓组中各螺栓的材料、直径与长度均应相同。

（4）螺栓的排列应有合理的间距、边距，注意留出扳手空间。

在分析螺栓组受力时，为简化计算，一般假设所有螺栓的材料、直径、长度和预紧力均相同，受载后连接结合面仍为平面。通常可以把螺栓组受力情况分为四种简单受力状态。

（1）受轴向载荷作用的螺栓组连接。每个螺栓所受轴向载荷为 $F=\dfrac{F_{\mathrm{R}}}{z}$。

（2）受横向载荷作用的螺栓组连接。对普通螺栓连接前面已经分析过了，对铰制孔螺栓连接，每个螺栓受横向载荷 $F=\dfrac{F_{\mathrm{R}}}{z}$。

（3）受旋转力矩作用的螺栓组连接，如图 7.22 所示，转矩 T 作用在连接结合面内，使被连接件有绕轴线 O-O 旋转的趋势。对普通螺栓连接，各螺栓受预紧力均为：

$$F_{0}=\frac{K_{\mathrm{f}}\cdot T}{f\cdot\sum_{i=1}^{m}r_{i}} \tag{7-22}$$

式中，K_{f}——可靠性系数；

f——摩擦系数；

r_i——各螺栓轴至底板中心 O 的距离。

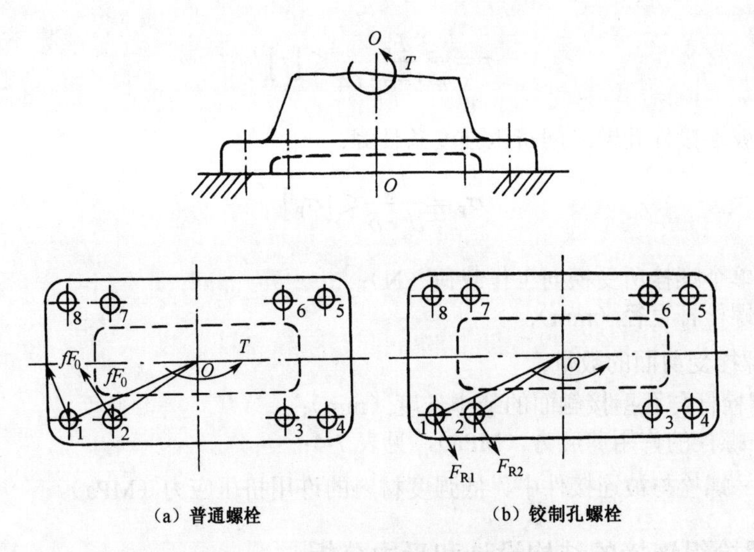

（a）普通螺栓　　　　（b）铰制孔螺栓

图 7.22　受旋转力矩的螺栓组连接

对铰制孔螺栓，螺栓所受剪力与距离成正比，距离底板中心 O 最远的螺栓受工作剪力最大：

$$F_{\mathrm{R\,max}}=\frac{Tr_{\max}}{\sum\limits_{i=1}^{n} r_i^2} \tag{7-23}$$

（4）受翻转力矩作用的螺栓组连接，如图 7.23 所示。在力矩 M 的作用下，刚性底板有绕接合面对称轴 O-O 翻转的趋势。对称轴 O-O 左侧螺栓受拉，右侧螺栓被放松，预紧力 F_0 减小，螺栓所受拉力与其 O-O 轴线的距离成正比。受力最大的螺栓是在结合面有分离趋势一侧、距翻转轴线最远的螺栓。

$$F_{\max}=\frac{ML_{\max}}{\sum\limits_{i=1}^{n} L_i^2} \tag{7-24}$$

在实际应用中，螺栓组连接所受的力可能是以上四种不同的力的组合。但不论受力如何复杂，只要简化成以上四种状态，分别就每种状态求出单个螺栓的工作载荷，然后以向量形式叠加，找出受力最大的螺栓，再进行强度计算即可。

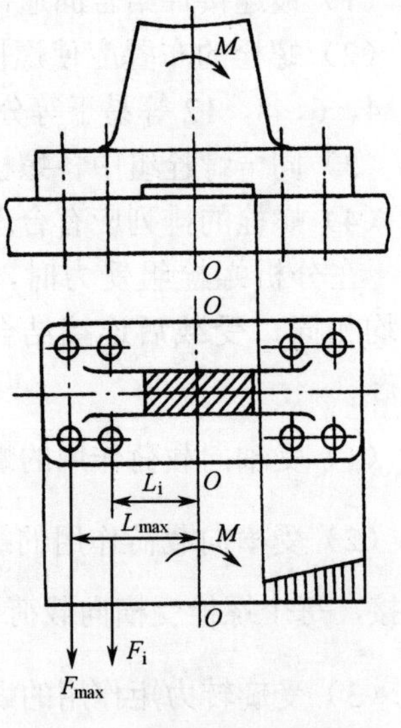

图 7.23　受翻转力矩作用的螺栓组连接

7.4　螺纹连接的材料和许用应力

7.4.1　螺纹连接件的材料

常用的螺栓材料有 Q215、Q235、10 钢、35 钢、45 钢等，承受冲击或变载荷的场合可采用合金钢 15Cr、40Cr、30CrMnSi、15MnVB 等，有防腐、防磁导电等特殊需求可采用不锈钢、铜及其合金以及其他有色金属。

螺纹连接件常用材料及其性能见表 7-2。

表 7-2 螺纹连接件常用材料及其性能

（摘自 GB 700—2006、GB 699—2015、GB 3077—2015） （单位：MPa）

钢　　号	Q215（A2）	Q235（A3）	35 钢	45 钢	40Cr
强度极限σ_b	335～410	375～460	530	600	980
屈服极限σ_s（d≤16～100mm）	185～215	205～235	315	355	785

注：螺栓直径 d 小时，取偏高值。

7.4.2 螺纹连接的许用应力

螺栓连接的许用应力与很多因素有关，如螺栓材料、载荷性质、结构尺寸、使用条件等，表 7-3、表 7-4 列出了螺栓连接的许用应力和安全系数。

表 7-3 静载荷作用下普通螺栓连接的许用应力和安全系数

许用应力	预紧情况	安全系数 S				
$[\sigma]=\frac{\sigma}{S}$	松螺栓连接	1.2～1.7				
	紧螺栓连接	不控制预紧力				控制预紧力
		直径 / 材料	M6～M16	M16～M30	M30～M60	1.2～1.5
		碳素钢	5.0～4.0	4.0～2.5	2.5～2.0	
		合金钢	5.7～5.0	5.0～3.4	3.4～3.0	

表 7-4 铰制孔用螺栓连接的许用应力和安全系数

载荷性质	被连接件材料	剪　　切		挤　　压	
		许用应力	安全系数 S	许用应力	安全系数 S
静载荷	钢	$[\tau]=\sigma_s/S$	2.5	$[\sigma_P]=\sigma_s/S$	1～1.25
	铸铁			$[\sigma_P]=\sigma_b/S$	2～2.5
变载荷	钢	$[\tau]=\sigma_s/S$	3.5～5.0	$[\sigma_P]=\sigma_s/S$	1.6～2.0
	铸铁			$[\sigma_P]=\sigma_b/S$	2.5～3.5

例 7.1 在图 7.19 所示的钢制汽缸螺栓连接中，已知汽缸内径 D=250mm，汽缸内压力为 p=10MPa，用 12 个螺栓沿圆周匀布，螺栓材料为 40Cr，采用铜皮石棉垫片。试计算螺栓直径 d（严格控制预紧力）。

解：（1）计算单个螺栓的工作载荷 F。

每个连接螺栓平均承受的轴向工作载荷为：

$$F=\frac{p\pi D^2/4}{z}=\frac{\pi\times250^2\times10}{4\times12}\approx40906\text{N}$$

（2）计算单个螺栓的总拉力 F_Σ。根据连接性质，取残余预紧力 F_0'=1.6F，由式（7-16）得：

$$F_\Sigma=F+F_0'=2.6F=2.6\times40906\approx106356\text{N}$$

（3）确定螺栓公称直径 d。根据螺栓材料，由表 7-2，取σ_s=785MPa，由表 7-3 按静载荷取 S=1.32，则许用应力$[\sigma]=\sigma_s/S=785/1.32\approx594.7\text{MPa}$。由式（7-18）得：

$$d_1 \geqslant \sqrt{\frac{4\times 1.3F_{\Sigma}}{\pi[\sigma]}} = \sqrt{\frac{4\times 1.3\times 106356}{\pi\times 594.7}} \approx 17.21\text{mm}$$

应选取 M20，其 d_1=17.294mm＞17.21mm，合适。

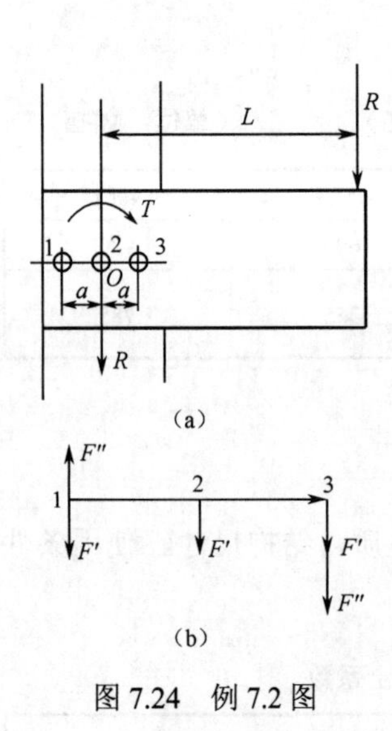

图 7.24　例 7.2 图

例 7.2　在图 7.24 所示螺栓组连接中，找出受力最大的螺栓，并求出所受工作载荷 F_{max}。

解：外载荷 R 作用在螺栓组形心之外，为复合受力状态。

（1）将 R 向螺栓组形心 O 简化，可得横向力 R 和旋转力矩 T=RL。

（2）在横向力 R 作用下，每个螺栓受力相等，其值为 $F'=\dfrac{R}{3}$；在旋转力矩 T 作用下，1、3 两螺栓受力方向如图 7.24（b）所示，力的大小为 $F''=\dfrac{T}{2a}$。

（3）由图 7.24（b）可知，螺栓 3 受力最大，其值为：

$$F_{max} = F' + F'' = \frac{R}{3} + \frac{T}{2a} = \frac{R}{3} + \frac{RL}{2a} = R\left(\frac{1}{3} + \frac{L}{2a}\right)$$

7.5　螺旋传动

7.5.1　螺旋传动的类型及应用

螺旋传动，由螺杆、螺母、机架组成（通常把螺杆或螺母中的一个与机架固定在一起），它主要用于把回转运动转变为直线运动，同时传递运动和动力的场合。

根据用途，螺旋传动可分为三种类型。

1．传力螺旋

以传递动力为主，要求以较小的转矩产生较大的轴向力。通常转速不高，大多数为间歇工作，要求自锁，如螺旋压力机（见图 7.25（a））和螺旋千斤顶（见图 7.25（b））。

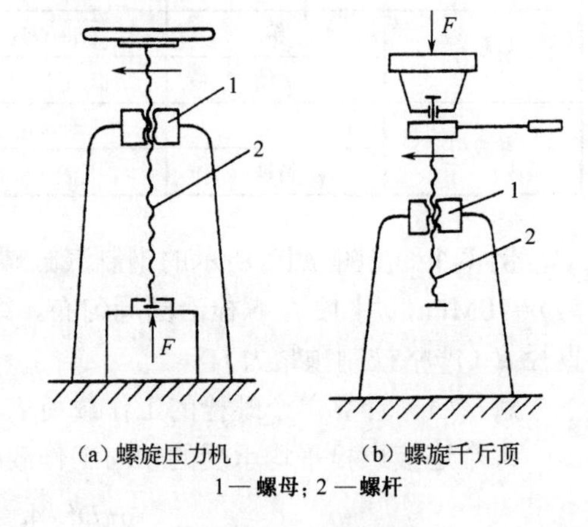

（a）螺旋压力机　　（b）螺旋千斤顶

1 — 螺母；2 — 螺杆

图 7.25　传力螺旋

2．传导螺旋

以传递运动为主，要求较高的运动精度，有时也有较大的轴向力，一般转速较高，连续工作，如机床的进给机构（见图 7.26）等。

3．调整螺旋

用于调整并固定零件或部件之间的相对位置，不经常转动，在空载下进行调整。如虎钳钳口的调节机构（见图 7.27），千分尺中微调机构的测量螺旋（见图 7.28）。

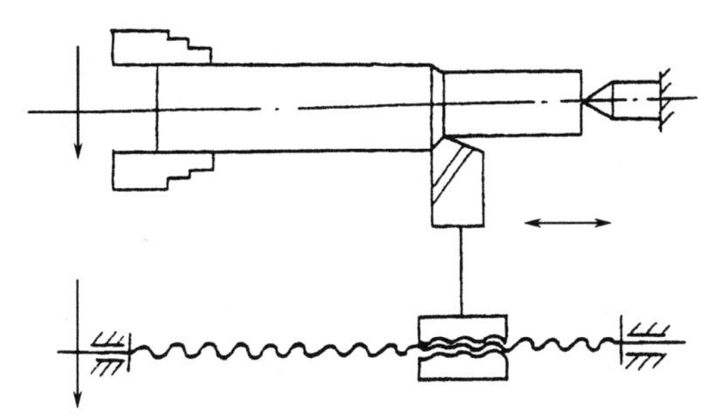

图 7.26　车床的进给机构

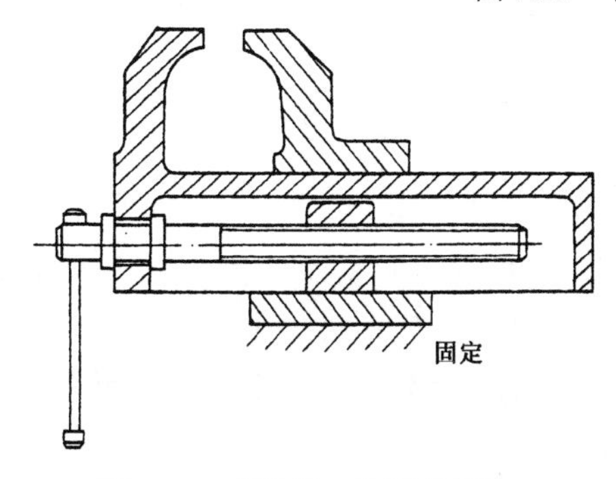

图 7.27　虎钳钳口的调节机构

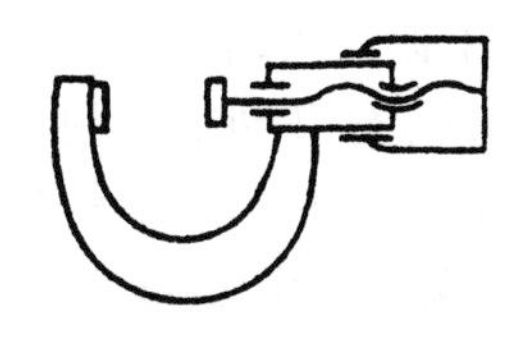

图 7.28　千分尺中微调机构的测量螺旋

根据摩擦性质，螺旋传动也可分为三种类型。

（1）滑动螺旋。螺旋副之间是滑动摩擦。

（2）滚动螺旋。螺旋副之间是滚动摩擦。

（3）静压螺旋。在螺旋副中加入具有一定压力的润滑油，把螺杆与螺母分开，使螺旋副中的摩擦为液体摩擦，阻力小，效率高，但成本也高。

7.5.2　滑动螺旋传动

滑动螺旋结构简单，制造方便，易自锁，传力大，运转平稳无噪声，所以应用最广。但是摩擦阻力大，传动效率低，磨损快，传动精度低，低速时有爬行现象。

滑动螺旋工作时主要承受转矩和轴向力，它的主要失效形式是螺纹牙的磨损、螺杆和螺纹牙的塑性变形或断裂以及螺杆的失稳弯曲。

因此对滑动螺旋传动材料的耐磨性、抗弯、抗拉强度都有一定要求。螺杆材料在精密传动时多选碳素工具钢、铬锰合金钢等，一般情况可用 Q255、45 钢和 50 钢等。螺母材料可用铸造锡青铜，重载低速时用高强度铸造铝铁青铜，轻载低速时可用耐磨铸铁。

7.5.3　滚动螺旋传动

1. 工作原理及特点

滚动螺旋传动在螺杆和螺母之间设有封闭循环的滚道，钢球就装填在滚道中，使螺旋副之间成为滚动摩擦，滚动螺旋传动又称为滚珠丝杠副。

如图 7.29 所示是滚珠丝杠传动原理图，其工作原理：在丝杠和螺母上加工有弧形螺旋槽，当把它们套装在一起时形成螺旋通道，并且滚道内填满滚珠，当丝杠相对于螺母旋转时，两者发生轴向位移，而滚珠则可沿着滚道流动，按照滚珠返回的方式不同可以分为内循环式和外循环式两种方式。内循环方式（见图 7.29（a））带有反向器，返回的滚珠经过反向器和丝杠外圆返回；外循环式（见图 7.29（b））的螺母旋转槽的两端由回珠管连接起来，返回的滚珠不与丝杠外圆相接触，滚珠可以做周而复始的循环运动，在管道的两端还能起到挡珠的作用，用以避免滚珠沿滚道滑出。

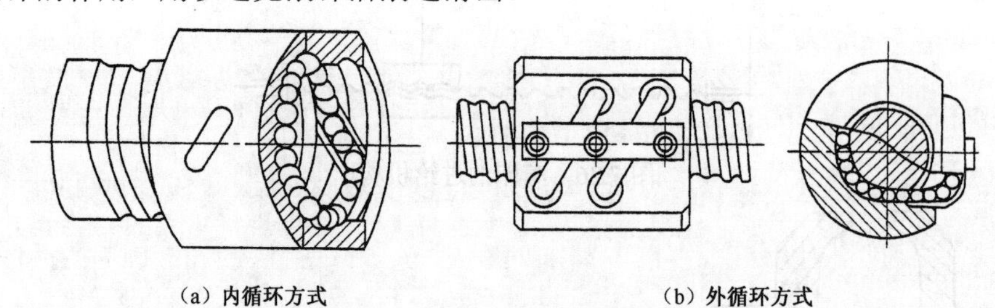

（a）内循环方式　　（b）外循环方式

图 7.29　滚珠丝杠传动原理图

钢珠每个循环闭路称为列，每个滚珠循环闭路内所含导程数称为圈数。内循环滚珠丝杠副的每个螺母有 2 列、3 列、4 列、5 列等几种，每列只有一圈；外循环每列有 1.5 圈、2.5 圈、3.5 圈等几种，剩下的半圈做回珠用。外循环滚珠丝杠螺母副的每个螺母有 1 列 2.5 圈、1 列 3.5 圈、2 列 1.5 圈、2 列 2.5 圈等，种类很多。

按螺旋滚道法向截面形状分为单圆弧型和双圆弧型；按滚珠循环方式分为内循环式和外循环式；按消除轴向间隙和调整预紧方式的不同分为垫片预紧方式、螺纹预紧方式和齿差预紧方式三种；按用途分为定位滚珠丝杠副（P 类）、传动滚珠丝杠副（T 类）两类。数控机床进给运动采用 P 类。

滚珠丝杠的特点：

（1）摩擦系数小，传动效率高。

（2）启动力矩小，工作平稳。

（3）传动精度高。

（4）磨损小，寿命长。

（5）不具自锁性。

（6）结构复杂，制造、安装困难，成本高。

（7）承载能力比滑动螺旋传动差。

滚珠丝杠广泛应用于数控机床的进给机构，车辆、转向机构等高精度、高效传动的机械中。

2．主要参数及代号

如图 7.30 所示为滚珠丝杠副的部分参数。

（1）公称直径 d_m。公称直径 d_m 即滚珠丝杠的名义直径，如图 7.30 所示。滚珠与螺旋滚道在理论接触角状态时，包络滚珠球心的圆柱直径是滚珠丝杠副的特征尺寸。名义直径与承载能力有直接关系，d_m 越大，承载能力和刚度越大。有的资料推荐滚珠丝杠副的名义直径应大于丝杠工作长度的 1/30。

（2）公称导程 L_0。公称导程是丝杠相对于螺母旋转一圈时，螺母上基准点的轴向位移。它按承载能力选取，并与进给系统的脉冲当量要求有关。导程的大小是根据机床的加工精度要求确定的。精度要求高时应将导程取小一些，这样在一定的轴向力作用下，丝杠上的摩擦阻力较小。但为了使滚珠丝杠具有一定的承载能力，滚珠直径又不能太小。导程过小势必使滚珠直径变小，滚珠丝杠副的承载能力亦随之减小。若丝杠副的名义直径不变，导程减小则螺旋升角也变小，传动效率降低。因此，在满足机床加工精度的条件下导程应尽可能取得大些。

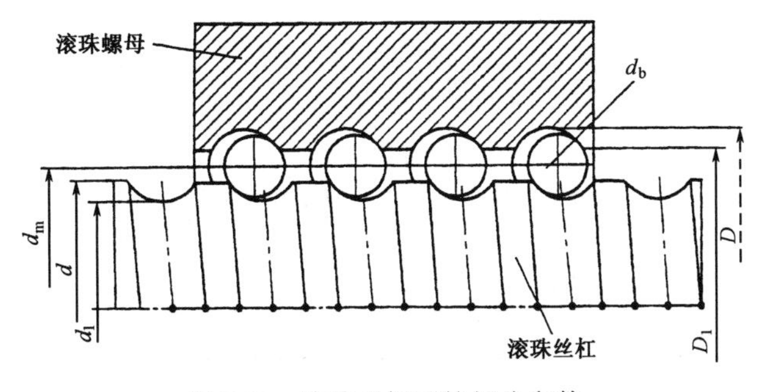

图 7.30 滚珠丝杠副的部分参数

此外还有接触角β、丝杠螺纹大径 d、丝杠螺纹小径 d_1、螺纹全长 l、滚珠直径 d_b、螺母螺纹大径 D、螺母螺纹小径 D_1、滚道圆弧偏心距 e 以及滚道圆弧半径 R 等参数。

滚珠丝杠副代号的标注方法如图 7.31 所示。采用汉语拼音字母、数字及汉字结合标注法。

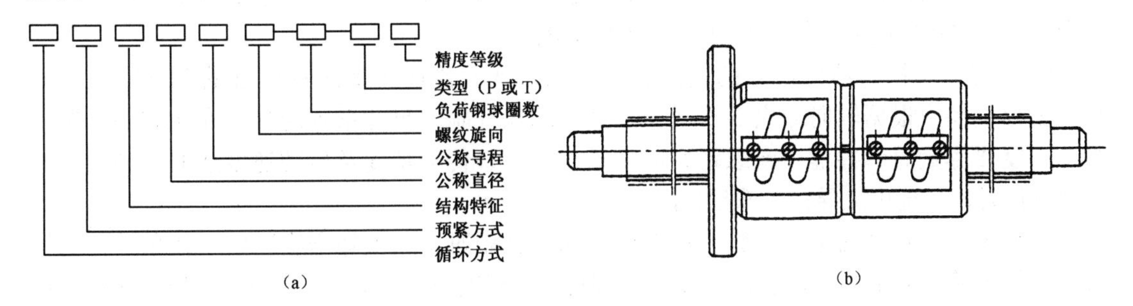

图 7.31 滚珠丝杠副代号的标注方法

例如，CDM6012-3.5-P4，表示外循环插管式，垫片预紧，回珠管埋入式，公称直径为60mm，导程为 12mm，螺纹旋向为右旋，负荷钢球圈数为 3.5，定位滚珠丝杠副，精度等级为 4 级。滚珠丝杠副的特征代号见表 7-5。

表 7-5 滚珠丝杠副的特征代号

序号	特征			代号
1	钢球循环方式	外循环	插管式	C
		内循环	反向器浮动式	F
			反向器固定式	G
2	预紧方式	单螺母	无预紧	W
			变位导程预紧	B
			增大钢球直径预紧	Z
		双螺母	垫片预紧方式	D
			螺纹预紧方式	L
			齿差预紧方式	C

续表

序号	特征		代号
3	结构特征	回珠管埋入式	M
		回珠管凸出式	T
4	螺纹旋向	右旋	可省略
		左旋	LH
5	负荷钢球圈数	圈数为1.5，2，2.5，3，3.5，4，4.5	1.5，2，2.5，3，3.5，4，4.5
6	类型	定位滚珠丝杠副（通过旋转角度和导程控制轴向位移的滚珠丝杠副）	P
		传动滚珠丝杠副（与旋转角度无关，用于传递动力的滚珠丝杠副）	T
7	精度等级	1，2，3，4，5，7，10七个精度等级	1，2，3，4，5，7，10

3．滚珠丝杠副的选择方法

（1）滚珠丝杠副结构的选择。可根据防尘、防护条件以及对调隙及预紧的要求选择适当的结构形式。例如，允许间隙存在（如垂直运动）时，可选用具有单圆弧型螺纹滚道的单螺母滚珠丝杠副；如果必须有预紧，并在使用过程中因磨损而需要定期调整时，应采用双螺母螺纹预紧或齿差预紧式结构；当具备良好的防尘条件，只需在装配时调整间隙及预紧力时，可采用结构简单的双螺母垫片调整预紧式结构。

（2）滚珠丝杠副结构尺寸的选择。选用滚珠丝杠副时主要选择丝杠的公称直径和导程。公称直径应根据轴向最大工作载荷，按滚珠丝杠副的尺寸系列选择。在允许的情况下螺纹长度要尽量短。导程（或螺距）应按承载能力、传动精度及传动速度选取。当要求传动速度快时，可选用大导程滚珠丝杠副。

（3）滚珠丝杠副的选择步骤。在选用滚珠丝杠副时，必须知道实际的工作条件，包括最大工作载荷（或平均工作载荷）、最大载荷作用下的使用寿命、丝杠的工作长度（或螺母的有效行程）、丝杠的最大转速（或平均转速）、滚道的硬度及丝杠的工作状况等，然后按下列步骤进行选择：

① 最大的工作载荷。

② 最大的动载荷。对于静态或低速转动的滚珠丝杠，还需考虑另一种失效形式——滚珠接触面上的塑性变形，即最大静载荷是否超过了滚珠丝杠的工作载荷。

③ 刚度的验算。

④ 压杆稳定性核算。

另外，滚珠丝杠在轴向力的作用下将伸长或缩短，在扭矩的作用下将产生扭转而影响丝杠导程的变化，从而影响传动精度及定位精度，故应验算满载时的预紧量。

习 题 7

7.1 常用的螺纹种类有哪些？传动常用什么螺纹？连接常用什么螺纹？为什么？

7.2 螺纹的主要参数有哪些？螺距与导程有何不同？

7.3 螺纹副自锁的条件是什么？

7.4　螺纹连接的基本形式有哪几种？各适用于何种场合？有何特点？

7.5　螺纹连接为什么要防松？常用的防松方法有哪些？

7.6　螺纹连接为什么要预紧？

7.7　常见的螺栓失效形式有哪些？失效位置通常在哪里？

7.8　螺栓组结构设计时有哪些注意事项？

7.9　简述滚动螺旋传动的主要特点及其应用。

7.10　如图 7.18 所示起重吊钩最大起重量 F=50kN，吊钩材料为 35 钢。试确定吊钩尾部螺纹直径。

7.11　如图 7.32 所示为用两个 M12 螺钉固定的拉钩，若螺钉材料为 Q235 钢，装配时控制预紧力，结合面摩擦系数 f=0.15，求其允许的最大拉力。

7.12　如图 7.33 所示为一钢制液压油缸，采用双头螺柱连接。已知油压 p=8MPa，油缸内径 D=250mm，为保证气密性要求，螺柱间距 l 不得大于 4.5d（d 为螺纹大径），试设计此双头螺柱连接。

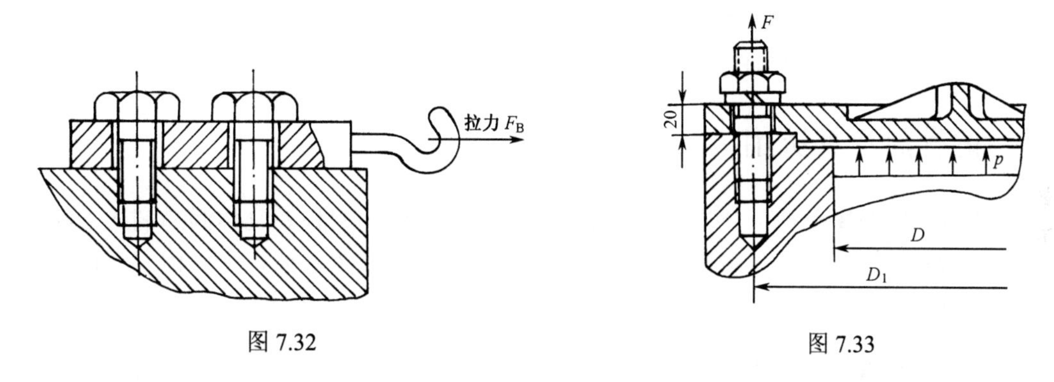

图 7.32　　　　图 7.33

7.13　受轴向载荷的紧螺栓连接，被连接件间采用橡胶垫片。已知螺栓预紧力 F'=15000N，当受轴向工作载荷 F=10000N 时，求螺栓所受的总拉力及被连接件之间的残余预紧力。

第 8 章　机械的润滑与密封

机器中任何可动零部件，在做相对运动时，其接触面间都会产生摩擦和磨损。所以，如何减小摩擦和磨损，是机械设计中的重要问题，采用不同的润滑方式，就是解决这一问题的主要方法。润滑除了能降低摩擦、减轻磨损，还能起到散热、缓冲、防锈、密封、冲洗磨屑和延长零件使用寿命等作用。

为了防止润滑油的渗漏，提高润滑效果，防止外界灰尘、水分及其他杂质的侵入，机器设备中还需配备相应的密封装置。

本章将简要介绍机械设计中常用的润滑剂、润滑方式及密封装置。

8.1　润滑剂及其选用

机器中使用的润滑剂可分为液体、半固体、固体和气体四种。气体润滑剂适于高速、高温、防污染等特殊场合，用得最多的是空气。下面重点介绍液体、半固体和固体三种主要的润滑剂。

8.1.1　润滑油及其选用

在液体润滑剂中应用最广泛的是润滑油，包括矿物油、动植物油和合成油等。其中因矿物油来源广，价格低，适用范围广且稳定性好，故应用最多；动植物油润滑性能虽好，但易腐臭变质，使用较少；为满足某些特殊要求，如高温、低温、高速、重载等情况，常用化学手段制成合成油，其成本较高。

要正确合理地选用润滑油，应先了解评价润滑油质量优劣的主要性能指标。

1．黏度

黏度是润滑油最重要的物理性能指标，是选择润滑油的主要依据。它反映了润滑油流动时内部摩擦阻力的大小。黏度越高，摩擦阻力越大，流动性也越差。

黏度的表示方法主要有动力黏度、运动黏度和相对黏度，我国一般使用的是运动黏度，GB/T 3141—1994 规定采用润滑油在 40℃（或 100℃）时运动黏度的平均值作为润滑油的牌号，单位为 mm^2/s。

2．黏度指数

表示润滑油的黏度随油温变化的性能指标，黏度指数越大，表示黏度随温度的变化越小，即黏温特性越好。

黏度除受温度影响很大外，还会随压强的升高而加大，考虑到当压强小于 20MPa 时，其影响非常小，一般可忽略不计。

3．凝点

表示润滑油的耐低温性能。低温条件下工作的润滑油，工作温度应高于凝点。

4．闪点

表示润滑油的耐高温性能，也是一个安全指标。高温条件下工作的润滑油，工作温度应低于闪点。

此外，还常用倾点表示润滑油的低温流动性能。

常用润滑油的主要质量指标及用途见表 8-1。

表 8-1　常用润滑油的主要质量指标和用途

用　　途	黏度牌号	主要质量指标					主 要 用 途
		运动黏度（mm^2/s）（40℃）	凝点（℃）（≤）	倾点（℃）（≤）	闪点（℃）（≤）	黏度指数	
L-AN 全损耗系统用油（GB 443—1989）	10	9.0～11.0		-5	130		适用于对润滑油无特殊要求的锭子、轴承、齿轮和其他轻载荷机械
	15	13.5～16.5		-5	150		
	22	19.8～24.2		-5	150		
	32	28.8～35.2		-5	150		
	46	41.4～50.6		-5	160		
	68	61.2～74.8		-5	160		
普通工业齿轮油（SH/T 0357—1992）	90	80～100		-2	190		一般载荷或有中等载荷（齿面接触应力<4.9×10^2MPa）条件下工作的封闭式齿轮箱
	120	110～10		-2	190		
	150	140～160		-2	200		
	200	180～220		-2	200		
	250	230～270		-2	220		
工业闭式齿轮油（GB 5903—2011）	100	90～110		-8	180	90	一般重载荷或带有冲击载荷（齿面接触应力>10.8×10^2MPa）的封闭式齿轮箱
	150	135～165		-8	200	90	
	220	198～242		-8	200	90	
	320	288～352		-8	200	90	
普通开式齿轮油（SH/T 0363—1992）	68	60～75			200		一般载荷下的开式或半封闭式齿轮传动装置
	100	90～110			200		
	150	135～165			200		
	220	200～245			210		
蜗轮蜗杆油（SH/T 0094—1991）	220	198～242		-12	200	90	滑动速度大，铜-钢蜗轮传动装置
	320	288～352		-12	200	90	
	460	414～506		-12	220	90	
	680	612～748		-12	220	90	

8.1.2　润滑脂（半固体润滑剂）

润滑脂是润滑油加稠化剂制成的一种油膏状半固体润滑剂，习惯称之为黄油，是除润滑油外应用最多的一类润滑剂。根据稠化剂不同，润滑脂有钙基、钠基、锂基、铝基和钡基等多种类型。

润滑脂的主要质量指标有以下几个。

1. 滴点

滴点指润滑脂受热后从标准的测量杯孔中开始滴下第一滴油时的温度。它是润滑脂在高温时的工作极限。选择润滑脂时应使其最高工作温度低于滴点15℃～20℃。

2. 针入度

针入度用来表示润滑脂黏稠软硬的程度。针入度越小，润滑脂越稠，承载能力越强，越不易进入并充满润滑空间；针入度越大，流动性越好；但针入度过大则易泄漏。

与润滑油相比，润滑脂稠度大，不易流失，密封简单，不需经常添加，承载能力较强，但物理、化学性能没有润滑油稳定，且摩擦损耗大，流动性和散热性差，更换润滑脂时需停机后拆开机器。根据上述特性，润滑脂常用在加油、换油不方便的地方；使用要求不高或灰尘较多的场合；速度低、载荷大或做间歇、摇摆运动的机械等。

常用润滑脂的主要质量指标及用途见表8-2。

表8-2 常用润滑脂的主要质量指标和用途

名称	代号	滴点（℃）（不低于）	工作针入度（10^{-1}mm）（25℃，150g）	主要用途
钙基润滑脂（GB/T 491—2008）	1号 2号 3号	80 85 90	310～340 265～295 220～250	有耐水性能。用于工作温度低于55℃～60℃的各种工农业、交通运输设备的轴承润滑，特别是有水、潮湿处
钠基润滑脂（GB/T 7492—1989）	2号 3号	160 160	265～295 220～250	不耐水（潮湿）。用于工作温度在-10℃～10℃的一般中等载荷机械设备轴承的润滑
通用锂基润滑脂（GB/T 7324—2010）	1号 2号 3号	170 175 180	310～340 265～295 220～250	多效通用润滑脂。适用于各种机械设备的滚动轴承和滑动轴承及其他摩擦部位的润滑。使用温度为-20℃～120℃
钙钠基润滑脂（ZBE 36001—1988）	1号 2号	120 135	310～340 265～295	用于有水、较潮湿环境中工作的机械润滑，多用于铁路机车、列车、发电机滚动轴承的润滑。不适于低温工作。使用温度为80℃～100℃
7407号齿轮润滑脂（SY 4036—1984）		160	75～90	用于各种低速，中、高载荷齿轮、链和联轴器的润滑。使用温度低于120℃
7014-1高温润滑脂（GB 11124—1989）	7014-1	55～75	—	用于高温下工作的各种滚动轴承的润滑，也用于一般滑动轴承和齿轮的润滑。使用温度为-40℃～200℃

8.1.3 固体润滑剂

固体润滑剂利用粉末或薄膜代替润滑油膜，来减小摩擦和磨损。最常用的固体润滑剂是二硫化钼，其次是石墨。

固体润滑剂耐高温、高压，具有良好的化学稳定性，因此适用于速度极低、载荷特重或温度很高、很低的特殊条件及不允许有油、脂污染的场合。对一些在工作条件下无法维护加油的摩擦面，选用固体润滑剂尤为适宜。此外，还可以作为润滑油或润滑脂的添加剂使用及制作自润滑材料。固体润滑剂的主要缺点是附着力较低，流动性、导热性较差，在防锈排屑等方面不如润滑油，使其应用受到一定限制。

8.2 密封装置

密封的功能一是防止机器内部的液体或者气体从两零件的结合面间泄漏出去，二是防止外部的杂质、灰尘侵入，保持机械零件正常工作的必要环境。起密封作用的零部件称为密封件或密封装置，简称密封。

密封的好坏，直接关系到一台机器的工作质量和使用寿命，切不可掉以轻心。有些场合，密封的可靠程度尤为重要，例如飞机和航天器上的密封；毒气、毒液储罐，易燃、易爆气体储罐等的密封。

多数密封件已标准化、系列化，应根据工作条件和使用要求加以选用。

8.2.1 密封装置的类型

密封按被密封的两结合面之间是否有相对运动而分为静密封和动密封两大类。动密封又按密封件和被密封面间是否有间隙分为接触式动密封和非接触式动密封。具体分类如下：

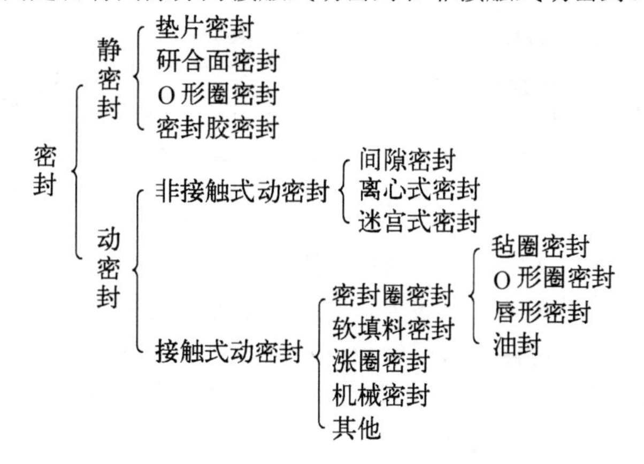

1．动密封

动密封是指工作时两结合零件在密封表面有相对运动的密封。通常一个静止，一个运动，既要保证密封可靠，又要防止因相对运动零件间的摩擦、磨损，损坏密封件，保证密封件有一定的寿命。按照相对运动的类型不同分为移动式动密封和旋转式动密封。移动式动密封主要用在直线运动或往复运动的机械中，如液压千斤顶、液压升降台等液压机械和发动机的汽缸和活塞之间的密封等，本章主要讨论旋转式动密封。

动密封又分为接触式密封和非接触式密封。

（1）接触式动密封。接触式密封应用较广，主要利用各种密封圈或毡圈密封（见图 8.1、图 8.2），但由于摩擦阻力大，易磨损，寿命短，轴的速度受限制，仅适用于中、低速场合。

① 密封圈密封。

a. 毡圈密封。如图 8.1 所示，毡圈密封主要用于使用脂润滑的场合，它结构简单，使用简便，但摩擦较大，只适用于线速度较小（不大于 4～5m/s）的场合。与密封毡圈相接触的轴表面如经过抛光且毛毡质量较高时，线速度可达到 7～8m/s。毡圈密封是标准件，按照轴的直径确定毡圈的尺寸和沟槽的尺寸。也可两个毡圈并排放置以增强密封效果。

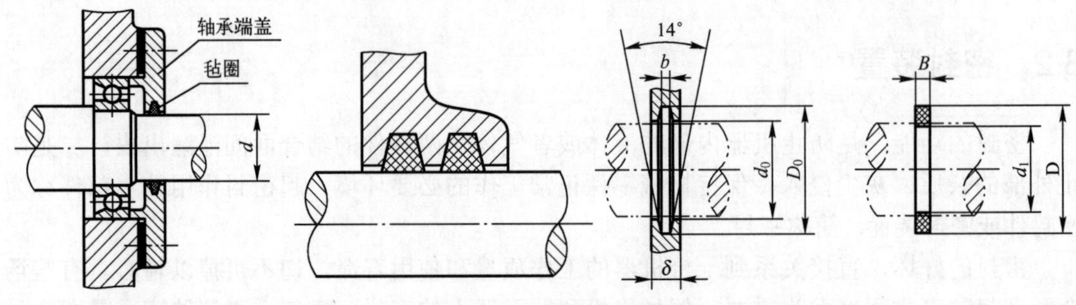

图 8.1 毡圈密封装置

b. O 形圈密封。如图 8.2 所示，O 形圈用做动密封时，主要用于移动密封，如活塞和活塞杆的密封。当圆周速度小于 2m/s 时，也可用于旋转密封。O 形圈密封结构简单，密封性能可靠，运动摩擦阻力很小，沟槽尺寸小，容易制造，故应用十分广泛。其主要的缺点是启动摩擦阻力较大。

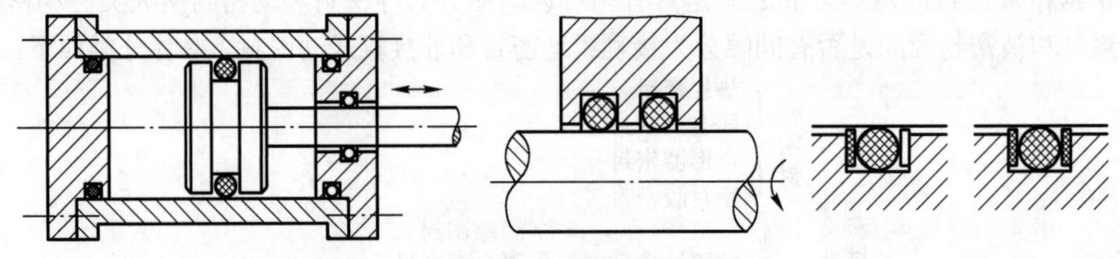

图 8.2 O 形圈密封

c. 唇形密封。如图 8.3 所示，唇形密封是依靠其唇形部分与被密封面紧密接触来进行密封的。唇形密封圈的种类繁多，形状各异。它装填方便，更换迅速，但与 O 形圈密封相比有结构复杂，尺寸较大，摩擦阻力大等缺点。在许多场合，唇形密封已被 O 形圈密封所替代，现在主要应用在往复运动的零部件中。唇形密封唇的方向要朝向密封的部位，即开口应向着密封介质，这样才有密封效果。

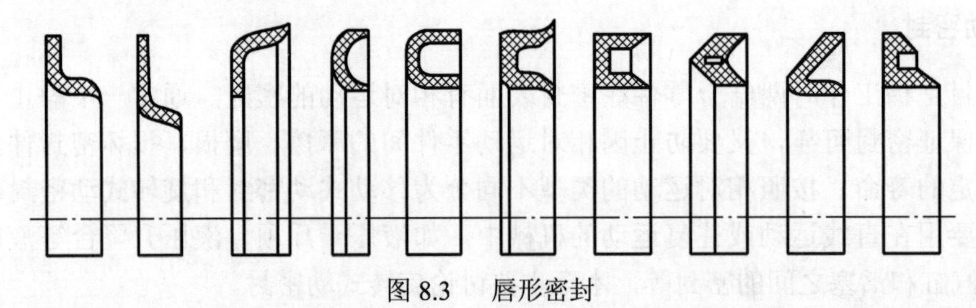

图 8.3 唇形密封

d. 油封。如图 8.4 所示，油封是依靠其弯折了的橡胶弹性力和附加的环形螺旋弹簧的扣紧作用而紧套在轴上，阻断了泄漏间隙，达到密封作用的，它适用于旋转轴的密封件。典型油封的剖面形状如图 8.4 所示。自由状态下的油封，内径比轴小，即具有一定的过盈量，这个过盈量会对轴产生一定的抱紧力，油封腰部由于介质压力的作用也会对轴产生一个弹性力，另外弹簧会对轴产生一个能随时自紧补偿的力。

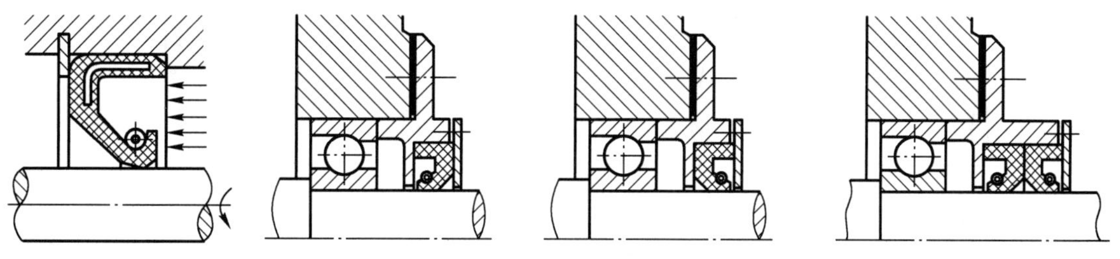

图 8.4　油封

油封种类很多，广泛用于汽车、工程机械、机床等各种机械上，通常按其结构可分为有骨架和无骨架两大类。骨架是金属加强环，用来增强油封的刚度。各种油封大多已标准化，可按照工作条件和轴的尺寸选取。

② 软填料密封。如图 8.5 所示，软填料密封是将各种适合作为密封材料的软填料，用压盖压入需要密封的间隙中，达到密封的作用，要求轴旋转的线速度不大于 10m/s。软填料密封发热和磨损很严重，使用寿命最长不超过半年。通过重新压紧端盖，可以补偿填料的磨损。

③ 机械密封。如图 8.6 所示，机械密封也称端面密封，属于接触式动密封，常用于泵、釜、压缩机、液压设备和其他类似设备的旋转轴的密封，适用于高压、高温、高速，或低温、真空等场合以及对酸、碱等强腐蚀介质的密封。

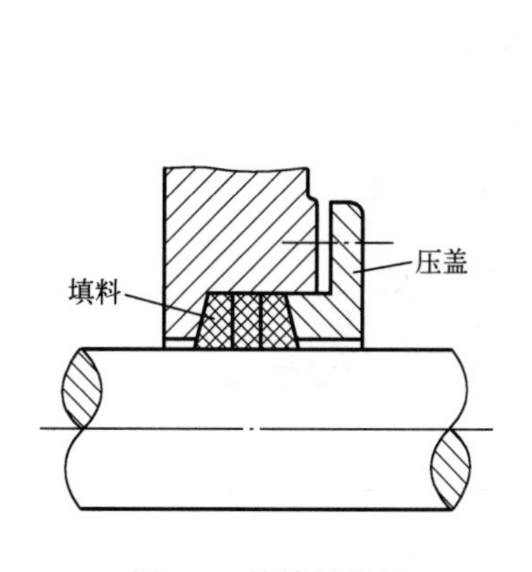

图 8.5　软填料密封

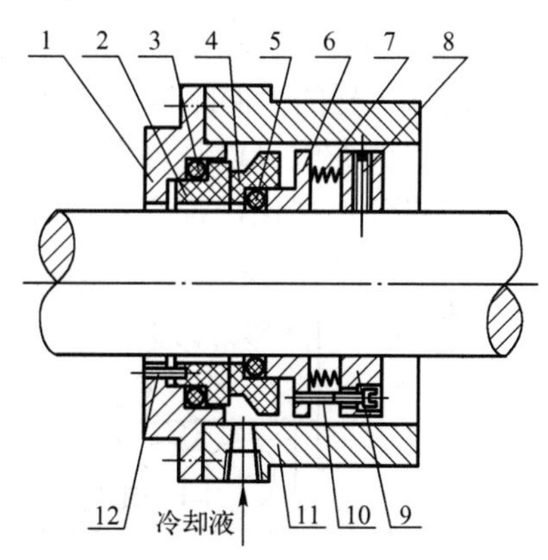

1—压盖；2—静环；3—静环密封圈；4—动环；5—动环密封圈；6—推环；7—弹簧；8—固定螺钉；9—弹簧座；10—传动螺钉；11—壳体；12—防转销

图 8.6　机械密封

（2）非接触式密封。非接触式密封是指密封部位相互运动的结合面间不接触的密封形式，适用于运动速度较高的场合。

① 间隙密封。如图 8.7 所示，间隙密封是靠相对运动件的配合面之间的微小间隙防止泄漏而实现的密封，它的工作原理是流体黏性摩擦理论，即当油液通过缝隙时存在一定的黏性阻力而起密封作用。

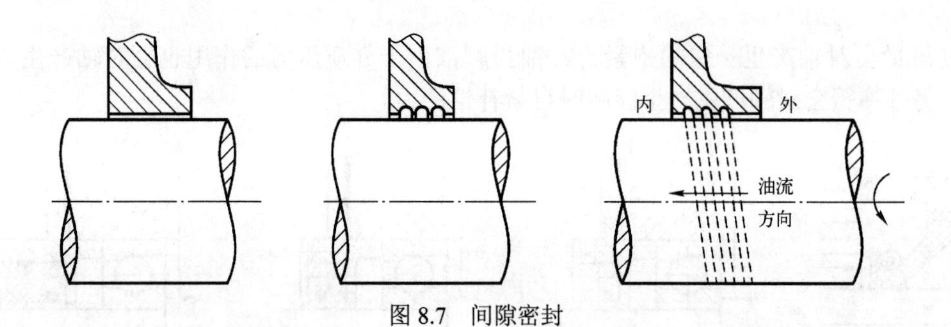

图 8.7　间隙密封

② 离心式密封。如图 8.8 所示，离心式密封主要是利用轴在旋转时产生的离心力，将泄漏出来的润滑油再甩回到油腔的。也有在轴上直接开螺旋槽，在紧贴轴承处安装一甩油环，将油再甩回去的，螺旋槽的旋转方向要保证轴在旋转时使油甩到油腔里，而不是相反。这种密封通常只能在单向回转的轴上使用。

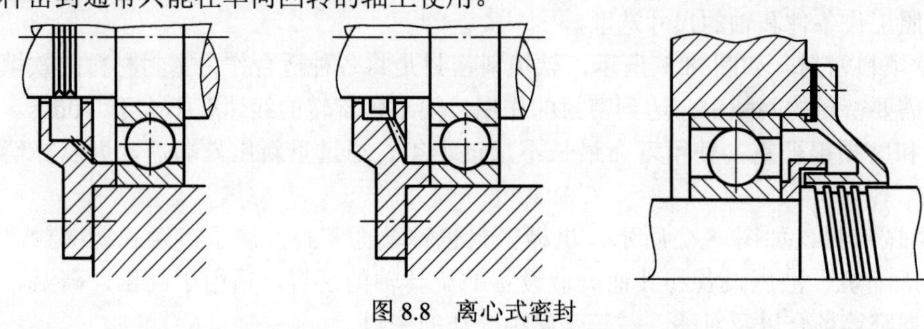

图 8.8　离心式密封

③ 迷宫式密封。如图 8.9 所示，迷宫式密封是在需要密封的表面加工几个拐弯的沟槽，形成像迷宫一样的“曲路”，使泄漏的介质在沟槽里产生压力降，不能顺畅通过，即可形成密封。曲路的布置可以是轴向的，也可以是径向的。当采用轴向曲路时，若轴的热伸缩比较大或者设计不严谨，都有使旋转片和固定片相接触的可能，因此在一般情况下以径向布置为宜。工作时沟槽内涂满润滑脂，以增加密封效果。

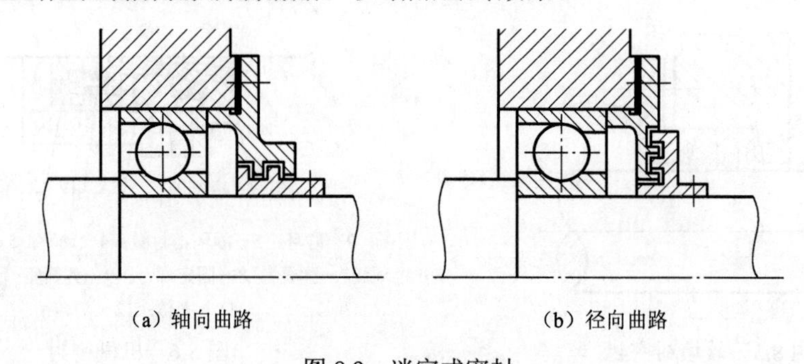

(a) 轴向曲路　　(b) 径向曲路

图 8.9　迷宫式密封

组合式密封是将几种密封结构组合在一起使用，可发挥它们的优点，使密封更为有效和可靠。

2. 静密封

静密封如图 8.10 所示，是利用两结合面间产生的持续压力达到防漏的目的，两结合零件在密封表面无相对运动，故没有因密封件而带来的摩擦、磨损问题。

最简单的静密封是将结合面加工平整、光洁，并在压力下贴紧。但加工要求高，不适于密封要求高的场合。

较为常见的静密封是垫片密封，即在结合面上加垫片。垫片可用工业纸、皮革、石棉、塑料、橡胶、软金属等材料制造，形状随结合面的不同而变化。由于垫片在压力作用下容易发生弹性变形，故易于实现密封。

此外，还可采用在结合面上涂密封胶、在结合面上开槽放置密封圈等方法。

静密封主要用于凸缘、管道、容器、箱体等结合部位，如减速器上、下箱体的密封等。

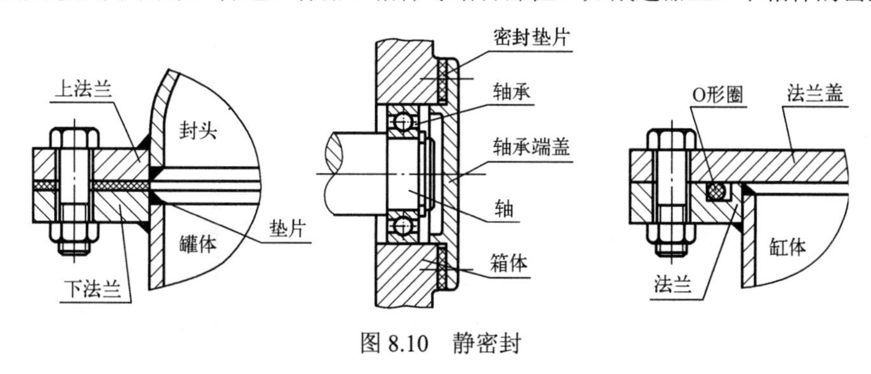

图 8.10　静密封

8.2.2　密封装置的选择

选用密封装置时，不但要保证零部件在使用工作条件下得到良好的密封，又要保证密封件本身及有关零件的寿命，在此前提下尽量采用简单的结构。

密封装置种类繁多，密封质量、效果和应用场合各不相同，一般选择时主要考虑工作环境情况、油润滑还是脂润滑、工作介质漏损是否会造成危害等方面，在实际使用过程中，要根据使用场合、工作条件合理地选择密封的形式。如非接触式动密封，可以用在转速比较高的场合，但密封的可靠程度有限；接触式动密封密封可靠，但由于有摩擦、磨损存在，不宜用在旋转速度较高的场合；有一定的压力和转速较高的轴的密封要选用机械密封等。

对于用在轴和轴承的密封，还要考虑轴表面的圆周速度、轴承组合的工作温度、轴承组合的结构特点等。

其他有关润滑、密封方法及装置可参看有关资料或手册。

习　题　8

8.1　机械的润滑与密封各起什么作用？

8.2　润滑油有哪几项主要质量指标？各项指标的高低对润滑油的性能有何影响？

8.3　润滑脂有哪几项主要质量指标？各项指标的高低对润滑脂的性能有何影响？

8.4　选择润滑油的一般原则是什么？

8.5　密封有哪些类型？各有什么特点？分别适用于哪些场合？

第 9 章　带传动和链传动

带传动与链传动同属于挠性传动，不仅可用来传递运动，更主要的是用来传递动力和改变转速，本章主要讨论带传动装置的工作原理、特点，对其工作情况进行分析，并给出带传动的设计准则和 V 带传动的设计方法，同时也简单介绍同步带传动及链传动的基本知识。

9.1　带传动概述

带传动是一种应用很广的机械传动装置。如图 9.1 所示，它通常由主动带轮 1，从动带轮 2 和张紧在两轮上的封闭挠性传动带 3，以及机架 4 组成，当原动机驱动主动轮转动时，由于带与带轮间摩擦力作用，或者带与带轮上齿的啮合作用，使从动轮一起转动，从而实现运动和动力的传动。

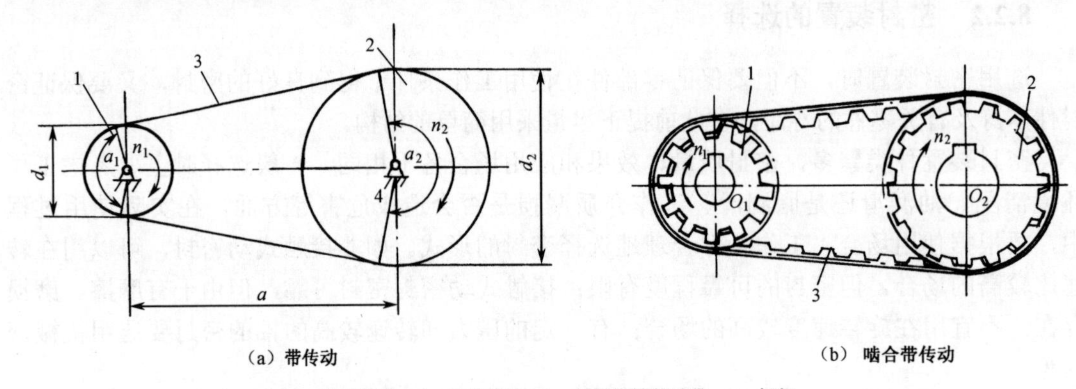

1—主动带轮；2—从动带轮；3—封闭挠性传动带；4—机架

图 9.1　带传动

9.1.1　带传动的类型、特点和应用

1．按传动原理分类

按传动原理分为摩擦带传动和啮合带传动两种类型。

（1）摩擦带传动。这类传动是依靠带与带轮接触面间的摩擦力来传递运动和动力的。其主要优点是能缓冲、吸振，传动平稳，噪声小，结构简单，成本低，安装维护方便；过载时打滑，可保护其他零件。缺点是外形尺寸较大，作用在轴上的载荷大，传动比不精确，寿命低，不宜在易燃易爆有腐蚀的场合工作。摩擦带传动适合于要求传动平稳、传动比要求不严格及中心距较大的场合。

（2）啮合带传动。这类传动是依靠带内侧齿与带轮轮齿的啮合传递运动和动力的，如图 9.1（b）所示，常用的有同步带传动和齿孔带传动。与摩擦带相比，由于是齿啮合，带与带轮间无相对滑动，主动轮与从动轮速度同步，故传动比准确，速度范围大，传动功率较大，效率高，轴向力较小，但安装要求高，且成本较高。啮合带传动广泛用于计算机、办公设备、数控机床及纺织机械等设备中。

2. 按传动带的截面形状分类

（1）平带。如图 9.2（a）所示，其截面形状为矩形，内表面为工作面，用于中心距较大的传动以及物料输送等场合。

（2）V 带。如图 9.2（b）所示，其截面形状为梯形，两侧面为工作表面，按槽面摩擦原理，其当量摩擦系数 $f_v = \dfrac{f}{\sin\dfrac{\varphi}{2}}$，因此在相同压紧力的作用下，V 带的摩擦力比平带大，传递功率也较大，且结构紧凑，常用于传递功率较大、中心距较小、传动比较大的场合。

（3）多楔带。如图 9.2（c）所示，它是在平带的基体上由多根 V 带组成的传动带。多楔带结构紧凑，可传递很大的功率，用于要求结构紧凑的传动，特别是需要多根 V 带或轮轴垂直于地面的场合。

（4）圆形带。如图 9.2（d）所示，其截面形状为圆形，结构简单，用于小效率传动。

（5）同步带。如图 9.2（e）所示，其纵截面为齿形，靠啮合传动，兼有平带、链和齿轮机构的特点，用于传动比要求恒定或传递功率较大以及高速传动的场合。

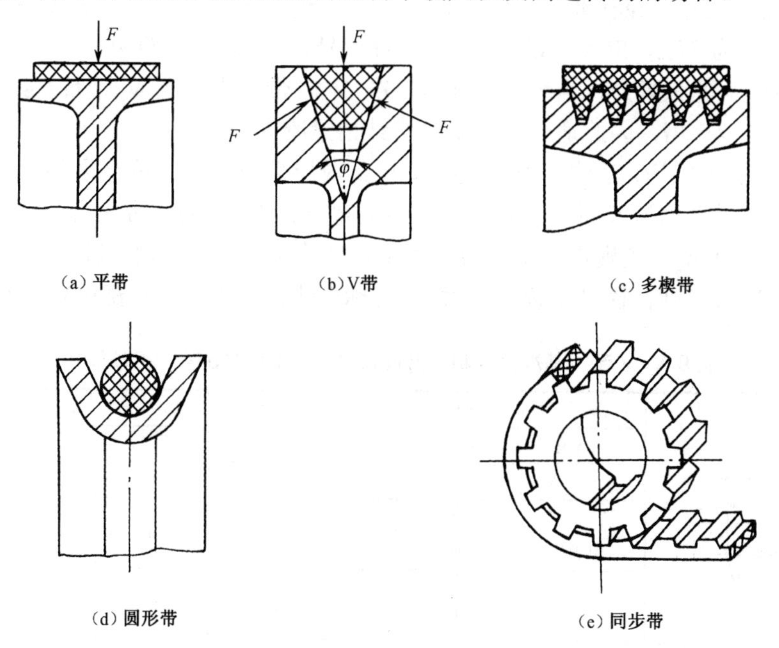

图 9.2　带的截面形状

一般情况下，带传动适用于中小功率的场合，电动机的传动功率 $P \leqslant 100\text{kW}$，带速 $v = 5 \sim 25\text{m/s}$，平均传动比 $i \leqslant 5$，传动效率为 94%～97%。高速带传动的带速可达 $v = 60 \sim 100\text{m/s}$，传动比 $i \leqslant 7$。同步齿形带的带速为 $v = 40 \sim 50\text{m/s}$，传动比 $i \leqslant 10$，传递功率可达 200kW，效率高达 98%～99%。

9.1.2 V带和带轮

V 带有普通 V 带、窄 V 带、汽车 V 带、大楔角 V 带等。其中普通 V 带和窄 V 带应用比较广泛。

1. V带的结构和标准

标准 V 带一般制成无接头的环形带，其横截面结构如图 9.3 所示。V 带由包布层 1、伸张层 2、强力层 3、压缩层 4 组成。包布层具有较好的耐磨性，并与带轮之间保持较大并且稳定的摩擦系数。伸张层和压缩层分别承受带弯曲时的拉伸和压缩。强力层是承受载荷拉力的主体，分为帘布和线绳两种结构，帘布结构抗拉强度高，但柔韧性及抗弯曲强度不如线绳结构。

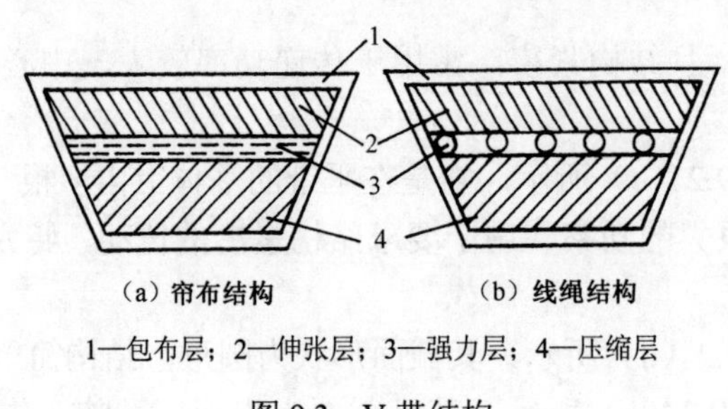

（a）帘布结构　　（b）线绳结构

1—包布层；2—伸张层；3—强力层；4—压缩层

图 9.3　V 带结构

普通 V 带的尺寸已经标准化，按截面尺寸由小至大分为 Y、Z、A、B、C、D、E 7 种型号。窄 V 带分为 SPZ、SPA、SPB、SPC 4 种型号，见表 9-1。窄 V 带具有普通 V 带的特点，并能承受较大的张紧力，当带高相同时，窄 V 带带宽比普通 V 带带宽约小 1/3，而承受力可提高 1.5～2.5 倍，因此适合于大功率及结构紧凑的场合。

V 带绕在带轮上产生弯曲，外层受拉变长。内层受压变短，两层之间存在一长度不变的中性层。中性层面称为节面，节面宽度称为节宽 b_p。V 带装在带轮上与节面对应的带轮直径称为基准直径 d_d。在规定的张紧力作用下，V 带位于带轮基准直径上的周线长度称为基准长度 L_d。V 带基准直径 d_d 和基准长度 L_d 已标准化，见表 9-2 和表 9-3。

表 9-1　V 带（基准宽度制）截面尺寸（GB/T 11544—2012）　　（mm）

带型		节宽	基本尺寸		
普通 V 带	窄 V 带	b_p	顶宽 b	带高 h	楔角 θ
Y		5.3	6	4	40°
Z（旧国标 O 型）	SPZ	8.5	10	6 / 8	
A	SPA	11.0	13	8 / 10	
B	SPB	14.0	17	11 / 14	
C	SPC	19.0	22	14 / 18	
D		27.0	32	19	
E		32.0	38	25	

表 9-2　V 带的基准直径系列　　(mm)

基准直径 d_d	带　　型						
	Y	Z SPZ	A SPA	B SPB	C SPC	D	E
	外　径　d_a						
20	23.2						
22.4	25.6						
25	28.2						
28	31.2						
31.5	34.7						
35.5	38.7						
40	43.2						
45	48.2						
50	53.2	+54					
56	59.2	+60					
63	66.2	67					
71	74.2	75					
75		79	+80.5				
80	83.2	84	+85.5				
85			+90.5				
90	93.2	94	95.5				
95			100.5				
100	103.2	104	105.5				
106			111.5				
112	115.2	116	117.5				
118			123.5				
125	128.2	129	130.5	+132			
132		136	137.5	+139			
140		144	145.5	147			
150		154	155.5	157			
160		164	165.5	167			
170				177			
180		184	185.5	187			
200		204	205.5	207	+209.6		
212				219	+221.6		
224				231	233.6		
236		228	229.5	243	245.6		

续表

基准直径 d_d	带型						
	Y	Z SPZ	A SPA	B SPB	C SPC	D	E
	外径 d_a						
250		254	255.5	257	259.6		
265					274.6		
280		284	285.5	287	289.6		
315		319	320.5	322	324.6		
355		359	360.5	362	364.6	371.2	
375						391.2	
400		404	405.5	407	409.6	416.2	
425						441.2	
450			455.5	457	459.6	466.2	
475						491.2	
500		504	505.5	507	509.6	516.2	519.2
530							549.2
560			565.5	567	569.6	576.2	579.2
630		634	635.5	637	639.6	646.2	649.2
710			715.5	717	719.6	726.2	729.2
800			805.5	807	809.6	816.2	819.2
900				907	909.6	916.2	919.2
1000				1007	1009.6	1016.2	1019.2
1120				1127	1129.6	1136.2	1139.2
1250					1259.6	1266.2	1269.2
1600						1616.2	1619.2
2000						2016.2	2019.2
2500							2519.2

注：① 有“+”号的外径只用于普通 V 带。

② 直径的极限偏差：基准直径按 c11，外径按 h12。

③ 没有外径值的基准直径不推荐采用。

表 9-3　V 带（基准宽度制）的基准长度系列及长度修正系数

基准长度 L_d（mm）	K_L										
	普通 V 带							窄 V 带			
	Y	Z	A	B	C	D	E	SPZ	SPA	SPB	SPC
200	0.81										
224	0.82										
250	0.84										
280	0.87										
315	0.89										

基准长度 L_d（mm）	K_L										
	普通V带							窄V带			
	Y	Z	A	B	C	D	E	SPZ	SPA	SPB	SPC
355	0.92										
400	0.96	0.87									
450	1.00	0.89									
500	1.02	0.91									
560		0.94									
630		0.96	0.81					0.82			
710		0.99	0.82					0.84			
800		1.00	0.85					0.86	0.81		
900		1.03	0.87	0.81				0.88	0.83		
1000		1.06	0.89	0.84				0.90	0.85		
1120		1.08	0.91	0.86				0.93	0.87		
1250		1.11	0.93	0.88				0.94	0.89	0.82	
1400		1.14	0.96	0.90				0.96	0.91	0.84	
1600		1.16	0.99	0.92	0.83			1.00	0.93	0.86	
1800		1.18	1.01	0.95	0.86			1.01	0.95	0.88	
2000			1.03	0.98	0.88			1.02	0.96	0.90	0.81
2240			1.06	1.00	0.91			1.05	0.98	0.92	0.83
2500			1.09	1.03	0.93			1.07	1.00	0.94	0.86
2800			1.11	1.05	0.95	0.83		1.09	1.02	0.96	0.88
3150			1.13	1.07	0.97	0.86		1.11	1.04	0.98	0.90
3550			1.17	1.09	0.99	0.89		1.13	1.06	1.00	0.92
4000			1.19	1.13	1.02	0.91			1.08	1.02	0.94
4500				1.15	1.04	0.93	0.90		1.09	1.04	0.96
5000				1.18	1.07	0.96	0.92			1.06	0.98
5600					1.09	0.98	0.95			1.08	1.00
6300					1.12	1.00	0.97			1.10	1.02
7100					1.15	1.03	1.00			1.12	1.04
8000					1.18	1.06	1.02			1.14	1.06
9000					1.21	1.08	1.05				1.08
10000					1.23	1.11	1.07				1.10
11200						1.14	1.10				1.12
12500						1.17	1.12				1.14
14000						1.20	1.15				
16000						1.22	1.18				

注：无长度修正系数的规格均无标准V带。

2．V带轮的材料与结构

带轮常用材料为铸铁（HT150 或 HT200）带速 $v \leqslant$ 25m/s；高速带轮材料多为铸钢，锻钢或铝合金，带速 $v \geqslant$ 25～45m/s；小功率传动时，可采用铸铝或塑料。当 5m/s$\leqslant v \leqslant$ 25m/s 时，带轮要进行静平衡。当 $v>$25m/s 时，带轮则应进行动平衡。

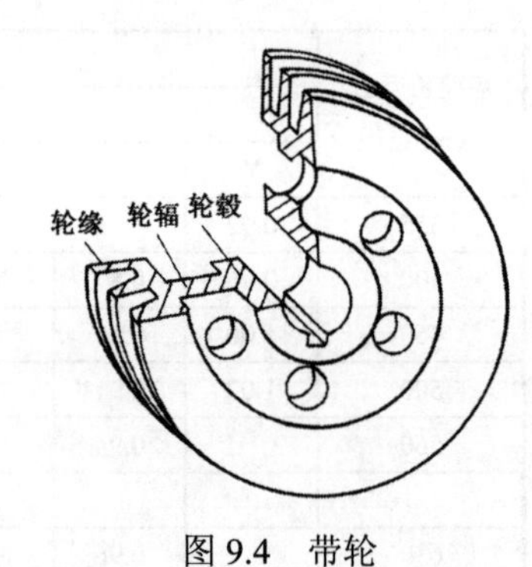

图 9.4　带轮

带轮由轮缘、轮毂和轮辐三部分组成，如图 9.4 所示。

根据带轮基准直径 d_d 不同，带轮可制成实心式（$d_d \leqslant$ 200m）、腹板式（$d_d <$ 400m）、轮辐式（$d_d >$ 400m），如图 9.5 所示。轮槽尺寸见表 9-4。

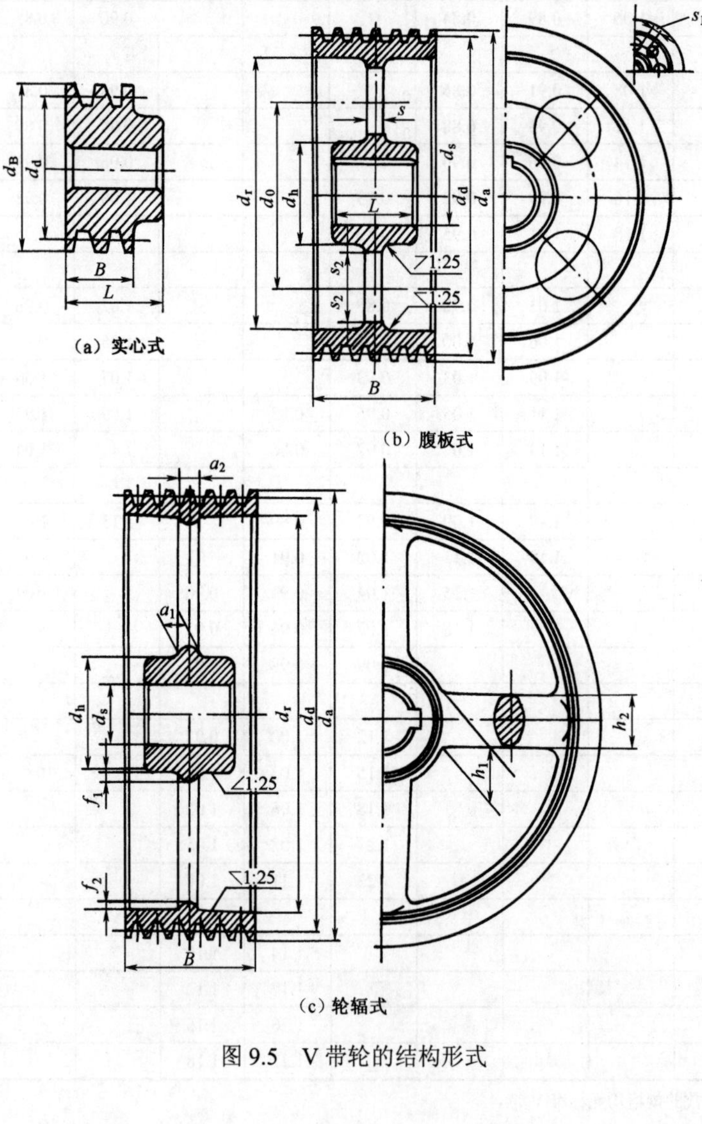

（a）实心式

（b）腹板式

（c）轮辐式

图 9.5　V 带轮的结构形式

表 9-4 基准宽度制 V 带轮的轮槽尺寸（摘自 GB/T 13575.1—2008） （mm）

项 目	符 号	槽型						
		Y	Z SPZ	A SPA	B SPB	C SPC	D	E
基准宽度	b_d	5.3	8.5	11.0	14.0	19.0	27.0	32.0
基准线上槽深	h_{amin}	1.6	2.0	2.75	3.5	4.8	8.1	9.6
基准线下槽深	h_{fmin}	4.7	7.0 9.0	8.7 11.0	10.8 14.0	14.3 19.0	19.9	23.4
槽间距	e	8±0.3	12±0.3	15±0.3	19±0.4	25.5±0.5	37±0.6	44.5±0.7
槽边距	f_{min}	6	7	9	11.5	16	23	28
最小轮缘厚	δ_{min}	5	5.5	6	7.5	10	12	15
圆角半径	r_1	0.2～0.5						
带轮宽	B	$B=(z-1)e+2f$ z——轮槽数						
外径	d_a	$d_a=d_d+2h_a$						
轮槽角 φ 32°	相对应的基准直径 d_d	≤60	—	—	—	—	—	—
轮槽角 φ 34°	相对应的基准直径 d_d	—	≤80	≤118	≤190	≤315	—	—
轮槽角 φ 36°	相对应的基准直径 d_d	>60	—	—	—	—	≤475	≤600
轮槽角 φ 38°	相对应的基准直径 d_d	—	>80	>118	>190	>315	>475	>600
轮槽角 φ 极限偏差		±30°						

注：槽间距 e 的极限偏差适用于任何两个轮槽对称中心面的距离，不论相邻还是不相邻。

9.1.3 带传动的张紧、安装与维护

1．带传动的张紧

带传动工作一段时间后由于塑性变形面松弛，使初拉力变小，影响正常工作，必须重新张紧，常用的方法有调整中心距方式和张紧轮方式两种。

调整中心距方式分为定期张紧（见图 9.6（a）、（b））和自动张紧（见图 9.6（c））两种。

张紧轮方式有调位式张紧轮装置（见图 9.6（d）），摆锤式内张紧轮装置（见图 9.6（e））等。

张紧轮一般设置在松边内侧且靠大轮处。若设置在外侧，则应当使其靠近小轮。

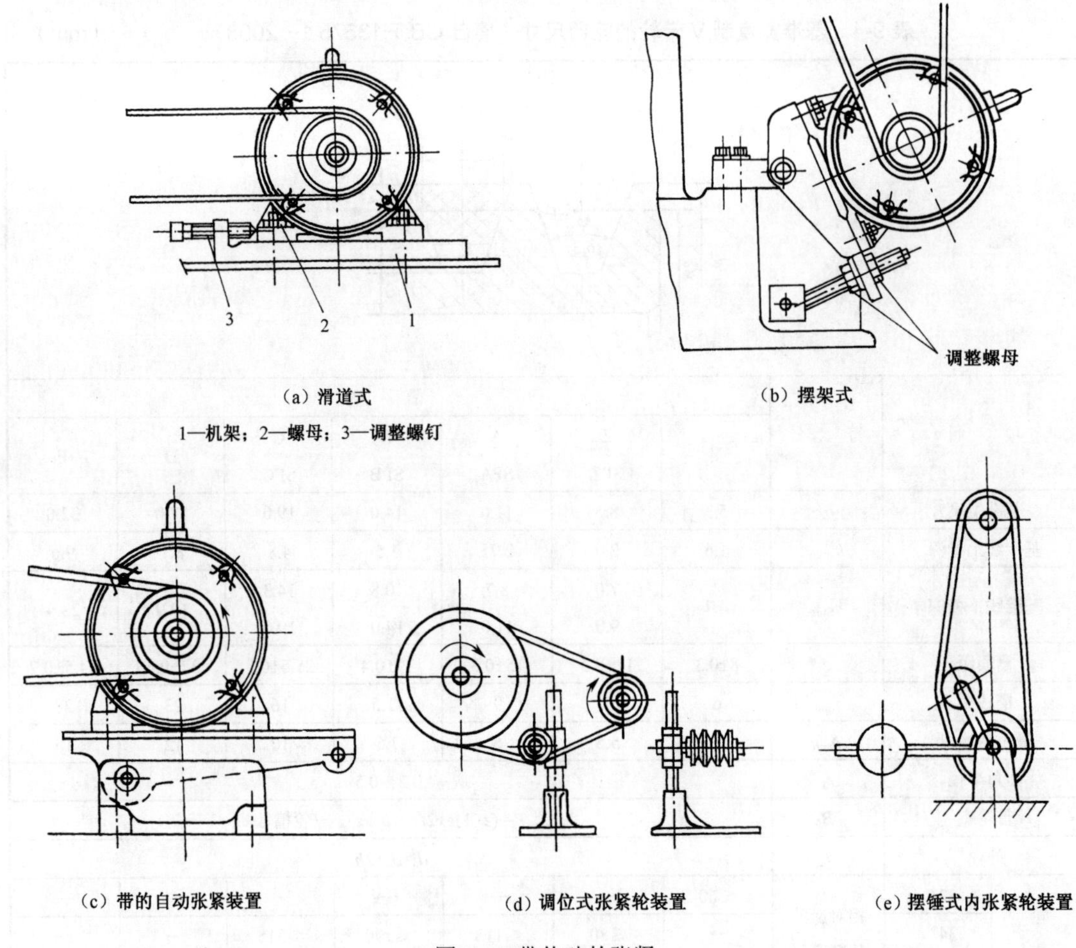

(a) 滑道式

1—机架；2—螺母；3—调整螺钉

(b) 摆架式

(c) 带的自动张紧装置

(d) 调位式张紧轮装置

(e) 摆锤式内张紧轮装置

图 9.6 带传动的张紧

2. 带传动的安装与维护

正确的安装与维护，可以延长带的使用寿命。应注意以下几点：

（1）安装时应缩小中心距，将带套入轮槽后调整到合适的张紧程度，不要硬撬，以免损坏。对于中等中心距传动，带的张紧程度可凭经验，以大拇指能将带按下 15mm 为宜，新带使用前，最好预先拉紧一段时间后再使用。

（2）安装时两带轮轴线必须平行，轮槽中心线或平面带轮面凸弧的中心线应对正且与轴线垂直，以免带磨损加剧。

（3）同组使用的 V 带应型号相同，长度相等，不同厂家生产的 V 带、新旧 V 带不能同组使用。

（4）带传动装置外面应加防护罩，以保证安全，防止带与酸、碱、油接触。

（5）带传动不需润滑，应及时清理带轮槽内及传动带上的油污。

（6）应定期检查胶带，如有一根松弛或损坏则应全部更换新带。

（7）带传动的工作温度不应超过 60℃。

（8）如果带传动装置需闲置一段时间后再用，应将传动带放松。

9.2 带传动的设计

9.2.1 带传动的工作情况分析

1. 带传动受力分析

工作前，带必须张紧在带轮上。静止时两边的拉力相等，为初拉力 F_0，如图 9.7（a）所示。工作时，由于带与带轮接触面间的摩擦作用，主动边（紧边）拉力由 F_0 增大到 F_1，从动边（松边）拉力由 F_0 减小到 F_2，如图 9.7（b）所示。拉力差 $F=F_1-F_2$ 就是带所能传递的圆周力，称为有效拉力，设环形带的总长度不变，则紧边拉力的增加量等于松边拉力的减少量，即

$$F_1-F_0 = F_0-F_2 \tag{9-1}$$

即

$$F_0=\frac{1}{2}(F_1+F_2) \tag{9-2}$$

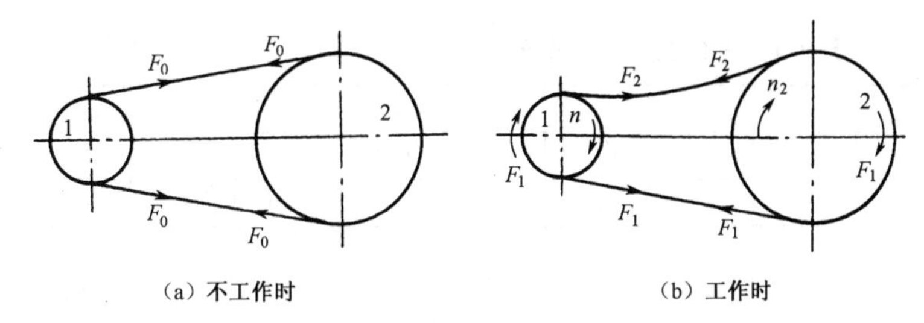

图 9.7 带传动受力分析

设 P 为主动轮输入功率，单位为 kW；v 为带轮圆周速度，单位为 m/s，则

$$F=1000P/v，单位 N \tag{9-3}$$

由欧拉公式可推得：

$$F = 2F_0\frac{e^{f\alpha}-1}{e^{f\alpha}+1} \tag{9-4}$$

式中，f ——带与带轮摩擦系数，对 V 带采用 f_v；

α——带在小带轮上的包角$\alpha=\alpha_1$，单位为 rad；

e——自然对数的底，e≈2.718。

由式（9-4）可知：圆周力 F 与初拉力 F_0 成正比，也随包角α 及摩擦系数 f 的增大而增大。

带在工作时紧边和松边受到不同的拉力，紧边拉力大，相应的弹性伸长量也大；松边的拉力小，弹性伸长量也随之减小。带绕过带轮时，由于带的弹性伸长量的变化而引起的带与带轮间的相对滑动称为弹性滑动。这是带传动中一种不可避免的正常的物理现象。

当外载荷超过带所能传递的最大圆周力 F_{max} 时，带将沿轮面发生全面滑动，从动轮转速急剧降低甚至不转动，这种现象称为打滑。打滑不仅使带丧失工作能力，而且使带急剧磨损发热而损坏。工作中应避免此现象产生。

2．带传动的应力分析

带工作时承受以下 3 种应力。

（1）紧边和松边拉力产生的拉应力。

紧边拉应力（MPa）：

$$\sigma_1 = \frac{F_1}{A} \tag{9-5}$$

松边拉应力（MPa）：

$$\sigma_2 = \frac{F_2}{A} \tag{9-6}$$

式中，A——带的横截面积（mm^2）。

（2）离心力产生的离心拉应力σ_c。

$$\sigma_c = \frac{F_c}{A} = \frac{qv^2}{A} \tag{9-7}$$

式中，F_c——离心拉力（N）；

q——传动带单位长度的质量（kg/m），见表 9-5；

v——传动带速（m/s）。

表 9-5　基准宽度制 V 带每米长的质量 q 及带轮最小基准直径

带　宽	Y	Z	A	B	C	D	E	SPZ	SPA	SPB	SPC
q（kg/m）	0.02	0.06	0.10	0.17	0.30	0.62	0.90	0.07	0.12	0.20	0.37
d_{dmin}（mm）	20	50	75	125	200	355	500	63	90	140	224

（3）弯曲应力σ_b。带绕在带轮上的部分因弯曲而产生弯曲应力，由材料力学可得：

$$\sigma_b = 2E\frac{h_a}{d_d} \tag{9-8}$$

式中，E——带的弹性模量（MPa）；

h_a——带的最外层到节面的距离（mm）；

d_d——带轮的基准直径（mm）。

由式（9-8）可知两带轮直径不相等时，带在小带轮上产生的弯曲应力σ_{b1}较大。

如图 9.8 所示为带轮工作时的应力分布情况，带在工作过程中，其应力是不断变化的，最大应力发生在紧边开始进入小带轮处，则有

$$\sigma_{max} = \sigma_1 + \sigma_{b1} + \sigma_c \tag{9-9}$$

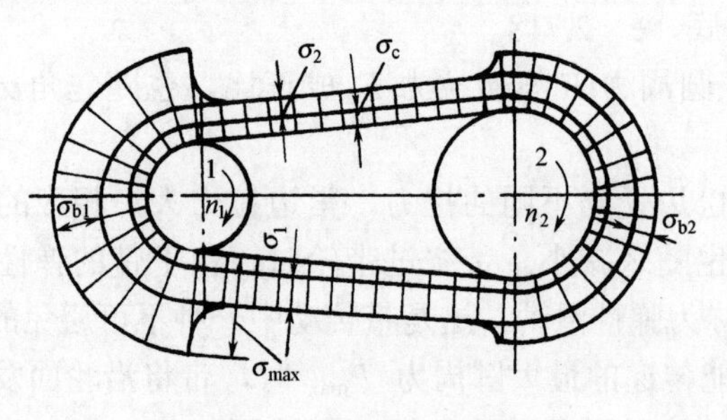

图 9.8　带的应力分析

9.2.2 带传动的设计

1．V 带传动的失效形式和设计准则

由带传动的情况分析可知，带传动主要失效形式为过载打滑、带的疲劳破坏（如脱层、撕裂或拉断）以及带与带轮之间的磨损等。因此带传动的设计准则是：在传递规定功率时不打滑，同时具有足够的疲劳强度和一定的使用寿命。

2．单根 V 带传递的功率

在包角α=180°，特定带长、工作平稳的条件下，单根普通 V 带的基本额定功率 P_0 见表 9-6～表 9-16。

表 9-6　Y 型单根 V 带的基本额定功率 P_0　（kW）

小带轮转速 n_1（r/min）	小带轮基准直径 d_{d1}（mm）								带速 v（m/s）
	20	25	28①	31.5①	35.5①	40①	45	50	
400	—	—	—	—	—	—	0.04	0.05	5
730②	—	—	—	0.03	0.04	0.04	0.05	0.06	
800	—	0.03	0.03	0.04	0.05	0.05	0.06	0.07	
980②	0.02	0.03	0.04	0.04	0.05	0.06	0.07	0.08	
1200	0.02	0.03	0.04	0.05	0.06	0.07	0.08	0.09	
1460②	0.02	0.04	0.05	0.06	0.06	0.08	0.09	0.11	
1600	0.03	0.05	0.05	0.06	0.07	0.09	0.11	0.12	
2000	0.03	0.05	0.06	0.07	0.08	0.11	0.12	0.14	
2400	0.04	0.06	0.07	0.09	0.09	0.12	0.14	0.16	
2800②	0.04	0.07	0.08	0.10	0.11	0.14	0.16	0.18	
3200	0.05	0.08	0.09	0.11	0.12	0.15	0.17	0.20	
3600	0.06	0.08	0.10	0.12	0.13	0.16	0.19	0.22	10
4000	0.06	0.09	0.11	0.13	0.14	0.18	0.20	0.23	
4500	0.07	0.10	0.12	0.14	0.16	0.19	0.21	0.24	
5000	0.08	0.11	0.13	0.15	0.18	0.20	0.23	0.25	
5500	0.09	0.12	0.14	0.16	0.19	0.22	0.24	0.26	

注：① 为优先采用的基准直径。
② 为常用转速。

表 9-7　Z 型单根 V 带的基本额定功率 P_0　（kW）

小带轮转速 n_1（r/min）	小带轮基准直径 d_{d1}（mm）						带速 v（m/s）
	50	56	63①	71①	80①	90	
400	0.06	0.06	0.08	0.09	0.14	0.14	
730②	0.09	0.11	0.13	0.17	0.20	0.22	
800	0.10	0.12	0.15	0.20	0.22	0.24	

续表

小带轮转速 n_1 (r/min)	小带轮基准直径 d_{d1}（mm）						带速 v (m/s)
	50	56	63①	71①	80①	90	
980②	0.12	0.14	0.18	0.23	0.26	0.28	
1200	0.14	0.17	0.22	0.27	0.30	0.33	5
1460②	0.16	0.19	0.25	0.31	0.36	0.37	
1600	0.17	0.20	0.27	0.33	0.39	0.40	
2000	0.20	0.25	0.32	0.39	0.44	0.48	
2400	0.22	0.30	0.37	0.46	0.50	0.54	10
2800②	0.26	0.33	0.41	0.50	0.56	0.60	
3200	0.28	0.35	0.45	0.54	0.61	0.64	15
3600	0.30	0.37	0.47	0.58	0.64	0.68	
4000	0.32	0.39	0.49	0.61	0.67	0.72	
4500	0.33	0.40	0.50	0.62	0.67	0.73	20
5000	0.34	0.41	0.50	0.62	0.66	0.73	
5500	0.33	0.41	0.49	0.61	0.64	0.65	25
6000	0.31	0.40	0.48	0.56	0.61	0.56	

注：① 为优先采用的基准直径。

② 为常用转速。

表 9-8 A 型单根 V 带的基本额定功率 P_0 （kW）

小带轮转速 n_1 (r/min)	小带轮基准直径 d_{d1}（mm）								带速 v (m/s)
	75	80	90①	100①	112①	125①	140	160	
200	0.16	0.18	0.22	0.26	0.31	0.37	0.43	0.51	
400	0.27	0.31	0.39	0.47	0.56	0.67	0.78	0.94	
730②	0.42	0.49	0.63	0.77	0.93	1.11	1.31	1.56	5
800	0.45	0.52	0.68	0.83	1.00	1.19	1.41	1.69	
980②	0.52	0.61	0.79	0.97	1.18	1.40	1.66	2.00	
1200	0.60	0.71	0.93	1.14	1.39	1.66	1.96	2.36	10
1460②	0.68	0.81	1.07	1.32	1.62	1.93	2.29	2.74	
1600	0.73	0.87	1.15	1.42	1.74	2.07	2.45	2.94	
2000	0.84	1.01	1.34	1.66	2.04	2.44	2.87	3.42	15
2400	0.92	1.12	1.50	1.87	2.30	2.74	3.22	3.80	20
2800②	1.00	1.22	1.64	2.05	2.51	2.98	3.48	4.06	
3200	1.04	1.29	1.75	2.19	2.68	3.16	3.65	4.19	25
3600	1.08	1.34	1.83	2.28	2.78	3.26	3.72	—	30
4000	1.09	1.37	1.87	2.34	2.83	3.28	3.67	—	
4500	1.07	1.36	1.88	2.33	2.79	3.17	—	—	
5000	1.02	1.31	1.82	2.25	2.64	—	—	—	
5500	0.96	1.21	1.70	2.07	—	—	—	—	
6000	0.80	1.06	1.50	1.80	—	—	—	—	

注：① 为优先采用的基准直径。

② 为常用转速。

表 9-9　B 型单根 V 带的基本额定功率 P_0　　（kW）

小带轮转速 n_1 （r/min）	小带轮基准直径 d_{d1}（mm）								带速 v （m/s）
	125	140①	160①	180①	20	224	250	280	
200	0.48	0.59	0.74	0.88	1.02	1.19	1.37	1.58	
400	0.84	1.05	1.32	1.59	1.85	2.17	2.50	2.89	5
730②	1.34	1.69	2.16	2.61	3.06	3.59	4.14	4.77	10
800	1.44	1.82	2.32	2.81	3.30	3.86	4.46	5.13	
980②	1.67	2.13	2.72	3.30	3.86	4.50	5.22	5.93	15
1200	1.93	2.47	3.17	3.85	4.50	5.26	6.04	6.90	20
1460②	2.20	2.83	3.64	4.41	5.15	5.99	6.85	7.78	
1600	2.33	3.00	3.86	4.68	5.46	6.33	7.20	8.13	25
1800	2.50	3.23	4.15	5.02	5.83	6.73	7.63	8.46	
2000	2.64	3.42	4.40	5.30	6.13	7.02	7.87	8.60	30
2200	2.76	3.58	4.60	5.52	6.35	7.19	7.97	—	
2400	2.85	3.70	4.75	5.67	6.47	7.25	—	—	
2800②	2.96	3.85	4.80	5.76	6.43	—	—	—	
3200	2.94	3.83	4.80	—	—	—	—	—	
3600	2.80	3.63	—	—	—	—	—	—	
4000	2.51	3.24	—	—	—	—	—	—	
4500	1.93	—	—	—	—	—	—	—	

注：① 为优先采用的基准直径。
② 为常用转速。

表 9-10　C 型单根 V 带的基本额定功率 P_0　　（kW）

小带轮转速 n_1 （r/min）	小带轮基准直径 d_{d1}（mm）								带速 v （m/s）
	200①	224①	250①	280①	315①	355	400①	450	
200	1.39	1.70	2.03	2.42	2.86	3.36	3.91	4.51	
300	1.92	2.37	2.85	3.40	4.04	4.75	5.54	6.40	5
400	2.41	2.99	3.62	4.32	5.14	6.05	7.06	8.20	10
500	2.87	3.58	4.33	5.19	6.17	7.27	8.52	9.81	
600	3.30	4.12	5.00	6.00	7.14	8.45	9.82	11.29	
730②	3.80	4.78	5.82	6.99	8.34	9.79	11.52	12.98	15
800	4.07	5.12	6.23	7.52	8.92	10.46	12.10	13.80	
980②	4.66	5.89	7.18	8.65	10.23	11.92	13.67	15.39	20
1200	5.29	6.17	8.21	9.81	11.53	13.31	15.04	16.59	25
1460	5.86	7.47	9.06	10.74	12.48	14.12	—	—	30
1600	6.07	7.75	9.38	11.06	12.72	14.19	—	—	
1800	6.28	8.00	9.63	11.22	12.67	—	—	—	
2000	6.34	8.06	9.62	11.04	—	—	—	—	
2200	6.26	7.92	9.34	—	—	—	—	—	
2400	6.02	7.57	—	—	—	—	—	—	
2600	5.61	—	—	—	—	—	—	—	
2800②	5.01	—	—	—	—	—	—	—	

注：① 为优先采用的基准直径。
② 为常用转速。

表 9-11　D 型单根 V 带的基本额定功率 P_0　（kW）

小带轮转速 n_1（r/min）	小带轮基准直径 d_{d1}（mm）								带速 v（m/s）
	355①	400①	450①	500①	560①	630	710	800	
100	3.01	3.66	4.37	5.08	5.91	6.88	8.01	9.22	5
150	4.20	5.14	6.17	7.18	8.43	9.82	11.38	13.11	
200	5.31	6.52	7.90	9.21	10.76	12.54	14.55	16.76	10
250	6.36	7.88	9.50	11.09	12.97	15.13	17.54	20.18	
300	7.35	9.13	11.02	12.88	15.07	17.57	20.35	23.39	15
400	9.24	11.45	13.85	16.20	18.95	22.05	25.45	29.08	20
500	10.90	13.55	16.40	19.17	22.38	25.94	29.76	33.72	
600	12.39	15.42	18.67	21.78	25.32	29.18	33.18	37.13	25
730②	14.04	17.58	21.12	24.52	28.28	32.19	35.97	39.26	
800	14.83	18.46	22.25	25.76	29.55	33.38	36.87	—	30
980②	16.30	20.25	24.16	27.60	31.00	—	—	—	
1100	16.98	20.99	24.84	28.02	—	—	—	—	
1200	17.25	21.20	24.84	—	—	—	—	—	
1300	17.26	21.06	—	—	—	—	—	—	
1460②	16.70	—	—	—	—	—	—	—	
1600	15.63	—	—	—	—	—	—	—	

注：① 为优先采用的基准直径。

② 为常用转速。

表 9-12　E 型单根 V 带的基本额定功率 P_0　（kW）

小带轮转速 n_1（r/min）	小带轮基准直径 d_{d1}（mm）								带速 v（m/s）
	500①	560①	630①	710①	800	900	1000	1120	
100	6.21	7.32	8.75	10.31	12.05	13.96	15.84	18.07	
150	8.60	10.33	12.32	14.56	17.05	19.76	22.44	25.58	
200	10.86	13.09	15.65	18.52	21.70	25.15	28.52	32.47	10
250	12.97	15.67	18.77	22.23	26.03	30.14	34.11	38.71	15
300	14.96	18.10	21.69	25.69	30.05	34.71	39.17	44.26	
350	16.81	20.38	24.42	28.89	33.73	38.84	43.66	49.04	20
400	18.55	22.49	26.95	31.83	37.05	42.49	47.52	52.98	
500	21.65	26.25	31.36	36.85	42.53	48.20	53.12	57.94	25
600	24.21	29.30	34.83	40.58	46.26	51.48	—	—	30
730②	26.62	32.02	37.64	43.07	47.79	—	—	—	
800	27.57	33.03	38.52	43.52	—	—	—	—	
980②	28.52	33.00	—	—	—	—	—	—	
1100	27.30	—	—	—	—	—	—	—	

注：① 为优先采用的基准直径。

② 为常用转速。

表 9-13 SPZ 型单根 V 带的基本额定功率 P_0 （kW）

小带轮转速 n_1（r/min）	小带轮基准直径 d_{d1}（mm）							带速 v（m/s）
	63	71	75	80	90	100	112	
200	0.20	0.25	0.28	0.31	0.37	0.43	0.51	
400	0.35	0.44	0.49	0.55	0.67	0.79	0.93	
730①	0.56	0.72	0.79	0.88	1.12	1.33	1.57	
800	0.60	0.78	0.87	0.99	1.21	1.44	1.70	
980①	0.70	0.92	1.02	1.15	1.44	1.70	2.02	5
1200	0.81	1.08	1.21	1.38	1.70	2.02	2.40	
1460①	0.93	1.25	1.41	1.60	1.98	2.36	2.80	
1600	1.00	1.35	1.52	1.73	2.14	2.55	3.04	
2000	1.17	1.59	1.79	2.05	2.55	3.05	3.62	10
2400	1.32	1.81	2.04	2.34	2.93	3.49	4.16	
2800①	1.45	2.00	2.27	2.61	3.26	3.90	4.64	15
3200	1.56	2.18	2.48	2.85	3.57	4.26	5.06	
3600	1.66	2.33	2.65	3.06	3.84	4.58	5.42	20
4000	1.74	2.46	2.81	3.24	4.07	4.85	5.72	
4500	1.81	2.59	2.96	3.42	4.30	5.10	5.99	25
5000	1.85	2.68	3.07	3.56	4.46	5.27	6.14	

注：① 为常用转速。

表 9-14 SPA 型单根 V 带的基本额定功率 P_0 （kW）

小带轮转速 n_1（r/min）	小带轮基准直径 d_{d1}（mm）							带速 v（m/s）
	90	100	112	125	140	160	180	
200	0.43	0.53	0.64	0.77	0.92	1.11	1.30	
400	0.75	0.94	1.16	1.40	1.68	2.04	2.39	
730①	1.21	1.54	1.91	2.33	3.81	3.42	4.03	5
800	1.30	1.65	2.07	2.52	3.03	3.70	4.36	
980①	1.52	1.93	2.44	2.98	3.58	4.38	5.17	
1200	1.76	2.27	2.86	3.50	4.23	5.17	6.10	10
1460①	2.02	2.61	3.31	4.06	4.91	6.01	7.07	
1600	2.16	2.80	3.57	4.38	5.29	6.47	7.62	15
2000	2.49	3.27	4.18	5.15	6.22	7.60	8.90	
2400	2.77	3.67	4.71	5.80	7.01	8.53	9.93	20
2800①	3.00	3.99	5.15	6.34	7.64	9.24	10.67	25
3200	3.16	4.25	5.49	6.76	8.11	9.27	11.09	30
3600	3.26	4.42	5.72	7.03	8.39	9.94	11.15	
4000	3.29	4.50	5.85	7.16	8.48	9.87	10.91	35
4500	3.24	4.48	5.83	7.09	8.27	9.34	9.78	40
5000	3.07	4.31	5.61	6.75	7.69	8.28	7.99	

注：① 为常用转速。

表 9-15　SPB 型单根 V 带的基本额定功率 P_0　（kW）

小带轮转速 n_1 (r/min)	小带轮基准直径 d_{d1}（mm）							带速 v (m/s)
	140	160	180	200	224	250	280	
200	1.08	1.37	1.65	1.94	2.28	2.64	3.05	5
400	1.92	2.47	3.01	3.54	4.18	4.86	5.63	10
730①	3.13	4.06	4.99	5.88	6.97	8.11	9.41	
800	3.35	4.37	5.37	6.35	7.52	8.75	10.14	
980①	3.92	5.13	6.31	7.47	8.83	10.27	11.89	15
1200	4.55	5.98	7.38	8.74	10.33	11.99	13.82	20
1460①	5.21	6.89	8.50	10.07	11.86	13.72	15.71	
1600	5.54	7.33	9.05	10.70	12.59	14.51	16.56	25
1800	5.95	7.89	9.74	11.50	13.49	15.47	17.52	
2000	6.31	8.38	10.34	12.18	14.21	16.19	18.17	
2200	6.62	8.80	10.83	12.72	14.76	16.68	18.48	30
2400	6.86	9.13	11.21	13.11	15.10	16.89	18.43	35
2800①	7.15	9.52	11.62	13.41	15.14	16.44	17.13	40
3200	7.17	9.53	11.43	13.01	14.22			
3600	6.89	9.10	10.77	11.83				

注：① 为常用转速。

表 9-16　SPC 型单根 V 带的基本额定功率 P_0　（kW）

小带轮转速 n_1 (r/min)	小带轮基准直径 d_{d1}（mm）							带速 v (m/s)
	224	250	280	315	355	400	450	
200	2.90	3.50	4.18	4.97	5.89	6.86	7.96	5
400	5.19	6.31	7.59	9.07	10.72	12.56	14.56	10
600	7.21	8.81	10.26	12.70	15.02	17.56	20.29	15
730①	8.82	10.27	12.40	14.82	17.50	20.41	23.59	
800	10.43	11.02	13.31	15.90	18.76	21.84	25.07	20
980①	10.39	12.76	15.40	18.37	21.55	25.15	28.83	25
1200	11.89	14.61	17.60	20.88	24.34	27.33	31.15	30
1460①	13.26	16.26	19.49	22.92	26.32	29.40	32.01	35
1600	13.81	16.92	20.20	23.58	26.80	29.53	31.33	40
1800	14.35	17.52	20.70	23.91	26.62	28.42	28.69	
2000	14.58	17.70	20.75	23.47	25.37	25.81	23.95	
2200	14.47	17.44	20.13	22.18	22.94			
2400	14.01	16.69	18.86	19.98	19.22			
2600	12.95	15.14	16.49	16.26				

注：① 为常用转速。

当实际使用条件与特定条件不同时，需对 P_0 值进行修正，修正后即得实际工作条件下单根 V 带所能传递的功率$[P_0]$，$[P_0]$称为许用功率。

$$[P_0]=(P_0+\Delta P_0)K_\alpha \cdot K_L \tag{9-10}$$

$$\Delta P_0=K_b \cdot n_1(1-\frac{1}{K_i}) \tag{9-11}$$

式中，ΔP_0——功率增量，考虑传动比 $i\neq1$ 时，带在大轮上的σ_b较小，可使带的疲劳强度提高，即传递功率增大；

K_α——包角修正系数，见表 9-17；

K_L——带长修正系数，见表 9-3；

K_b——弯曲影响系数，见表 9-18；

K_i——传动比系数，见表 9-19、表 9-20；

n_1——小带轮转速（r/min）。

表 9-17　包角修正系数 K_α

α_1(°)	180	175	170	165	160	155	150	140	135
K_α	1.00	0.99	0.98	0.96	0.95	0.93	0.92	0.89	0.88
α_1(°)	130	125	120	115	110	105	100	95	
K_α	0.86	0.84	0.82	0.80	0.78	0.76	0.74	0.72	

表 9-18　弯曲影响系数 K_b

带　型		K_b
普通 V 带	Y	0.0204×10^{-3}
	Z	0.1734×10^{-3}
	A	1.0275×10^{-3}
	B	2.6494×10^{-3}
	C	7.5019×10^{-3}
	D	2.6572×10^{-2}
	E	4.9833×10^{-2}
窄 V 带（基准宽度制）	SPZ	1.2834×10^{-3}
	SPA	2.7862×10^{-3}
	SPB	5.7266×10^{-3}
	SPC	1.3887×10^{-2}

表 9-19　普通 V 带传动比系数 K_i

i	K_i
1.00～1.01	1.0000
1.02～1.04	1.0136
1.05～1.08	1.0276
1.09～1.12	1.0419
1.13～1.18	1.0567
1.19～1.24	1.0719
1.25～1.34	1.0875
1.35～1.51	1.1036
1.52～1.99	1.1202
≥2.00	1.1373

表 9-20　窄 V 带传动比系数 K_i

i	K_i	i	K_i
1.00～1.01	1.0000	1.19～1.26	1.0654
1.02～1.05	1.0096	1.27～1.38	1.0804
1.06～1.11	1.0266	1.39～1.57	1.0959
1.12～1.18	1.0473	1.58～1.94	1.1093

3．带传动的设计步骤

设计带传动时，一般已知条件：传动的工作情况，传递的功率 P，两轮转速 n_1、n_2（或传动比 i）以及传动位置空间要求等。设计的主要内容有：确定带的型号、长度、根数；传动带轮的材料、结构尺寸；传动中心距及作用在轴上的力等。

（1）确定计算功率 P_c。

$$P_c=K_A \cdot P \tag{9-12}$$

式中，P——传动的额定功率（kW）；

K_A——工作情况系数，由表 9-21 查取。

表 9-21　工作情况系数 K_A

工　作　机		动　力　机					
		空、轻载启动			重载启动		
		每天工作时间（h）					
		＜10	10～16	＞16	＜10	10～16	＞16
载荷变动微小	液体搅拌机，通风机和鼓风机（≤7.5kW），离心式水泵和压缩机，轻型输送机	1.0	1.1	1.2	1.1	1.2	1.3
载荷变动小	带式输送机（不均匀载荷），通风机（7.5kW），旋转式水泵和压缩机，发电机，金属切削机床，印刷机，旋转筛，锯木机和木工机械	1.1	1.2	1.3	1.2	1.3	1.4
载荷变动较大	制砖机，斗式提升机，往复式水泵和压缩机，起重机，磨粉机，冲剪机床，橡胶机械，振动纺织机械，重载输送机	1.2	1.3	1.4	1.4	1.5	1.6
载荷变动很大	破碎机（旋转式、颚式等），磨碎机（球磨、棒磨、管磨）	1.3	1.4	1.5	1.5	1.6	1.8

注：① 空、轻载启动——电动机（交流启动、三角启动、直流并励）、四缸以上的内燃机，装有离心式离合器、液力联轴器的动力机。

② 重载启动——电动机（联机交流启动、直流复励）、四缸以下的内燃机。

（2）选择 V 带型号。根据计算功率 P_c 和主动轮转速 n_1，由图 9.9 选择 V 带型号。

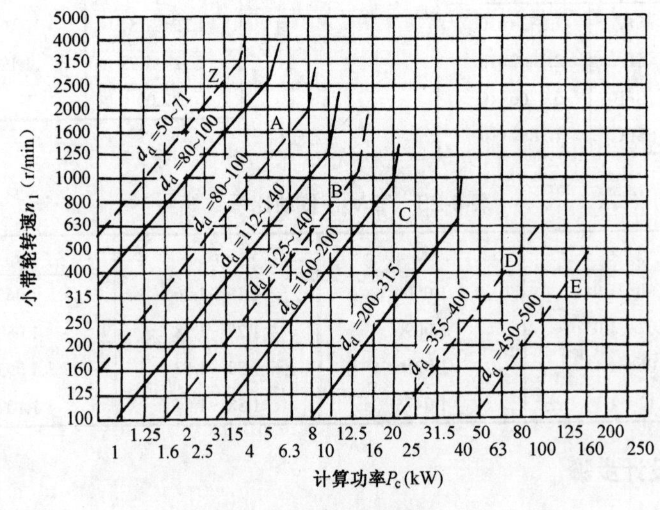

（a）普通 V 带选型图

图 9.9　V 带型号选择

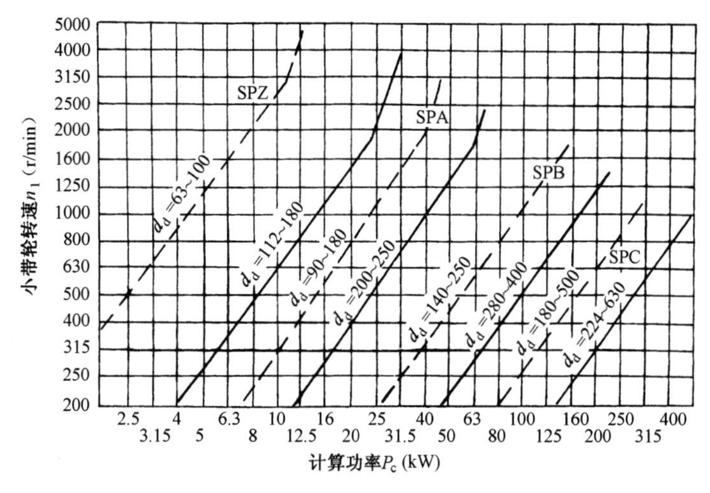

（b）窄 V 带（基准宽度制）选型图

图 9.9 V 带型号选择（续）

（3）确定带轮基准直径 d_{d1}、d_{d2}。带轮直径小可使传动结构紧凑，但使弯曲应力增大，带的寿命降低，设计时应取小带轮的基准直径 $d_{d1} \geqslant d_{dmin}$。$d_{dmin}$ 查表 9-5，大带轮直径 $d_{d2}=id_{d1}$，d_{d1}、d_{d2} 应圆整为标准值（查表 9-2）。

（4）验算带速 v。

$$v = \frac{\pi d_{d1} \cdot n_1}{60 \times 1000} \tag{9-13}$$

带速太高，将使离心力加大，传动中容易打滑，同时使带的应力循环次数增多，影响带的疲劳强度和寿命；带速过低，将使有效拉力过大，即所需带的根数较多。普通 V 带带速一般应为 5～25m/s，对于窄 V 带应使 v_{max}=35～40m/s，否则应重选小带轮直径 d_{d1}。

（5）确定中心距 a 和基准带长 L_0。设计时应根据具体的结构要求或按下式初步确定中心距 a_0：

$$0.7(d_{d1} + d_{d2}) \leqslant a_0 \leqslant 2(d_{d1} + d_{d2}) \tag{9-14}$$

选取 a_0 后由下式初步计算带的基准长度 L_0：

$$L_0 = 2a_0 + \frac{\pi}{2}(d_{d1} + d_{d2}) + \frac{(d_{d2} - d_{d1})^2}{4a_0} \tag{9-15}$$

根据 L_0，查表 9-3 即可选定带的基准长度 L_d，实际中心距 a 可由下式近似确定：

$$a \approx a_0 + \frac{L_d - L_0}{2} \tag{9-16}$$

考虑到安装调整和补偿张力的需要，中心距应调整余量，一般为：

$$a_{min} = a - 0.015L_d$$

$$a_{max} = a + 0.03L_d$$

（6）校验小带轮包角 α_1。

$$\alpha_1 = 180° - \frac{d_{d2} - d_{d1}}{2} \times 57.3° \geqslant 120° \ （特殊情况 \geqslant 90°） \tag{9-17}$$

若 α_1 太小，可增大中心距或减小两轮直径差，还可设置张紧轮。

（7）确定 V 带根数 z。

$$z \geqslant \frac{P_c}{[P_0]} = \frac{P_c}{(P_0+\Delta P_0)K_\alpha \cdot K_L}\text{（圆整为整数）} \tag{9-18}$$

带的根数 z 不应过多，否则会使带受力不均匀。一般取 $z<10$。

（8）单根 V 带的初拉力 F_0。

$$F_0 = \frac{500P_c}{zv}\left(\frac{2.5}{K_\alpha}-1\right)+qv^2 \tag{9-19}$$

由于新带易松弛，安装新带时的初拉力应为计算值的 1.5 倍。

（9）计算带作用在轴上的压力 F_Q。如图 9.10 所示，V 带作用在轴上的压力 F_Q 会影响轴、轴承的强度和寿命，其值可按下式计算：

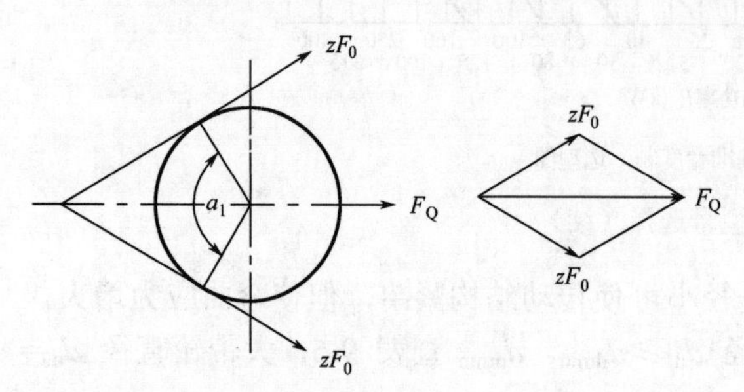

图 9.10 带作用在轴上的压力

$$F_Q = 2zF_0\sin\frac{\alpha_1}{2} \tag{9-20}$$

（10）带轮的结构设计（查阅相关设计手册）。

（11）设计结果。列出带型号，基准长度 L_d，根数 z，带轮直径 d_{d1}、d_{d2}，中心距 a，轴上压力 F_Q 等。

例 9.1 设计一通风机的普通 V 带传动。已知电动机额定功率 P=10kW，小带轮转速 n_1= 1440r/min，从动轮转速 n_2=350r/min，中心距约为 1000mm，每天两班制工作。

解：（1）确定计算功率 P_0。

由表 9-21 查得 K_A=1.2，由式（9-12）得：

$$P_c=K_AP=1.2\times10=12\text{kW}$$

（2）选取普通 V 带型号。根据 P_c=12kW、n_1=1440r/min，由图 9.9 选用 B 型普通 V 带。

（3）确定带轮基准直径 d_{d1}、d_{d2}。根据表 9-5 和图 9.9 选取小带轮直径 d_{d1}=140mm，且 d_{d1}=140mm＞d_{min}=125mm。

大带轮基准直径为：

$$d_{d2} = \frac{n_1}{n_2}d_{d1} = \frac{1440}{350}\times140 \approx 576\text{mm}$$

按表 9-2 选取标准值 d_{d2}=560mm，则实际传动比 i、从动轮的实际转速 n_2 分别为：

$$i = \frac{d_{d2}}{d_{d1}} = \frac{560}{140} = 4$$

$$n_2 = \frac{n_1}{i} = \frac{1440}{4} = 360\text{r/min}$$

从动轮的转速误差率为：

$$\frac{360-350}{350}\times100\% \approx 2.9\%$$

在±5%以内为允许值。

（4）验算带速 v。

$$v=\frac{\pi d_{d1}n_1}{60\times100}=\frac{\pi\times140\times1440}{60\times1000}\approx10.56\text{m/s}$$

带速在 5～25m/s 范围内。

（5）确定带的基准长度 L_d 和实际中心距 a。按结构要求初定中心距 a_0=1000mm。

由式（9-15）得：

$$L_0=2a_0+\frac{\pi}{2}(d_{d1}+d_{d2})+\frac{(d_{d2}-d_{d1})^2}{4a_0}=2\times1000+\frac{\pi}{2}(140+560)+\frac{(560-140)^2}{4\times1000}\approx3143.7\text{mm}$$

由表 9-3 选取基准长度 L_d=3150mm。

由式（9-16）得：

$$a\approx a_0+\frac{L_d-L_0}{2}=1000+\frac{3150-3143.7}{2}\approx1003\text{mm}$$

中心距变动范围为：

$$a_{min}=a-0.015L_d=1003-0.015\times3150\approx956\text{mm}$$

$$a_{max}=a+0.03L_d=1003+0.03\times3150\approx1098\text{mm}$$

（6）检验小带轮包角 α_1。由式（9-17）得：

$$\alpha_1=180^\circ-\frac{d_{d2}-d_{d1}}{a}\times57.3^\circ=180^\circ-\frac{560-140}{1003}\times57.3^\circ\approx156^\circ>120^\circ$$

（7）确定 V 带根数 z。

由式（9-18）得：

$$z\geqslant\frac{P_c}{(P_0+\Delta P_0)K_\alpha K_L}$$

根据 d_{d1}=140mm，n_1=1440r/min，查表 9-9 用内插法得：

$$P_0=2.8\text{kW}$$

由式（9-11）得：

$$\Delta P_0=K_b n_1\left(1-\frac{1}{K_i}\right)$$

由表 9-18 查得：

$$K_b=2.6494\times10^{-3}$$

根据传动 i=4，查表 9-19 得：

$$K_i=1.1373$$

则

$$\Delta P_0=2.6494\times10^{-3}\times1440\times\left(1-\frac{1}{1.1373}\right)\approx0.46\text{kW}$$

由表 9-3 查得长度修正系数 K_L=1.07，由表 9-17 查得包角系数 K_α=0.93，得普通 V 带根数：

$$z=\frac{12}{(2.8+0.46)\times0.93\times1.07}\approx3.7$$

圆整得 z=4 根。

（8）求初拉力 F_0 及带轮轴上的压力 F_Q。由表 9-5 查得 B 型普通 V 带的每米长度质量 q=0.17kg/m。根据式（9-19）得单根 V 带初拉力为：

$$F_0=\frac{500P_c}{zv}\left(\frac{2.5}{K_\alpha}-1\right)+qv^2=\frac{500\times 12}{4\times 10.56}\left(\frac{2.5}{0.93}-1\right)+0.17\times 10.56^2\approx 258.76\text{N}$$

由式（9-20）可得作用在轴上压力 F_Q 为：

$$F_Q=2F_0z\sin\frac{\alpha_1}{2}=2\times 258.76\times 4\sin\frac{156^\circ}{2}\approx 2024.8\text{N}$$

（9）带轮的结构设计。按 9.1.2 小节相关内容和相关手册设计。

（10）设计结果。选用 4 根 B-3150 GB/T 1171—2017 V 带，中心距 a=1003mm，带轮直径 d_{d1}= 140mm，d_{d2}=560mm，轴上压力 F_Q=2024.8N。

9.3 同步带传动

9.3.1 同步带传动的特点

同步带传动综合了带传动和链传动的特点，其强力层为多股绕制的钢丝绳或玻璃纤维绳，用聚氨酯或氯丁橡胶为基体，带内环表面成齿形，如图 9.1（b）所示，工作时带内环表面上的凸齿与带外缘上的齿槽相啮合进行传动，其周节保持不变，故带与轮间无相对滑动，保证了同步传动。

同步传动的优点：

（1）传动功率较大，可达 200kW。

（2）带薄而轻，强力层强度高，可高速传动，速度可达 40m/s。

（3）无相对滑动，传动比稳定。

（4）带柔性好，传动结构紧凑，能获得较大传动比。

（5）传动效率高，可达 0.98～0.99。

（6）初拉力小，故轴压力小。

（7）维护保养方便，能在高温、灰尘、积水及腐蚀介质中工作。

主要缺点是制造、安装精度要求较高，成本高。

同步带主要用于要求传动比准确的中小功率传动，如计算机、录音机、数控机床、办公设备等。

9.3.2 同步带的参数、形式、尺寸和标记

1. 同步带的参数

（1）节距 P_b。同步带中工作时保持长度不变的周线称为节线，节线长 L_p 称为公称长度。在规定的张紧力下，同步带纵截面上相邻两齿对称中心线间沿节线测量的距离称为同步带节距 P_b。

（2）模数 m。

$$m=\frac{P_b}{\pi}$$

2．同步带的形式、尺寸和标记

同步齿形带工作齿面有梯形齿和弧齿两大类。从结构上分单面齿和双面齿两种，分别称为单面带和双面带。

梯形齿同步带有周节制和模数制两种，因周节制梯形齿同步带已标准化，因此称其为标准同步带。标准同步带有 7 种型号。

周节制梯形齿同步带的标记由长度代号、型号、带宽代号、标准代号组成，对 XXL 型，则带宽代号用带宽尺寸表示，对双面同步带还要在带宽代号前面注出型号。标记示例如下：

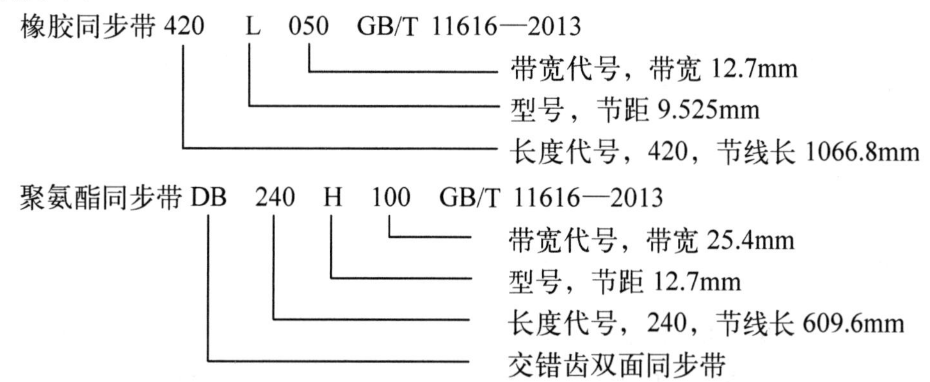

模数制梯形齿同步带，它以模数为基本参数。模数制梯形齿同步带的标记包括带的模数、带宽和齿数。标记示例如下：

聚氨酯同步带 2×25×90

表示模数 m=2，带宽 b_s=25mm，齿数 z=90 的聚氨酯梯形齿同步带。

9.4 链传动

9.4.1 链传动的组成、特点及应用

链传动（见图 9.11），由主动链轮 1、从动链轮 3 和中间挠性件（链条）2 组成，通过链条的链节与链轮上的轮齿相啮合传递平行轴间的运动和动力。

链传动是具有中间挠性件的啮合传动。与带传动相比，链传动能得到准确的平均传动比；张力小；对轴的压力小；结构尺寸比较紧凑；可在高温、油污等恶劣环境下工作，但是不能保持恒定传动比，瞬时链速和瞬时传动比是变化的；传动平稳性差；工作时冲击和噪声大；磨损后易发生脱链。

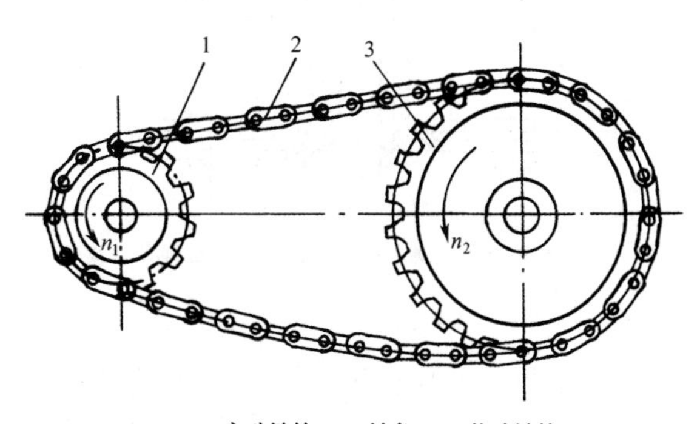

1—主动链轮；2—链条；3—从动链轮

图 9.11 链传动简图

链传动一般用于中心距较大的平行轴间的低速传动，广泛用于矿山机械、冶金机械、运输机械、机床传动及农业、轻工

机械等设备中，其适用的一般范围是：传递功率 $P \leqslant 100\text{kW}$，中心距 $a \leqslant 5 \sim 6\text{m}$，传动比 $i \leqslant 7$，链速 $v \leqslant 15\text{m/s}$，传动效率为 0.95～0.98。

按用途链条可分为传动链、起重链和曳引链。曳引链和起重链主要用在运输和起重机械中。一般机械中传递运动和动力常用的是传动链，传动链有滚子链和齿形链两种，其中滚子链应用最为广泛，一般所说的链传动是指滚子链传动。

齿形链是由成组齿形链板用铰链连接而成的，如图 9.12 所示，传动较平稳，噪声小，承受冲击载荷能力高，故常用于高速或运动精度较高和可靠性要求较高的场合，链速可达 40m/s，但缺点是制造成本高，重量大。

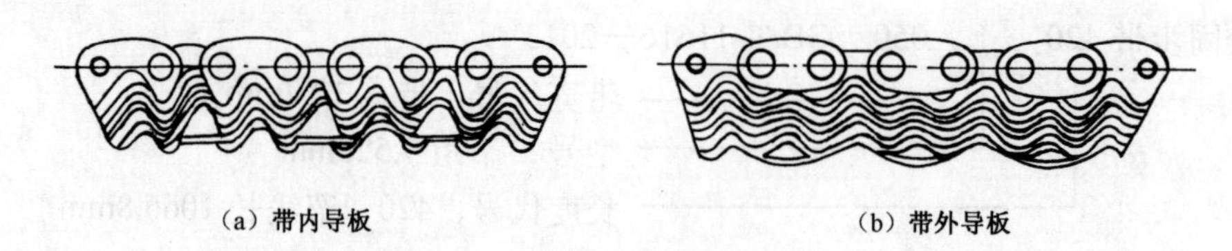

图 9.12　齿形链

9.4.2　滚子链

滚子链的结构如图 9.13 所示。滚子链由内链板 1、外链板 2、销轴 3、套筒 4 和滚子 5 组成，内链板与套筒、外链板与销轴之间分别用过盈配合连接；滚子和套筒、套筒与销轴之间采用间隙配合连接。内外链板交错连接而构成铰链。链板一般为 8 字形，以减少重量并使各截面抗拉强度大致相等。

链条上相邻两销轴中心之间的距离称为节距，用 p 表示，是链条的主要参数。

当传递的功率较大时，可采用双排链（见图 9.14）或多排链，实际运用中排数一般不超过 4。

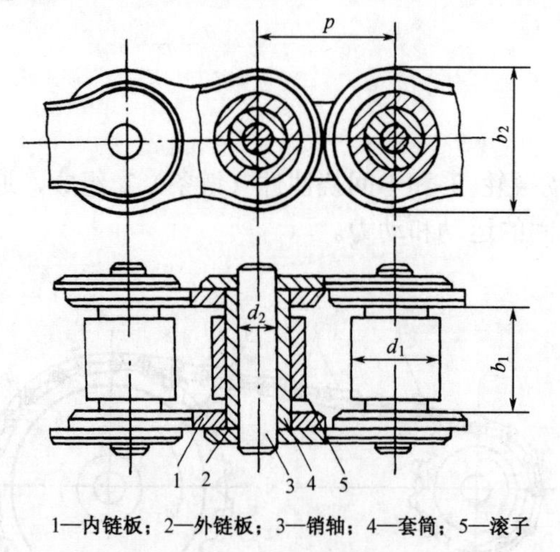

图 9.13　滚子链的结构

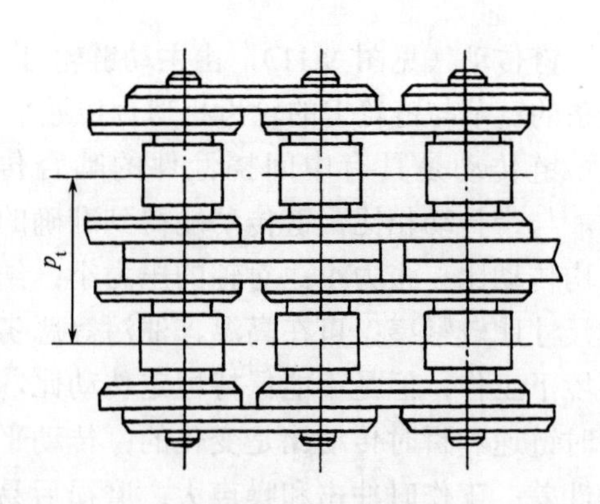

图 9.14　双排链

链条在使用时封闭为环形，当链节数为偶数时，正好内、外链板相连，可用开口销或弹簧卡锁紧，如图 9.15（a）、（b）所示。若链节数为奇数，则采用过渡链节，如图 9.15（c）所示。过渡链节的链板要受附加的弯矩作用，一般应避免使用，最好采用偶数链节。

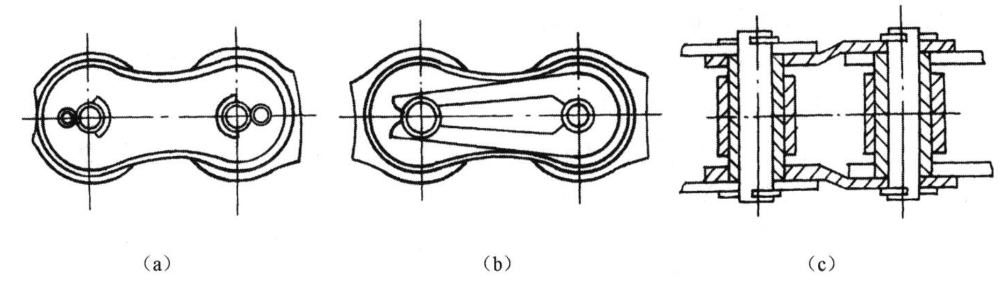

图 9.15　滚子链的接头形式

我国目前使用的滚子链标准为 GB/T 1243—2006，分为 A、B 两系列，常用的是 A 系列，对应不同的链号，其链节距 p（mm）等于链号乘以 25.4/16mm。

滚子链的标记方法为：链号–排数×链节数　标准编号

例如，A 系列 12 号链，双排，链节数为 100，其标记方法为：

12A-2×100 GB/T 1243—2006

9.4.3　链轮

链轮轮齿的齿形应便于链条顺利进入和退出啮合，使其不易脱链，且应该形状简单，便于加工，国家标准 GB 1244—1985 规定了滚子链链轮端面齿形。

链轮的主要参数为齿数 z，节距 p（与链节距相同）和分度圆直径 d。

为了保证传动平稳，减小冲击，小链轮齿数 z_1 一般大于 17，并随链速增大而增加。大链轮齿数 z_2＜120。为使链条与链轮轮齿磨损均匀，链轮齿数应取与链节数互质的奇数。

链节距越大，传动时冲击、噪声越大，但承载力也大。因此选择链条时应在满足承载能力的前提下，尽量选用较小节距的单排链；在高速大功率时，可选用小节距的多排链。

分度圆是指链轮上销轴中心所处的被链条节距等分的圆，其直径为：

$$d = \frac{p}{\sin\dfrac{180^\circ}{z}}$$

链轮的结构：链轮的直径小时制成实心式，直径较大时制成孔板式，直径很大时（≥200mm）制成组合式，均可采用焊接或螺栓连接。

链轮的常用材料为中碳钢、合金钢，低速时大链轮可采用铸铁，小链轮的材料应优于大链轮，并应进行热处理。

9.4.4　链传动的失效形式及计算准则

1．链传动的失效形式

链传动的失效主要是链条的失效，常见的失效形式有：

（1）链板疲劳破坏。由于链条松边、紧边的拉力不等，其在反复作用下经过一定次数的循环，链板发生疲劳断裂。

（2）滚子和套筒的冲击疲劳破坏。链传动在反复启动、制动或反转时产生巨大的惯性冲击，以及多边形效应引起的链速变化，会使滚子和套筒发生疲劳破坏。

（3）链条铰链磨损。主要磨损发生在铰链的销轴与套筒的承压面，磨损使节距增加，产生跳齿和脱链。开式传动极易产生磨损。

（4）链条铰链的胶合。当链轮转速达到一定值时，啮入时受到的冲击能量增大，工作表面温度过高，销轴和套筒间的润滑油膜被破坏而产生胶合。

（5）静力拉断。在低速（$v<0.6$m/s）、重载或严重过载时，当载荷超过链条的静力强度时导致链条被拉断。

2. 设计计算准则

（1）当链速 $v>0.6$m/s 时，主要失效形式为疲劳破坏，所以计算以疲劳强度为主并综合考虑其他失效形式，传递的功率值（计算功率值）小于许用功率值：$P_c\leqslant[P]$，即

$$P_c=K_AP\leqslant K_Z\cdot K_L\cdot K_m\cdot P_o$$

式中，P_c——计算功率（kW）；

P——名义功率（kW）；

K_m——多排链系数；

K_A——工作情况系数；

K_Z——小链轮齿数系数；

K_L——链长系数；

P_o——特定条件下单排链能传递的额定功率（kW）。

（2）当链速 $v\leqslant0.6$m/s 时，主要失效形式为铰链的静力拉断，因此应进行静强度计算，即静强度安全系数 S 应满足下式：

$$S=\frac{F_Q\cdot m}{K_A\cdot F}\geqslant4\sim8$$

式中，F_Q——单排链的极限拉伸载荷（N）；

m——链条排数；

F——链的工作拉力（N）；

K_A——工作情况系数。

3. 主要参数的选择

传动比：$i\leqslant7$，推荐 $i=2\sim3.5$。

链速：$v\leqslant12\sim15$m/s，推荐 $v=6\sim8$m/s。

链轮齿数：$Z_{min}\geqslant17$，$Z_{max}\leqslant120$。由链速和传动比决定。

节距的排数：由传递功率和转速 n_1 确定，尽量选择小节距链条。

中心距：推荐 $a=$（30～50）P。

链节数：计算后圆整为偶数。

9.4.5 链传动的布置和张紧

链传动的布置对工作状况和寿命有很大影响，通常链传动的两链轮的回转平面应在同一平面内，两链轮中心线最好在水平面内或与水平面成 45° 以下的倾角，应避免垂直布

置；链条应主动边（紧边）在上，从动边（松边）在下。

链传动需适当张紧，以免垂度过大引起啮合不良，一般通过调整中心距来张紧链轮，也可采用张紧轮张紧，张紧轮应设在松边。

9.4.6 链传动的润滑

良好的润滑可以有效地减轻链条铰链的磨损，降低传动噪声，减缓啮合冲击，避免铰链胶合，从而延长链条的使用寿命，对高速、重载的链传动，其润滑显得更为重要。

1. 润滑剂的选择

链传动润滑时要求润滑油能渗透到链的各个摩擦部位，形成油膜，故采用的润滑油要有较大的黏度和良好的油性，一般可选用 L-AN32、L-AN46 或 L-AN68 全损耗系统用油，对于开式及重载低速传动，可在润滑油中加入 MoS_2、WS_2 等添加剂。

对于使用润滑油不便的场合，允许涂抹润滑脂，但要注意定期涂抹和清洗。

2. 润滑方式

链传动的润滑方式按链节距 p 和链速 v，由图 9.16 确定。滚子链的润滑方式及供油量见表 9-22。

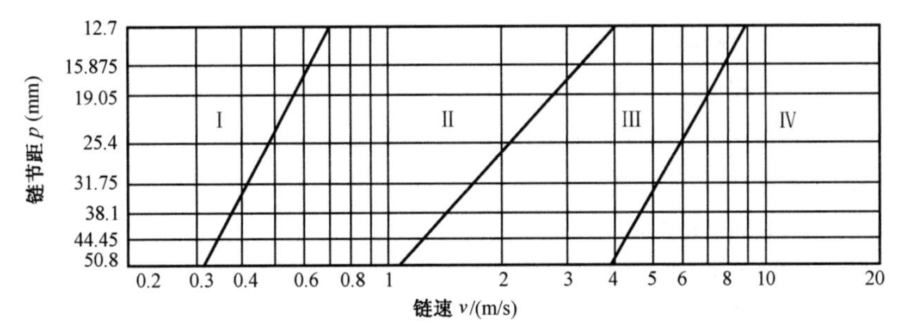

Ⅰ—人工润滑；Ⅱ—滴油润滑；Ⅲ—浸油或飞溅润滑；Ⅳ—压力喷油润滑

图 9.16 链传动润滑方式的选择

表 9-22 滚子链的润滑方式及供油量

方 式	润 滑 方 法	供 油 量
人工润滑	用刷子或油壶定期在链条松边内、外链板间隙中加油	每班加一次油
滴油润滑	装有简单外壳，利用油杯滴油	单排链（5~20）滴/分，速度高时取大值
浸油润滑	采用不漏油外壳，将链条浸入油池中	链条浸油深度一般为 6~12mm
飞溅润滑	采用不漏油外壳，在链轮侧边安装甩油盘。当链条宽度超过 125mm 时，应在链条两侧各装一个甩油盘	甩油盘的浸油深度为 12~35mm，圆周速度应大于 3m/s
压力喷油润滑	采用不漏油外壳，喷油管口设在链条啮入处，循环油可起冷却作用	喷油管供油量可根据链节距及链速查有关手册

表 9-22 中各润滑方式的装置如图 9.17 所示。

对开式传动和不易润滑的链传动，可定期将链条拆下用煤油清洗，干燥后再浸入 70℃～80℃的润滑油中，待铰链间隙中充满油后安装使用。

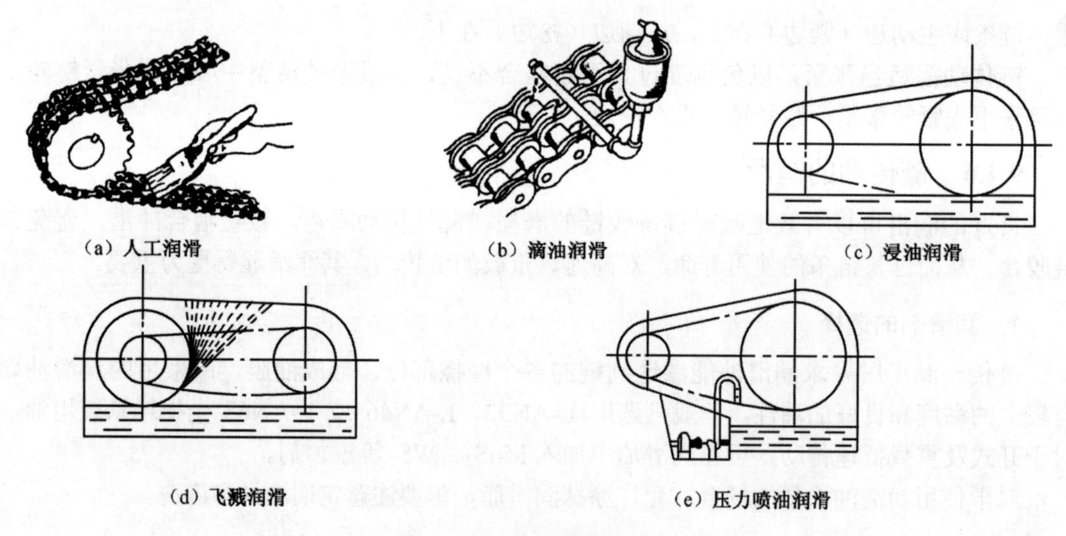

图 9.17　链传动的润滑装置

习　题　9

9.1　带传动主要类型有哪些？各有什么特点？

9.2　带传动中的弹性滑动和打滑有什么不同？对传动有何影响？

9.3　带传动一般应放在机械传动的高速级还是低速级？为什么？

9.4　带传动的主要失效形式是什么？

9.5　带传动中带为什么要张紧？如何张紧？

9.6　在 V 带传动中，带轮槽工作面的粗糙度大小对带传动有何影响？

9.7　带轮一般采用什么材料？带轮的结构有哪几种？

9.8　链传动的中心距过大或过小对链传动有何影响？一般中心距在什么范围内选取？

9.9　与带传动相比，链传动有哪些特点？

9.10　为什么一般链节数选偶数而链轮齿数多取奇数？

9.11　滚子链是由哪些零件构成的？各零件间相互配合关系如何？

9.12　简述滚子链的主要失效形式和原因。

9.13　一普通 V 带传动，已知带的型号为 A，两轮基准直径分别为 150mm 和 400mm，初定中心距 a=4000mm，小带轮转速 n_1=1450r/min。试求：（1）小带轮包角；（2）选定带的基准长度 L_d；（3）确定实际中心距。

9.14　一普通 V 带传动传递功率 7.5kW，带速 v=18.5m/s，紧边拉力是松边拉力的两倍，求紧边拉力和有效拉力。

9.15　设计一球磨机用普通 V 带传动。已知电动机额定功率为 7.5kW，转速 n_1=1460r/min，从动轮 n_2=620r/min，三班制工作，希望中心距在 850mm 左右。

9.16　设计一往复式压缩机上的滚子链传动。已知电动机转速 n_1=960r/min，功率 P=5.5kW，压缩机转速 n_2=350r/min，希望中心距不大于 650mm（要求中心距可以调节）。

第10章 齿 轮 传 动

10.1 齿轮传动的特点和基本类型

在现代机器中，齿轮机构是最重要的传动机构之一，齿轮传动与带传动、链传动等比较，具有多方面的优点，所以应用范围很广。例如，各类金属切削机床中的主轴箱、变速箱，汽车中的变速箱，起重机械中的减速器等，均以各类齿轮机构作为传动装置。

齿轮机构的主要优点是：

（1）适用的圆周速度和功率范围广，其圆周速度可达300m/s，传递功率可达10^5kW。

（2）传动效率较高。

（3）瞬时传动比稳定。

（4）工作寿命较长。

（5）工作可靠性较高。

（6）可实现平行轴、任意角相交轴或交错轴之间的传动等。

其主要的缺点是：

（1）要求较高的制造和安装精度，成本较高。

（2）要求专用的齿轮加工设备。

（3）不适宜远距离两轴之间的传动等。

对于角速比为常数的圆形齿轮传动，可按照两齿轮轴线的相对位置和齿向进行分类。分类情况如下：

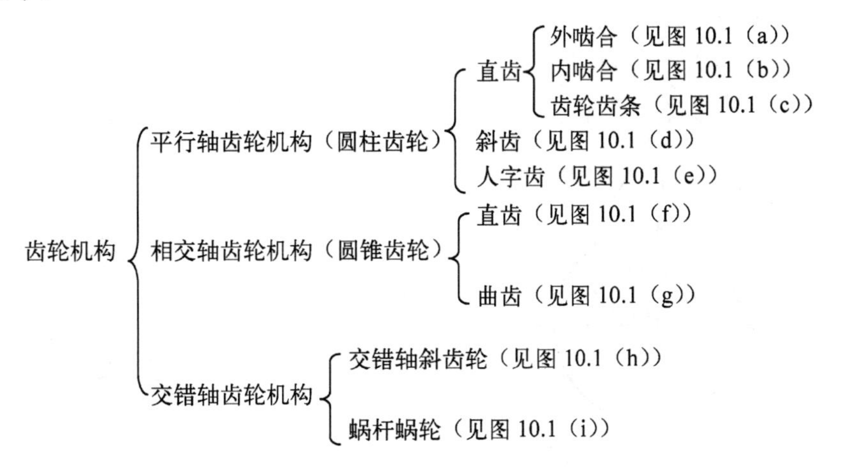

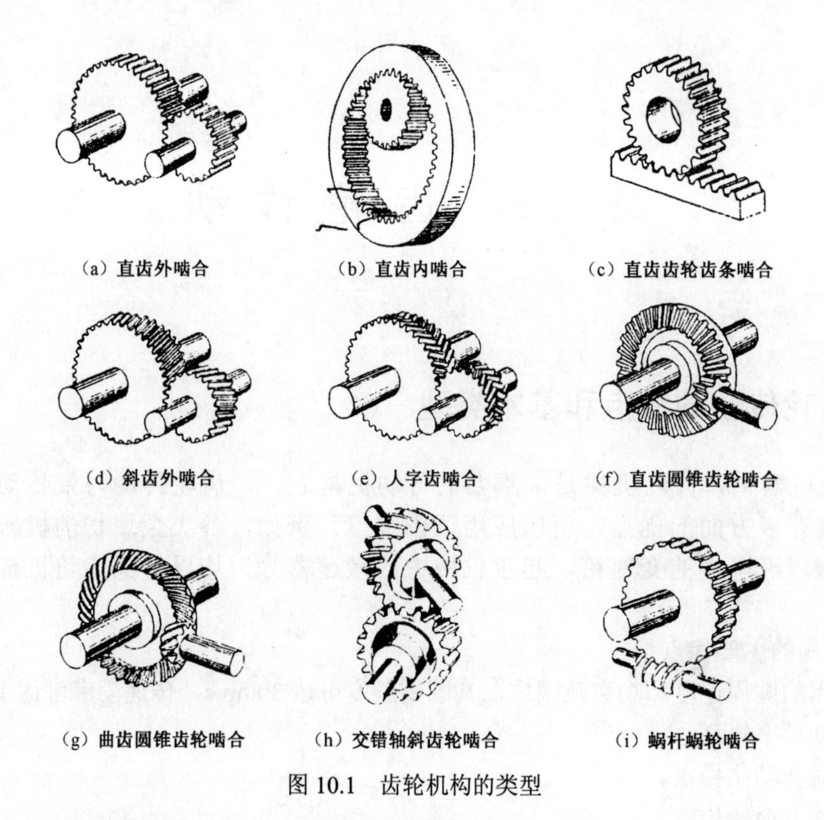

（a）直齿外啮合　（b）直齿内啮合　（c）直齿齿轮齿条啮合

（d）斜齿外啮合　（e）人字齿啮合　（f）直齿圆锥齿轮啮合

（g）曲齿圆锥齿轮啮合　（h）交错轴斜齿轮啮合　（i）蜗杆蜗轮啮合

图 10.1　齿轮机构的类型

10.2　渐开线性质及渐开线齿廓啮合特性

10.2.1　渐开线的形成

如图 10.2 所示，当一条直线 NK 沿一圆周做纯滚动时，该直线上任意点 K 的轨迹 AK 称为此圆的渐开线，此圆称为渐开线的基圆（r_b 为基圆半径）。直线 NK 称为渐开线的发生线，θ_K 称为渐开线的展角。

渐开线齿轮的每个轮齿两侧都是渐开线的一段，如图 10.3 所示。

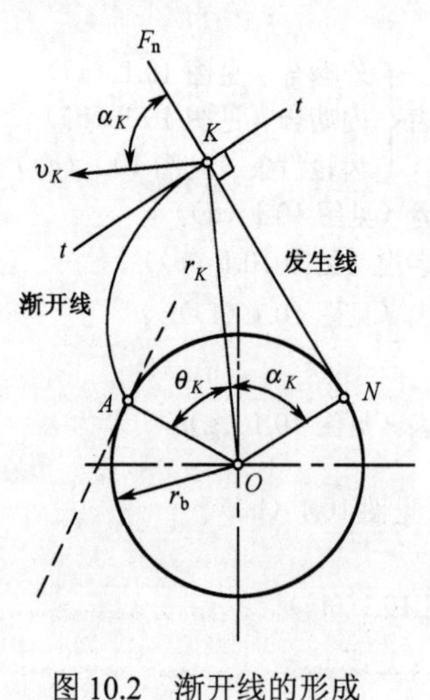

图 10.2　渐开线的形成

渐开线

图 10.3　渐开线齿轮

10.2.2　渐开线的性质

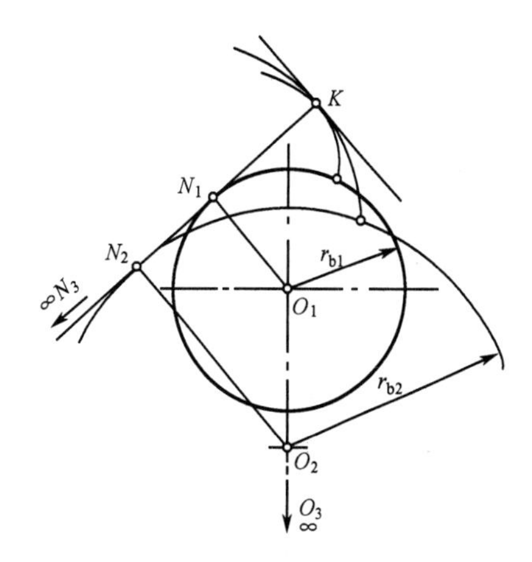

图 10.4　基圆大小对渐开线形状的影响

根据渐开线的形成，可知渐开线具有如下性质：

（1）发生线在基圆上滚过的长度等于基圆上被滚过的弧长，即 $NK=\widehat{NA}$ 。

（2）因为发生线在基圆上做纯滚动，所以它与基圆的切点 N 就是渐开线上 K 点的瞬时速度中心，发生线 NK 就是渐开线在 K 点的法线，同时它也是基圆在 N 点的切线。

（3）渐开线的形状取决于基圆的大小。如图 10.4 所示，基圆越大，曲率越小，渐开线越平直。当基圆半径趋于无穷大时，渐开线便变成了直线，故齿条可看作基圆半径为无穷大的渐开线齿轮。

（4）渐开线上各点的压力角不同。由图 10.2 可知，渐开线上任一点 K 的压力角是指渐开线上任一点的法线与该点的速度方向所夹的锐角，用α_K表示，且有：

$$\cos\alpha_K = ON/OK = r_b/r_K \tag{10-1}$$

式中，r_b——基圆半径（mm）；

r_K——K 点至基圆中心 O 的向径（mm）。

由上式可知，渐开线上各点的压力角是不同的，在基圆上的压力角为零，而 K 点离 O 点越远，r_K越大，则压力角α_K也越大。

（5）基圆内无渐开线。

10.2.3　渐开线齿廓的啮合特点

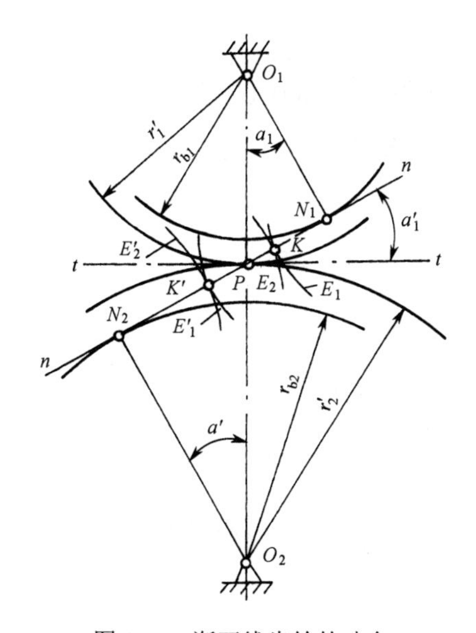

图 10.5　渐开线齿轮的啮合

如图 10.5 所示，一对渐开线齿廓在任意点 K 啮合，过 K 点作两齿廓的公法线 N_1N_2，根据渐开线性质，该公法线就是两基圆的公切线。当两齿廓转到 K' 点啮合时，过 K'点所作公法线也是两基圆的公切线。由于齿轮基圆的大小和位置均固定，公法线 nn 是唯一的。因此不管齿轮在哪一点啮合，啮合点总在这条公法线上，该公法线也可称为啮合线。该线与连心线 O_1O_2 的交点是一固定点，P 点称为节点，以轮心 O_1 与 O_2 为圆心，以 $r'_1=O_1P$ 与 $r'_2=O_2P$ 为半径所作的圆，称为节圆。一对渐开线齿轮的啮合传动可以看作两个节圆的纯滚动。

1．瞬时传动比恒定

$$i=\frac{\omega_1}{\omega_2}=\frac{r_{b2}}{r_{b1}} \tag{10-2}$$

上式表明：一对渐开线齿轮的齿廓在任意点啮合时，

其瞬时传动比恒定，且与两轮的基圆半径成反比。

2. 中心距可分性

由式（10-2）可知，渐开线齿轮的传动比取决于两轮的基圆半径。齿轮一经加工完毕，基圆大小就确定了，因此在安装时若中心距略有变化也不会改变传动比的大小，此特性称为中心距可分性。该特性使渐开线齿轮对加工、安装的误差及轴承磨损不敏感，这一点对齿轮传动十分重要。

3. 啮合角不变

啮合线与两节圆公切线所夹的锐角称为啮合角，用α'表示，它就是渐开线在节圆上的压力角。显然齿轮传动时啮合角不变，力作用方向不变。若传递的扭矩不变，其压力大小也保持不变，因而传动较平稳。

10.3 渐开线标准直齿圆柱齿轮的基本参数和几何尺寸

10.3.1 标准直齿圆柱齿轮的基本参数

渐开线直齿圆柱外啮合齿轮各部分的名称和符号如图 10.6 所示。渐开线直齿圆柱齿轮有五个基本参数，分别是：模数 m、压力角α、齿数 z、齿顶高系数 h_a^*、顶隙系数 c^*。齿轮上所有几何尺寸均可由这五个参数确定。

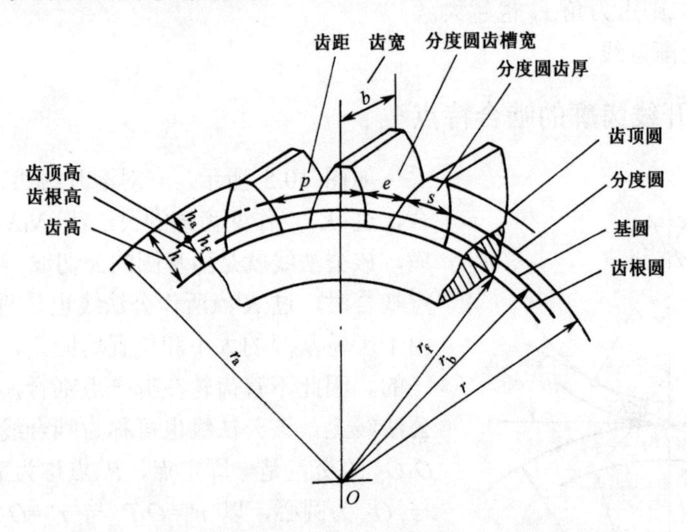

图 10.6 渐开线直齿圆柱外啮合齿轮各部分名称和符号

1. 模数 m

设齿轮的分度圆直径为 d，则分度圆的周长为$\pi d=zp$，p 为齿轮上相邻两齿同侧齿廓间的弧长，即齿距。由此得：

$$d=\frac{zp}{\pi}$$

因π是无理数，不便于设计、制造和检验齿轮，故将p/π人为地规定为有理数，称为模数，即

$$m=\frac{p}{\pi} \tag{10-3}$$

于是便有

$$d=mz \tag{10-4}$$

模数 m 是进行齿轮几何尺寸计算的主要参数，当齿数不变时，模数越大则轮齿的尺寸越大，轮齿所能承受的载荷也越大。其标准值见表 10-1。

表 10-1 渐开线圆柱齿轮标准模数系列（GB/T 1357—2008） （单位：mm）

第一系列	—	0.8	1	1.25	1.5	2	2.5	3	4	5
	6	8	10	12	16	20	25	32	40	50
第二系列	—	1.75	2.25	2.75	（3.25）	3.5	（3.75）	4.5	5.5	（6.5）
	7	9	（11）	14	18	22	28	（30）	36	45

注：优先从表中选择第一系列，其次为第二系列，括号中的模数尽量不用。

2．压力角α

由渐开线的性质可知，渐开线上各点的压力角是不相等的。齿顶圆上压力角最大，基圆上压力角为零。分度圆上的压力角用α表示，国家标准规定α=20°，且有

$$\cos\alpha=r_b/r$$

分度圆定义为：齿轮上具有标准模数和标准压力角的圆称为分度圆。

压力角反映的是渐开线轮齿的形状。

3．齿数 z

齿轮上轮齿的个数称为齿数，它反映的是齿轮的大小。当模数一定时，齿数越多，齿轮直径越大，反之越小。

4．齿顶高系数h_a^*

为了避免组成轮齿的两渐开线齿廓交叉，造成齿顶变尖，确定齿顶高h_a^*时，规定：

$$h_a=h_a^*m \tag{10-5}$$

式中，h_a^*——齿顶高系数，标准值为h_a^*=1.0。

5．顶隙系数 c*

为了保证齿轮啮合时，其中一齿轮的齿顶与另一齿轮的齿根之间不发生相互卡死，且留有一定的储油空间，规定了顶隙系数，其标准值为 c^*=0.25。这样便有顶隙 $c=c^*m$，如图 10.7 所示。

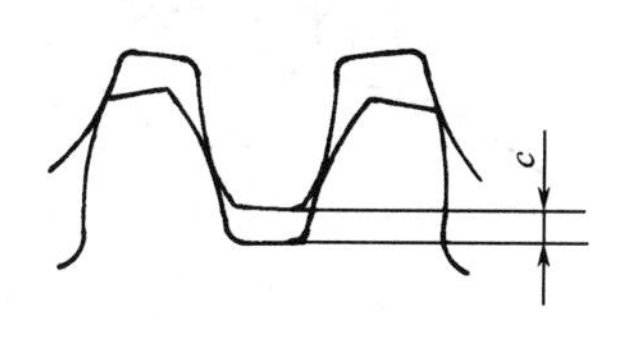

图 10.7 顶隙

10.3.2 标准直齿圆柱齿轮的几何尺寸

标准齿轮是指模数 m、压力角α、齿顶高系数 h_a^*、顶隙系数 c^*均为标准值，且分度圆上

齿厚等于齿槽宽（即 $s=e$）的齿轮。基本参数及几何尺寸计算公式见表 10-2。

表 10-2　标准直齿圆柱齿轮的基本参数及几何尺寸的计算公式

名　称		符　号	计算公式
基本参数	模数	m	根据强度计算结果，在表 10-1 中选取
	齿数	z	$z \geqslant z_{min}$，$z_2=iz_1$
	压力角	α	$\alpha=20°$
	齿顶高系数	h_a^*	$h_a^*=1.0$
	顶隙系数	c^*	$c^*=0.25$
几何尺寸	分度圆直径	d	$d=mz$
	基圆直径	d_b	$d_b=d\cos\alpha$
	齿顶圆直径	d_a	$d_a=d\pm 2h_a=m(z\pm 2h_a^*)$
	齿根圆直径	d_f	$d_f=d\mp 2h_f=m(z\mp 2h_a^*\mp 2c^*)$
	齿顶高	h_a	$h_a=h_a^* m$
	齿根高	h_f	$h_f=h_a+c=m(h_a^*+c^*)$
	齿高	h	$h=h_a+h_f$
	齿距	p	$p=s+e=\pi m$
	齿厚	s	$s=p/2=\pi m/2$
	齿槽宽	e	$e=p/2=\pi m/2$

注：表中齿顶圆和齿根圆直径的计算公式中的运算符号“±”和“∓”分别表示，上边为计算外齿轮的运算符号，下边为计算内齿轮的运算符号。

10.4　渐开线直齿圆柱齿轮的啮合传动

1. 渐开线直齿圆柱齿轮的正确啮合条件

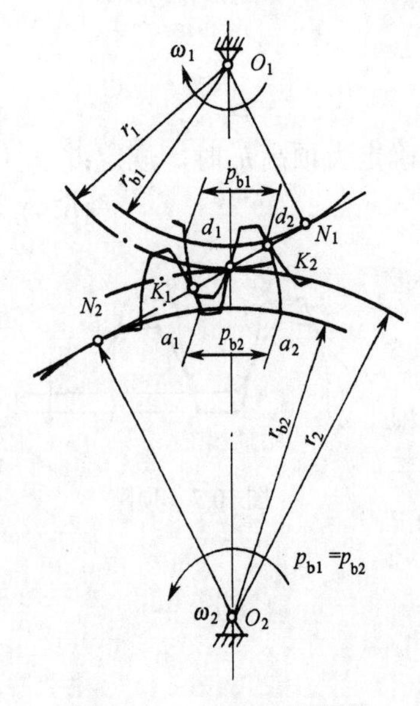

图 10.8　正确啮合的条件

如图 10.8 所示，设相邻两齿同侧齿廓与啮合线 N_1N_2（同时为啮合点的法线）的交点分别为 K_1 和 K_2，线段 K_1K_2 的长度称为齿轮的法向齿距。显然，要使两齿轮正确啮合，它们的法向齿距必须相等。由渐开线的性质可知，法向齿距等于两轮基圆上的齿距，因此要使两轮正确啮合，必须满足 $p_{b1}=p_{b2}$，而 $p_b=\pi m\cos\alpha$，故可得：

$$\pi m_1\cos\alpha_1=\pi m_2\cos\alpha_2$$

由于渐开线齿轮的模数 m 和压力角 α 均为标准值，所以两轮的正确啮合条件为：

$$\left.\begin{aligned} m_1 = m_2 = m \\ \alpha_1 = \alpha_2 = \alpha \end{aligned}\right\} \tag{10-6}$$

即两轮的模数和压力角分别相等。

2. 无齿侧间隙啮合条件

一对相互啮合传动的齿轮，为了消除反向转动空程和减小冲击，两轮的齿侧间隙应为零。由于一对齿轮传动相当于各自节圆的纯滚动，所以一对齿轮无侧隙啮合的条件是：一个齿轮节圆上的齿厚等于另一个齿轮上的齿槽宽。

由于标准齿轮在分度圆上的齿厚和齿槽宽相等。所以，安装时应使两齿轮的分度圆相切，即分度圆与节圆重合，才能做到无侧隙。此时中心距称为标准中心距：

$$a = r_1+r_2=\frac{1}{2}m\,(z_1+z_2)$$

3. 连续传动的条件

为了保证一对渐开线齿轮能够连续传动，必须做到前一对啮合轮齿尚未脱离啮合，而后一对轮齿已进入啮合，否则传动就会间断。

图 10.9 所示为一对渐开线齿轮啮合传动图。齿轮 1 为主动轮，齿轮 2 为从动轮。图中 B_2 点为开始啮合点，是由从动轮的齿顶圆和啮合线 N_1N_2 相交获得的。B_1 为脱离啮合点，是由主动轮的齿顶圆和啮合线 N_1N_2 相交获得的，因此线段 B_1B_2 称为实际啮合线段。当两齿轮的齿顶圆直径增大时，B_2、B_1 点分别靠近 N_1、N_2 点，因此啮合线 N_1N_2 称为理论啮合线段。这就说明，要保证传动连续不断，必须在前一对轮齿还未脱开啮合，也就是在未越过 B_1 点的时候，后一对轮齿应该已经在 B_2 点进入啮合。根据渐开线的性质，由图 10.9 可知，只要：

$$p_{b1} = p_{b2} \leqslant \overline{B_2B_1}$$

便可做到前一对轮齿尚未脱离啮合状态，后一对轮齿已经进入啮合状态，保证了传动过程中渐开线齿廓的连续啮合。令

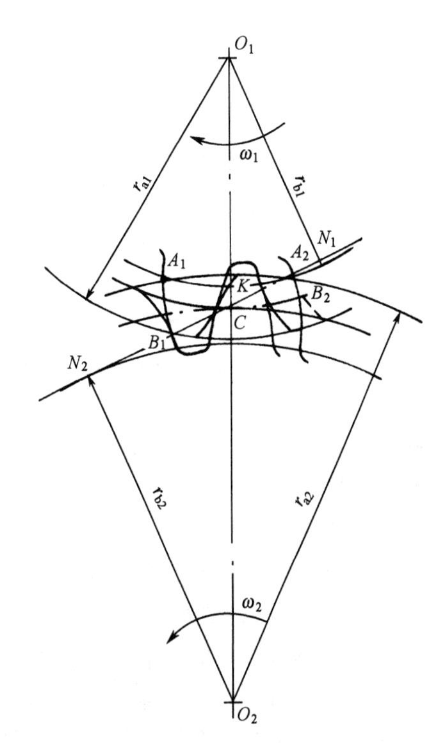

图 10.9　一对渐开线齿轮的啮合传动

$$\varepsilon = \frac{\overline{B_1B_2}}{p_b} \geqslant 1 \tag{10-7}$$

式中，ε——渐开线齿轮传动的重合度。

重合度ε越大，同时啮合的齿数越多，多齿啮合所占时间也越多，传动越平稳，承载能力越大。

从理论上讲，ε=1 恰能保证齿轮连续传动，但因齿轮的加工及安装的误差，实际上ε>1 方能连续传动。在一般机械制造中，$\varepsilon \geqslant 1.1 \sim 1.4$。

10.5 渐开线齿轮的加工与齿廓的根切

10.5.1 渐开线齿轮的加工方法

渐开线齿轮的加工有很多方法，用金属切削机床加工是目前最常用的一种方法。从原理上讲，有仿形法和展成法两种。

1．仿形法

仿形法是用渐开线齿形的成形铣刀直接切出齿形。常用的刀具有盘形铣刀（见图 10.10（a））和指状铣刀（见图 10.10（b））两种。指状铣刀常用于加工大模数的齿轮。这种切齿方法简单，不需要专用机床，但生产率低，精度差，只适用于单件及精度要求不高的齿轮加工。

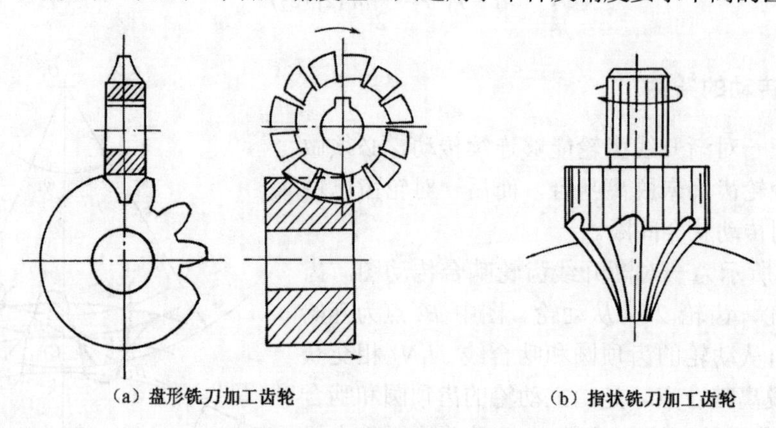

（a）盘形铣刀加工齿轮　　（b）指状铣刀加工齿轮

图 10.10　仿形法加工齿轮

2．展成法

展成法是利用一对齿轮无侧隙啮合时两轮的齿廓互为包络线的原理加工齿轮的。加工时刀具与齿坯的运动就像一对互相啮合的齿轮，最后刀具将齿坯切出渐开线齿廓，如图 10.11 所示。展成法切制齿轮常用的刀具有三种：

（1）齿轮插刀，是一个齿廓为刀刃的外齿轮。

（2）齿条插刀，是齿廓为刀刃的齿条。

（3）齿轮滚刀，像梯形螺纹的螺杆，轴向剖面齿廓为精确的直线齿廓，滚刀转动相当于齿条在移动。可以实现连续加工，生产率较高。

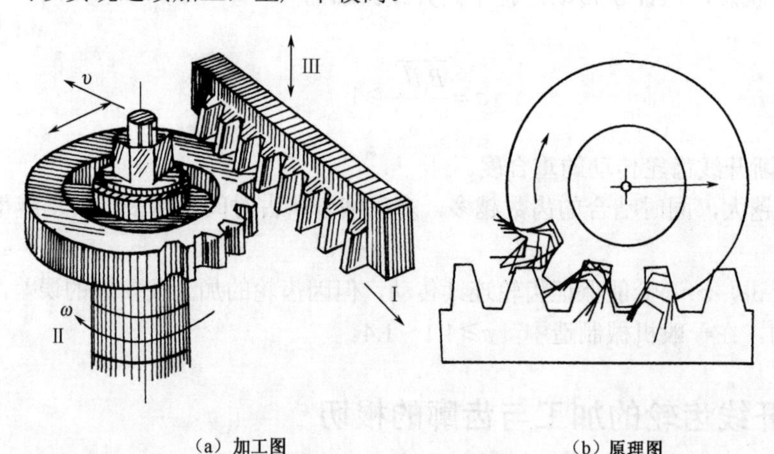

（a）加工图　　（b）原理图

图 10.11　齿条插刀的切齿

用展成法加工齿轮时，只要刀具与被加工齿轮的模数和压力角相同，不管被加工齿轮的齿数是多少，都可以用同一把刀具来加工，这给生产带来了很大的方便，因此展成法得到了广泛的应用。

10.5.2 根切现象与最小齿数

用展成法加工齿轮时，若刀具的齿顶线（或齿顶圆）超过理论啮合线极限点 N 时（如图 10.12 所示），被加工齿轮齿根附近的渐开线齿廓将被切去一部分，这种现象称为根切，如图 10.13 所示。

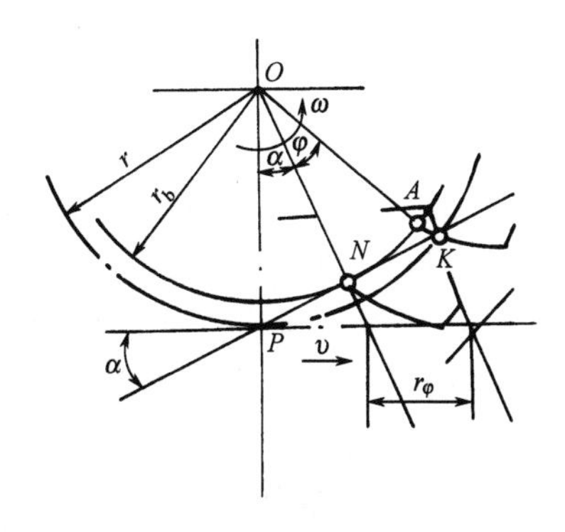

图 10.12 根切的产生

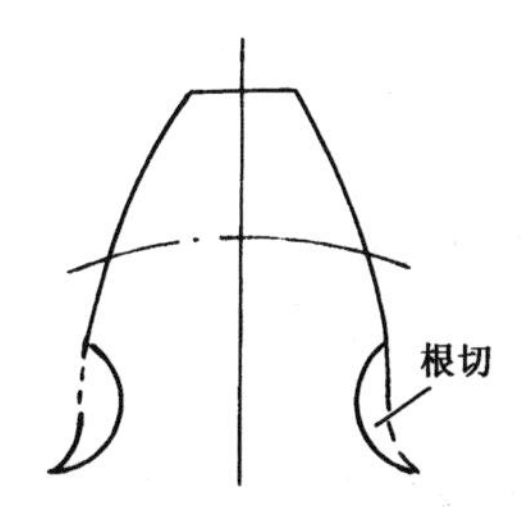

图 10.13 轮齿的根切现象

根切现象将使轮齿的弯曲强度大大减弱，重合度也有所降低，对传动质量很不利，故应避免根切现象的出现。

标准齿轮欲避免根切，其齿数 z 必须大于或等于不根切的最少齿数 $z_{min}=2h_a^*/\sin^2\alpha$。对于$\alpha=20°$ 和 $h_a^*=1$ 的正常齿制标准渐开线齿轮，当用齿条刀具加工时，其最少齿数 $z_{min}=17$，若允许略有根切，则最少齿数可取 14。

10.6 齿轮的失效形式与材料选择

10.6.1 常见的失效形式

齿轮的轮齿是传递运动和动力的关键部位，也是齿轮的薄弱环节，故齿轮传动的失效多发生在轮齿上。轮齿的主要失效形式有以下五种。

1. 轮齿折断

轮齿折断是轮齿失效中最危险的一种形式，它不仅导致齿轮传动丧失工作能力，而且可能引起设备和人身的安全事故。因为轮齿齿根处受力最大，且应力集中，所以轮齿折断一般发生在齿根部分。

轮齿折断的原因主要有两种：一种是受到严重冲击、短期过载发生的突然折断；另一种是轮齿在长期工作后经过多次反复的受力弯曲，使齿根发生疲劳折断，如图 10.14（a）所示。

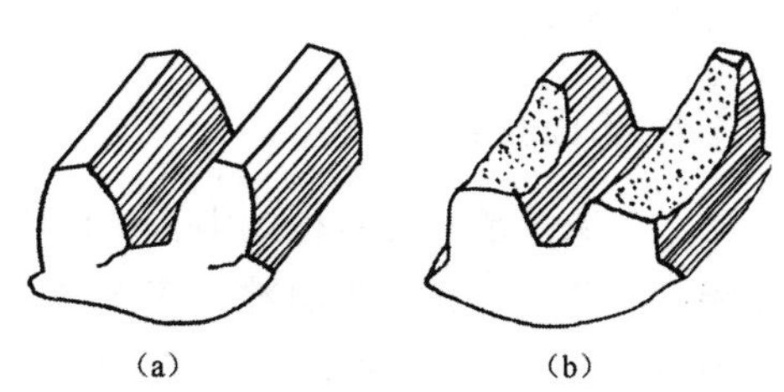

(a) (b)

图 10.14 轮齿折断

如果轮齿宽度过大，由于制造、安装的误差使其局部受载过大时，会造成局部折断，如

图 10.14（b）所示。在斜齿圆柱齿轮传动中，轮齿工作面上的接触线为一斜线，轮齿受载后如有载荷集中时，就会发生局部折断。若轴的弯曲变形过大而引起轮齿局部受载过大，也会发生局部折断。

提高轮齿抗折断能力的措施很多，如增大齿根圆角半径，消除该处的加工刀痕以降低齿根的应力集中；增大轴及支承物的刚度以减轻齿面局部过载的程度；对轮齿进行喷丸、辗压等冷作处理以提高齿面硬度、保持芯部的韧性等。

2．齿面点蚀

从理论上讲两齿面接触是线接触，但由于弹性变形存在，实际上是很小的面接触，因而表面产生很大的局部应力，称为接触应力。接触应力是按一定规律变化的，当应力循环次数超过一定数量后，表面就会产生细微的疲劳裂纹。随着裂纹的扩展，将会导致表层金属微粒剥落，形成麻点和斑坑，称为齿面疲劳点蚀，简称点蚀，如图 10.15 所示。点蚀会破坏齿廓表面，引起冲击与噪声，造成传动不平稳。点蚀通常出现在轮齿节线附近。

点蚀多发生在闭式传动、齿面硬度≤350HBS、良好润滑条件下。为防止出现疲劳点蚀，可选择合适的齿轮参数（如增大模数和齿数）、采用合适的材料及齿面硬度、减小表面粗糙度值、选用黏度高的润滑油等，都能提高轮齿齿面的抗点蚀能力。

3．齿面磨损

轮齿在啮合过程中存在相对滑动，齿面必然有磨损。当外界硬屑落入轮齿间，就可能产生磨料磨损，如图 10.16 所示，磨损将破坏渐开线齿形，并使侧隙增大而引起冲击和振动，严重时甚至因齿厚减薄过多而折断。

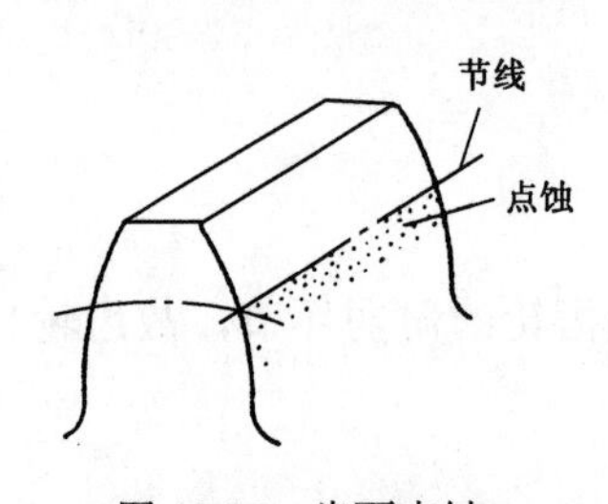

图 10.15　齿面点蚀

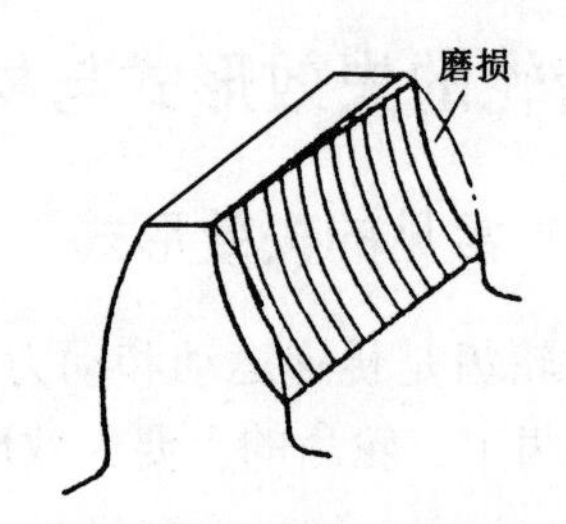

图 10.16　齿面磨损

磨损失效多发生在开式齿轮传动中，为减轻齿面磨损，可采用提高齿面硬度、减小表面粗糙度值、选取合适的材料组合、加大模数、改善润滑条件等措施。对于重要的齿轮传动，应采用闭式传动。

4．齿面胶合

在高速重载的齿轮传动中，齿面间的高压、高温使油膜破裂，局部金属互相黏连继而又相对滑动，金属从表面被撕落下来，而在齿面上沿滑动方向出现条状伤痕，称为胶合，如图 10.17 所示。低速重载的传动因不易形成油膜，也会出现胶合。

在实际中采用提高齿面硬度、降低齿面粗糙度、限制油温、增加油的黏度、选用加抗胶合添加剂的合成润滑油等方法，可以防止胶合的产生。

5. 齿面塑性变形

齿面塑性变形如图 10.18 所示。当齿轮材料较软而载荷及摩擦力又很大时，在啮合过程中，齿面表层材料就会沿着摩擦力的方向产生塑性变形，从而破坏正确齿形。由于在主动轮齿面节线的两侧，齿顶和齿根的摩擦力方向相背，因此在节线附近形成凹槽，从动轮则相反，由于摩擦力方向相对，因此在节线附近形成凸脊。这种失效常在低速重载、频繁启动和过载传动中出现。

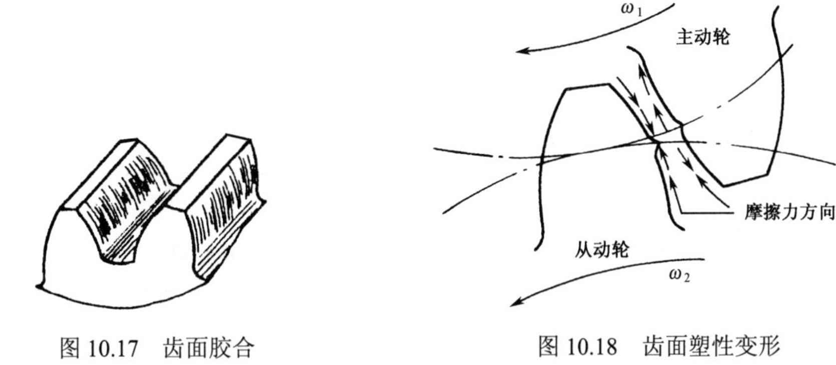

图 10.17　齿面胶合　　　　图 10.18　齿面塑性变形

适当提高齿面硬度，采用黏度较大的润滑油，可以减轻或防止齿面塑性变形。

10.6.2　设计准则

轮齿常见的失效形式虽然有多种，但不同的工作环境、齿面硬度条件下，失效的可能性有主有次，并非都会发生或同时发生。

（1）软齿面（齿面硬度小于等于 350HBS）闭式齿轮传动。主要失效形式为齿面点蚀，故通常按齿面接触疲劳强度设计，再按齿根弯曲疲劳强度进行校核。

（2）硬齿面（齿面硬度大于 350HBS）闭式齿轮传动。主要失效形式为轮齿疲劳折断，故通常先按齿根弯曲疲劳强度进行设计，再按齿面接触疲劳强度校核。

（3）开式齿轮传动。主要失效形式为齿面磨损。由于磨损的机理比较复杂，目前尚无成熟的设计计算方法，故通常只能按齿根弯曲疲劳强度进行设计，并考虑磨损的影响，将强度计算所求得的模数增大 10%～20%，无须校核接触强度。

10.6.3　常用材料

由齿轮传动的失效形式可知，设计齿轮传动时，应该使齿面具有较高的抗磨损、抗点蚀、抗胶合等能力，而齿根要有较高的抗折断的能力。因此，对轮齿材料性能的基本要求为：齿面应有足够的硬度，而齿芯要有一定的韧性。

常用的齿轮材料有：锻钢、铸钢、铸铁和非金属材料。

对于要求强度不高、中低速的齿轮，常采用软齿面以便于切齿。对于高速、重载以及高精度要求的齿轮传动，常采用硬齿面齿轮。常用材料和热处理方法见表 10-3。

表 10-3　常用材料和热处理方法

材料牌号		热处理方法	硬　度	应用举例
优质碳素结构钢	35	正火	150～180HBS	低速、轻载的齿轮或中载、中速的大齿轮
	45	正火	162～217HBS	
		调质	217～255HBS	中速、中载、一般传动用的齿轮，如减速器
		表面淬火	40～50HRC	高速、重载、无剧烈冲击的齿轮
合金结构钢	35SiMn	调质	217～269HBS	中速、中载、一般传动用的齿轮，如通用减速器等
	38SiMnMo		217～269HBS	
	40Cr		241～286HBS	
		表面淬火	48～55HRC	高速、中载、无剧烈冲击的齿轮
	20Cr	渗碳淬火	56～62HRC	高速、中载、承受冲击载荷的齿轮，如汽车或拖拉机中的重要齿轮
	20CrMnMo		56～62HRC	
	20CrMnTi		56～62HRC	
	38CrMoAlA	渗氮	＞65HRC	载荷平稳，润滑良好
铸钢	ZG310-570	正火	156～217HBS	重型机械中的低速齿轮、大型齿轮
	ZG340-640		169～229HBS	

注：v＜25m/s 为低速，v= 25～40m/s 为中速，v＞40m/s 为高速。

10.7　直齿圆柱齿轮传动的强度计算

10.7.1　轮齿的受力分析和计算载荷

在理想情况下，作用于齿轮上的力是沿齿宽接触线方向均匀分布的，常用集中力代替。又因齿面的摩擦力较小而忽略，故法向力 F_n 沿啮合线方向垂直于齿面。

在分度圆上主动轮法向力 F_{n1} 可分解为两个互相垂直的分力：切于分度圆的圆周力 F_{t1} 和半径方向的径向力 F_{r1}，如图 10.19 所示。

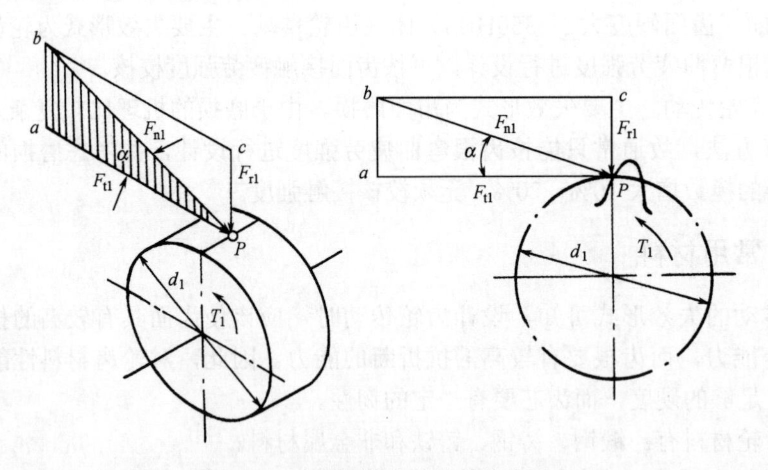

图 10.19　直齿圆柱齿轮传动的作用力

根据力平衡条件可得出作用在主动轮上的力为：

$$
\left.\begin{aligned}
&\text{圆周力：} && F_{t1}=\frac{2T_1}{d_1}\\
&\text{径向力：} && F_{r1}=F_{t1}\cdot\tan\alpha\\
&\text{法向力：} && F_{n1}=\frac{F_{t1}}{\cos\alpha}
\end{aligned}\right\} \tag{10-8}
$$

式中，T_1——作用在主动轮上的转矩，单位为 N·mm；

d_1——主动轮分度圆直径，单位为 mm；

α——分度圆上的压力角，α=20°。

主动轮上圆周力的方向与其运动方向相反，从动轮上圆周力的方向与其运动方向相同；两轮径向力的方向都是由作用点指向各自的轮心。根据作用力与反作用力原理，作用在主动轮与从动轮上的各对分力等值反向，即 $F_{t1}=-F_{t2}$，$F_{r1}=-F_{r2}$。

上面所分析的法向力 F_n 为名义载荷，在实际工作中，由于原动机、工作机的工作特性不同、工作载荷的冲击大小不同、零件的制造及安装误差等因素的影响，都会使实际载荷增加。

因此，在计算齿轮的强度时，常用考虑了诸多影响因素的计算载荷 F_{nc} 来代替名义载荷 F_n。计算载荷由下式确定：

$$F_{nc}=KF_n \tag{10-9}$$

式中，K——载荷系数，其值可查表 10-4。

表 10-4　载荷系数

载荷状态	工作机举例	原动机		
		电动机	多缸内燃机	单缸内燃机
平稳、轻微冲击	均匀加料的运输机和喂料机、发电机、鼓风机和压缩机、机床辅助传动等	1～1.2	1.2～1.6	1.6～1.8
中等冲击	不均匀加料的运输机和喂料机、重型卷扬机、球磨机、多缸往复式压缩机等	1.2～1.6	1.6～1.8	1.8～2.0
较大冲击	冲床、剪床、钻机、挖掘机、重型给水泵、破碎机、单缸往复式压缩机等	1.6～1.8	1.9～2.1	2.2～2.4

注：斜齿、圆周速度低、传动精度高、齿宽系数小时，取小值；直齿、圆周速度高、传动精度低时，取大值。增速传动时，K 值应增大 1.1 倍。齿轮在轴承间不对称布置时，取大值。

10.7.2　齿面接触疲劳强度计算

齿面点蚀是由接触应力过大而引起的。齿轮啮合可看作分别以接触处的曲率半径ρ_1、ρ_2为半径的两个圆柱体的接触，其最大接触应力可由赫兹应力公式计算，齿轮啮合时，点蚀通常出现在节线附近，因此一般以节点处的接触应力来计算齿面的接触疲劳强度。

如图 10.20 所示为一对标准直齿轮，接触点为 P。将相关参数代入赫兹应力公式，并经化简得出齿面接触疲劳强度的校核公式为：

$$\sigma_H=3.52Z_E\sqrt{\frac{KT_1(u\pm1)}{bd_1^2u}}\leqslant[\sigma_H] \tag{10-10}$$

式中，σ_H——轮齿齿面所受到的接触应力（MPa）；

Z_E——材料系数，其值可由表 10-5 查得；

$[\sigma_H]$——许用接触应力（MPa）；

u——齿数比，即大齿轮齿数与小齿轮齿数之比；

K——载荷系数，由表 10-4 确定；

T_1——主动齿轮 1 所受到的转矩（N·mm）；

d_1——主动齿轮 1 的分度圆直径（mm）；

b——轮齿齿宽（mm）。

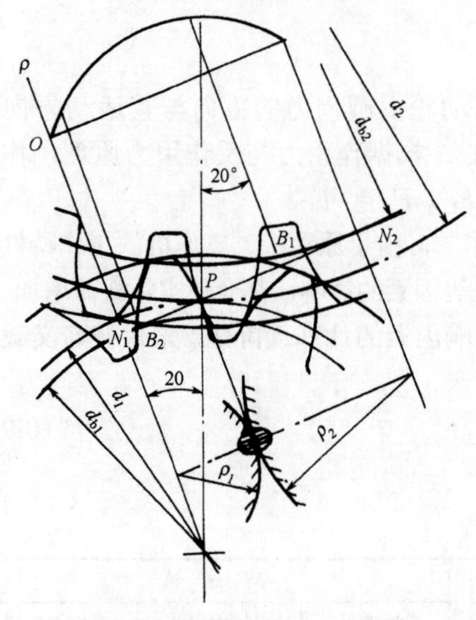

图 10.20　齿轮接触强度计算简图

表 10-5　配对齿轮的材料系数 Z_E

小轮材料 \ 大轮材料	钢	铸钢	铸铁	球墨铸铁
钢	189.8	188.9	165.4	181.4
铸钢	188.9	188.0	161.4	180.5

为了便于设计计算，引入齿宽系数 $\psi_d=\dfrac{b}{d_1}$ 并代入式（10-10），得到齿面接触疲劳强度的设计公式为：

$$d_1 \geqslant \sqrt[3]{\frac{KT_1(u\pm1)}{\psi_d u}\left(\frac{3.52Z_E}{[\sigma_H]}\right)^2} \tag{10-11}$$

由于两齿轮的材料、齿面硬度、应力循环次数不同，许用应力也不同，故将$[\sigma_H]_1$ 和$[\sigma_H]_2$ 中的较小值代入计算：

$$[\sigma_H]=\frac{Z_N\sigma_{Hlim}}{S_H} \tag{10-12}$$

式中，σ_{Hlim}——接触疲劳极限（MPa），由图 10.21 查取；

Z_N——接触疲劳寿命系数，由图 10.22 查取；

S_H——接触疲劳强度安全系数，由表 10-6 查取。

图 10.22 中 N 为应力循环次数，$N=60njL_h$，其中 n 为齿轮转速，单位为 r/min；j 为齿轮转一周时同侧齿面的啮合次数；L_h为齿轮工作寿命，单位为 h。

提高齿轮接触疲劳强度的主要措施如下：

（1）加大齿轮直径或中心距。

（2）适当增加齿宽。

（3）提高齿轮精度等级。

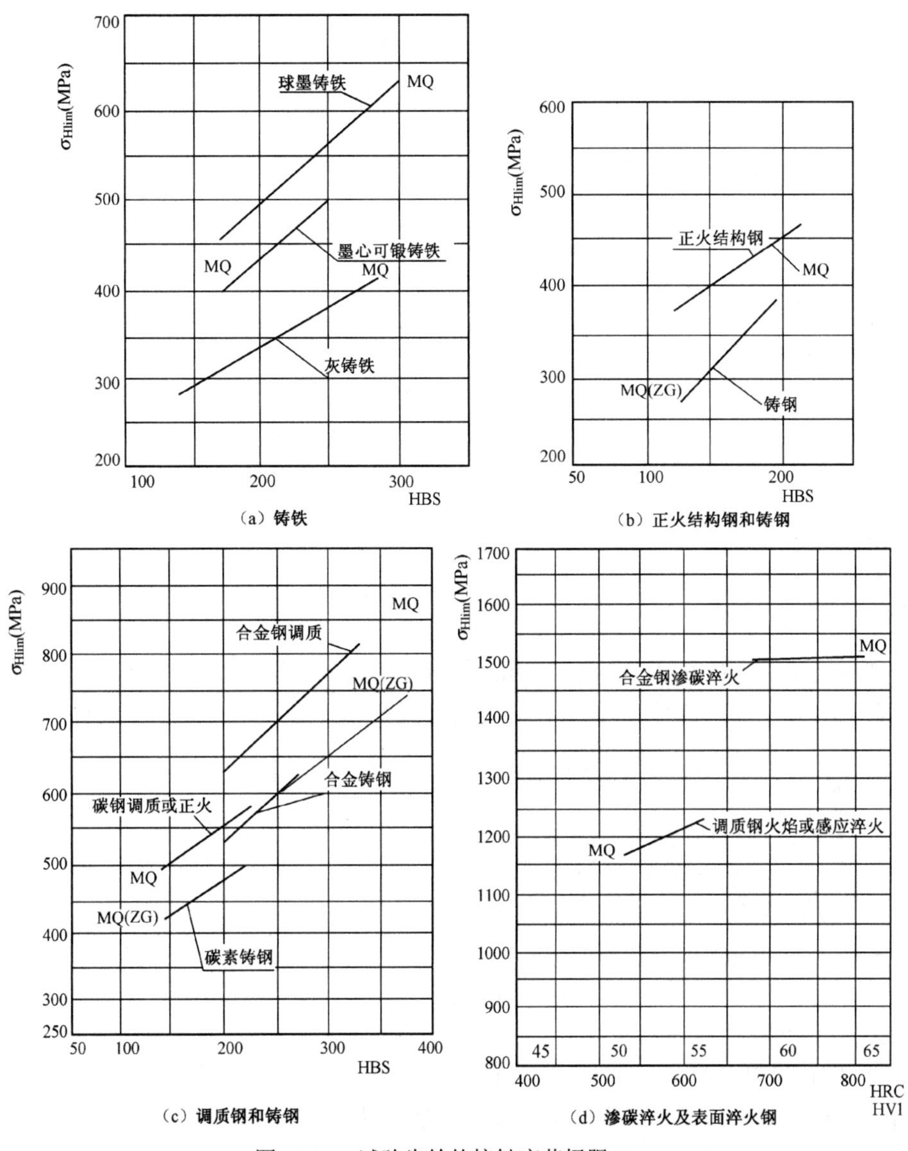

图 10.21 试验齿轮的接触疲劳极限σ_{Hlim}

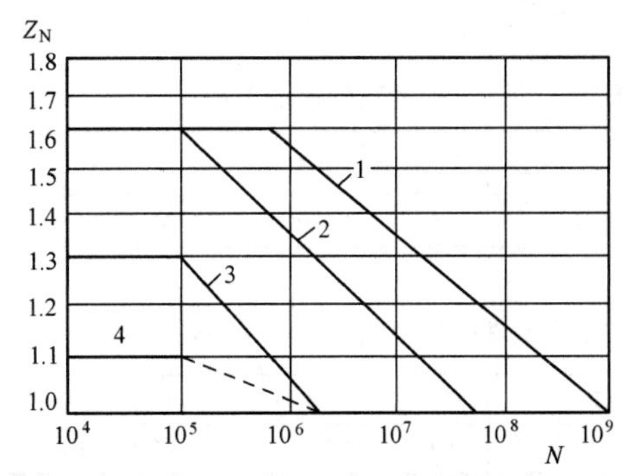

1—碳钢正火、调质，表面淬火及渗碳，球墨铸铁（允许一定的点蚀）；
2—同 1，不允许出现点蚀；3—碳钢调质后气体氮化、氮化钢气体氮化，灰铸铁；
4—碳钢调质后液体氮化

图 10.22 接触疲劳寿命系数 Z_N

表 10-6 安全系数 S_H 和 S_F

安全系数	软齿面（≤350 HBS）	硬齿面（>350 HBS）	重要的传动、渗碳淬火齿轮或铸造齿轮
S_H	1.0～1.1	1.1～1.2	1.3
S_F	1.3～1.4	1.4～1.6	1.6～2.2

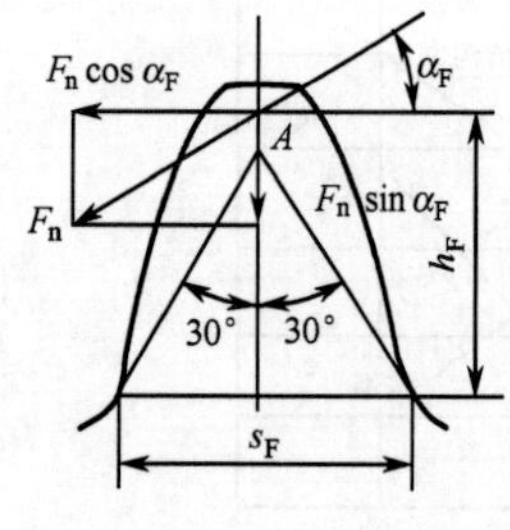

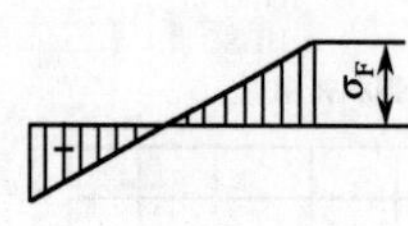

图 10.23 轮齿的弯曲强度

这些措施均可减小齿面的接触应力。另外改善齿轮材料和热处理方式（提高齿面硬度），也可以提高许用接触应力值。

10.7.3 齿根弯曲疲劳强度计算

齿轮在啮合时，作用在齿面上的载荷，在齿根处产生弯曲应力，如果弯曲应力过大，会导致轮齿疲劳折断。

计算时将轮齿看作悬臂梁，危险截面用 30° 切线法来确定，即作与轮齿对称中心线成 30° 并与齿根过渡曲线相切的两条直线，连接两切点的截面即为齿根的危险戴面，如图 10.23 所示。

将相关参数代入弯曲应力计算公式 $\sigma_F=M/W$ 中，并考虑齿根圆角处的应力集中以及齿根危险截面上压应力等的影响，引入应力修正系数 Y_S，计入载荷系数 K（见表 10-4），即可得轮齿弯曲疲劳强度的校核公式为：

$$\sigma_F=\frac{2KT_1}{b\cdot m\cdot d_1}\cdot Y_F\cdot Y_S=\frac{2KT_1}{bm^2z_1}\cdot Y_F\cdot Y_S\leqslant[\sigma_F] \tag{10-13}$$

式中，σ_F——轮齿齿根所受到的弯曲应力（MPa）；

$[\sigma_F]$——许用弯曲应力（MPa）；

K——载荷系数，由表 10-4 确定；

T_1——主动齿轮 1 所受到的转矩（N·mm）；

d_1——主动齿轮 1 的分度圆直径（mm）；

m——齿轮的模数（mm）；

b——轮齿宽度（mm），即 $b=\psi_d d_1$；

Y_F——与模数无关、与齿数有关的齿形系数，其值可查表 10-7 得到；

Y_S——应力修正系数（见表 10-8）；

S_H——接触疲劳强度安全系数，由表 10-6 查取。

表 10-7 标准外齿轮的齿形系数 Y_F

z	12	14	16	17	18	19	20	22	25	28	30	35	40	45	50	60	80	100	≥200
Y_F	3.47	3.22	3.03	2.91	2.97	2.85	2.81	2.75	2.65	2.58	2.54	2.47	2.41	2.37	2.35	2.30	2.25	2.18	2.14

注：$\alpha=20°$、$h_a^*=1$、$c^*=0.25$。

表 10-8 标准外齿轮的应力修正系数 Y_S

z	12	14	16	17	18	19	20	22	25	28	30	35	40	45	50	60	80	100	≥200
Y_S	1.44	1.47	1.51	1.53	1.54	1.55	1.56	1.58	1.59	1.61	1.63	1.65	1.67	1.65	1.71	1.73	1.77	1.80	1.88

注：$\alpha=20°$、$h_a^*=1$、$c^*=0.25$、$\rho_f=0.38$，ρ_f 为齿根圆角曲率半径。

引入齿宽系数$\psi_d = \dfrac{b}{d_1}$，代入式（10-13），可得出齿根弯曲疲劳强度的设计公式为：

$$m = 1.26\sqrt[3]{\frac{KT_1 \cdot Y_F \cdot Y_S}{\psi_d \cdot z_1^2 [\sigma_F]}} \tag{10-14}$$

在校核齿根弯曲疲劳强度时，由于大、小齿轮的齿形系数 Y_F 和应力修正系数 Y_S 是不同的，故大、小齿轮的弯曲应力应分别计算；此外，大、小齿轮的$\dfrac{Y_F \cdot Y_S}{[\sigma_F]}$的比值亦可能不同，进行设计计算时应将两者中较大值代入计算，求得 m 后，圆整成标准值。

在满足弯曲强度的条件下，可适当地选取较多的齿数。当中心距 a 一定时，齿数增加则模数减少。增加齿数同时也提高了齿轮工作的平稳性。

许用弯曲应力$[\sigma_F]$可按下式计算：

$$[\sigma_F] = \frac{Y_N \cdot \sigma_{Flim}}{S_F} \tag{10-15}$$

式中，σ_{Flim}——弯曲疲劳极限（MPa），由图 10.24 查取，受对称循环弯曲应力的齿轮，应将所查取的值乘以 0.7；

Y_N——弯曲疲劳寿命系数，由图 10.25 查取；

S_F——齿根弯曲疲劳强度安全系数，由表 10-6 查取。

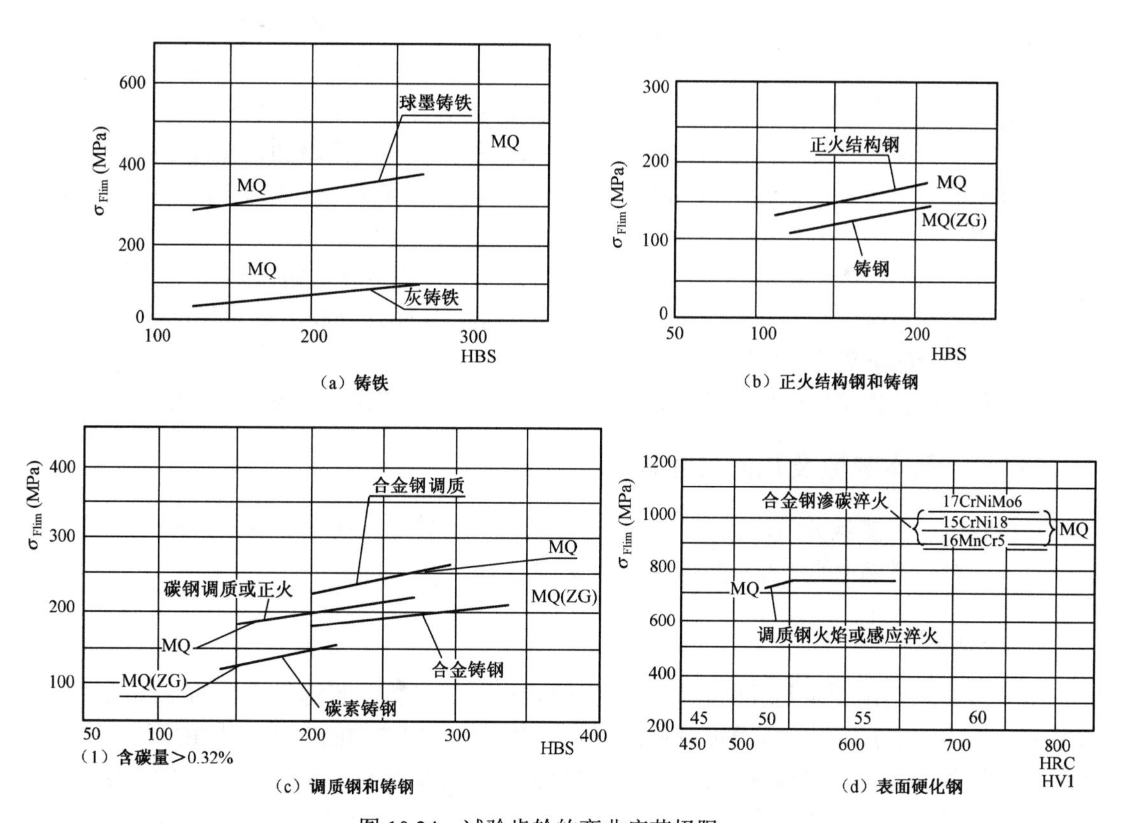

图 10.24　试验齿轮的弯曲疲劳极限σ_{Flim}

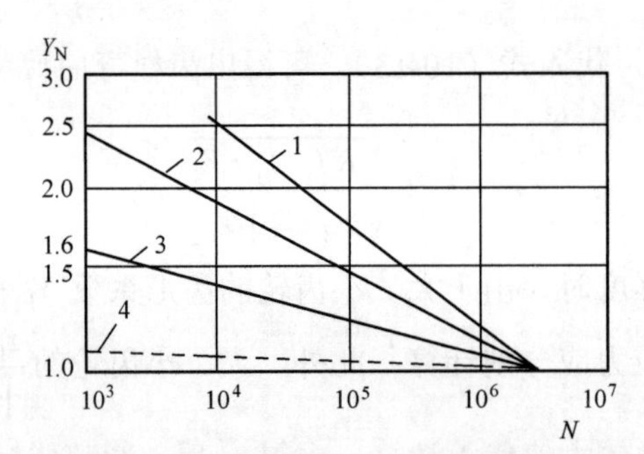

图 10.25　弯曲疲劳寿命系数 Y_N

10.8　斜齿圆柱齿轮传动

10.8.1　啮合特点

一对直齿圆柱齿轮啮合时，两轮齿廓曲面的接触线是平行于轴线的直线，如图 10.26（a）所示。在传动过程中，一对轮齿沿全齿同时进入啮合，又同时退出啮合，因此轮齿上的作用力是突然加上或突然卸除的，容易造成冲击、振动和噪声，即传动的平稳性较差。

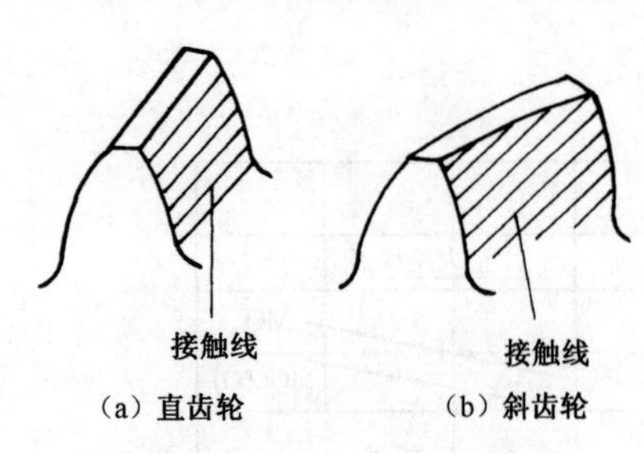

图 10.26　齿轮啮合的接触线

一对平行轴斜齿轮啮合时，斜齿轮的齿廓是逐渐进入啮合、逐渐脱离啮合的。如图 10.26（b）所示，斜齿轮齿廓接触线的长度由零逐渐增加，又逐渐缩短，直至脱离接触，载荷也不是突然加上或卸下的，因此斜齿传动工作平稳。

因斜齿轮的轮齿是螺旋状的，与相应的直齿轮相比，实际啮合的轮齿对数增多，每对齿的承载相应减小，因此斜齿轮的承载能力要比直齿轮强。

由于斜齿圆柱齿轮传动平稳且承载能力强，因此被广泛应用于高速、重载的传动中。

10.8.2　基本参数及几何尺寸计算

斜齿轮的几何参数分为端面参数和法面参数，斜齿轮的端面是标准渐开线，但从加工和受力角度看，斜齿轮的法面参数应为标准值。

1. 基本参数

（1）螺旋角。螺旋角是反映斜齿轮轮齿倾斜程度的参数。若将斜齿轮的分度圆柱展开成平面，如图 10.27 所示，在分度圆柱面上，分度圆和齿廓曲面的交线（即螺旋线）变为一条斜线。该线与齿轮的轴线所夹的锐角β称为斜齿轮的螺旋角。β越大，轮齿倾斜程度越大，重合度越大，传动平稳性越好，但轴向力越大，一般取$\beta \approx 8° \sim 17°$。根据螺旋线的方向，斜齿轮可分为左旋和右旋，如图 10.28 所示。

（2）其他基本参数。除螺旋角β外，斜齿轮与直齿轮一样，也有齿数、模数、压力角、齿顶高系数和顶隙系数五个基本参数。但斜齿轮的齿距、模数、压力角等系数均有端面与法面之分，并分别以下标 t 和 n 加以区别。

法面齿距（见图 10.27）： $p_n = p_t \cdot \cos\beta$ （10-16）

法面模数： $m_n = m_t \cdot \cos\beta$ （10-17）

法面压力角（见图 10.29）： $\tan\alpha_n = \tan\alpha_t \cdot \cos\beta$ （10-18）

斜齿轮的齿顶高、齿根高、顶隙无论从端面还是法面来看都是相等的。

$$h_{at}^* = h_{an}^* \cdot \cos\beta \quad (10\text{-}19)$$

$$c_t^* = c_n^* \cdot \cos\beta \quad (10\text{-}20)$$

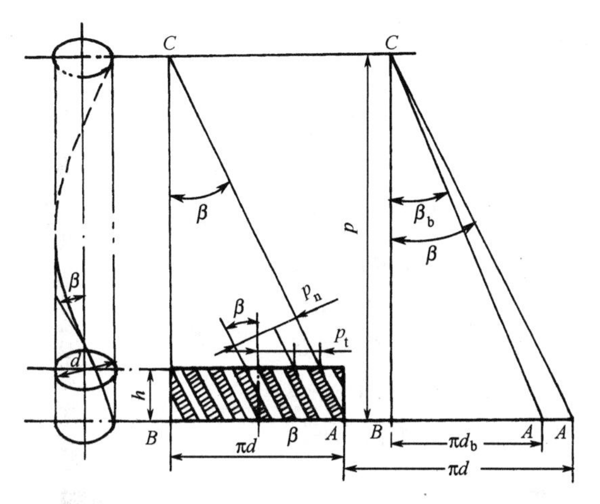

图 10.27 斜齿轮分度圆柱展开图

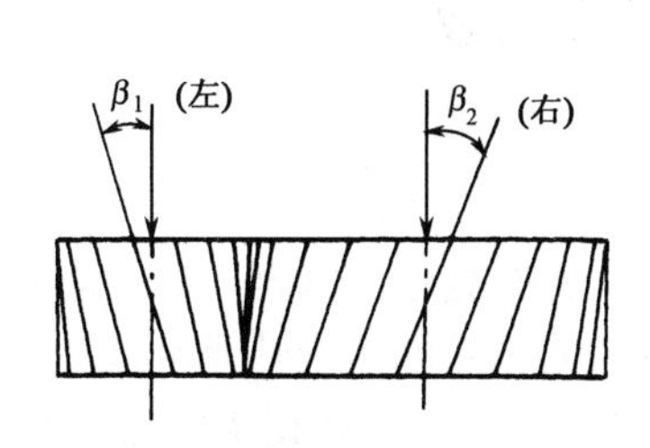

图 10.28 斜齿轮轮齿的旋向

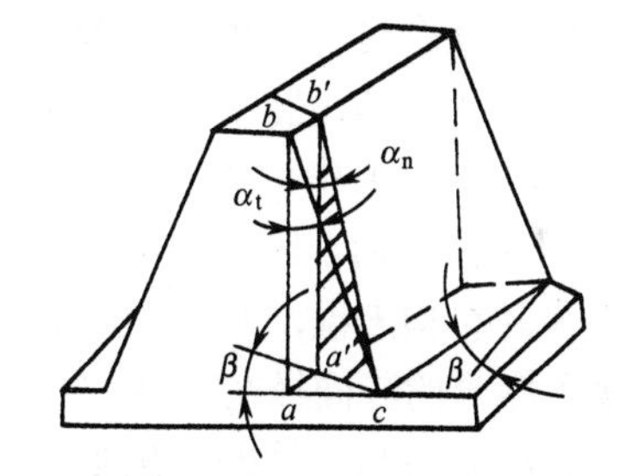

图 10.29 斜齿条的压力角

2. 几何尺寸计算

斜齿轮的啮合在端面上相当于一对直齿轮的啮合，因此将斜齿轮的端面参数代入直齿轮的计算公式，就可得到斜齿轮的相应尺寸，见表 10-9。

表 10-9 外啮合标准斜齿圆柱齿轮传动的几何尺寸计算公式

名 称	符 号	计 算 公 式
分度圆直径	d	$d=m_t z=(m_n/\cos\beta)z$
齿顶高	h_a	$h_a=m_n$
齿顶圆直径	d_a	$d_a=d+2h_a$
齿根高	h_f	$h_f=1.25m_n$

续表

名　称	符　号	计 算 公 式
齿根圆直径	d_f	$d_f=d-2h_f$
全齿高	h	$h=h_a+h_f=2.25m_n$
标准中心距	a	$a=\frac{1}{2}(d_1+d_2)=\frac{1}{2}m_t(z_1+z_2)=\frac{m_n}{2\cos\beta}(z_1+z_2)$

由表 10-9 可知，斜齿轮传动的中心距与螺旋角β有关。当一对斜齿轮的模数、齿数一定时，可以通过改变其螺旋角β的大小来调整中心距。

10.8.3　正确啮合条件和重合度

1. 正确啮合条件

要想让一对斜齿圆柱齿轮能够正确啮合，除了要保证该对齿轮的齿距相等外，还要使这对斜齿轮的轮齿在啮合位置的倾斜方向一致。因此斜齿轮传动的正确啮合的条件为：

$$\begin{cases} m_{n1}=m_{n2}=m \\ \alpha_{n1}=\alpha_{n2}=\alpha \\ \beta_1=\mp\beta_2 \end{cases}$$

式中，“–”表明外啮合两齿轮的轮齿旋向不同；

“+”表明内啮合两齿轮的轮齿旋向相同。

2. 斜齿轮传动的重合度

斜齿轮的啮合过程是由点变为线进入啮合，再由线变为点逐渐脱离啮合。如图 10.30 所示为端面尺寸相同和齿宽相同的直齿轮和斜齿轮基圆柱展开平面图。

在图 10.30（a）中，直线 B_1B_1 和 B_2B_2 分别为一对直齿轮进入啮合和脱离啮合的位置，其区域称为轮齿的啮合区，直齿轮沿整个齿宽同时进入啮合并同时脱离啮合。

对斜齿轮机构来说，如图 10.30（b）所示，轮齿也在 B_1B_1 处进入啮合，但在齿宽方向上是逐渐进入啮合的，同样在 B_2B_2 处脱离也是逐渐的。这样斜齿轮的实际啮合区是从最初一端的进入啮合到最后另一端的脱离啮合，显然，斜齿轮的啮合区比直齿轮增大了ΔL。因此，斜齿轮的重合度ε 比直齿轮的大，它由端面重合度ε_t和轴向重合度ε_β两部分组成，即

$$\varepsilon=\varepsilon_t+\varepsilon_\beta \tag{10-21}$$

式中，ε_t——斜齿轮传动的端面重合度，$\varepsilon_t=\frac{B_1B_2}{p_{bt}}=\frac{L}{p_{bt}}$；

ε_β——斜齿轮传动的轴向重合度，$\varepsilon_\beta=\frac{b\sin\beta}{\pi m_n}$；

ε——斜齿轮传动的总重合度；

b——轮齿齿宽（mm）；

β——齿轮分度圆上的螺旋角（°）；

p_{bt}——斜齿轮在端面上的基圆齿距（mm）。

由上可知，平行轴斜齿轮机构的重合度随轮宽 b 和螺旋角β的增大而增大，因此与直齿圆柱齿轮相比承载能力大，传动平稳。

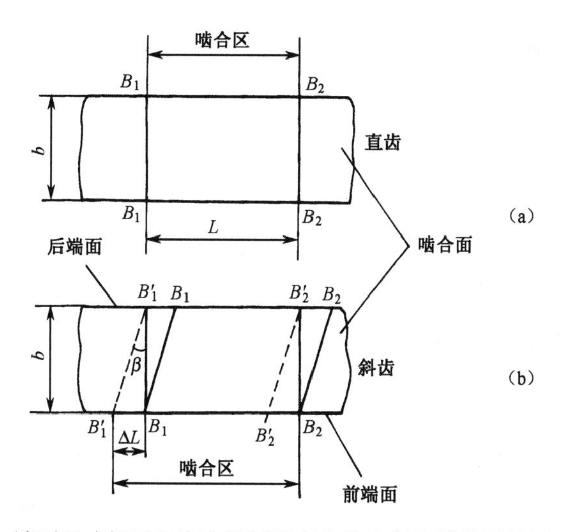

图 10.30　端面尺寸相同和齿宽相同的直齿轮和斜齿轮基圆柱展开平面图

10.8.4　斜齿圆柱齿轮的当量齿数

用仿形法加工齿轮以及进行强度计算时都要用到齿形。对于斜齿轮来说，必须知道斜齿轮的法面齿形。由于法面齿形较复杂，通常用近似方法进行研究。

如图 10.31 所示，过斜齿轮分度圆柱上齿廓的任一点 C 作齿的法面 nn，该法面与分度圆柱面的交线为一椭圆。椭圆的长半轴为 $a=\dfrac{d}{2\cos\beta}$，短半轴为 $b=\dfrac{d}{2}$。由高等数学知识可知，椭圆在 C 点的曲率半径为 $\rho=\dfrac{a^2}{b}=\dfrac{d}{2\cos^2\beta}$。以 ρ 为分度圆半径，以斜齿轮法面模数 α_n 为模数，取压力角 α_n 为标准压力角作一直齿圆柱齿轮，则其齿形近似于斜齿轮的法面齿形。该直齿轮称为斜齿圆柱齿轮的当量齿轮，其齿数称为斜齿圆柱齿轮的当量齿数，用 z_v 表示，计算如下：

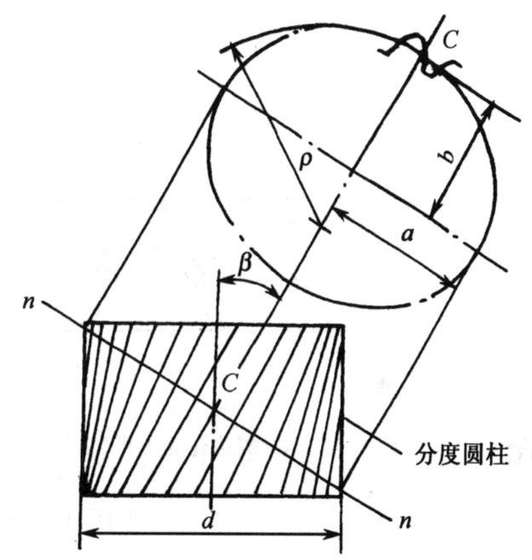

图 10.31　斜齿轮的当量圆柱齿轮

$$z_v=\frac{2\rho}{m_n}=\frac{d}{m_n\cos^2\beta}=\frac{m_n\cdot z}{m_n\cdot\cos^3\beta}=\frac{z}{\cos^3\beta} \tag{10-22}$$

标准斜齿轮不发生根切的最少齿数可由其当量直齿轮的最少齿数 z_{vmin} 计算出来：

$$z_{min}=z_{v\,min}\cos^3\beta=17\cdot\cos^3\beta \tag{10-23}$$

10.8.5　斜齿圆柱齿轮的强度计算

1. 受力分析

如图 10.32 所示为斜齿圆柱齿轮传动中主动轮上的受力情况。由于轮齿相对于轴线是倾斜的，故图中 F_{n1} 作用在法平面内，不计摩擦力，F_{n1} 可分解成 3 个相互垂直的分力，即圆

周力 F_{t1}，径向力 F_{r1} 和轴向力 F_{a1}，其大小为：

$$F_{t1} = \frac{2T_1}{d_1} \tag{10-24}$$

$$F_{r1} = F_{t1}\frac{\tan\alpha_n}{\cos\beta} \tag{10-25}$$

$$F_{a1} = F_{t1}\tan\beta \tag{10-26}$$

式中，T_1——主动轮传递的转矩，单位为 N·mm；

d_1——主动轮分度圆直径，单位为 mm；

β——分度圆上螺旋角；

α_n——法面压力角。

F_{t1} 与 F_{r1} 方向的判定方法与直齿圆柱齿轮相同。F_{a1} 的方向可用左右手法则来判定，即右旋齿轮用右手、左旋齿轮用左手，四指按齿轮转向弯曲，拇指的指向即为 F_{a1} 的方向。作用在从动轮上的力可根据作用力与反作用力关系判定。

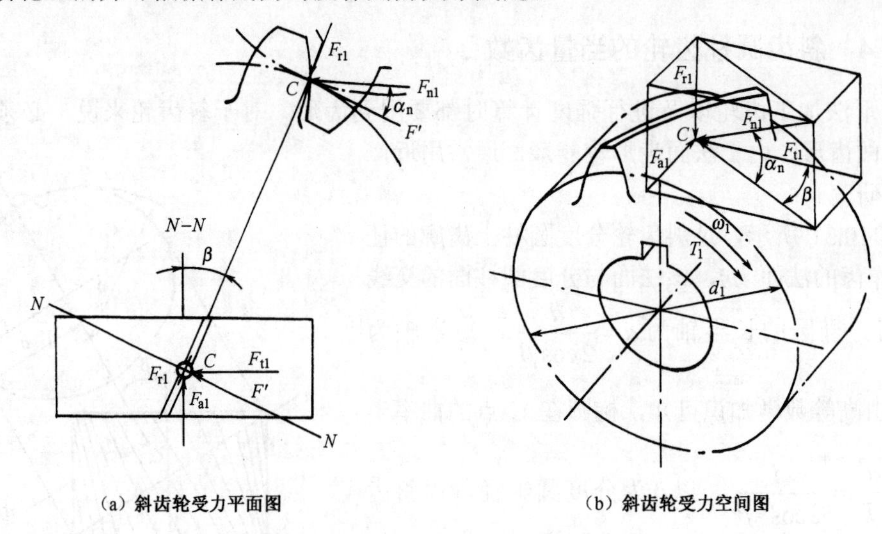

图 10.32　斜齿圆柱齿轮传动中主动轮受力分析

2. 斜齿圆柱齿轮传动的强度计算

斜齿圆柱齿轮传动的强度计算、分析的思路与直齿圆柱齿轮相似，但要考虑齿面接触线是倾斜的、重合度增大、载荷作用位置的变化等因素对强度的影响，会使斜齿轮的接触应力和弯曲应力降低。

（1）齿面接触疲劳强度计算。

校核公式为：

$$\sigma_H = 3.17Z_E\sqrt{\frac{KT_1(u\pm1)}{bd_1^2u}} \leqslant [\sigma_H] \tag{10-27}$$

设计公式为：

$$d_1 \geqslant \sqrt[3]{\frac{KT_1(u\pm1)}{\psi_d u}\left(\frac{3.17Z_E}{\sigma_H}\right)^2} \tag{10-28}$$

由上可知斜齿轮传动的接触强度要比直齿轮传动的高。

（2）齿根弯曲疲劳强度计算。

校核公式为：

$$\sigma_{\mathrm{F}}=\frac{1.6KT_1}{bm_{\mathrm{n}}d_1}Y_{\mathrm{F}}Y_{\mathrm{S}}=\frac{1.6KT_1\cos\beta}{bm_{\mathrm{n}}^2z_1}Y_{\mathrm{F}}Y_{\mathrm{S}}\leqslant[\sigma_{\mathrm{F}}] \tag{10-29}$$

设计公式为：

$$m_{\mathrm{n}}\geqslant 1.17\sqrt[3]{\frac{KT_1\cos^2\beta Y_{\mathrm{F}}Y_{\mathrm{S}}}{\psi_{\mathrm{d}}z_1^2[\sigma_{\mathrm{F}}]}} \tag{10-30}$$

设计时应将$Y_{\mathrm{F1}}Y_{\mathrm{S1}}/[\sigma_{\mathrm{F}}]_1$和$Y_{\mathrm{F2}}Y_{\mathrm{S2}}/[\sigma_{\mathrm{F}}]_2$两比值中的较大值代入公式（10-29）、公式（10-30），并将计算所得的法面模数m_{n}按标准模数圆整。Y_{F}、Y_{S}应按斜齿轮的当量齿数z_{v}查取。

有关直齿轮传动的设计方法和参数选择原则对斜齿轮传动基本上都是适用的。

10.9 直齿圆锥齿轮传动

10.9.1 圆锥齿轮传动概述

圆锥齿轮传动用于传递相交两轴之间的运动和动力。

圆锥齿轮传动有直齿和曲齿等多种形式，由于直齿圆锥齿轮传动设计、制造和安装均简单，适用低速、轻载的场合，应用最广泛。曲齿与直齿相比传动平稳，承载能力高，常用于高速重载传动，如汽车、拖拉机、飞机中的锥齿传动，但设计和制造比较复杂。

圆锥齿轮的轮齿分布在锥面上，从大端到小端逐渐减小（见图 10.33）。一对圆锥齿轮的运动可以看作两个锥顶共点的圆锥体相互做纯滚动，这两个锥顶共点的圆锥体就是节圆锥。对于正确安装的标准圆锥齿轮传动，其节圆锥与分度圆锥应该重合。这些锥的顶角之半称为锥角，如顶锥角δ_{a}（又称毛坯角）、根锥角δ_{f}、分度锥角δ等。

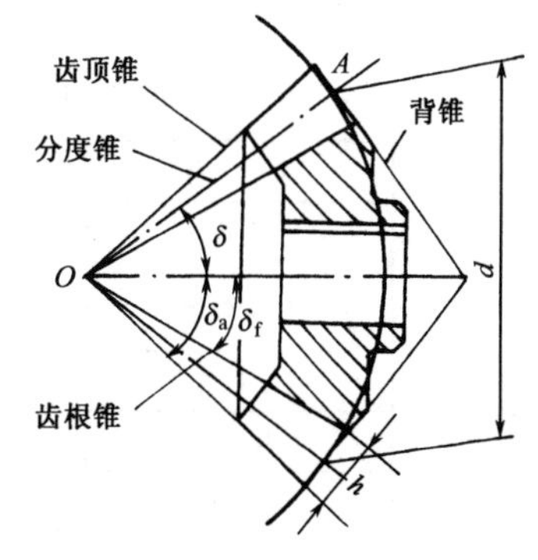

图 10.33　直齿圆锥齿轮

图 10.33 中与分度锥共轴而锥面互相垂直的圆锥称为背锥，齿轮大端的端面在背锥面上。从理论上说，圆锥齿轮大端齿廓在以锥顶 O 为球心、锥顶距 $L=OA$ 为半径的球面上，是球面渐开线。但由图可见，若 L 远大于齿高 h，球面齿廓与其在背锥上的投影（背锥齿廓）差别不大，实际上可将背锥展成扇形，用展得平面上的渐开线背锥齿廓代替球面渐开线，以简化问题。

10.9.2 几何尺寸计算

圆锥齿轮的尺寸计算以大端为准（大端尺寸较大，计算和测量的误差较小），其各主要尺寸见图 10.34，计算公式列于表 10-10。应注意齿高沿背锥素线测量。此外，由图 10.34 中直角三角形 OAB 和 OAC 可得传动比：

$$i = \frac{\omega_1}{\omega_2} = \frac{z_2}{z_1} = \frac{d_2}{d_1} = \tan\delta_2 = \cot\delta_1 \tag{10-31}$$

式中，δ_1、δ_2——主动、从动齿轮的分度锥角；

z_1、z_2——主动、从动齿轮的齿数；

d_1、d_2——主动、从动齿轮的分度圆直径。

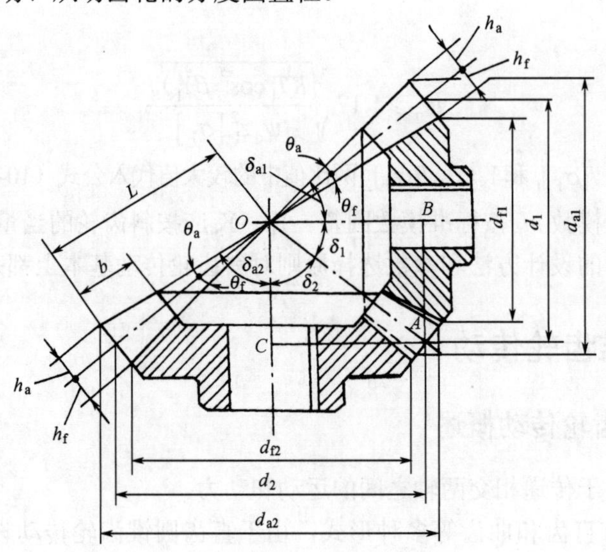

图 10.34　圆锥齿轮的几何尺寸

表 10-10　标准直齿圆锥齿轮几何尺寸计算公式（两轮轴垂直）

名　称	符　号	公　式
模数	m	指大端值，由强度或结构要求确定
分度锥角	δ	$\delta_2=\arctan\frac{z_2}{z_1}$，$\delta_1=90°-\delta_2$
分度圆直径	d	$d_1=mz_1$，$d_2=mz_2$
齿顶高	h_a	$h_a=m$
齿根高	h_f	$h_f=1.2m$
全齿高	h	$h=2.2m$
齿顶圆直径	d_a	$d_{a1}=d_1+2m\cos\delta_1$，$d_{a2}=d_2+2m\cos\delta_2$
齿根圆直径	d_f	$d_{f1}=d_1-2.4m\cos\delta_1$，$d_{f2}=d_2-2.4m\cos\delta_2$
锥顶距	L	$L=\frac{m}{2}\sqrt{z_1^2+z_2^2}$
齿宽	b	$b\leqslant\frac{L}{3}$，$b\leqslant 10m$（m 为模数）
齿顶角	θ_a	$\theta_a=\arctan\frac{h_a}{L}$
齿根角	θ_f	$\theta_f=\arctan\frac{h_f}{L}$
顶锥角	δ_a	$\delta_{a1}=\delta_1+\theta_a$，$\delta_{a2}=\delta_2+\theta_a$
根锥角	δ_f	$\delta_{f1}=\delta_1-\theta_f$，$\delta_{f2}=\delta_2-\theta_f$

注：表中所列公式适用于正常收缩齿。

10.10　齿轮的结构设计

齿轮的结构设计与齿轮直径大小、毛坯、材料、加工方法、使用要求及经济性等因素有关。通常按齿轮直径大小和选定的材料来确定合适的结构形式，再根据经验公式或数据进行结构设计。

常用的齿轮结构形式有四种。

1. 齿轮轴

当圆柱齿轮的齿根圆至键槽底部的距离 $x \leqslant 2 \sim 2.5m$，或当圆锥齿轮小端的齿根圆至键槽底部的距离 $x \leqslant 1.6 \sim 2m$ 时，应将齿轮与轴制成一体，称为齿轮轴，如图 10.35 所示。此结构的齿轮常用锻钢制造。

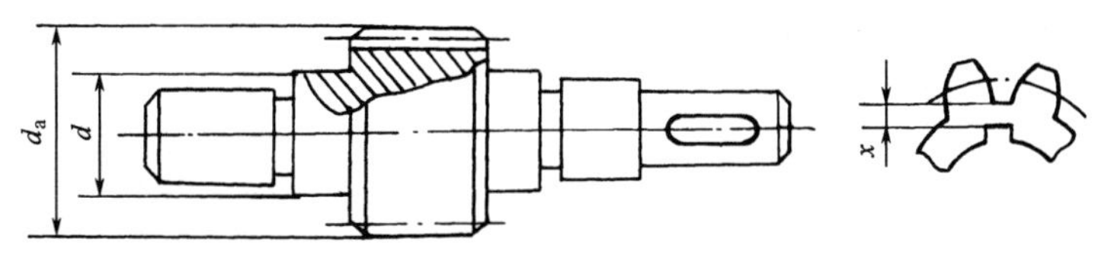

图 10.35　齿轮轴

2. 实体式齿轮

当齿顶圆直径 $d_a \leqslant 200$mm，齿根圆至键槽底部的径向距离 $x > 2.5m$ 或当圆锥齿小端的齿根圆至键槽底部的径向距离 $x > 2m$ 时，可采用实体式结构，如图 10.36 所示。此结构的齿轮一般采用锻造毛坯。

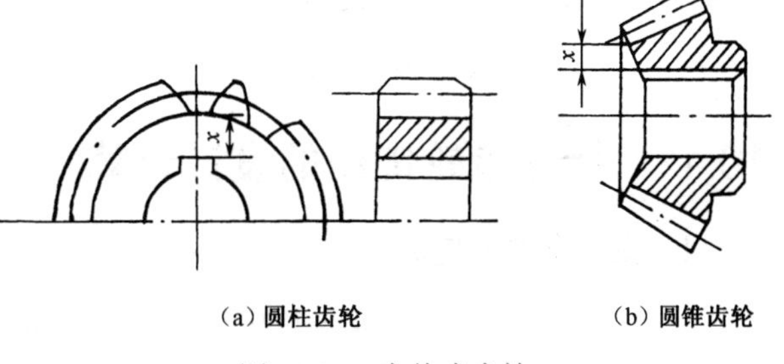

(a) 圆柱齿轮　(b) 圆锥齿轮

图 10.36　实体式齿轮

3. 腹板式齿轮

当齿顶圆直径 200mm $< d_a \leqslant 500$mm 时，为了减轻重量和节约材料，应将齿轮设计为腹板式结构，如图 10.37 所示。此结构的齿轮一般采用锻钢制造。

4. 轮辐式齿轮

当齿顶圆直径 $d_a > 500$mm 时，齿轮的毛坯制造因受锻压设备的限制，常用材料为铸铁或铸钢，所以齿轮常做成轮辐式结构，如图 10.38 所示。

对于尺寸很大的齿轮，为了节约贵重钢材，常采用齿圈套装于轮芯上的组合结构。齿圈采用较好的钢，轮芯采用铸铁或铸钢，两者采用过盈连接，并在配合缝上加装 4～8 个紧定螺钉，如图 10.39 所示。螺钉孔中心要偏向铸铁 2mm 左右。

单件生产的大齿轮还可采用焊接结构，如图 10.40 所示。

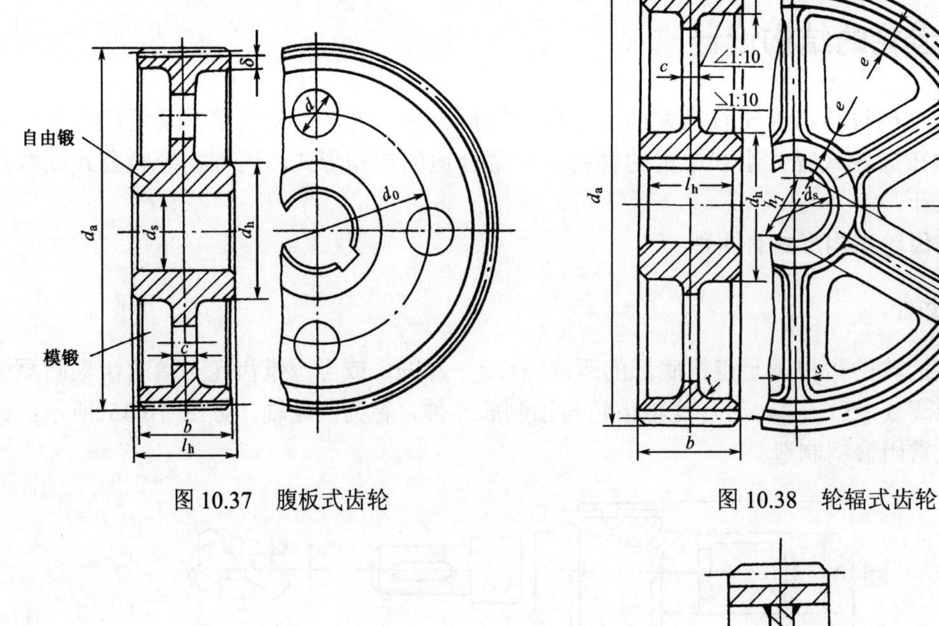

图 10.37　腹板式齿轮　　　　图 10.38　轮辐式齿轮

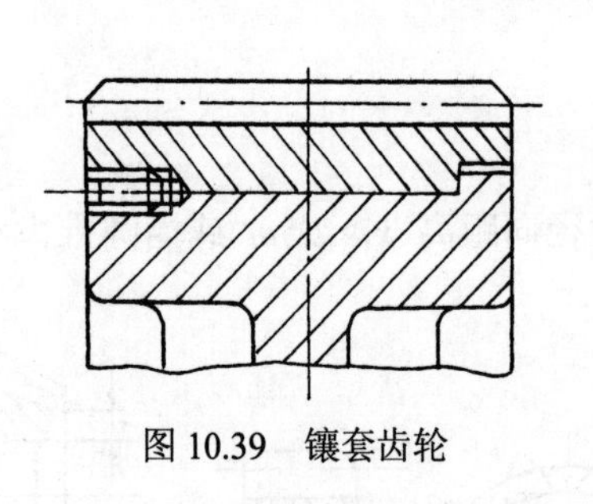

图 10.39　镶套齿轮

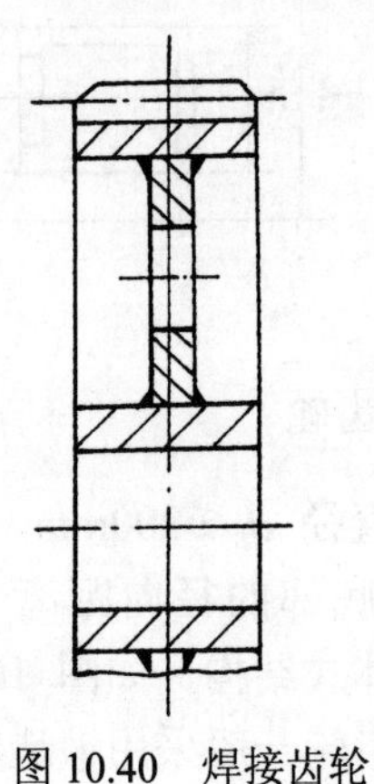

图 10.40　焊接齿轮

10.11　标准齿轮传动的设计计算

1．主要参数的选择

（1）传动比。对于一般齿轮传动，通常单级传动比 $i \leqslant 5$（直齿）、$i \leqslant 7$（斜齿）。当 $i>7$ 时，宜采用多级传动，以免传动的总体尺寸增大。对于开式或手动的齿轮传动，传动比可取大些，i_{max}=8～12。

对传动比无严格要求的一般齿轮传动，实际传动比允许有±3%～±5%的误差。

（2）齿数 z_1 和模数 m。对于闭式软齿面传动，在满足齿根弯曲疲劳强度的条件下，将小齿轮齿数取得多一些，可增加重合度，提高传动的平稳性，故一般取 z_1=24～40；对于闭式硬齿面传动，齿根折断为主要失效形式，应取较少的齿数和较大的模数，以提高轮齿的齿根弯曲强度，一般取 z_1=17～20。

在开式传动中，为保证轮齿在经受相当的磨损后仍不会发生弯曲破坏，z 不宜取太多，一般取 z_1=17～20。

模数是影响轮齿弯曲强度的重要参数，在满足轮齿弯曲疲劳强度的条件下，宜取较小模数，以利增多齿数。对于传递动力的齿轮，其模数一般取大于 1.5mm。普通减速器、机床及汽车变速箱中的齿轮，其模数一般取 2～8mm。

（3）齿宽系数ψ_d。齿宽系数$\psi_d=\dfrac{b}{d_1}$，当 d_1 一定时，增大齿宽系数必然增大齿宽，可提高齿轮的承载能力。但齿宽越大，载荷沿齿宽的分布越不均匀，造成偏载而降低了传动能力。因此设计齿轮传动时应合理选择ψ_d。一般取ψ_d=0.2～1.4，如表 10-11 所示。

在一般精度的圆柱齿轮减速器中，为补偿加工和装配的误差，就使小齿轮比大齿轮宽一些，小齿轮的齿宽取 $b_1=b_2+(5\sim10)$mm。所以齿宽系数ψ_d实际上为 b_2/d_1。齿宽 b_2和 b_1都应圆整为整数，最好个位数为 0 或 5。

表 10-11 圆柱齿轮的齿宽系数

齿轮相对轴承的位置	大齿轮或两轮齿面硬度≤350HBS	两轮齿面硬度＞350HBS
对称布置	0.8～1.4	0.4～0.9
非对称布置	0.6～1.2	0.3～0.6
悬臂布置	0.3～0.4	0.2～0.5

注：① 载荷稳定时取大值，轴与轴承的刚度较大时取大值，斜齿轮与人字齿轮取大值。

② 对于金属切削机床的传动齿轮取小值；传动功率不大时可小到 0.2。

2. 精度等级的选择

国家标准 GB/T 10095.1—2008 对圆柱齿轮及齿轮副规定了 12 个精度等级，其中 1 级的精度最高，12 级的精度最低。常用的齿轮是 6～9 级精度。

表 10-12 列出了精度等级的使用范围，设计时可以参考。

表 10-12 齿轮传动精度等级的选择

精确等级	圆周速度 v（m/s）			应　用
	直齿圆柱齿轮	斜齿圆柱齿轮	直齿圆锥齿轮	
6 级	≤15	≤25	≤9	高速重载传动
7 级	≤10	≤17	≤6	高速中载或中速重载传动
8 级	≤5	≤10	≤3	对精度无特殊要求的传动
9 级	≤3	≤3.5	≤3.5	低速或对精度要求低的传动

3. 设计计算步骤

（1）确定传动形式，选定合适的齿轮材料热处理方法以及精度等级。

（2）对于软齿面闭式齿轮传动，合理选择齿轮参数，按接触疲劳强度设计公式确定小齿轮的 d_1；对硬齿面闭式齿轮传动，合理选择齿轮参数，按弯曲疲劳强度设计公式求出模数 m，并圆整为标准值。

（3）计算齿轮的主要尺寸。

（4）对软齿面齿轮传动校核其弯曲疲劳强度，对硬齿面齿轮传动校核其接触疲劳强度。

（5）校核齿轮的圆周速度，确定润滑方式。

（6）确定齿轮的结构，并绘制齿轮零件工作图。

例 10.1 某机械装置中的减速器，采用的是一级直齿圆柱齿轮传动。已知小齿轮转速为 n_1=650r/min，传递的功率为 P=5kW，传动比为 i=4。减速器工作时，载荷为中等冲击，使用寿命为 10 年，单班制。试设计该齿轮传动。

解：（1）选择材料与精度等级。

选择齿轮的材料和热处理为：小齿轮 45 号钢，调质热处理，硬度为 217～255HBS；大齿轮 45 号钢，正火热处理，硬度为 162～217HBS。由表 10-12，选 8 级精度。

（2）按齿面接触疲劳强度设计。计算小齿轮传递的转矩为：

$$T_1 = 9.55\times10^6\frac{P}{n_1} = 9.55\times10^6\times\frac{5}{650}\approx 73461.5\text{N}\cdot\text{mm}$$

载荷系数 K，查表 10-4 取 K=1.5。

齿数 z 和齿宽系数 ψ_d：取 z_1=28，则 z_2=z_1=28×4=112，因单级齿轮传动为对称布置，而齿轮齿面为软齿面，由表 10-11，选取 ψ_d=1。

许用接触应力$[\sigma_H]$。由图 10.21 查得：$\sigma_{\text{Hlim1}}=570\text{MPa}$，$\sigma_{\text{Hlim2}}=530\text{MPa}$。

由表 10-6 查得：S_H=1。

$N_1=60njL_h=60\times650\times1\times(10\times52\times40)\approx8.11\times10^8$

$N_2=N_1/i=8.11\times10^8/4\approx2.03\times10^8$

查图 10.22 得 Z_{N1}=1.01，Z_{N2}=1.08。

由式（10-12）可得：

$$[\sigma_H]_1=\frac{Z_{N1}\cdot\sigma_{\text{Hlim1}}}{S_H}=\frac{1.01\times570}{1}=575.7\text{MPa}$$

$$[\sigma_H]_2=\frac{Z_{N2}\cdot\sigma_{\text{Hlim2}}}{S_H}=\frac{1.08\times530}{1}=572.4\text{MPa}$$

由表 10-5 查得 Z_E=189.8，所以

$$d_1\geqslant\sqrt[3]{\frac{KT_1(u+1)}{\psi_d\cdot u}\left(\frac{3.52Z_E}{[\sigma_H]_2}\right)^2}=\sqrt[3]{\frac{1.5\times73461.5\times(4+1)}{1\times4}\left(\frac{3.52\times189.8}{572.4}\right)^2}\approx57.25\text{mm}$$

$$m=\frac{d_1}{z_1}=\frac{57.25}{28}\approx2.04\text{mm}$$

由表 10-1 取标准模数 m=2.5mm。

（3）主要尺寸的计算。

$d_1=mz_1=2.5\times28=70\text{mm}$

$d_2=mz_2=2.5\times112=280\text{mm}$

$b_2=\psi_d\cdot d_1=1\times70=70\text{mm}$

$b_1=b_2+5\text{mm}=75\text{mm}$

$a=\frac{1}{2}m(z_1+z_2)=\frac{1}{2}\times2.5\times(70+280)=437.5\text{mm}$

（4）按齿根弯曲疲劳强度校核。由表 10-7 查得齿形系数：

$$Y_{F1}=2.58，Y_{F2}=2.175$$

由表 10-8 查得应力修正系数：

$$Y_{S1}=1.61，Y_{S2}=1.81$$

许用弯曲应力$[\sigma_F]$：

由图 10.24 查得：　$\sigma_{\text{Flim1}}=220\text{MPa}$，$\sigma_{\text{Flim2}}=180\text{MPa}$

由表 10-6 查得：　　　　$S_F = 1.3$

由图 10.25 查得：　　　　$Y_{N1} = Y_{N2} = 1$

由式（10-15）可得：

$$[\sigma_F]_1 = \frac{Y_{N1} \cdot \sigma_{Flim1}}{S_F} = \frac{220}{1.3} \approx 169\text{MPa}$$

$$[\sigma_F]_2 = \frac{Y_{N2} \cdot \sigma_{Flim2}}{S_F} = \frac{180}{1.3} \approx 138\text{MPa}$$

所以

$$\sigma_{F1} = \frac{2KT_1}{bm^2 z_1} Y_F \cdot Y_S = \frac{2 \times 1.5 \times 73461.5}{70 \times 2.5^2 \times 28} \times 2.58 \times 1.61 \approx 74.73\text{MPa} < [\sigma_F]_1 = 169\text{MPa}$$

$$\sigma_{F2} = \sigma_{F1} \cdot \frac{Y_{F2} \cdot Y_{S2}}{Y_{F1} \cdot Y_{S1}} = 74.73 \times \frac{2.175 \times 1.81}{2.58 \times 1.61} \approx 70.83\text{MPa} < [\sigma_F]_2 = 138\text{MPa}$$

齿根弯曲强度校核合格。

（5）验算圆周速度。

$$v = \frac{\pi d_1 n_1}{60 \times 1000} = \frac{\pi \times 70 \times 650}{60 \times 1000} \approx 2.38\text{m/s}$$

选 8 级精度是合适的。

（6）其他几何尺寸计算及绘制齿轮零件图（略）。

例 10.2　设计一斜齿轮减速器。该减速器用于重型机械上，由电动机驱动。已知传动功率 P=70kW，小齿轮转速 n_1=960r/min，传动比 i=3，载荷有中等冲击，单向运转，齿轮相对于轴承对称布置，工作寿命为 10 年，单班制工作。

解：（1）选择齿轮材料及精度等级。因传动功率较大，选用硬齿面齿轮组合。小齿轮用 20CrMnTi 渗碳淬火，硬度为 56～62HRC；大齿轮用 40Cr 表面淬火，硬度为 50～55HRC。选择齿轮精度等级为 7 级。

（2）按齿根弯曲疲劳强度设计。按斜齿轮传动的设计公式可得：

$$m_n \geqslant 1.17 \sqrt[3]{\frac{KT_1 \cos^2 \beta Y_F Y_S}{\psi_d z_1^2 [\sigma_F]}}$$

确定有关参数与系数：

① 转矩 T_1。

$$T_1 = 9.55 \times 10^6 \frac{P}{n_1} = 9.55 \times 10^6 \times \frac{70}{960} \approx 6.96 \times 10^5 \text{N} \cdot \text{mm}$$

② 载荷系数 K。查表 10-4 取 K=1.4。

③ 齿数 z，螺旋角 β 和齿宽系数 ψ_d。因为是硬齿面传动，取 z_1=20，则 $z_2=iz_1$= 3×20=60。

初选螺旋升角 β=14°。

当量齿数 z_v 为：

$$z_{v1} = \frac{z_1}{\cos^3 \beta} = \frac{20}{\cos^3 14^\circ} \approx 21.89$$

$$z_{v2} = \frac{z_2}{\cos^3 \beta} = \frac{60}{\cos^3 14^\circ} \approx 65.68$$

由表 10-7 查得齿形系数：　　　　　$Y_{F1}=2.75$，$Y_{F2}=2.285$

由表 10-8 查得应力修正系数：　　　$Y_{S1}=1.58$，$Y_{S2}=1.742$

由表 10-11 选取：　　　　　　　　$\psi_d=\dfrac{b}{d_1}=0.8$

④ 许用弯曲应力$[\sigma_F]$。由图 10.24，小齿轮按 16MnCr5 查取，大齿轮按调质钢查取，得σ_{Flim1}=880MPa，σ_{Flim2}=740MPa。

由表 10-6 查得 S_F=1.4。

$N_1=60n\cdot j\cdot L_h=60\times960\times1\times(10\times52\times40)\approx1.2\times10^9$

$N_2={N_1}/{i}=1.2\times10^9/3=4\times10^8$

查图 10.25 得 $Y_{N1}=Y_{N2}=1$。

由式（10-15）得：

$$[\sigma_F]_1=\frac{Y_{N1}\sigma_{Flim}}{S_F}=\frac{880}{1.4}\approx629\ \text{MPa}$$

$$[\sigma_F]_2=\frac{Y_{N2}\sigma_{Flim}}{S_F}=\frac{740}{1.4}\approx529\ \text{MPa}$$

$$\frac{Y_{F1}Y_{S1}}{[\sigma_F]_1}=\frac{2.75\times1.58}{629}\approx0.0069\ \text{MPa}^{-1}$$

$$\frac{Y_{F2}Y_{S2}}{[\sigma_F]_2}=\frac{2.285\times1.742}{529}\approx0.0075\ \text{MPa}^{-1}$$

故

$$m_n\geqslant1.17\sqrt[3]{\frac{KT_1\cos^2\beta Y_FY_S}{\psi_d z_1^2[\sigma_F]}}=1.17\sqrt[3]{\frac{1.4\times6.96\times10^5\times0.0075\times\cos^2 14^\circ}{0.8\times20^2}}\approx3.25\text{mm}$$

由表 10-1 取标准模数值 m_n=4mm。

⑤ 确定中心距 a 及螺旋角β。

传动的中心距 a 为：

$$a=\frac{m_n(z_1+z_2)}{2\cos\beta}=\frac{4(20+60)}{2\cos14^\circ}\approx164.898\text{mm}$$

取 a=165mm。

确定螺旋角为：

$$\beta=\arccos\frac{m_n(z_1+z_2)}{2a}=\arccos\frac{4(20+60)}{2\times165}\approx14^\circ\ 18'2''$$

此值与初选β值相差不大，故不必重新计算。

（3）齿面接触疲劳强度校核。

$$\sigma_H=3.17Z_E\sqrt{\frac{KT_1(u+1)}{bd_1^2u}}\leqslant[\sigma_H]$$

确定有关系数与参数：

① 分度圆直径 d。

$$d_1=\frac{m_nz_1}{\cos\beta}=\frac{4\times20}{\cos14^\circ\ 18'2''}\approx82.5\text{mm}$$

$$d_2=\frac{m_n z_2}{\cos\beta}=\frac{4\times 60}{\cos 14^\circ 18'2''}\approx 247.5\text{mm}$$

② 齿宽 b。

$$b=\psi_d d_1=0.8\times 82.5=66\text{mm}$$

取 b_2=70mm，b_1=75mm。

③ 齿数比 u。

$$u=i=3$$

④ 许用接触应力$[\sigma_H]$。

由图 10.21 查得σ_{Hlim1}=1500MPa，σ_{Hlim2}=1220MPa。

由表 10-6 查得 S_H=1.2。

由图 10.22 得 Z_{N1}=1，Z_{N2}=1.04。

由式（10-12）得：

$$[\sigma_H]_1=\frac{Z_{N1}\cdot\sigma_{H\lim 1}}{S_{H2}}=\frac{1\times 1500}{1.2}=1250\text{ MPa}$$

$$[\sigma_H]_2=\frac{Z_{N2}\cdot\sigma_{H\lim 2}}{S_{H2}}=\frac{1.04\times 1220}{1.2}\approx 1057\text{ MPa}$$

由表 10-5 查得材料系数 Z_E=189.8，故

$$\sigma_H=3.17\times 189.8\sqrt{\frac{1.4\times 6.96\times 10^5\times(3+1)}{75\times 82.5^2\times 3}}\approx 960\text{MPa}$$

$\sigma_H<[\sigma_H]_2$，齿面接触疲劳强度校核合格。

（4）验算齿轮圆周速度 v。

$$v=\frac{\pi d_1\cdot n_1}{60\times 1000}=\frac{3.14\times 82.5\times 960}{60\times 1000}\approx 4.14\text{m/s}$$

由表 10-12 可知，选 7 级精度是合适的。

（5）几何尺寸计算及绘制齿轮工作图（略）。

10.12 齿轮传动的润滑

由于齿轮传动在工作时，相啮合的齿面间会产生相对滑动，造成摩擦和磨损，所以必须对齿轮传动进行润滑。

1. 润滑剂的选择

齿轮传动大多采用润滑油进行润滑，闭式齿轮传动润滑油的运动黏度可根据齿轮的材料、承载情况和圆周速度，参考表 10-13 确定。

2. 润滑方式

闭式齿轮传动的润滑方式有浸油润滑和喷油润滑两种，一般根据齿轮的圆周速度进行选择。

表 10-13　齿轮传动润滑油运动黏度的推荐值　（单位：mm^2/s，测试温度 40℃）

齿轮材料	强度极限 σ_B（MPa）	圆周速度 v（m/s）						
		<0.5	0.5～1	1～2.5	2.5～5	5～12.5	12.5～25	>25
塑料、铸铁、青铜	—	320	220	150	100	68	46	—
钢	470～1000	460	320	220	150	100	68	46
	1000～1250	460	460	320	220	150	100	68
	1250～1580	1000	460	460	320	220	150	100
渗碳或表面淬火的钢	—	1000	460	460	320	220	150	100

注：多级齿轮传动的润滑油黏度应取各级黏度的平均值。

（1）浸油润滑（也称油浴润滑）。当齿轮的圆周速度 $v \leqslant 12$m/s 时，通常将大齿轮浸入油池中，当传动件转动时，借助油的黏着力将油带到啮合处进行润滑，如图 10.41（a）所示。为了减小搅油损失和避免油池温度升高，大齿轮浸入油池中的深度约为 1～2 个全齿高，但不小于 10mm，同时要求齿顶距离箱底不少于 30～50mm，以免搅起箱底的沉淀物及油泥。圆锥齿轮应将整个齿宽浸入油中（至少要有半个齿宽）。多级齿轮传动应尽量使各级齿轮的浸油深度相等，可通过改变油池箱体结构来满足此项要求，如图 10.41（b）所示的隔离式油池结构。也可采用带油轮将油带到未浸入油池内的齿轮齿面上，如图 10.41（c）所示。浸油齿轮可将油甩到齿轮箱壁上，有利于散热。

（2）压力喷油润滑。当齿轮的圆周速度 $v > 12$m/s 时，由于齿轮搅油剧烈，且黏附在齿廓面上的油易被甩掉，因此不宜采用浸油润滑，而应采用压力喷油润滑。即用油泵将具有一定压力的润滑油经油管、喷嘴直接喷射到齿轮啮合处，如图 10.41（d）所示。

压力喷油润滑效果良好，但需要专门的装置，费用较高。

对于开式或半开式齿轮传动及低速轻载的闭式齿轮传动，由于其圆周速度较低，一般选用润滑脂或黏附性高的润滑油进行人工定期加油。

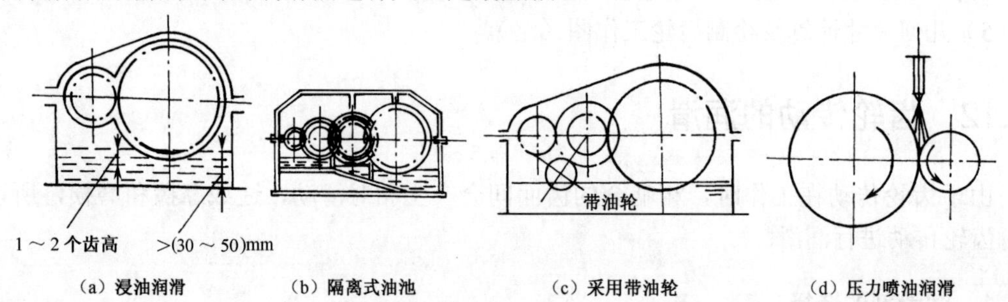

（a）浸油润滑　（b）隔离式油池　（c）采用带油轮　（d）压力喷油润滑

图 10.41　齿轮传动的润滑方式

习　题　10

10.1　齿轮传动有哪些特点？按两轮轴线的相对位置，齿轮传动可分为哪几类？

10.2　渐开线有哪些基本性质？

10.3　渐开线齿廓的啮合特性有哪些？

10.4　渐开线标准直齿圆柱齿轮的基本参数有哪些？

10.5　什么是分度圆？标准直齿圆柱齿轮的分度圆与节圆有什么不同？

10.6　齿轮传动中常见的失效形式有哪些？在工程设计实践中，对于一般的闭式硬齿面、闭式软齿面和开式齿轮传动的设计计算准则是什么？

10.7　在齿轮传动设计时，提高齿轮疲劳强度的方法有哪些？

10.8　根据齿轮的工作特点，对轮齿材料的力学性能有何基本要求？什么材料最适合制造齿轮？为什么？

10.9　齿形系数 Y_F 与什么参数有关？

10.10　设计直齿圆柱齿轮传动时，其许用接触应力如何确定？设计中如何选择合适的许用接触应力值代入公式计算？

10.11　软齿面齿轮为何应使小齿轮的硬度比大齿轮高（20～50）HBS？硬齿面齿轮是否也需要有硬度差？

10.12　为何要使小齿轮比配对大齿轮宽 5～10mm？

10.13　一渐开线标准齿轮，z=26，m=3mm，求其齿廓曲线在分度圆及齿顶圆上的曲率半径及齿顶圆压力角。

10.14　一对标准外啮合直齿圆柱齿轮传动，已知 z_1=19，z_2=68，m=2，α=20°，计算小齿轮的分度圆直径、齿顶圆直径、齿根圆直径、基圆直径、齿距以及齿厚和齿槽宽。

10.15　有一对正常齿制的直齿圆柱齿轮机构，搬动时丢失大齿轮，需要配制。两轮轴孔距离 a=112.5mm，小齿轮齿数 z_1=88，其齿顶圆直径 d_{a1}=100mm。求所需配制大齿轮的各项参数。

10.16　若将一对 z_1=18，z_2=30，模数为 3mm，正常齿制的渐开线斜齿轮安装在中心距为 75mm 的两平行轴上，并且相互正确啮合，试确定应选用多大的螺旋角β？

10.17　斜齿圆柱齿轮传动的转向和旋向如图 10.42 所示，请分别标出这对齿轮啮合时所受的圆周力、径向力和轴向力的方向。

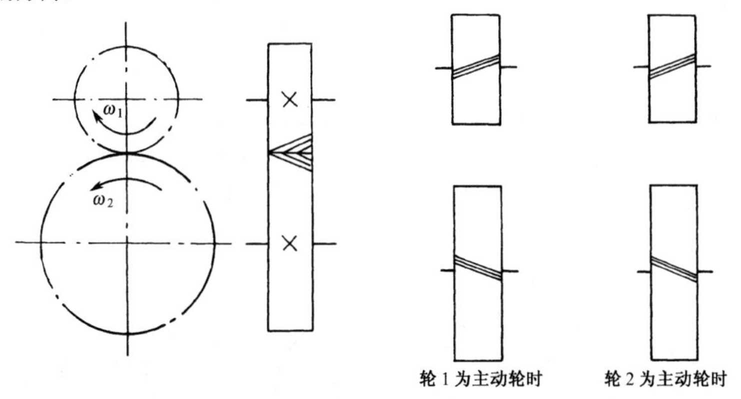

图 10.42

10.18　两级斜齿圆柱齿轮传动如图 10.43 所示。问：

（1）低速级斜齿轮为何旋向时，中间轴上两齿轮的轴向力方向相反？

（2）低速级齿轮取多大螺旋角才能使中间轴上两齿轮的轴向力相互抵消？

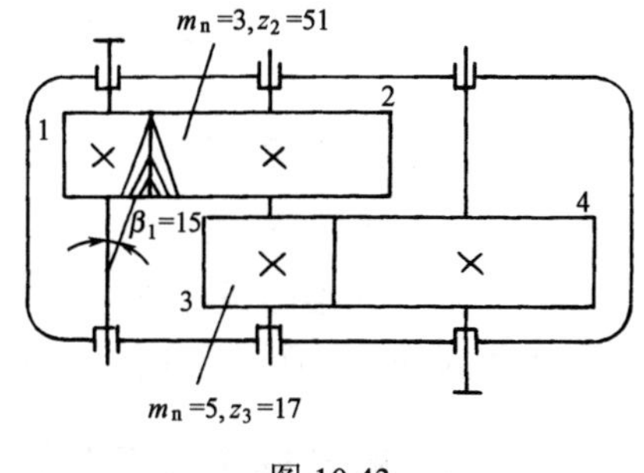

图 10.43

10.19　试设计用于带式输送机的减速器中的一对直齿圆柱齿轮传动。已知传递的功率 P=5kW，小齿轮由电动机驱动，其转速 n_1=1440r/min，单班工作制，每班 8h，工作期限 10 年，单向传动，载荷平稳。

10.20　设计一单级闭式斜齿轮传动，已知 P=10kW，n_1=1460r/min，i=3.3，工作机有中等冲击载荷，要求采用电动机驱动，选用硬齿面材料，z_1=19。试设计此单级斜齿轮传动，并校核疲劳强度。

第 11 章　蜗 杆 传 动

11.1　概述

蜗杆传动由蜗杆、蜗轮和机架（如图 11.1 所示）组成。蜗杆形状类似螺杆，通常是主动件。蜗轮是具有圆弧齿冠的斜齿轮，常用于传递空间交错的两轴之间的运动和动力，通常两轴交错角为 90°。

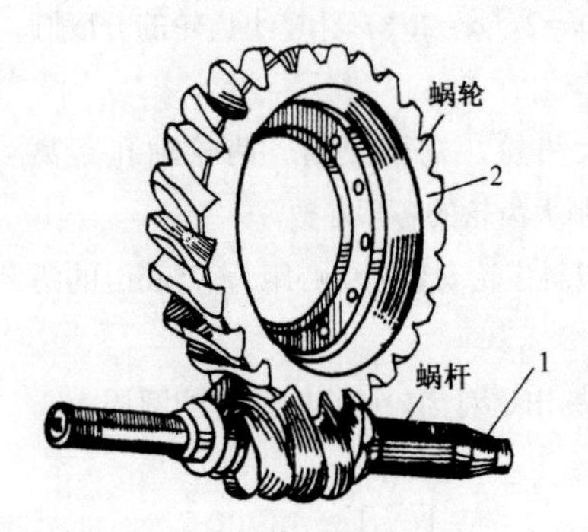

图 11.1　圆柱蜗杆传动

11.1.1　蜗杆传动的特点和类型

由于蜗杆的齿数很少，所以蜗杆传动的最大特点就是结构紧凑，传动比大，通常传动比 i=10～80，在分度机构中传动比可达 1000；因为蜗杆上的齿是连续的螺旋齿，啮合时是渐入渐出的，同时啮合的齿数较多，所以传动平稳，噪声低；当蜗杆的螺旋升角小于啮合面当量摩擦角时，可以实现反行程自锁。但蜗杆传动的传动效率低，摩擦剧烈，发热量大，并且造价较高，所以不适用于大功率和长时间连续工作的场合。

按照形状不同蜗杆可分为圆柱蜗杆传动、环面蜗杆传动和锥面蜗杆传动（如图 11.2 所示）。圆柱蜗杆按螺旋面形状的不同又可分为阿基米德蜗杆（ZA 蜗杆）和渐开线蜗杆（ZI 蜗杆）等。

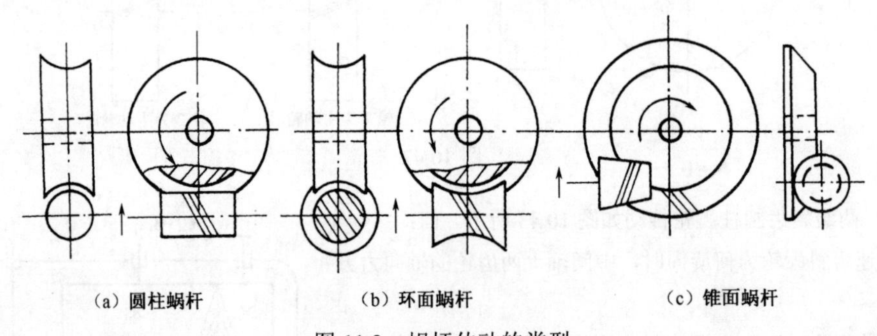

图 11.2　蜗杆传动的类型

环面蜗杆和锥面蜗杆制造困难，安装精度要求高，故应用不广泛。目前应用最广的是阿基米德蜗杆，如图 11.3 所示。本章以它为代表来介绍普通圆柱蜗杆传动。

11.1.2　蜗杆的主要参数和几何尺寸计算

通过蜗杆轴线并垂直于蜗轮轴线的平面称为中间平面，如图 11.4 所示。它是蜗杆的轴面，又是蜗轮的端面。蜗杆和蜗轮啮合时，在中间平面内圆柱蜗杆传动就相当于齿条与齿轮的啮合传动。所以在设计蜗杆传动时，均取中间平面上的参数（如模数、压力角等）和尺寸（如齿顶圆、分度圆等）为标准参数，并沿用齿轮传动的计算关系。故蜗杆传动的正确啮合条件为：蜗杆的轴向模数 m_{a1} 等于蜗轮的端面模数 m_{t2}，蜗杆的轴向压力角 α_{a1} 等于蜗轮的端面压力角 α_{t2}，即

$$m_{a1}=m_{t2}=m \tag{11-1}$$

$$\alpha_{a1}=\alpha_{t2}=\alpha \tag{11-2}$$

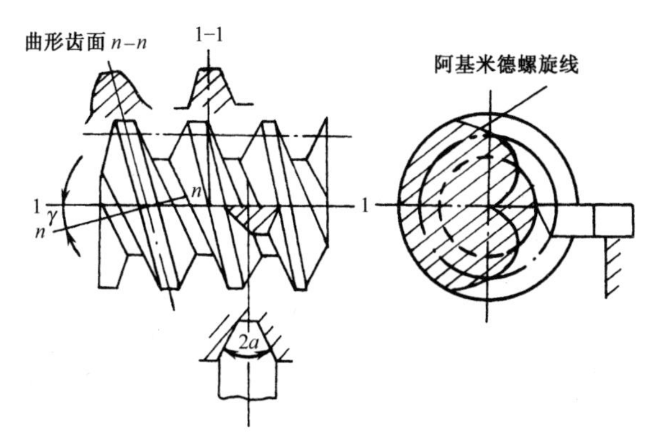

图 11.3　阿基米德蜗杆

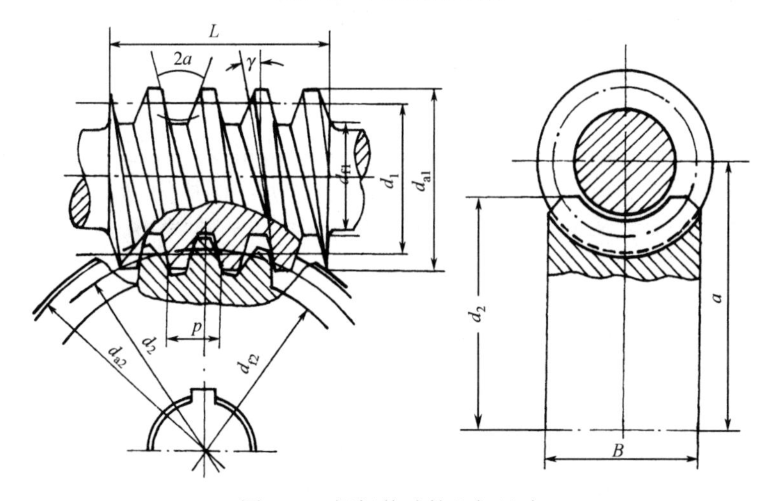

图 11.4　蜗杆传动的几何尺寸

此外，为保证蜗杆和蜗轮的正确啮合，还应使蜗杆圆柱上螺旋线的导程角 γ 等于蜗轮分度圆上的螺旋角 β，且蜗杆和蜗轮的螺旋线方向相同，即

$$\gamma=\beta \tag{11-3}$$

与螺杆类似，蜗杆也有左旋、右旋和单头、多头之分。蜗杆的头数就是蜗杆的齿数 z_1，即蜗杆螺旋线的数目，通常取 z_1=1～4，头数越多传动效率越高，但加工精度越难保证。

蜗轮的加工通常用形状与蜗杆相仿的滚刀用范成法切制。为使刀具标准化和减少刀具数量，对每一模数规定 1～3 种蜗杆分度圆直径，并将此分度圆直径 d_1 与模数 m 之比称为蜗杆的直径系数，用 q 表示：

$$q=\frac{d_1}{m} \tag{11-4}$$

蜗杆传动的主要几何尺寸计算公式见表 11-1。

表 11-1　蜗杆传动的主要几何尺寸计算公式

名　称	计算公式	
	蜗杆	蜗轮
分度圆直径	$d_1=mq$	$d_2=mz_2$
齿顶高	$h_a=m$	$h_a=m$
齿根高	$h_f=1.2m$	$h_f=1.2m$
齿高	$h=2.2m$	$h=2.2m$
齿顶圆直径	$d_{a1}=d_1+2m$	$d_{a2}=d_2+2m$
齿根圆直径	$d_{f1}=d_1-2.4m$	$d_{f2}=d_2-2.4m$
齿距	$p_{a1}=\pi m$	$p_{t2}=\pi m$
径向间隙	$c=0.2m$	$c=0.2m$
中心距	$a=\frac{1}{2}(d_1+d_2)=\frac{1}{2}m(q+z_2)$	

11.2　蜗杆传动的失效形式、材料和结构

1. 受力分析

如图 11.5（a）所示，蜗杆传动的受力分析与斜齿轮相似，若忽略齿面间的摩擦力，则作用在齿面上的法向力 F_n 可分解为三个互相垂直的分力：圆周力 F_t、径向力 F_r 和轴向力 F_a。当不计摩擦力影响时，由图 11.5（a）可知各力之间的关系为：

$$F_{t1}=-F_{a2}=2T_1/d_1 \tag{11-5}$$

$$F_{t2}=-F_{a1}=-2T_2/d_2 \tag{11-6}$$

$$F_{r2}=-F_{r1}=-F_{t2}\tan\alpha \tag{11-7}$$

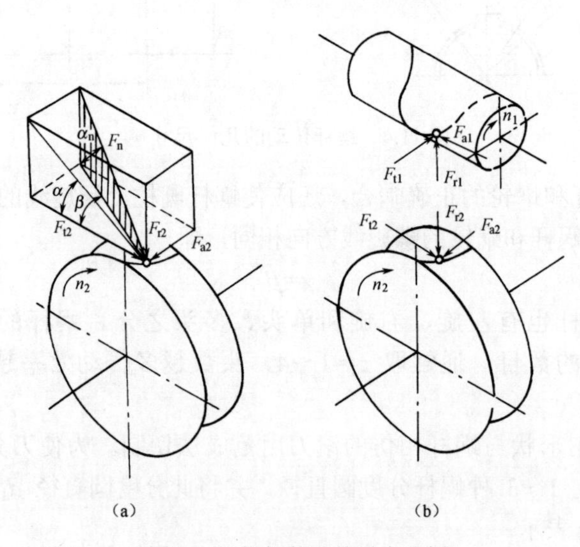

图 11.5　蜗杆传动的受力分析

式中，T_1——蜗杆上的转矩（N·mm）；

T_2——蜗轮上的转矩（N·mm），且 $T_2=T_1 i \eta$，η为蜗杆传动的效率；

d_1、d_2——蜗杆、蜗轮的分度圆直径（mm）；

α——中间平面分度圆上的压力角，$\alpha=20°$。

蜗杆受力分析最主要的是判断蜗杆所受轴向力的方向和蜗轮的转向，可采用以下方法：用右手代表右旋蜗杆（若为左旋蜗杆，则用左手），四指代表蜗杆旋转方向，则拇指所指的方向就表示蜗杆所受轴向力的方向，而蜗轮的转向与拇指所指的方向相反。值得指出的是，与斜齿圆柱齿轮传动不同，蜗杆轴向力等于蜗轮圆周力，蜗杆圆周力等于蜗轮轴向力。

2. 齿面间相对滑动速度 v_s

如图 11.6 所示为一右旋蜗杆以转速 n_1 按图示方向转动，其在节点 c 处的圆周速度为 v_1，而蜗轮在节点 c 处的圆周速度为 v_2，在节点 c 处有较大的相对滑动速度 v_s，其方向沿蜗杆螺旋线方向。由图可知，蜗杆传动的相对滑动速度 v_s 为：

$$v_s=\frac{v_1}{\cos\gamma}=\frac{\pi d_1 n_1}{60\times1000\cos\gamma} \qquad (11\text{-}8)$$

式中，v_s——滑动速度（m/s）；

v_1——蜗杆的圆周速度（m/s）；

d_1——蜗杆分度圆直径（mm）；

n_1——蜗杆的转速（r/min）；

γ——蜗杆导程角（°）。

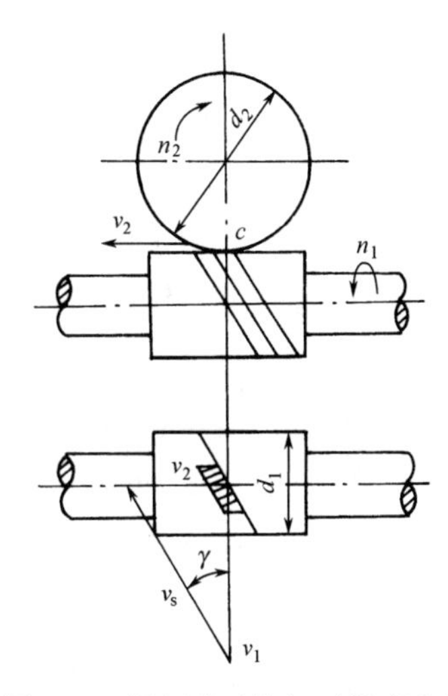

图 11.6　蜗杆传动的相对滑动速度

3. 失效形式和计算准则

由于蜗杆传动中蜗杆与蜗轮齿面间的相对滑动速度较大，效率低，摩擦发热大，其主要失效形式为蜗轮齿面产生胶合、点蚀及磨损。由于材料和结构方面的原因，蜗杆螺旋齿部分的强度总高于蜗轮轮齿的强度，所以失效经常发生在蜗轮轮齿上。因此，在蜗杆传动中，主要应防止蜗轮失效。

在开式传动中，多发生齿面磨损和轮齿折断，因此应以保证齿根弯曲疲劳强度作为开式传动的主要设计准则。

在闭式传动中，多因齿面胶合或点蚀而失效。因此通常是按齿面接触疲劳强度进行设计的，而按齿根弯曲疲劳强度进行校核。

此外，由于蜗杆传动时摩擦严重，发热大，效率低，对闭式蜗杆传动还必须进行热平衡计算。

4. 蜗杆传动的材料

在蜗杆传动中，蜗杆、蜗轮的材料不仅要求具有足够的强度，更重要的是要具有良好的抗胶合能力和耐磨性，比较理想的材料是钢—青铜配对使用。

蜗杆常用材料为碳钢和合金钢，并要求齿面有较高的硬度和较低的粗糙度，以提高齿面的耐磨性。

对高速重载蜗杆传动常用 20Cr、20CrMnTi 等材料，渗碳淬火至 56～62HRC，并应磨削；对中速中载蜗杆传动，常用 45 号钢、40Cr、35SiMn 等，表面淬火至 45～55HRC，并应磨削；对一般用途的蜗杆传动可用 45 号钢调质处理，硬度 220～250HBS。

蜗轮材料常用铸造锡青铜、铸造铝青铜及灰铸铁等。对于滑动速度为 5～25m/s 的较高速蜗杆传动、较重要的传动，蜗轮齿圈材料可用铸造锡青铜，常用 ZCuSn10Pb1、ZCuSn5Pb5Zn5 等材料，其耐磨性、减摩性、抗胶合能力及切削性能均好，但价格较贵，强度较低。对于滑动速度小于 6～10m/s 的传动，可用铸造铝青铜，常用 ZCuAl10Fe3Mn2、ZCuAl10Fe3 等材料，其强度较高，价格低廉，但抗胶合能力差；对于滑动速度小于 2m/s 的低速传动，可用灰铸铁，如 HT150、HT200。

5．蜗杆、蜗轮的结构

（1）蜗杆结构。蜗杆的直径通常较小，常和轴制成一个整体，又称为蜗杆轴。螺旋部分常用车削加工，也可用铣削加工。因为车制蜗杆（见图 11.7（a））加工时轮齿两端有退刀槽，所以刚性较差。铣制蜗杆（见图 11.7（b））的刚性较好。

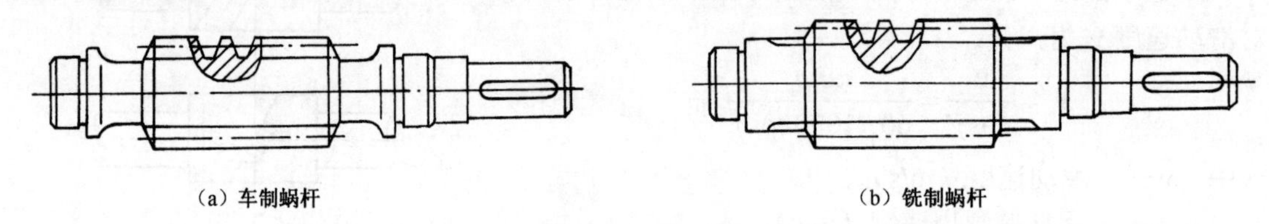

（a）车制蜗杆　　（b）铣制蜗杆

图 11.7　蜗杆结构

（2）蜗轮结构。按材料与尺寸的不同，蜗轮的结构可分为整体式和组合式两类。

整体式蜗轮（见图 11.8（a））主要用于铸铁蜗轮或小直径的青铜蜗轮。

使用组合式蜗轮是为了节省贵重金属。对于直径较大的蜗轮常采用青铜齿圈、铸铁或铸钢轮芯的组合结构。组合方式有下列几种：

① 齿圈式蜗轮（见图 11.8（b））：用过盈配合 H7/r6 将齿圈装在铸铁轮芯上，为了增强配合的可靠性，常沿结合缝拧上螺钉，螺钉孔中心要偏向铸铁 2～3mm。

② 螺栓连接式蜗轮（见图 11.8（c））：齿圈和轮芯用普通螺栓或铰制孔螺栓连接。拆装比较方便，多用于尺寸较大或易磨损的场合。

③ 镶铸式蜗轮（见图 11.8（d））：将青铜齿圈直接浇铸在铸铁轮芯上，用于成批制造蜗轮。

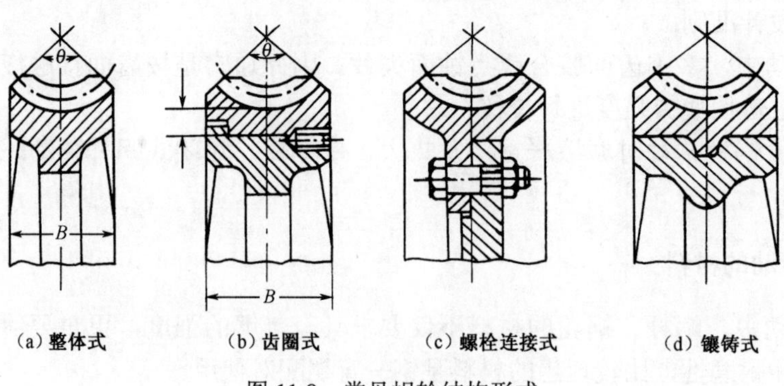

（a）整体式　（b）齿圈式　（c）螺栓连接式　（d）镶铸式

图 11.8　常见蜗轮结构形式

11.3 蜗杆传动的效率及热平衡

1. 蜗杆传动的效率

闭式蜗杆传动的功率损耗一般包括三部分，即啮合摩擦损耗、轴承摩擦损耗及浸入油池中的零件搅油时的油阻损耗。因此蜗杆传动的总效率为：

$$\eta = \eta_1 \times \eta_2 \times \eta_3 \tag{11-9}$$

式中，η_1——考虑啮合摩擦损耗时的效率；

η_2——考虑轴承摩擦损耗时的效率；

η_3——考虑油阻损耗时的效率。

通常限制$\eta_2\eta_3$=0.95～0.97，因此蜗杆传动的总效率主要取决于啮合摩擦损耗时的效率η_1。当蜗杆为主动件时，啮合效率可按螺旋传动的效率公式求出：

$$\eta_1 = \frac{\tan\gamma}{\tan(\gamma + \varphi_v)} \tag{11-10}$$

式中，γ——蜗杆分度圆上的导程角；

φ_v——当量摩擦角，$\varphi_v = \arctan f_v$。

由式（11-10）可知，在一定范围内η随γ增大而增大，即增大γ角，可提高传动效率，但是当γ＞27°时，效率增加幅度很小，因此常取γ≤27°。

2. 蜗杆传动的热平衡计算

蜗杆传动由于效率低，所以工作时发热量大。在闭式传动中，如果不能及时散热，将因油温上升而使润滑失效，从而增大摩擦损失，加剧磨损，甚至发生胶合。所以必须对连续工作的闭式蜗杆传动进行热平衡计算。

由于摩擦损失的功率为$P_f = P(1-\eta)$kW，因此产生的热量为：

$$Q_1 = 1000P(1-\eta) \tag{11-11}$$

式中，P——蜗杆传递的功率，单位为kW。

若以自然方式冷却，则从箱体外壁散发到周围空气的热量为：

$$Q_2 = k_S(t_0 - t_a)S \tag{11-12}$$

式中，k_S——箱体表面的散热系数，可取为（8.15～17.45）W/（m^2·℃），当周围空气流通情况良好时，可取较大值；

S——箱体内表面能被油飞溅到，而外表面又能为周围空气所冷却的表面面积，单位为m^2；

t_0——油的工作温度，一般限制在60℃～70℃，不超过80℃；

t_a——周围环境空气温度，一般取20℃。

由热平衡条件$Q_1 = Q_2$得已知条件下的油温为：

$$t_0 = t_a + \frac{1000P(1-\eta)}{k_S S} \leqslant [t] \tag{11-13}$$

或为保证正常工作，所需的散热面积为：

$$S = \frac{1000P(1-\eta)}{k_S(t_0 - t_a)} \tag{11-14}$$

若油温过高或散热面积不足，则可采用以下冷却措施，以提高散热能力：

（1）增加散热面积，在箱体上设置散热片，如图 11.9 所示。

（2）提高散热系数，在蜗杆轴端加风扇，如图 11.10 所示；在箱体内装蛇形冷却水管，如图 11.11 所示，或用循环油冷却。

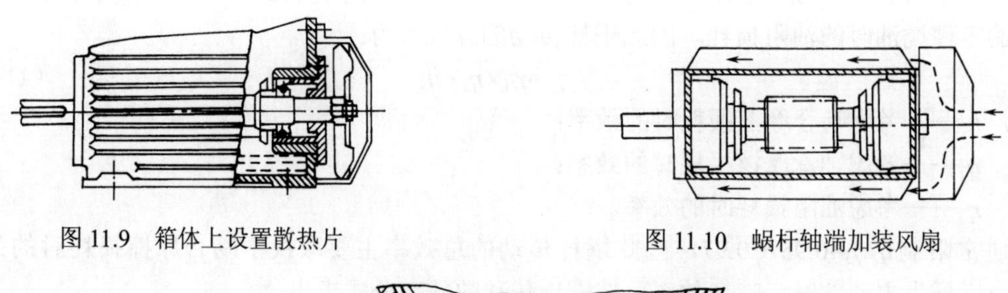

图 11.9　箱体上设置散热片　　　　图 11.10　蜗杆轴端加装风扇

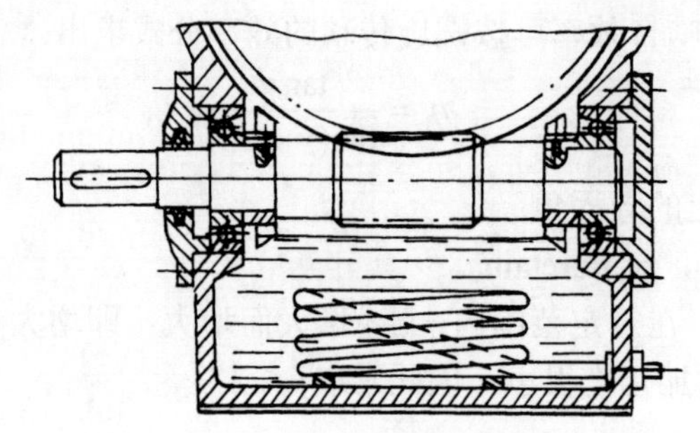

图 11.11　箱体内装蛇形冷却水管

11.4　蜗杆传动的润滑

蜗杆传动啮合面间的相对滑动速度较大，其摩擦、磨损、发热量均较齿轮传动严重许多，若润滑不良，蜗杆传动的效率将显著降低，并导致剧烈的磨损和胶合，因此合理的润滑对蜗杆传动显得尤为重要。

1. 润滑剂的选择

蜗杆传动润滑时，通常采用黏度较大的润滑油。润滑油的种类较多，实际中需根据蜗杆、蜗轮配对材料和运转条件合理选用。对钢制蜗杆配青铜蜗轮，常用的润滑油牌号及黏度见表 11-2。

表 11-2　蜗杆传动常用的润滑油

全损耗系统用油牌号 L-AN	68	100	150	220	320	460	680
运动黏度（40℃、mm^2/s）	61.2～74.8	90～110	135～165	198～242	288～352	414～506	612～748

注：其余指标可参见 GB/T 5903—2011。

2. 润滑方式

蜗杆传动应选择润滑效果好、散热作用突出的润滑方式，常用的润滑方式是浸油润滑和压力喷油润滑，选择时可根据滑动速度 v_s 参照表 11-3 选取。

表 11-3　蜗杆传动润滑油运动黏度及润滑方式的选择

滑动速度 v_s（m/s）	0～1	0～2.5	0～5	>（5～10）	>（10～15）	>（15～25）	>25
工作条件	重负荷	重负荷	中负荷	不限	不限	不限	不限
40℃时的运动黏度（mm^2/s）	900	500	350	220	1500	1000	80
润滑方式	浸油润滑			浸油润滑或压力润滑	压力润滑的表面压力（MPa）		
					0.7	2	3

闭式蜗杆传动采用浸油润滑时，在搅油损失不致过大的情况下，应使油池保持适当的油量，以利于蜗杆传动的散热。一般当蜗杆圆周速度小于 4～5m/s 时，常采用下置式蜗杆传动，浸油深度 *h* 约为蜗杆的一个齿高，但油面不应高于蜗杆上滚动轴承最低一个滚动体的中心，如图 11.12（a）所示。当蜗杆圆周速度大于 4～5m/s 时，为避免搅油损失过大，采用上置式蜗杆传动，此时浸油深度 *h* 约为蜗轮半径的 1/3，如图 11.12（b）所示。

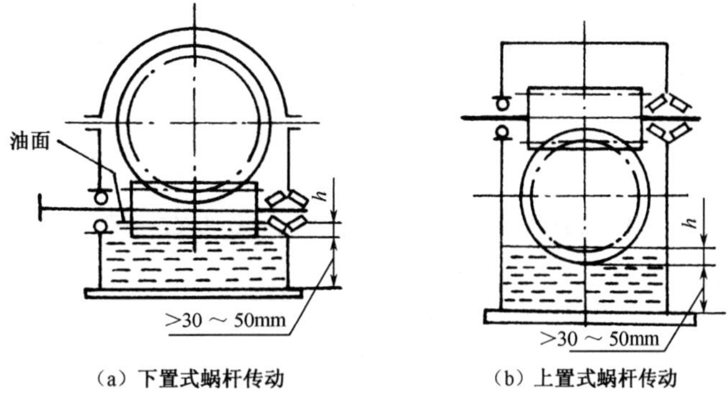

图 11.12　油池浸油润滑

对于开式传动，则采用黏度较高的齿轮油或润滑脂进行人工定期润滑。

习　题　11

11.1　蜗杆传动的特点是什么？

11.2　为什么将蜗杆分度圆直径 d_1 规定为蜗杆传动中的标准参数？

11.3　为什么蜗杆传动的传动比 i 只能表达为 $i=z_2/z_1$，却不能以 $i=d_2/d_1$ 来表示？

11.4　什么是蜗杆传动的相对滑动速度？它对蜗杆传动有什么影响？

11.5　为什么对蜗杆传动要进行热平衡计算？当热平衡不满足要求时，可采取什么措施？

11.6　蜗杆传动的主要失效形式是什么？相应的设计准则是什么？

11.7　在蜗杆传动的强度计算中，为什么只考虑蜗轮的强度？

11.8　蜗杆传动的效率受哪些因素影响？为什么具有自锁特性的蜗杆传动，其啮合效率通常只有40%左右？

11.9　如图 11.13 所示，蜗杆为主动件，试标出图中未注明的蜗杆或蜗轮的旋向及转向，并画出蜗杆和蜗轮受力的作用点和三个分力的方向。

11.10　设某一标准蜗杆传动的模数 m=5mm，蜗杆的分度圆直径 d_1=50mm，蜗杆的头数 z_1=2，传动比 i=20。试计算蜗轮的螺旋角和蜗杆传动的主要尺寸。

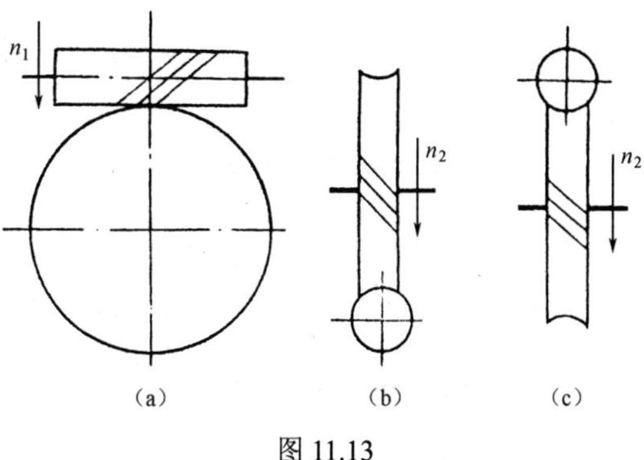

图 11.13

第 12 章　轮　　系

由一对齿轮组成的传动系统往往不能满足现代机械的多种要求，通常是将若干个齿轮组合在一起用于传递运动和动力。这种由一系列相互啮合的齿轮所组成的传动系统称为轮系。一对齿轮的啮合传动是最简单的轮系。

根据轮系运转时各齿轮的轴线在空间的相对位置是否都固定，轮系可分为定轴轮系和周转轮系两大类。

（1）定轴轮系。轮系运转时，各齿轮的轴线位置均固定的轮系称为定轴轮系，如图 12.1 所示。

（2）周转轮系。轮系运转时，至少有一个齿轮的轴线位置不固定的轮系称为周转轮系，如图 12.2 所示。

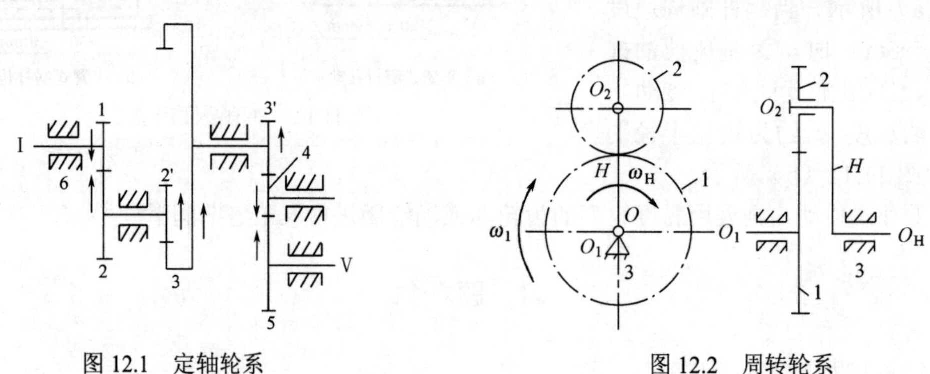

图 12.1　定轴轮系　　　　图 12.2　周转轮系

另外，如果组成轮系的各齿轮轴线互相平行，则称之为平面轮系，否则称为空间轮系。本章主要讨论轮系的应用和传动比计算，并简要介绍新型齿轮传动装置及减速器。

12.1　定轴轮系传动比的计算

轮系中，首末两轮的角速度（或转速）之比称为轮系的传动比。

前面我们学习了一对齿轮的传动比计算公式：$i_{12}=\dfrac{n_1}{n_2}=\dfrac{z_2}{z_1}$，而我们知道转速是有方向的，所以根据此式计算得到的仅仅是传动比的大小，即传动比的绝对值：$|i_{12}|=\left|\dfrac{n_1}{n_2}\right|=\dfrac{z_2}{z_1}$。计算轮系的传动比时，不仅要计算其大小，还要确定首轮与末轮之间的转向关系。

下面分别讨论平面定轴轮系传动比和空间定轴轮系传动比的计算方法。

1．平面定轴轮系传动比的计算

如图 12.1 所示为一由圆柱齿轮组成的平面定轴轮系。对于平面定轴轮系，其转向关系可用两种方法确定：

（1）计算法。在传动比的计算结果前加上正号或负号，表示齿轮转向相同或相反的方法。

（2）箭头法。直接在轮系传动图中标注箭头的方法。标注同向箭头的齿轮转动方向相同，标注反向箭头的齿轮转动方向相反，规定箭头指向为齿轮可见侧的圆周速度方向（见图 12.1）。

下面就以图 12.1 所示的平面定轴轮系为例，来推导平面定轴轮系的传动比计算公式。

设齿轮 1 为首轮，齿轮 5 为末轮，z_1、z_2、$z_{2'}$、z_3、$z_{3'}$、z_4 及 z_5 分别为各齿轮的齿数，n_1、n_2、$n_{2'}$、n_3、$n_{3'}$、n_4 及 n_5 分别为各齿轮的转速。该轮系的传动比可由各对齿轮的传动比求得：

$$i_{12}=\frac{n_1}{n_2}=-\frac{z_2}{z_1}，\quad i_{2'3}=\frac{n_{2'}}{n_3}=+\frac{z_3}{z_{2'}}\text{（正号可以省略不写）}$$

$$i_{3'4}=\frac{n_{3'}}{n_4}=-\frac{z_4}{z_{3'}}，\quad i_{45}=\frac{n_4}{n_5}=-\frac{z_5}{z_4}$$

式中，$n_2=n_{2'}$、$n_3=n_{3'}$。将以上各式两边连乘可得：

$$i_{12}i_{2'3}i_{3'4}i_{45}=\frac{n_1}{n_2}\frac{n_{2'}}{n_3}\frac{n_{3'}}{n_4}\frac{n_4}{n_5}=\frac{n_1}{n_5}$$

所以

$$i_{15}=\frac{n_1}{n_5}=\left(-\frac{z_2}{z_1}\right)\left(+\frac{z_3}{z_{2'}}\right)\left(-\frac{z_4}{z_{3'}}\right)\left(-\frac{z_5}{z_4}\right)=(-1)^3\frac{z_2z_3z_4z_5}{z_1z_{2'}z_{3'}z_4}$$

上式表明，平面定轴轮系的传动比等于组成轮系的各对齿轮传动比的连乘积，也等于从动轮齿数的连乘积与主动轮齿数的连乘积之比。首末两齿轮转向相同还是相反，取决于轮系中外啮合圆柱齿轮的对数。

由上可推导出平面定轴轮系的传动比计算式为：

$$i_{1k}=\frac{n_1}{n_k}=(-1)^m\frac{\text{各对啮合齿轮中从动轮齿数的连乘积}}{\text{各对啮合齿轮中主动轮齿数的连乘积}}\tag{12-1}$$

式中，1——首轮；

k——末轮；

m——外啮合圆柱齿轮的对数。

首末两齿轮转向关系用计算法，即$(-1)^m$来确定：为负号时，说明首末两轮转向相反；为正号时则转向相同。也可用箭头法来确定首末两轮的转向关系（如图 12.1 所示）。

此外，在该轮系中齿轮 4 同时与齿轮 3′和末轮 5 啮合，其齿数可在上述计算式中消去，即齿轮 4 不影响轮系传动比的大小，只起到改变转向的作用，该齿轮称为惰轮。

2. 空间定轴轮系传动比的计算

一对空间齿轮传动比的大小也等于两齿轮齿数的反比，故也可用式（12-1）来计算空间轮系传动比的大小。但由于各齿轮轴线不都互相平行，所以不能用计算法来确定首末齿轮的转向，而只能采用箭头法确定，如图 12.3 所示。

例 12.1 图 12.3 所示的轮系中，已知蜗轮的头数 $z_1=1$，各轮齿数分别为 $z_2=20$，

$z_{2'}=18$，$z_3=36$，$z_{3'}=25$，$z_4=20$，试求该轮系的总传动比 i_{14}。

解：（1）分析轮系。由图知该轮系为一空间定轴轮系，故应先求出传动比的大小，再用箭头法确定末轮的转向。

（2）计算传动比的大小。

$$i_{14}=\frac{z_2z_3z_4}{z_1z_{2'}z_{3'}}=\frac{20\times36\times20}{1\times18\times25}=32$$

（3）确定末轮 4 的转向。各轮转向如图 12.3 所示。

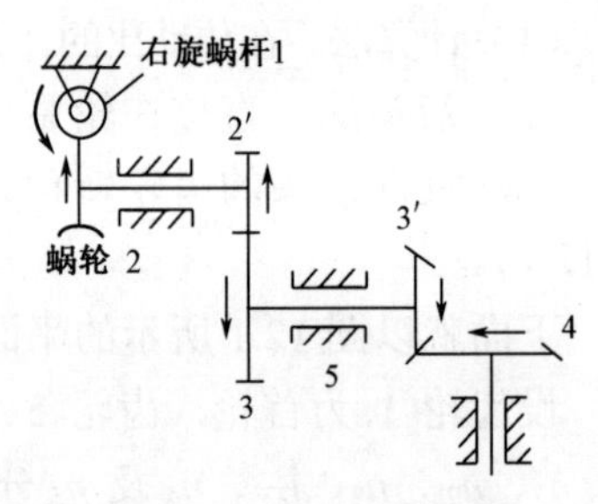

图 12.3　空间定轴轮系

例 12.2　如图 12.4 所示为一多刀半自动车床主轴箱的传动系统。已知带轮直径 $d_1=d_2=180$mm，$z_1=45$，$z_2=72$，$z_3=36$，$z_4=81$，$z_5=59$，$z_6=54$，$z_7=25$，$z_8=88$，试求当电动机的转速 $n=1445$r/min 时，主轴Ⅲ的各级转速。

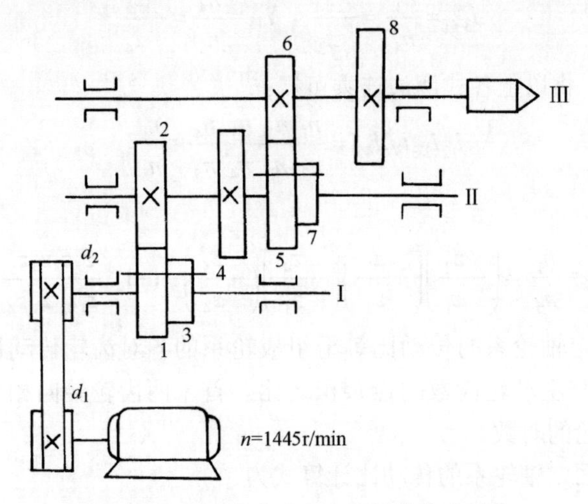

图 12.4　多刀半自动车床主轴箱传动系统

解：由于 $d_1=d_2$，故 $n_1=n$。

经分析知：分别改变双联滑移齿轮 1══3、5══7（“══”表示所连两轮固连为一体）的位置，可使轴Ⅰ和轴Ⅱ之间得到两种不同的传动比 $\frac{72}{45}$ 和 $\frac{81}{36}$，轴Ⅱ和轴Ⅲ之间也得到两种传动比 $\frac{54}{59}$ 和 $\frac{88}{25}$，所以主轴Ⅲ共能得到 $2\times2=4$ 种不同的传动比，即主轴Ⅲ共有 4 种不同的转速。

$$n_{Ⅲ1}=(-1)^2n_{Ⅰ}\frac{d_1z_1z_5}{d_2z_2z_6}=1445\times\frac{180\times45\times59}{180\times72\times54}\approx986.75\text{r/min}$$

$$n_{Ⅲ2}=(-1)^2n_{Ⅰ}\frac{d_1z_3z_5}{d_2z_4z_6}=1445\times\frac{180\times36\times59}{180\times81\times54}\approx701.69\text{r/min}$$

$$n_{Ⅲ3}=(-1)^2n_{Ⅰ}\frac{d_1z_1z_7}{d_2z_2z_8}=1445\times\frac{180\times45\times25}{180\times72\times88}\approx256.57\text{r/min}$$

$$n_{\text{III}4}=(-1)^2 n_{\text{I}}\frac{d_1z_3z_7}{d_2z_4z_8}=1445\times\frac{180\times36\times25}{180\times81\times88}\approx182.45\text{r/min}$$

n_{III}为正，说明轴III与轴 I 转向相同。

12.2 周转轮系

1. 周转轮系的组成

周转轮系由行星轮、行星架和太阳轮三种基本构件所组成。

如图 12.5 所示为周转轮系，齿轮 1、3 和构件 H 均绕固定的互相重合的几何轴线转动，齿轮 2 空套在构件 H 上，与齿轮 1、3 相啮合。齿轮 2 一方面绕其自身轴线 O_2 转动（自转），另一方面又随构件 H 绕轴线 O_1 转动（公转），就像行星的运动一样，称为行星轮；齿轮 1、3 的轴线固定不动称为太阳轮；构件 H 用来支撑行星轮，称为行星架或系杆。

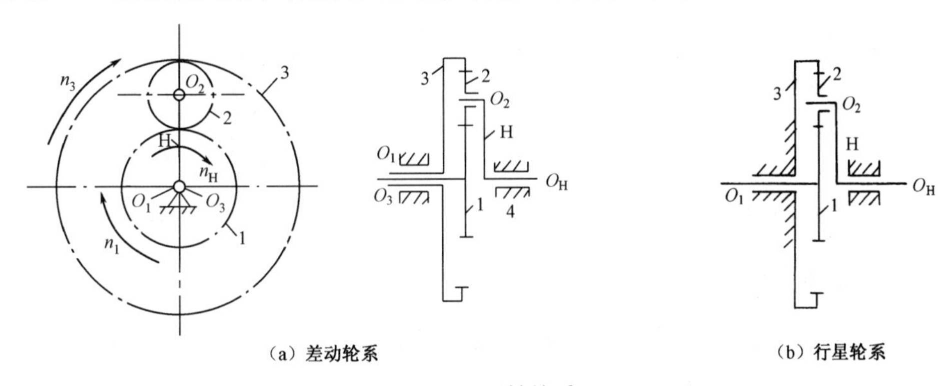

（a）差动轮系　　（b）行星轮系

图 12.5　周转轮系

2. 周转轮系的分类

周转轮系根据其自由度的数目，可分为差动轮系和行星轮系两大类。

（1）差动轮系。如图 12.5（a）所示。自由度为 2，其特点是有两个活动的太阳轮。为了确定差动轮系的运动，需要给定轮系两个独立的运动规律。

（2）行星轮系。如图 12.5（b）所示。自由度为 1，其特点是有一个固定的太阳轮。为了确定行星轮系的运动，只需要给定轮系一个独立的运动规律。

周转轮系也分为平面周转轮系和空间周转轮系两类，上述轮系均为平面周转轮系。

在机械传动中，常将定轴轮系与周转轮系或者几个周转轮系组合在一起成为混合轮系，又称为复合轮系或组合轮系，如图 12.6 所示。

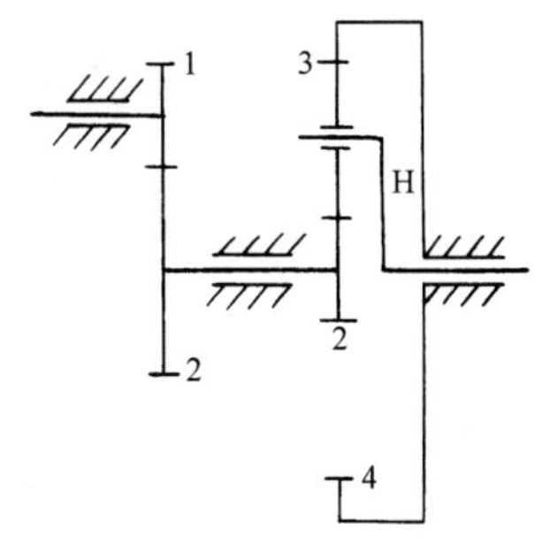

图 12.6　混合轮系

12.3 轮系的应用

轮系在各种机械中的应用非常广泛，其主要功用有如下几种。

1. 可获得很大的传动比

仅用一对齿轮传动，受结构的限制，传动比不能过大（一般 i=3～5，i_{max}≤8）。当两轴之间需要较大的传动比时，应采用轮系传动（如图 12.7 中实线所示）。特别是采用周转轮系，能在结构紧凑的情况下得到很大的传动比。

2. 可做较远距离的传动

当两轴中心距较大时，如用一对齿轮传动，则两齿轮的尺寸必然很大，不仅浪费材料，而且传动机构庞大，而采用轮系传动，则可使其结构紧凑，并能进行远距离传动，如图 12.8 所示。

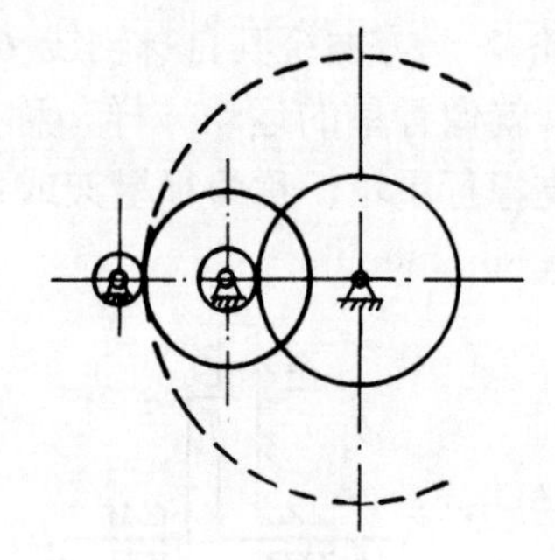

图 12.7　轮系获得大传动比

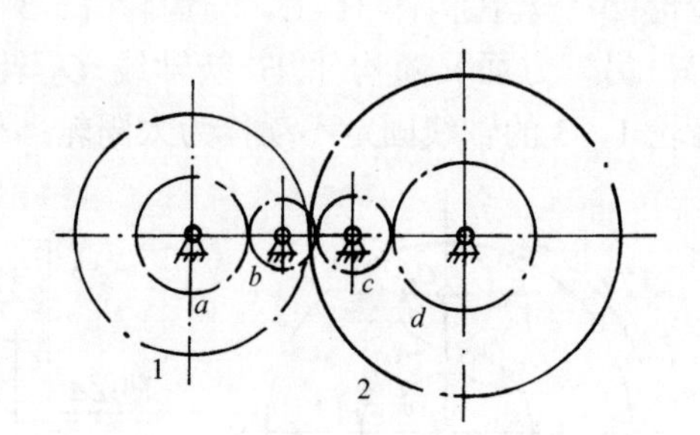

图 12.8　轮系用于远距离传动图

3. 可实现变速传动

可在轮系中采用滑移齿轮等变速机构，改变传动比，可实现多级变速要求。如汽车变速箱、机床主轴箱（见例 12.2）等。

4. 可实现换向传动

在轮系中采用惰轮、三星轮等机构可以在主动轴转向不变的情况下，改变从动轴的转向。如图 12.9 所示为车床上走刀丝杠的三星轮换向机构。

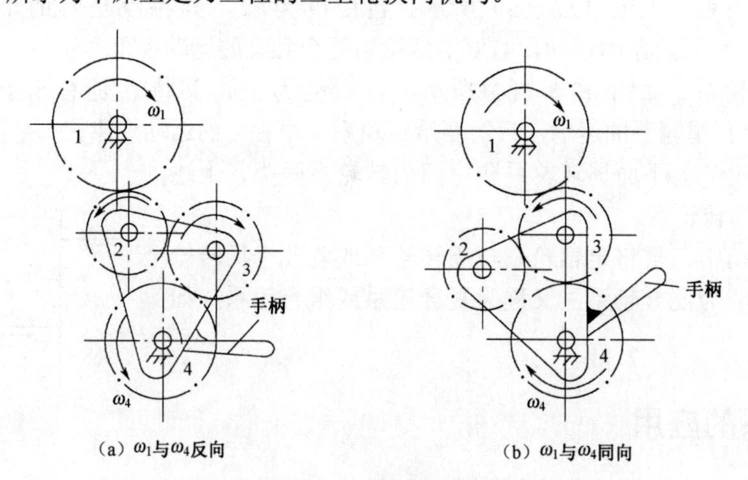

图 12.9　三星轮换向机构

5. 可实现分路传动

利用轮系可使一个主动轴带动若干从动轴同时转动，将运动从不同的传动路线传递执行机构，实现机构的分路传动。

例如，如图 12.10 所示为滚齿机工作台传动系统。滚齿加工要求滚刀与轮坯之间做展成运动，主动轴 I 通过锥齿轮 1 经齿轮 2 将运动传给滚刀，同时主动轴又通过直齿轮 3，经齿轮 4、5、6、7、8 传至蜗轮 9，带动齿坯转动，以满足滚刀与齿坯之间的传动比。在机械式钟表机构中也利用轮系来实现分路传动。

6. 可实现运动的合成或分解

采用差动轮系可以将两个独立的回转运动合成为一个回转运动，也可以将一个回转运动分解为两个独立的回转运动。

例如，如图 12.11 所示为滚齿机中的差动轮系。滚切斜齿轮时，由齿轮 4 传递来的运动传给中心轮 1，转速为 n_1；由蜗轮 5 传递来的运动传给 H，使其转速为 n_H，这两个运动经轮系合成后变成齿轮 3 的转速 n_3 输出。

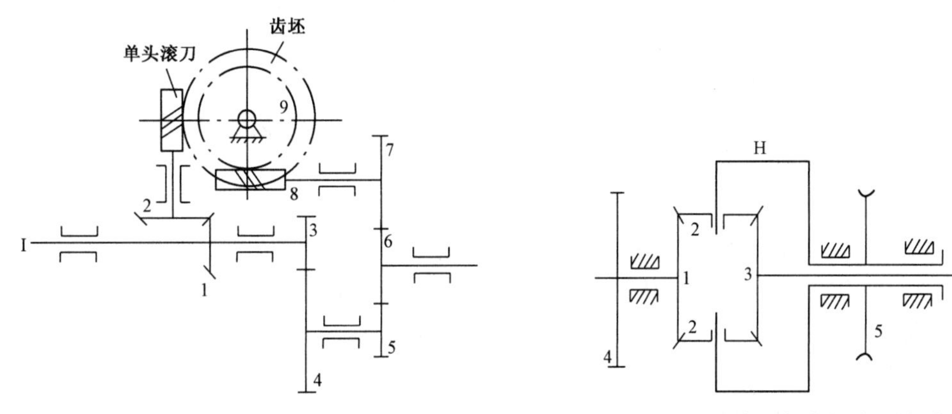

图 12.10　滚齿机工作台传动系统　　　图 12.11　滚齿机中的差动轮系

而如图 12.12 所示的汽车后桥差速器则为实现了分解运动的轮系。发动机通过传动轴驱动齿轮 5，在汽车转弯时利用差动轮系将输入的一个运动以不同的速度分别传递给左右两个车轮，以维持车轮与地面间的纯滚动，避免车轮与地面间的滑动摩擦导致车轮过度磨损。

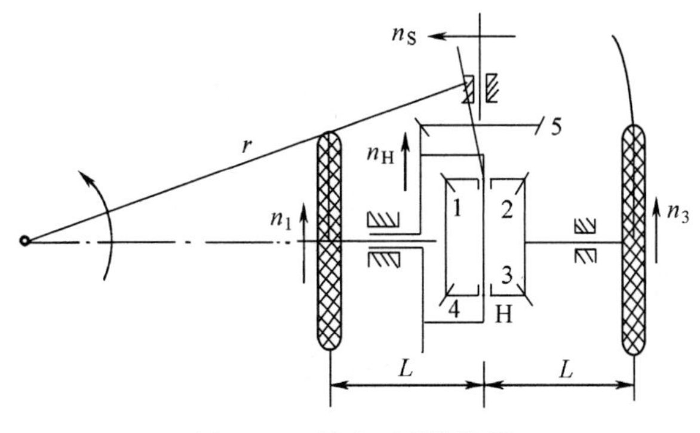

图 12.12　汽车后桥差速器

12.4 其他新型齿轮传动简介

本节简要介绍几种新型齿轮传动机构的原理、结构和应用。这些齿轮传动机构具有结构紧凑，传动比大，质量轻和效率高等优点，使其在机械工业中得到了广泛的应用。

1. 渐开线少齿差行星齿轮传动

如图 12.13 所示的行星轮系，当行星轮 2 与太阳轮 1 的齿数差(z_2-z_1)为 1～4 时，就称为少齿差行星齿轮传动。该轮系用于减速时，行星架 H 为主动件，通过等速比机构 W 将行星轮 2 的运动同步地传送给输出轴 V。齿数差(z_1-z_2)越少，则传动比 i_{H2} 越大。

少齿差行星齿轮传动的齿轮采用渐开线做齿廓，制造和装配比较方便，且机构简单紧凑，使其得到较为广泛的应用。但同时啮合的齿数少，承载能力较低；且齿轮必须采用变位齿轮，计算较复杂；另外其径向受力也较大。

2. 摆线针轮行星传动

摆线针轮行星传动是针对渐开线少齿差行星齿轮传动的主要缺点而改进发展起来的一种比较新型的传动。摆线针轮行星传动的减速原理、输出机构的形式，都与渐开线少齿差行星齿轮传动相同，主要区别在于其行星齿轮的齿廓为摆线。

如图 12.14 所示为摆线针轮行星传动的机构运动简图。内齿轮 1 的轮齿为带有滚动销套的圆柱销，称为针轮，固定在壳体上，可看作太阳轮；外齿轮 2 的轮齿为摆线齿，可看作行星轮。

摆线针轮行星传动的特点是齿数差为 1，使得结构更紧凑，传动比范围较大，单级传动的传动比为 9～87，两级传动的传动比可达 121～7569；由于理论上有一半的轮齿可以同时参加传递载荷，同时啮合的齿数多，所以承载能力强，传动平稳；另外，针轮与摆线轮之间为滚动摩擦，故传动效率高。但加工和安装精度要求高，散热也比较困难。

摆线针轮行星传动在国防、冶金、矿山、造船等行业得到了广泛应用。

3. 谐波齿轮传动

如图 12.15 所示为谐波齿轮传动装置示意图。它主要由波发生器 H（相当于行星架）、刚轮 1（相当于太阳轮）和柔轮 2（相当于行星轮）三个基本构件组成。刚轮 1 是一个刚性内齿

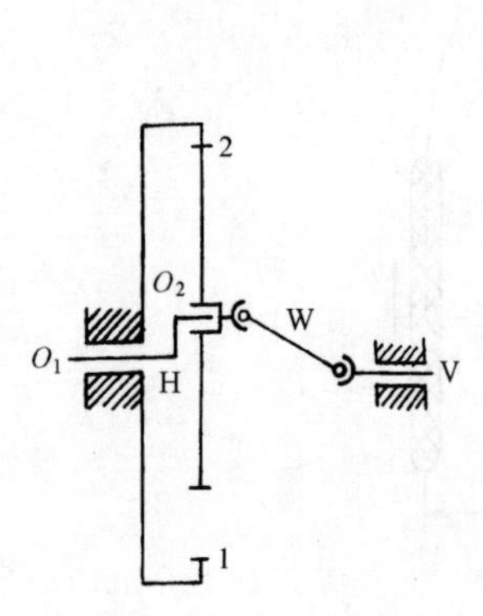

图 12.13 渐开线少齿差行星齿轮传动

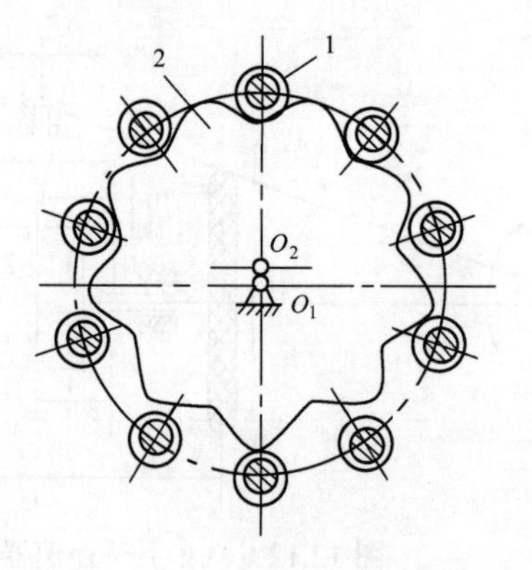

图 12.14 摆线针轮行星传动

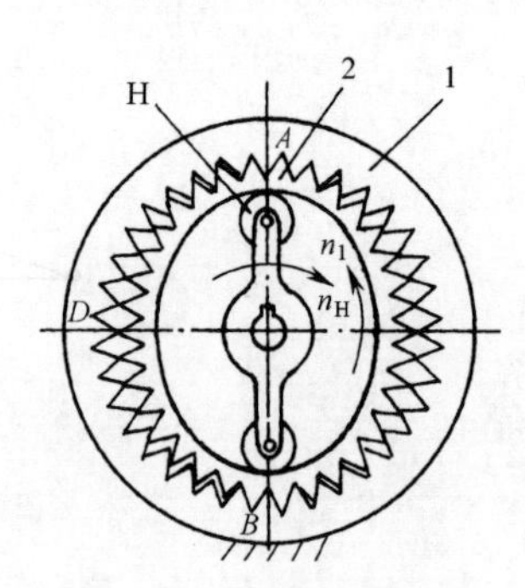

图 12.15 谐波齿轮传动

轮，柔轮 2 是一个容易变形的薄壁圆筒外齿轮，它们的齿距相同，但柔轮比刚轮少一个或几个齿。波发生器由一个转臂和几个滚子组成。通常波发生器 H 为原动件，柔轮 2 为从动件，刚轮 1 固定不动。

当波发生器 H 转动时，因为柔轮 2 的内壁孔径略小于波发生器长度，所以迫使柔轮产生径向变形而成椭圆状。当椭圆长轴两端轮齿进入啮合时，短轴两端轮齿脱开，其余部位的轮齿有的处于逐渐啮入状态，有的处于逐渐啮出状态。一般刚轮固定不动，随着波发生器回转，柔轮的长、短轴位置不断改变，使柔轮的齿依次进入啮合再退出啮合，从而实现啮合传动。

由于在传动过程中，柔轮产生的弹性变形波近似于谐波，故称这种传动为谐波传动。

谐波齿轮传动由美国的 C.W.Wusser 发明，由于它不需等速比机构，故结构简单，体积小，重量轻，安装方便；单级传动比大且范围宽（单级传动的传动比可达 70～320）；同时啮合的齿数很多，承载能力强，传动平稳；另外其摩擦损失也较小，传动效率高。但柔轮周期性变形，容易发热和疲劳，故对柔轮材料、加工和热处理要求高。

谐波齿轮传动发展迅速，已广泛应用于机床、能源、造船、航空航天等行业。

习 题 12

12.1 何谓定轴轮系？如何计算平面定轴轮系的传动比？如何计算空间定轴轮系的传动比？

12.2 何谓周转轮系？它由哪些基本构件所组成？

12.3 试述轮系的主要功用。

12.4 摆线针轮行星传动的齿数差是多少？它与少齿差行星齿轮传动相比有哪些优缺点？

12.5 如图 12.16 所示轮系机构运动简图有何错误？应怎样改正？

12.6 如图 12.17 所示为 X6132 万能升降台铣床的主轴传动系统。轴Ⅰ为输入轴，其转速 n_1=1450r/min。试问铣床主轴Ⅴ共有几种不同的转速？其中最快和最慢的转速各为多少？

12.7 如图 12.18 所示为一卷扬机的传动系统。已知：z_1=18，z_2=36，z_3=20，z_4=40，z_5=2，z_6=50，n_1=800 r/min，求蜗轮的转速 n_6 并确定各轮的回转方向。

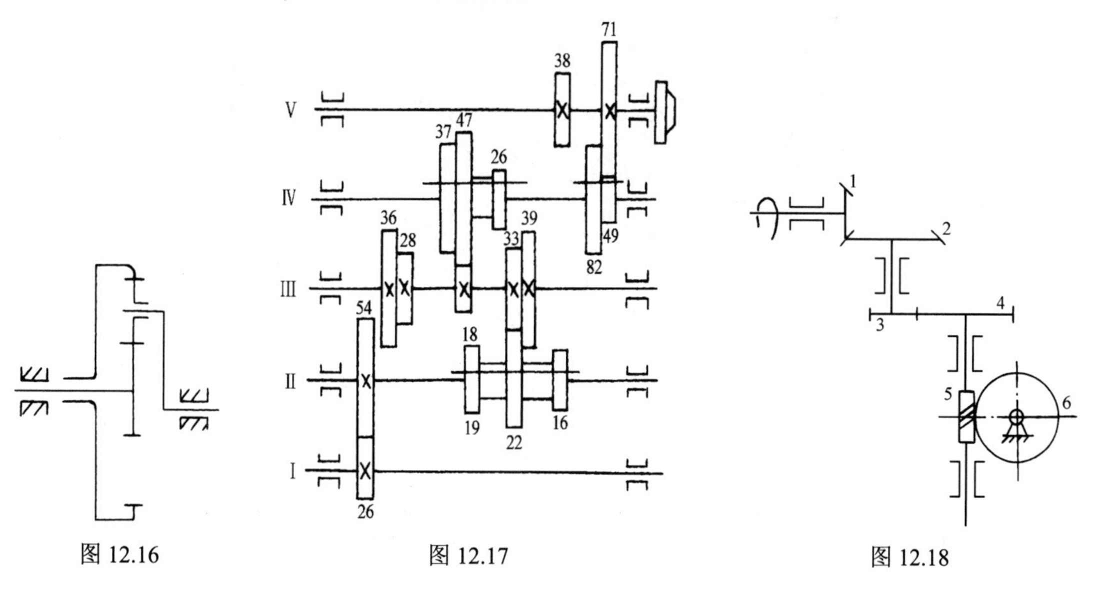

图 12.16 图 12.17 图 12.18

第13章 减 速 器

减速器是用于原动机与工作机之间的封闭式机械传动装置，它主要用来降低转速并相应地增大转矩。

减速器由于结构紧凑，传动效率较高，传递运动准确可靠，可以进行标准化、系列化设计和成批生产，制造质量可靠，成本低，使用维护简单，故在机械设备中应用很广。

13.1 减速器箱体

虽然减速器的类型很多，但基本结构都是由传动零件（齿轮、蜗杆或蜗轮）、轴、轴承、连接零件、箱体和附属零件等所组成的。如图 13.1 所示为二级圆柱齿轮减速器。下面主要介绍减速器的箱体和附属零件。

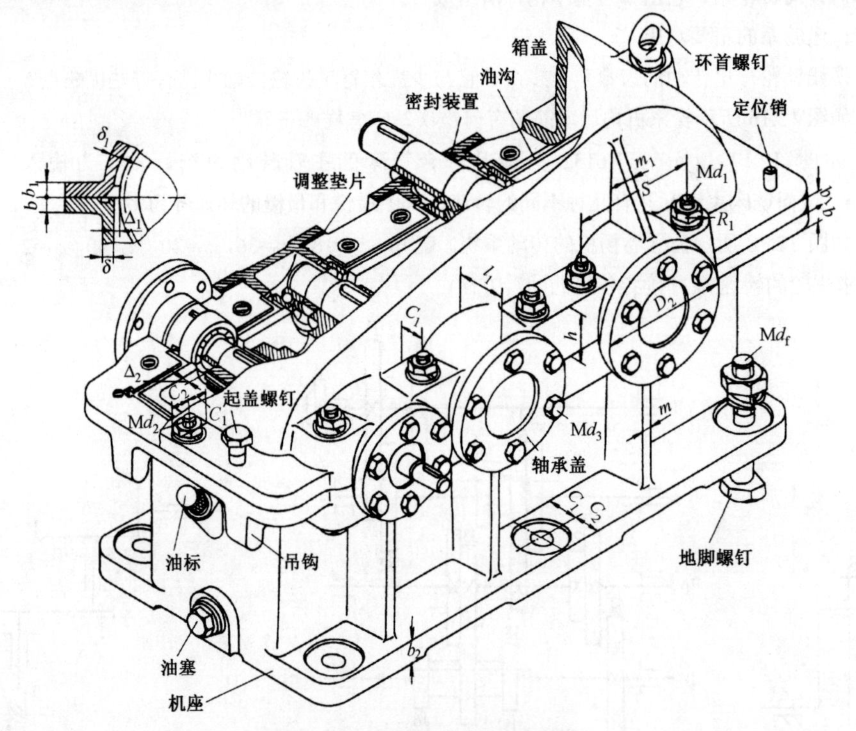

图 13.1　二级圆柱齿轮减速器

减速器箱体按制造方法不同分为铸造箱体和焊接箱体；按其结构形状不同分为剖分式和整体式，为使箱内零件装拆方便，多采用剖分式箱体，如图 13.2 所示。

剖分式箱体由箱盖和箱座两部分组成，用螺栓连接起来构成一个整体，其剖分面常与减速器内传动零件轴心线平面重合。

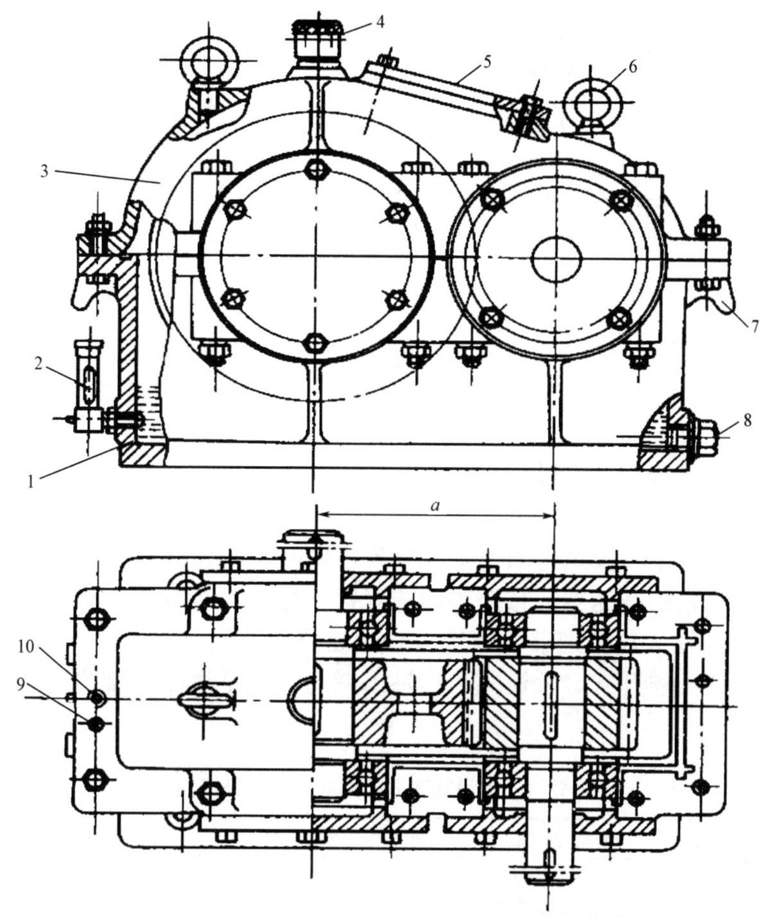

1—箱座；2—油标指示器；3—箱盖；4—通气器；5—观察孔盖；
6—吊环螺钉；7—吊钩；8—油塞；9—定位销；10—起盖螺钉孔

图 13.2　单级圆柱齿轮减速器

为保证密封性，可以在剖分面上制出回油沟，使渗入剖分面的油沿回油沟流回箱体内部。如图 13.3 所示为回油沟的结构。

有的减速器剖分面上开设的是输油沟，如图 13.2 所示，它用于箱内轴承采用飞溅润滑时，使飞溅到箱盖内壁上的油经油沟进入轴承，此时，箱盖内壁与剖分面衔接处应制出倒棱。如图 13.4 所示为输（回）油沟的形状与尺寸。

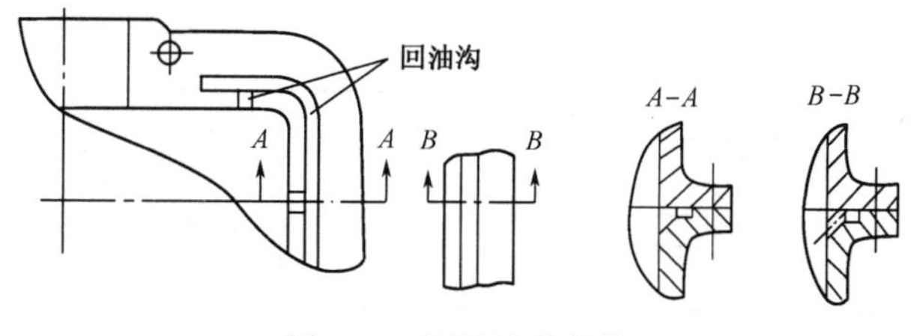

图 13.3　回油沟的结构

为保证箱体的刚度，在轴承座处设有加强肋。对于小型圆锥齿轮或蜗杆减速器，为使结构紧凑，保证轴承与座孔的配合性质，常采用整体式箱体。

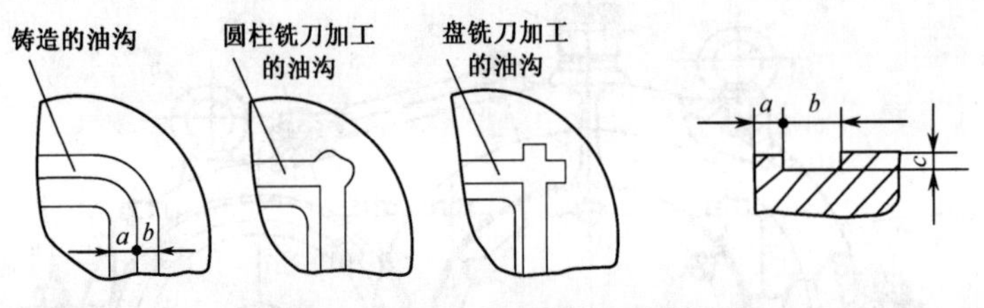

a=5～8mm（铸造）；b=6～10mm；a=3～5mm（机加工）；c=3～5mm

图 13.4 输（回）油沟的形状及尺寸

减速器箱体一般多用 HT150、HT200 制造，当承受重载时可采用铸钢制造，铸造箱体多用于批量生产。对于小批量或单件生产的尺寸较大的减速器可采用焊接箱体。

13.2 常用减速器的类型、特点及应用

减速器的种类很多，按照传动类型可分为齿轮减速器、蜗杆减速器和行星减速器以及它们互相组合起来的减速器；按照传动的级数可分为单级减速器和多级减速器；按照齿轮形状可分为圆柱齿轮减速器、圆锥齿轮减速器和圆锥-圆柱齿轮减速器；按照传动的布置形式又可分为展开式、分流式和同轴式减速器。常用减速器的形式、特点及应用见表 13-1。

表 13-1 常用减速器的形式、特点及应用

类 别	级 数		传动简图	推荐传动比范围	特点及应用
圆柱齿轮减速器	单级		输入 输出	直齿：$i\leqslant5$ 斜齿及人字齿：$i\leqslant10$	轮齿可制成直齿、斜齿和人字齿。传动轴线平行，结构简单，精度容易保证，应用较广。直齿一般用在圆周速度 $v\leqslant8$m/s、轻载荷场合
	两级	展开式		$i\leqslant(8\sim60)$	两级减速器中最简单的一种。齿轮相对于轴承位置不对称，当轴产生弯曲变形时，载荷在齿宽上分布不均匀，因此，轴应设计得具有较大的刚度。一般采用斜齿，低速级也可制成直齿。用于载荷较平稳的场合
		分流式			高速级采用人字齿，低速级可制成人字齿或直齿。与展开式相比，齿轮与轴承对称布置，因此载荷沿齿宽分布均匀，轴承受载亦平均分配，常用于变载荷场合
圆锥、圆锥-圆柱齿轮减速器	单级			直齿：$i\leqslant3$ 斜齿：$i\leqslant6$	轮齿可制成直齿、斜齿、螺旋齿。两轴线垂直相交或成一定角度相交（大于或小于 90°）。制造安装较复杂，成本高，所以仅在有必要时才应用
	两级			直齿圆锥齿轮：i=8～22 斜齿及螺旋齿圆锥齿轮：i=8～40	圆锥-圆柱齿轮减速器特点与单级圆锥齿轮减速器相同。圆锥齿轮应在高速级，使齿轮尺寸不致太大，否则加工困难。圆柱齿轮可制成直齿或斜齿

续表

类　别	级　　数		传 动 简 图	推荐传动比范围	特点及应用
蜗杆减速器	单级	蜗杆下置式	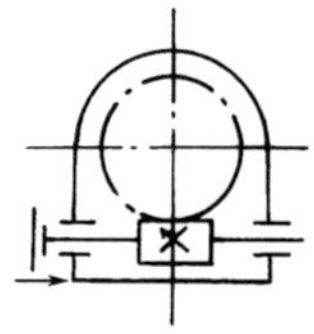	i=10～80，传递功率较大时，i≤30	蜗杆在蜗轮下边，啮合处冷却和润滑都较好，蜗杆轴承润滑也方便，但当蜗杆圆周速度太大时，搅油损耗较大。一般用于蜗杆圆周速度 v≤5m/s 的场合
蜗杆减速器	单级	蜗杆上置式	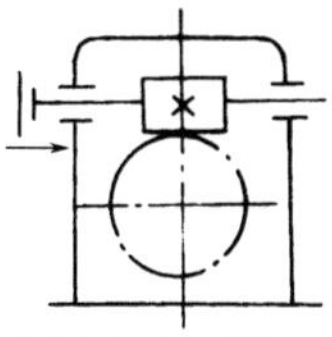	i=10～80，传递功率较大时，i≤30	蜗杆在蜗轮上边，装卸方便，蜗杆圆周速度可高些，而且金属屑等杂物掉入啮合处机会少。当蜗杆的圆周速度 v>4～5m/s 时，最好采用此形式
		蜗杆侧置式	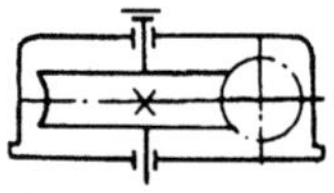		蜗杆在旁边，且蜗轮轴是竖直的，一般用于水平旋转机构的传动（如旋转起重机）

表 13-1 中各类减速器已有标准系列产品，使用时只需结合所需传动功率、转速、传动比、工作条件和机器的总体布置等具体要求，从产品目录或有关手册中选择即可。只有在选不到合适的产品时，才自行设计制造。

应该指出：在选择减速器的类型时，首先必须根据传动装置总体配置的要求，结合减速器的效率、外廓尺寸或质量及运转费用等指标进行综合分析比较，以期获得最合理的结果。

13.3　减速器附属零件

为了保证减速器的正常工作，减速器箱体上常设置一些装置或附属零件，常用减速器附属零件主要包括以下几种。

1. 观察孔盖

观察孔的作用是检查箱内传动零件的啮合情况，故应设在啮合齿轮上方的箱盖顶部，箱内的润滑油也由此孔注入。观察孔处应设计凸台以便于加工。观察孔的大小以手能伸入箱内进行操作为宜。为防止润滑油飞溅出来和污物进入箱体内，观察孔平时用观察孔盖盖住，盖板底部垫有纸制封油垫片以防止漏油。

2. 通气器

通气器用来沟通箱内、外的气流，使箱内气压不会因减速器工作时的温升而增大，从而保证箱体的密封性。

通气器一般装在箱盖顶部或观察孔盖上，以便箱内的热膨胀气体能自由逸出。选择通气器类型时应考虑其对环境的适应性。通气器的规格尺寸应与减速器大小相适应。

3. 油标指示器

油标指示器用来检查箱内油面高度，以保证传动件的润滑，应将其设置在便于观测和油面较稳定的部位（如低速级传动件附近），且安装位置不能过低，以免油液溢出。

4. 定位销

为保证每次装拆箱盖时，仍保持轴承座孔的安装精度，在箱体连接的凸缘面上配装两个定位销。定位销常采用圆锥销，为使两销尽量远离，一般将它们设置在箱体连接凸缘的对角处，并应做非对称布置。定位销的长度应大于箱盖与箱座凸缘厚度之和。

5. 起盖螺钉

在箱体剖分结合面上常涂有水玻璃或密封胶，以保证减速器的密封性。为便于拆卸箱盖，在箱盖凸缘上设置了 1～2 个起盖螺钉。起盖螺钉的螺纹有效长度应大于箱盖凸缘厚度，其端部制成圆柱形并光滑倒角或制成半球形。

6. 起吊装置

为了搬运和装拆箱盖，在箱盖上装有吊环螺钉。为保证起吊安全，吊环螺钉应完全拧入吊环螺钉孔。为使吊环螺钉孔具有足够的深度，安装吊环螺钉处应设计凸台。也可以直接在箱盖上铸出吊钩或吊耳，这样有利于减少螺钉孔和支承面的机加工。

为了吊运箱座或整个减速器，在箱座两端连接凸缘处铸出吊钩。

7. 油塞

为了换油时能排出污油，在减速器箱座底部设有放油孔，平时用油塞和密封垫圈将其堵住。箱座上装螺塞处也要设置凸台。

习　题　13

13.1　减速器的作用是什么？试述常用减速器的特点及应用。

13.2　说明减速器附属零件的名称及作用。

13.3　回油沟和输油沟各起什么作用？

13.4　亲自动手，完成一台减速器的拆卸与安装。

第 14 章　轴和轴毂连接

轴是组成机器的主要零件之一，其主要功用是支承回转零件、传递运动和动力。

一切做回转运动的传动零件（如齿轮、带轮等），都必须安装在轴上才能进行运动及动力的传递。实现轮毂与轴之间的连接称为轴毂连接。

14.1　轴的分类和材料

14.1.1　轴的分类

1. 按轴的轴线形状不同分类

轴可以分为直轴、曲轴和挠性轴三类。

（1）直轴（见图 14.1）。直轴按外形又可分为光轴和阶梯轴两种。光轴形状简单，加工容易，且应力集中源少，但轴上的零件不易装配及定位；阶梯轴则正好与光轴相反，因此其应用广泛。

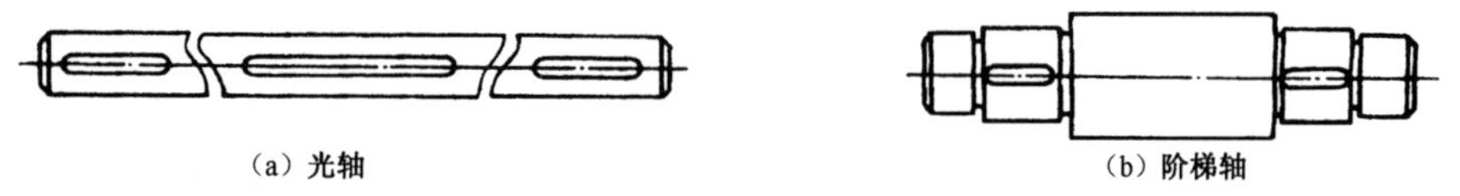

图 14.1　直轴

（2）曲轴（见图 14.2）。曲轴用于将旋转运动改变为往复直线运动或做相反的运动变换，是往复式机械中的专用零件，如内燃机、空气压缩机中的曲轴等。

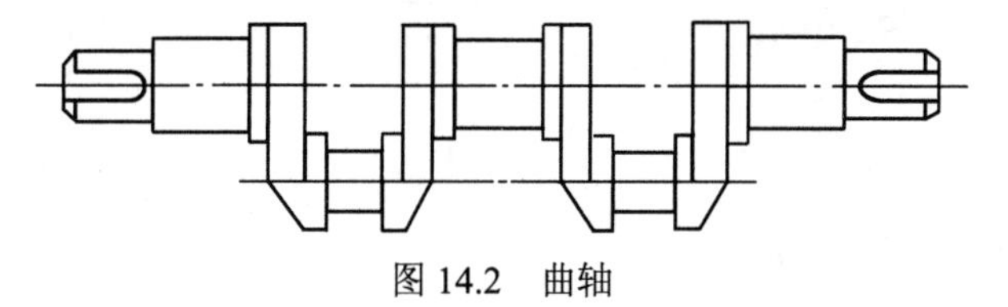

图 14.2　曲轴

（3）挠性轴（见图 14.3）。由多组钢丝分层卷绕而成，具有良好的挠性，可以把回转运动灵活地传递到不开阔的空间位置，常用于混凝土工程机械、医疗设备等机械设备中。

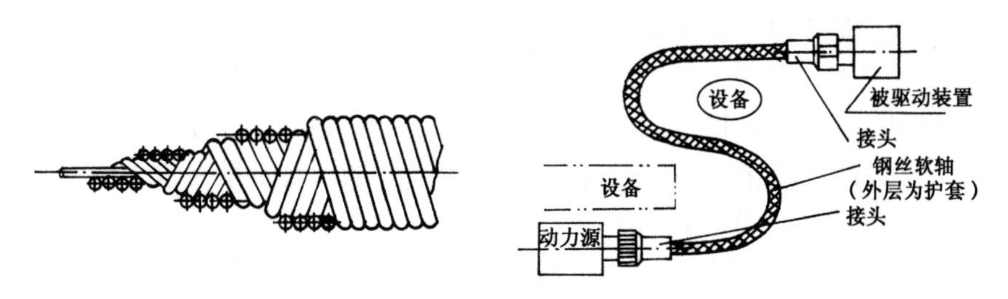

图 14.3　挠性轴

2. 按轴的受载情况不同分类

轴又可以分为心轴、转轴、传动轴三类。

（1）心轴。只承受弯矩不传递转矩的轴称为心轴。心轴按其是否转动又分为固定心轴（如自行车前轮轴，见图 14.4）和转动心轴（如火车轮轴，见图 14.5）。

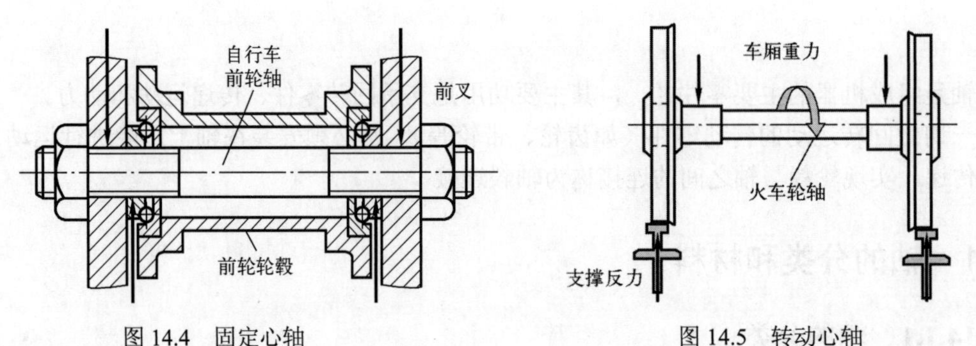

图 14.4　固定心轴　　　　图 14.5　转动心轴

（2）传动轴。只传递转矩而不承受弯矩或承受弯矩很小的轴称为传动轴，如汽车从变速箱到后桥的传动轴（见图 14.6）。

（3）转轴。既传递转矩又承受弯矩的轴称为转轴，如减速器轴（见图 14.7）。机器中大多数轴都是转轴。

轴一般制成实心的，只有当机器结构要求在轴内装设其他零件或减轻轴的质量有特别重要意义时，才将轴制成空心的，如数控车床的主轴等。

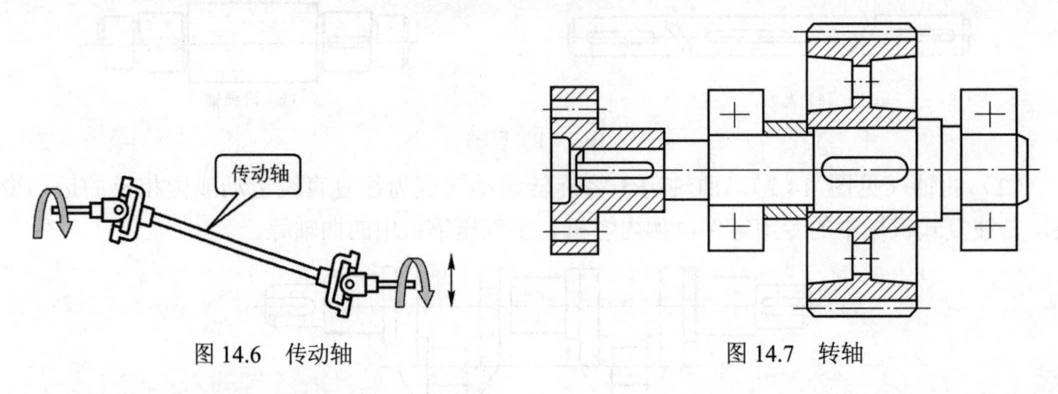

图 14.6　传动轴　　　　图 14.7　转轴

14.1.2　轴的材料及选择

设计轴时除应满足强度、刚度、耐磨性等方面的要求外，还应遵照经济、合理、适用的原则，根据具体情况选用合适的材料。

轴的材料主要为碳素钢和合金钢。

碳素钢比合金钢价格低廉，对应力集中的敏感性较低，且具有较高的综合力学性能，故应用较广。常用的优质碳素钢有 35 号钢、40 号钢、45 号钢、50 号钢，其中，45 号钢应用最多，为了改善其力学性能，应进行正火和调质等处理。对于受力较小或不重要的轴，也可采用 Q235-A、Q275 等普通碳素钢。

合金钢比碳素钢具有更高的机械强度和更好的淬火性能，但其价格较贵，且对应力集中较敏感，因此多用于传递大功率、要求减轻轴的质量和提高轴颈耐磨性的场合。常用的合金钢有 40Cr、20Cr、40MnB、20CrMnTi、38SiMn 等。由于合金钢与碳素钢的弹性模量相差甚小，因此，采用合金钢通过热处理来提高轴的刚度是无效的。

球墨铸铁和一些高强度铸铁，由于容易铸成更合理的形状，且减振性能好，应力集中敏感性低，故常用于制造外形复杂的轴，特别是我国研制成功的稀土-镁球墨铸铁，冲击韧性好，同时具有减磨、吸振和对应力集中敏感性低等优点，已用于制造汽车、拖拉机、机床上的重要轴类零件。

轴的几种常用材料及其主要力学性能及许用弯曲应力见表 14-1。

表 14-1　轴的几种常用材料和主要力学性能及许用弯曲应力

材料牌号	热处理	毛坯直径（mm）	硬　度（HBS）	抗拉强度极限 σ_b	屈服强度极限 σ_s	弯曲疲劳极限 σ_{-1}	剪切疲劳极限 τ_{-1}	许用弯曲应力 $[\sigma_{-1}]$	应　用
				MPa					
Q235-A	热轧或锻后空冷	≤100		400～420	225	170	105	40	用于不重要及受载荷不大的轴
		＞100～250		375～390	215				
45 号钢	正火回火	≤100	170～217	590	295	255	140	55	应用最广泛
		＞100～300	162～217	570	285	245	135		
	调质	≤200	217～255	640	355	275	155	60	
40Cr	调质	≤100	241～286	735	540	355	200	70	用于载荷较大，而无很大冲击的重要的轴
		＞100～300		685	490	335	185		
40CrNi	调质	≤100	270～300	900	735	430	260	75	用于很重要的轴
		＞100～300	240～270	785	570	370	210		
38SiMnMo	调质	≤100	229～286	735	590	365	210	70	性能接近 40CrNi，用于重要的轴
		＞100～300	217～269	685	540	345	195		
38CrMoAlA	调质	≤60	293～321	930	785	440	280	75	用于要求高耐磨性、高强度且热处理（氮化）变形小的轴
		＞60～100	277～302	835	685	410	270		
		＞100～160	241～277	785	590	375	220		
20Cr	渗碳淬火回火	≤60	渗碳 56～62 HRC	640	390	305	160	60	用于要求强度和韧性均较高的轴（如某些齿轮轴、蜗杆等）
3Cr13	调质	≤100	≥241	835	635	395	230	75	用于腐蚀条件下的轴
1Cr18Ni9Ti	淬火	≤100	≤192	530	195	190	115	45	用于高、低温及腐蚀条件下的轴
		＞100～200		490		180	110		
QT600-3			190～270	600	370	215	185		用于制造形状复杂的轴
QT800-2			245～335	800	480	290	250		

注：表中疲劳极限数值，均按下列各式计算。

碳钢：$\sigma_{-1}\approx0.43\sigma_b$；合金钢：$\sigma_{-1}\approx0.27(\sigma_b+\sigma_s)+100$；不锈钢：$\sigma_{-1}\approx0.27(\sigma_b+\sigma_s)$；$\tau_{-1}\approx0.156(\sigma_b+\sigma_s)$；球墨铸铁 $\sigma_{-1}\approx0.36\sigma_b$，$\tau_{-1}\approx0.31\sigma_b$。

14.2　轴的结构设计

轴的结构设计就是确定轴的结构外形和全部结构尺寸。

为了便于对轴上零件进行装拆与固定，且接近等强度，通常将轴设计成阶梯形。由于影响轴结构的因素很多，故其结构设计具有较大的灵活性和多样性。轴没有标准的结构形式，设计时，应对不同情况进行具体分析。

如图 14.8 所示为一减速器中的高速轴。轴上与轴承配合的部分称为轴颈；与传动零件（齿轮、带轮等）配合的部分称为轴头；连接轴颈和轴头的部分称为轴身；起连接和定位作用的环带称为轴环；轴径变化处形成的台阶称为轴肩，轴肩又分为定位轴肩和非定位轴肩。

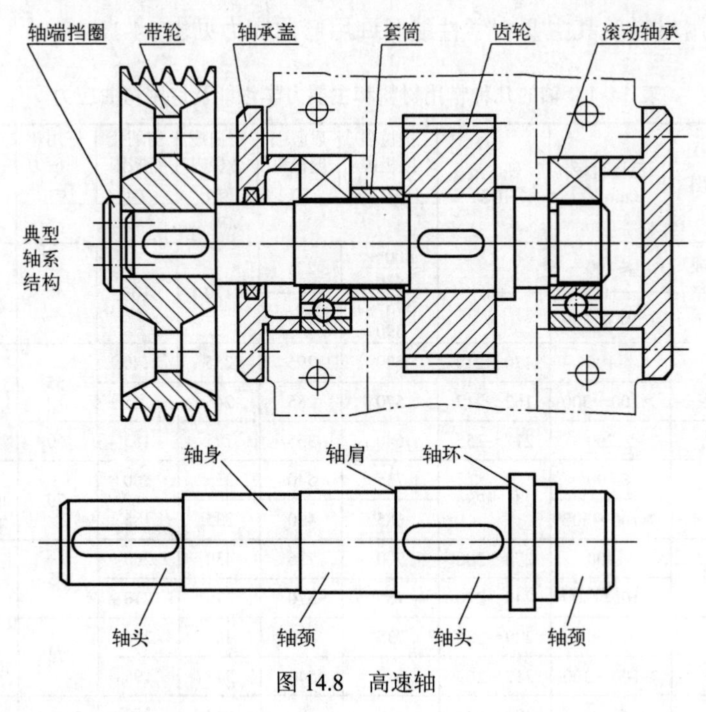

图 14.8　高速轴

14.2.1　轴径的初步确定

在开始设计轴时，通常轴上零件的位置和跨距均未确定，所以无法按弯扭组合作用来计算轴的直径。一般是先根据工作要求选择轴的材料，用类比法或按扭转强度初步确定轴的直径（最小直径）后，再进行轴的结构设计。

1. 类比法

类比法是参考同类型的机器设备，比较轴传递的功率、转速及工作条件等，来初步确定轴的结构和尺寸。例如，在一般减速器中，与电动机相连的高速端输入轴的基本直径 d_1=（0.8～1.2）d，d 为电动机轴端直径。而各级低速轴直径 d_2 可按同级齿轮中心距 a 估算，一般取 d_2=（0.3～0.4）a。配有联轴器的轴，以联轴器直径为其最小直径。

2. 按扭转强度计算

对于圆截面的传动轴，其扭转强度条件为：

$$\tau = \frac{T}{W_{\mathrm{T}}} = \frac{9.55\times10^6 P}{0.2d^3 n} \leqslant [\tau_{\mathrm{T}}] \quad \mathrm{MPa} \tag{14-1}$$

式中，τ——扭切应力，单位为 MPa；

$[\tau_T]$——许用扭切应力，单位为 MPa，见表 14-2；

T——轴传递的扭矩，单位为 N·mm；

W_T——轴的抗扭截面系数，单位为 mm³，对实心圆截面轴，$W_T = \frac{\pi d^3}{16} \approx 0.2d^3$；

P——轴传递的功率，单位为 kW；

n——轴的转速，单位为 r/min；

d——轴的直径，单位为 mm。

对于转轴，也可用式（14-1）初步估算轴的直径，但必须把轴的许用扭切应力$[\tau_T]$（见表 14-2）适当降低，以补偿弯矩对轴强度的影响。

由式（14-1）可写出设计公式如下：

$$d \geqslant \sqrt[3]{\frac{9.55\times10^6 P}{0.2[\tau_T]n}} = C\sqrt[3]{\frac{P}{n}} \quad \text{mm} \qquad (14\text{-}2)$$

式中，C 为由轴的材料和承载情况确定的常数，见表 14-2。

按式（14-2）计算出的直径应按表 14-3 圆整至标准值，或按相配合零件的标准孔径匹配，并且作为轴的最小直径。

表 14-2　常用材料的$[\tau_T]$值和 C 值

轴的材料	Q235-A、20Cr	35 号钢	45 号钢	40Cr、35SiMn、20 CrMnTi
$[\tau_T]$/（MPa）	12～20	20～30	30～40	40～52
C	160～135	135～118	118～107	107～98

注：当作用在轴上的弯矩比较小或者只受扭矩时，C 取较小值；否则取较大值。

表 14-3　标准直径 d 系列　（摘自 GB/T 2822—2005）（mm）

10	12	14	16	18	20	22	24	25	26	28
30	32	34	36	38	40	42	45	48	50	53
56	60	63	67	71	75	80	85	90	95	100

14.2.2　轴结构设计的基本要求

对一般轴结构设计的基本要求是：

（1）轴上零件的布置和装配方案要合理（确定方案）。

（2）轴和轴上零件要有准确的工作位置和可靠的相对固定（定位、固定要求）。

（3）良好的制造和装配工艺性（工艺要求）。

（4）形状、尺寸应有利于减少应力集中（疲劳强度要求）。

（5）轴各部分的直径和长度的尺寸要合理（尺寸要求）。

1．拟定轴上零件的布置和装配方案

拟定轴上零件的布置和装配方案是进行轴结构设计的基础，要首先预定出主要零件的装配方向、顺序和相互关系。

如图 14.8 所示，为便于轴上零件的装拆，将轴做成阶梯形。对于剖分式箱体，轴的直径自中间向两端逐渐减小。安装时首先将右平键装在轴上，再从左端依次装入齿轮、套

筒、左端轴承；从右端装入右端轴承；然后将轴置于减速器箱体的轴承孔中，装上左、右轴承盖；再自左端装入左平键和带轮。

轴上零件的布置和装配方案不同，将直接影响轴的结构形式，设计时应根据具体情况拟定几种方案，分析对比，选出较为合理的一种。

2．轴上零件的准确定位和可靠固定

（1）轴上零件的轴向定位和固定。轴上零件的轴向位置必须固定，以承受轴向力或不发生轴向窜动。轴向定位和固定的方法主要有两类：一是利用轴本身的结构，如轴肩、轴环、圆锥面、过盈连接等；二是采用附件，如套筒、圆螺母、轴端挡圈、弹性挡圈、紧定螺钉等，见表14-4。

表14-4　轴上零件的轴向定位和固定方法

定位和固定方法	简　图	特点与应用
轴肩、轴环		简单可靠，可承受较大的轴向力，是最方便、有效的办法
圆锥面	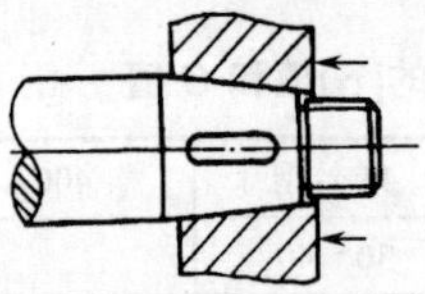	适用于轴端，轴上零件装拆较方便，有较高的定心精度，并能承受冲击振动，但锥面加工稍复杂
轴端挡圈	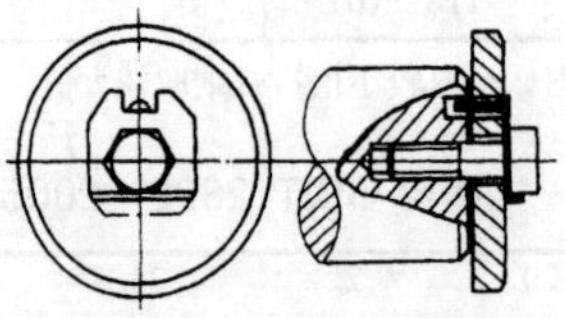	适用于轴端，可承受剧烈的振动和冲击载荷
套筒	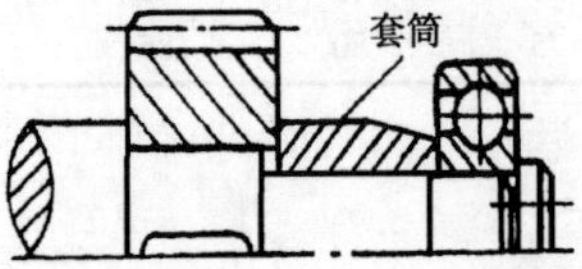 套筒	结构简单、可靠，用于两零件间距较小处，在轴中段靠位置已定的零件来固定
圆螺母	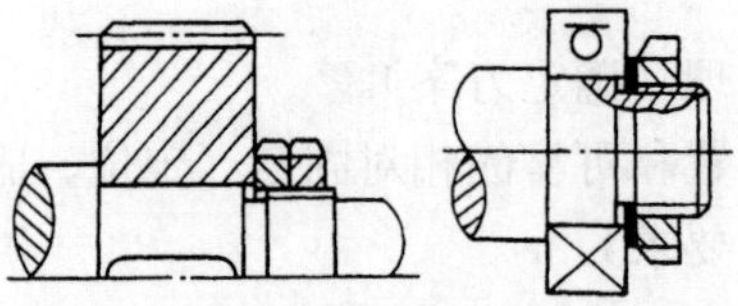	可承受较大的轴向力，但需在轴上切制螺纹，因而引起应力集中，对轴强度削弱较大
弹性挡圈	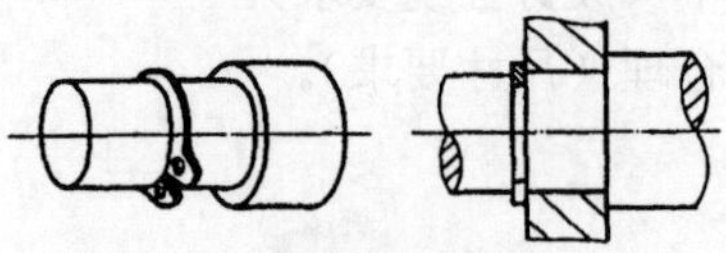	结构简单紧凑，拆装方便，用于轴向力较小而轴上零件间距较大处
紧定螺钉	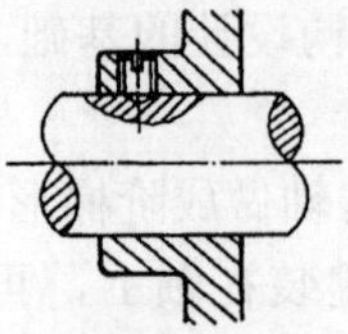	适用于轴向力很小，转速很低或仅为防止偶然轴向窜动的场合。兼有周向固定作用

续表

定位和固定方法	简　图	特点与应用
圆锥销		承受的轴向力较小，兼有周向固定作用

利用轴肩或轴环实现轴上零件的轴向定位和固定时，为使零件能紧靠定位面，轴肩的过渡圆角半径 R 应小于轴上零件的倒角 C_1 或圆角半径 R_1，轴肩或轴环的高度 h 必须大于 R_1 或 C_1（见图 14.9）。R、R_1 和 C_1 的尺寸见表 14-5。定位轴肩高度 $h \approx$（0.07～0.1）d（d 为配合处的轴径），轴环宽度 $b \approx 1.4h$。安装滚动轴承处的轴肩高度应小于轴承内圈厚度，以便拆卸，其尺寸由轴承标准确定。非定位轴肩的高度和该处的圆角半径可不受此限，一般可取轴肩高度 h=1.5～2mm，圆角半径 $r \leqslant$（$D-d$）/2。

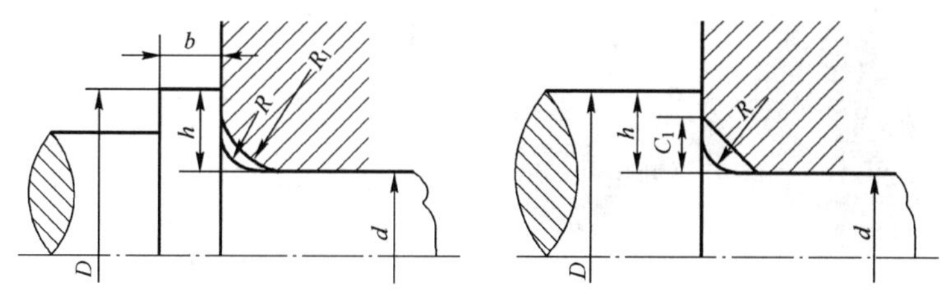

图 14.9　轴肩或轴环

表 14-5　轴上圆角半径 R 及孔端倒角 C_1 与圆角半径 R_1 的推荐值（摘自 GB/T 6403.4—2008）（mm）

轴的直径	>10～18	>18～30	>30～50	>50～80	>80～120
R	0.4	0.5	0.8	1.0	1.2
C_1 或 R_1	0.8	1.0	1.6	2.0	2.5

注意：用套筒、圆螺母和轴端挡圈等进行轴向定位和固定时，轴上零件的轴段长度应比零件轮毂长度略短 2～3mm，以保证套筒、螺母和轴端挡圈的端面靠紧轮毂的端面。

（2）轴上零件的周向定位和固定。零件在轴上的周向定位和固定是为了防止零件与轴产生相对转动，以传递运动和转矩。常用的方式有键连接、花键连接、过盈连接及成型连接等，详细内容见 14.5 节。

当传递的转矩较小时，可采用紧定螺钉连接或销连接，如表 14-4 所示。这两种连接可以同时实现轴上零件的轴向固定和周向固定。

3．轴的结构应具有良好的制造和装配工艺性

（1）在满足使用要求的情况下，轴的外形结构应力求简单，轴肩数尽可能小，相邻轴段的直径差不宜过大。

（2）阶梯轴常设计成中间大、两端小的形状（如图 14.8 所示），以便于轴上零件的装拆。

（3）轴端、轴颈和轴肩（或轴环）的过渡部位应有倒角或过渡圆角，使轴上零件容易装拆，避免划伤配合表面，并减少应力集中。同一根轴上所有圆角半径和倒角的大小应尽可能一致，以减少刀具规格和换刀次数。

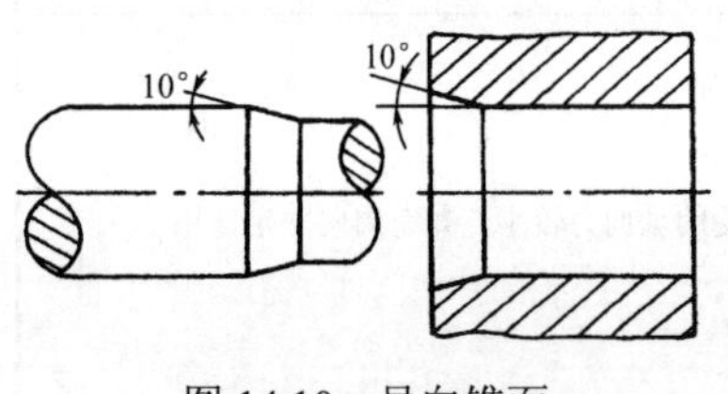

图 14.10　导向锥面

（4）对于过盈连接，其装入端应加工出半锥角为 10° 的导向锥面（如图 14.10 所示），以便于装配。为使齿轮、轴承等有配合要求的零件装拆方便，并减少配合表面的擦伤，在配合轴段前应采用较小的直径。

（5）同一轴上需开几个键槽时，应布置在同一母线上，以便于加工。

（6）对于轴上要磨削的轴段，需设砂轮越程槽，如图 14.11 所示；对于轴上要切螺纹的部位，需设退刀槽，如图 14.12 所示，以便在切螺纹时退刀。它们的尺寸可参见相关手册或相关标准。

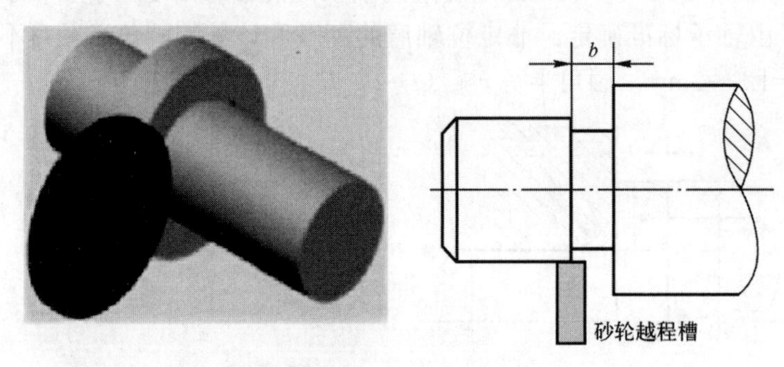

图 14.11　砂轮越程槽

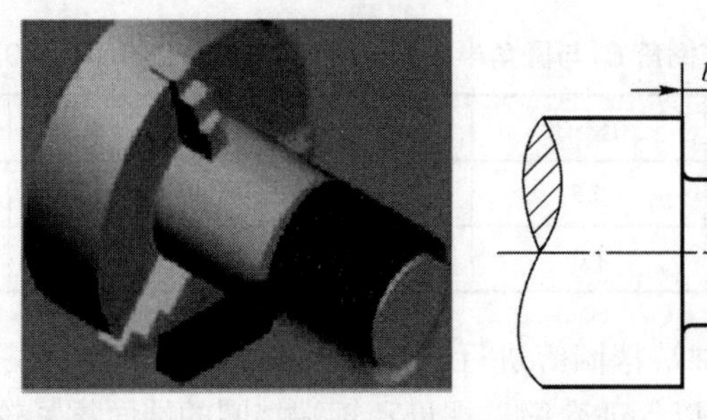

图 14.12　螺纹退刀槽

（7）为便于轴的加工及保证轴的精度，必要时应在轴的两端设置中心孔，中心孔的尺寸参见行业手册或国家标准。

4．减少应力集中，提高轴的疲劳强度和改善轴的受力情况

（1）尽量减少应力集中。轴大多在变应力下工作，进行结构设计时应尽量减少应力集中，以提高其疲劳强度，这对合金钢轴尤为重要。

轴截面尺寸突变处会造成应力集中，所以对阶梯轴，相邻两段轴径变化不宜过大，在轴径变化处的过渡圆角半径不宜过小，并应尽量避免在轴上开孔或开槽。在重要的结构中可采用凹切圆角（见图 14.13（a））、中间环（见图 14.13（b）），以增加轴肩处过渡圆角半径，缓和应力集中。还可开卸荷槽（见图 14.13（c））减少应力集中。

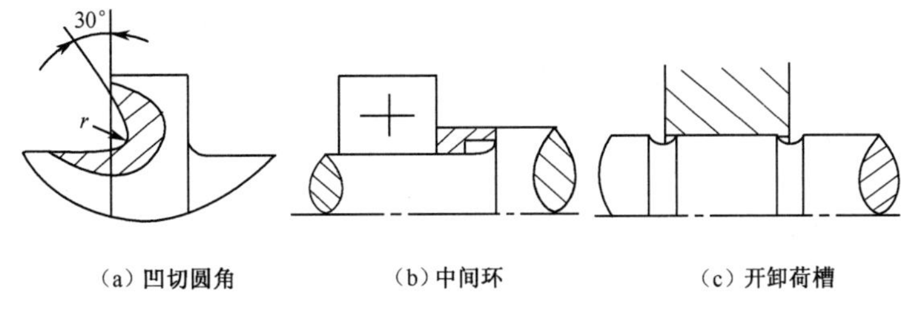

图 14.13　减少应力集中的措施

（2）改善轴的表面质量。对一些重要的轴，其表面可采用辗压、喷丸等表面强化处理，或对轴进行液体碳氮共渗、渗碳、渗氮、高频淬火或表面淬火等，均可提高轴的疲劳强度。

（3）改善轴的受力情况。在进行结构设计时，还可采用合理布置零件在轴上的位置和改进轴上零件的结构等措施，来减小轴上的载荷，提高轴的强度。

如当轴所传递的动力需由两个轮输出时，其布置如图 14.14（a）所示，则轴传递的最大转矩等于输入转矩，为 T_1+T_2；若将输入轮布置在中间，如图 14.14（b）所示，则轴传递的最大转矩减小为 T_1 或 T_2。

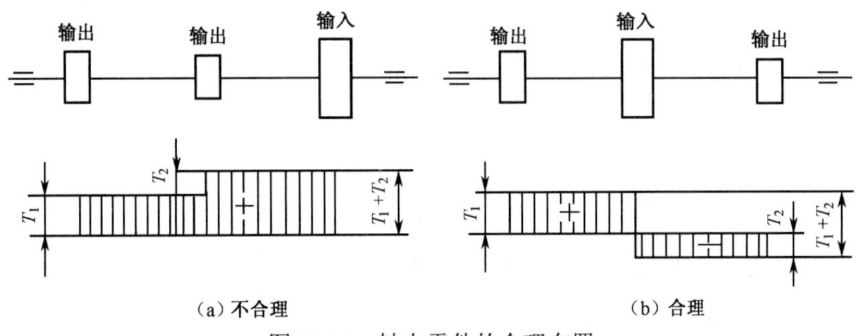

图 14.14　轴上零件的合理布置

又如图 14.15（a）所示的卷筒轴，卷筒的轮毂很长，轴所受的最大弯矩为 $\dfrac{FL}{4}$；若改变轴上零件卷筒轮毂的结构（见图 14.15（b）），把轮毂分成两段，则轴所受的最大弯矩减少为 $\dfrac{FL}{8}$。

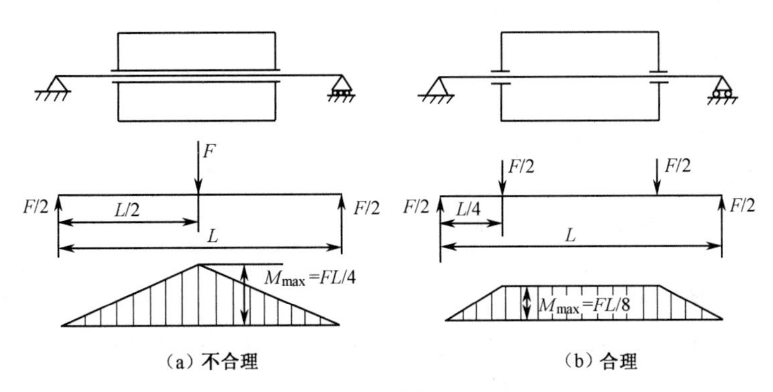

图 14.15　轴上零件的合理结构

（4）轴的直径和长度尺寸要求。轴的直径除满足强度和刚度要求外，还要注意：与标准零件相配合的轴径应取标准值，轴头的直径应符合表 14-3 中的标准直径系列值，轴上车制螺纹处的直径应符合外螺纹标准系列。

轴的各段长度应与各轴段上相配合零件的宽度相对应，考虑零件间的适当间距、结合箱体结构等需要，合理确定。

14.3 轴的强度计算

1．按弯扭合成进行强度计算

在初步进行了轴的结构设计及已知轴上外载荷后，轴上支反力的位置已确定，此时，可按弯扭合成的理论进行轴危险截面的强度校核。

对于一般的钢制轴可按第三强度理论计算，强度条件为：

$$\sigma_e = \frac{M_e}{W} = \frac{\sqrt{M^2 + (\alpha T)^2}}{0.1d^3} \leqslant [\sigma_{-1}] \tag{14-3}$$

由上式可得轴设计公式为：

$$d \geqslant \sqrt[3]{\frac{M_e}{0.1[\sigma_{-1}]}} \tag{14-4}$$

式中，σ_e——轴的当量应力，单位为 MPa；

d——轴的直径，单位为 mm；

M_e——当量弯矩，$M_e = \sqrt{M^2 + (\alpha T)^2}$，单位为 N・mm；

M——危险截面上的合成弯矩，$M = \sqrt{M^2_H + M^2_V}$，单位为 N・mm，M_H 为水平面上的弯矩，M_V 为垂直平面上的弯矩；

W——轴危险截面的抗弯截面系数，对圆截面轴 $W \approx 0.1d^3$；

$[\sigma_{-1}]$——对称循环变化的许用弯曲应力，见表 14-1；

α——通常由弯矩所产生的弯曲应力是对称循环变化的，而由扭矩所产生的扭转切应力随工作情况而变化，考虑两者循环特性的不同，特引入折合系数α。对于按脉动循环变化的扭转切应力，$\alpha \approx 0.6$；对于不变的扭转切应力，$\alpha \approx 0.3$；对于频繁正反转的轴，扭转剪应力可视为对称循环变化应力，$\alpha = 1$。不能确切知道载荷的性质时，一般轴的转矩可按脉动循环处理。

考虑键槽对轴强度的削弱，由式（14-4）算出的轴径，当危险截面有键槽时，应增大轴径。单键槽应增大 3%～7%，双键槽应增大 7%～15%，并圆整。

对于一般用途的轴，按上述方法计算已足够精确。对重要的轴，还要考虑影响轴疲劳强度的一些因素而做精确验算。其内容可参阅有关书籍。

2．轴的强度校核步骤

进行强度计算时通常把轴当作置于铰链支座上的梁，作用于轴上零件的力作为集中力，其作用点取零件轮毂宽度的中点。轴承支点的位置，视轴承类型和安装方式而定，一般可近似地取在轴承宽度的中点上。

对于一般轴的强度校核具体步骤如下（因图 14.17、图 14.18 均与例题 14.1 有关，正文中需先提及图 14.18 讲明步骤）：

（1）作出轴的计算简图，如图 14.18（a）所示。

（2）作出水平平面内的受力图，求出水平面内的支反力和弯矩 M_H，并作出弯矩图，如图 14.18（b）所示。

（3）作出垂直平面内的受力图，求出垂直面内的支反力和弯矩 M_V，并作出弯矩图，如图 14.18（c）所示。

（4）求合成弯矩 M，并作出合成弯矩图，如图 14.18（d）所示。

（5）作出扭矩 T 图，如图 14.18（e）所示。

（6）计算当量弯矩 M_e，作出当量弯矩图，如图 14.18（f）所示。

（7）用式（14-3）或式（14-4）校核轴危险截面的强度。

下面举例说明轴的设计过程

例 14.1 如图 14.16 所示为用于带式运输机的单级斜齿圆柱齿轮减速器。减速器由电动机驱动。已知减速器输出轴传递的功率 P=10kW，转速 n=202r/min，作用在齿轮上的圆周力 F_{t2}=2656N，径向力 F_{r2}=985N，轴向力 F_{a2}=522N，大齿轮分度圆直径 d_2=356mm，轮毂宽度 B=80mm，工作时单向转动，选用 6200 型深沟球轴承。试设计该减速器的输出轴。

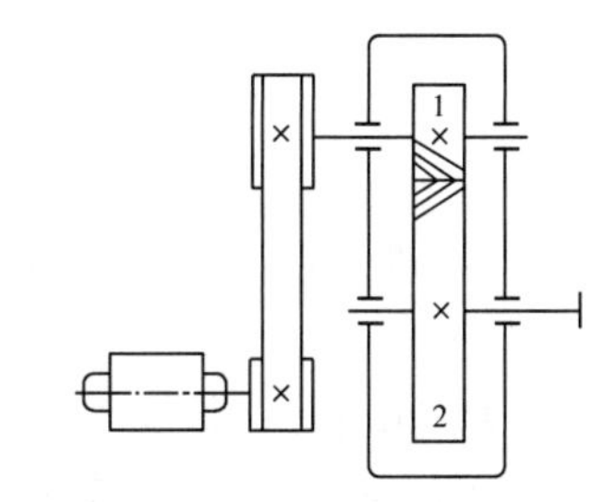

图 14.16　单级斜齿圆柱齿轮减速器

解：（1）选择轴的材料并确定许用应力。由于要设计的轴是单级减速器的输出轴，对材料无特殊要求，属一般轴的设计问题，故选用 45 号钢正火处理。

由表 14-1 查得其抗拉强度极限σ_b=590MPa，许用弯曲应力$[\sigma_{-1}]$= 55MPa。

（2）按扭转强度估算最小轴径。按扭转强度估算轴输出端直径，由表 14-2 取 C=115，则由式（14-2）得：

$$d = C\sqrt[3]{\frac{P}{n}} = 115\sqrt[3]{\frac{10}{202}} \approx 42.23\text{mm}$$

此段轴的直径和长度应和联轴器相符，选取 TL7 型弹性套柱销联轴器，其轴孔直径为 45mm，与轴配合部分长度为 84mm，故轴输出端直径 d=45mm。

（3）进行轴的结构设计并绘制结构草图。

● 确定轴上零件的位置和固定方式。单级减速器中，可将齿轮安排在箱体中央，两轴承相对齿轮对称分布，轴的外伸端安装联轴器，如图 14.17 所示。

齿轮用轴环、套筒实现轴向定位和固定，周向固定依靠平键和过盈配合 H7/r6。两端轴承分别以轴肩和套筒实现轴向定位，周向固定则采用过盈配合ϕ55k6。联轴器用轴肩、轴端挡圈实现轴向定位和固定，采用平键和过渡配合 H7/k6 做周向固定。整个轴系（包括轴承）以两端轴承盖实现轴向固定。轴做成阶梯形，左轴承从左面装入，齿轮、套筒、右轴承、轴承盖和联轴器依次从右面装到轴上。

● 确定轴各段直径。

① 段（即外伸端）：轴头直径取最小直径 d_1=45mm。

② 段直径：取联轴器定位轴肩高度 h_1 为 3.5mm，故 d_2=d_1+2h_1=52mm。

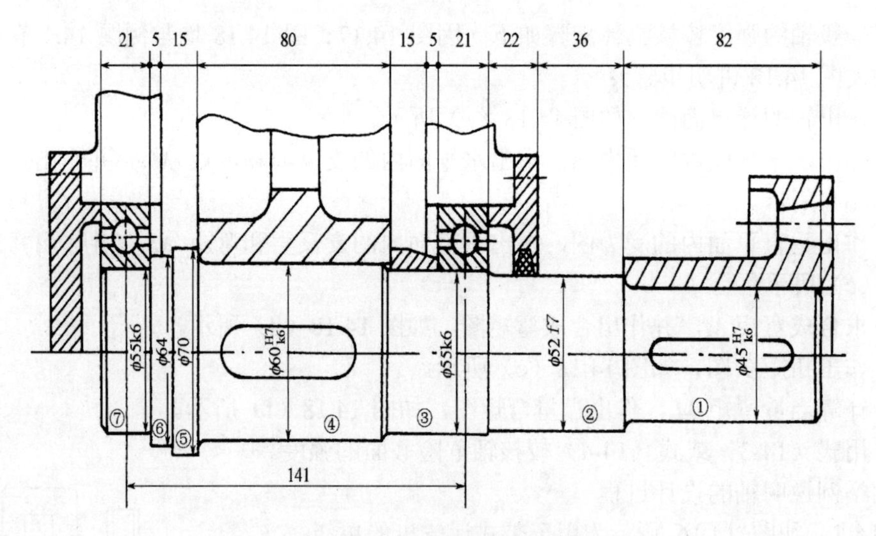

图 14.17　轴的结构设计草图

③ 段：轴颈直径。查滚动轴承标准得 d_3=55mm。初选 6211 型深沟球轴承。故⑦段轴颈直径 d_7=55mm。

④ 段轴头直径：按表 14-3 取 d_4=60mm。

⑤ 段直径：由齿轮定位轴环高度 5mm 得 d_5=70mm。

⑥ 段直径：由 6211 型轴承安装尺寸查得 d_6=64mm，轴肩圆角取 1mm。

其余圆角或倒角可参考表 14-5 及有关资料确定（略）。

● 确定轴各段长度。

① 段长度应比联轴器轴孔的长度稍短一些，取 L_1=82mm。

④ 段安装齿轮段长度应比轮毂宽度略小，取 L_4=(80−2)=78mm。

⑦ 段长度为轴承宽度，查滚动轴承标准得 L_7=21mm。

考虑齿轮端面和箱体内壁、轴承内侧与箱体内壁应有一定距离，取套筒长为(15+5)=20mm。其中轴承内侧与箱体内壁的距离取决于轴承的润滑方式，设轴承为油润滑，取该距离为 5mm（脂润滑则为 10～15mm）。故轴承支点距离 L=141mm。

根据箱体结构和轴承盖尺寸，右轴承外侧与右轴承盖外端面间的距离取 22mm；考虑装拆方便，右轴承盖外端面与联轴器端面的距离取 36mm。

绘制轴的结构设计草图，如图 14.17 所示。

（4）按弯扭合成强度校核轴的强度。

① 绘制轴受力简图，如图 14.18（a）所示。

② 绘制水平面内的弯矩图，如图 14.18（b）所示。

轴承支反力：

$$F_{\mathrm{HA}} = F_{\mathrm{HB}} = \frac{F_{\mathrm{t2}}}{2} = \frac{2656}{2} = 1328\mathrm{N}$$

截面 C 处的弯矩：

$$M_{\mathrm{HC}} = F_{\mathrm{HA}} \cdot \frac{L}{2} = 1328 \times \frac{0.141}{2} \approx 93.62\mathrm{N \cdot m}$$

③ 绘制垂直平面内的弯矩图，如图 14.18（c）所示。

轴承支反力：

由

$$\sum M_{B}=0$$

得

$$F_{VA}=\frac{F_{r2}}{2}-\frac{F_{a2}d_{2}}{2L}=\frac{985}{2}-\frac{522\times 356}{2\times 141}\approx -166.48\text{N}$$

则

$$F_{VB}=F_{r2}-F_{VA}=985-(-166.48)=1151.48\text{N}$$

计算弯矩：

截面 C 左侧弯矩：

$$M_{VC1}=F_{VA}\cdot\frac{L}{2}=-166.48\times\frac{0.141}{2}\approx -11.74\text{N}\cdot\text{m}$$

截面 C 右侧弯矩：

$$M_{VC2}=F_{VB}\cdot\frac{L}{2}=1151.48\times\frac{0.141}{2}\approx 81.18\text{N}\cdot\text{m}$$

④ 绘制合成弯矩图（如图 14.18（d）所示）。

截面 C 左侧的合成弯矩：

$$M_{C1}=\sqrt{{M_{HC}}^{2}+M^{2}{}_{VC1}}=\sqrt{93.62^{2}+(-11.74)^{2}}\approx 94.35\text{N}\cdot\text{m}$$

截面 C 右侧的合成弯矩：

$$M_{C2}=\sqrt{{M_{HC}}^{2}+M^{2}{}_{VC2}}=\sqrt{93.62^{2}+81.18^{2}}\approx 123.91\text{N}\cdot\text{m}$$

⑤ 绘制转矩图（如图 14.18（e）所示）。

$$T=9550\times\frac{P}{n}=9550\times\frac{10}{202}\approx 472.77\text{N}\cdot\text{m}$$

⑥ 绘制当量弯矩图（如图 14.18（f）所示）。

因减速器单向转动，转矩产生的扭转剪应力按脉动循环变化，取$\alpha\approx 0.6$，危险截面 C 处的当量弯矩为：

$$M_{eC}=\sqrt{M^{2}{}_{C2}+(\alpha T)^{2}}=\sqrt{123.91^{2}+(0.6\times 472.77)^{2}}\approx 309.54\text{N}\cdot\text{m}$$

⑦ 计算危险截面 C 处的直径。

由式（14-4），有

$$d\geqslant\sqrt[3]{\frac{M_{eC}}{0.1[\sigma_{-1}]}}=\sqrt[3]{\frac{309.54\times 10^{3}}{0.1\times 55}}\approx 38.32\text{mm}$$

因为截面 C 处有一个键槽，应将直径增大 5%，d 为 38.32×1.05≈40.24mm。

计算出的这一直径要与结构设计草图中初定的轴径相比较，如果大于初定的轴径，说明强度不够，要改变危险截面尺寸，进而修改轴的结构，直至校核合格为止。如果小于初定的轴径，除非相差很大，一般就以结构设计的轴为准。因此，轴的设计过程是反复、交叉进行的。

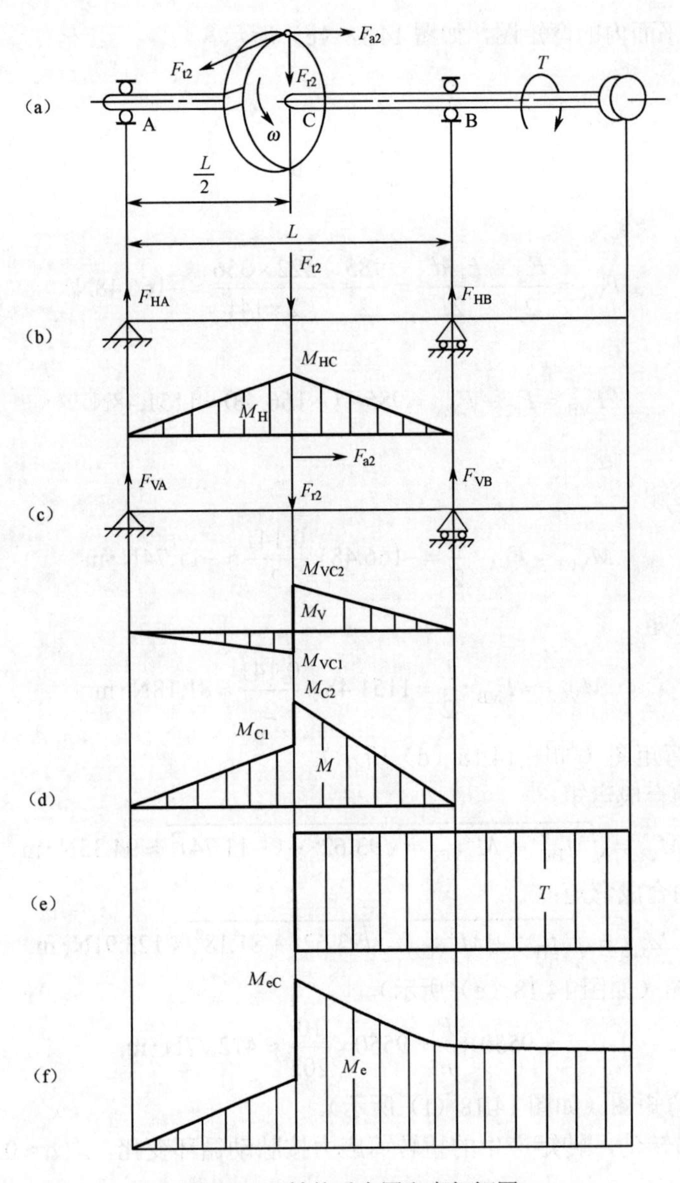

图 14.18　轴的受力图和弯扭矩图

本例题结构设计草图中初定此处直径为 60mm，所以强度足够。

（5）绘制轴的工作图（略）。

14.4　轴的刚度计算简介

轴不仅要有足够的强度，还要对其受载后产生的弹性变形加以限制。机械中若轴的刚度不够，会影响机器的正常工作。如图 14.19 所示机床的主轴，若变形过大，将会影响齿轮间的正常啮合、轴与轴承的配合，从而加速齿轮和轴承的磨损，使机床产生噪声，影响加工精度；又如电动机转子轴弯曲变形太大时，将使转子和定子的间隙改变，影响电动机性能。因此，对于工程构件，特别是对于精密机器和仪器，为保证其正常工作，需要对其变形加以严格限制，控制其受载后的变形量不超过最大允许变形量，即轴必须有足够的刚度。

轴的刚度主要是指弯曲刚度和扭转刚度。

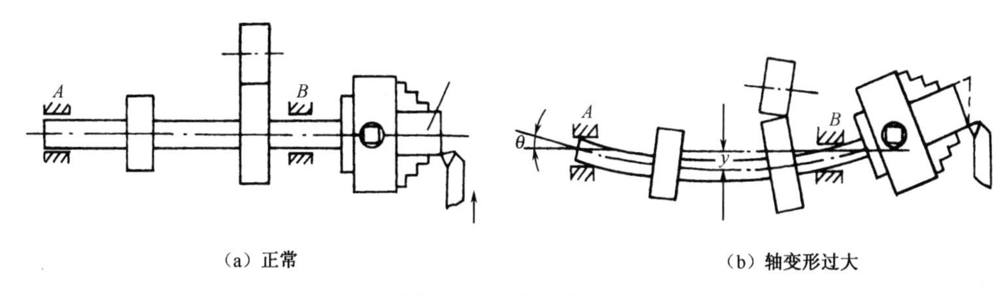

图 14.19 机床的主轴

1. 弯曲刚度

弯曲刚度是指轴在弯矩作用下产生的弯曲变形，用挠度 y 和偏转角 θ 来度量，如图 14.19（b）所示，要求 $y \leqslant [y]$，且 $\theta \leqslant [\theta]$。

$[y]$——轴的许用挠度，单位为 m；

$[\theta]$——轴的许用偏转角，单位为 rad。

2. 扭转刚度

扭转刚度是指每米长的扭转角度，用扭转角 φ 来度量，如图 14.20 所示，要求 $\varphi \leqslant [\varphi]$。$[\varphi]$ 是轴的许用扭转角，单位为° /m。

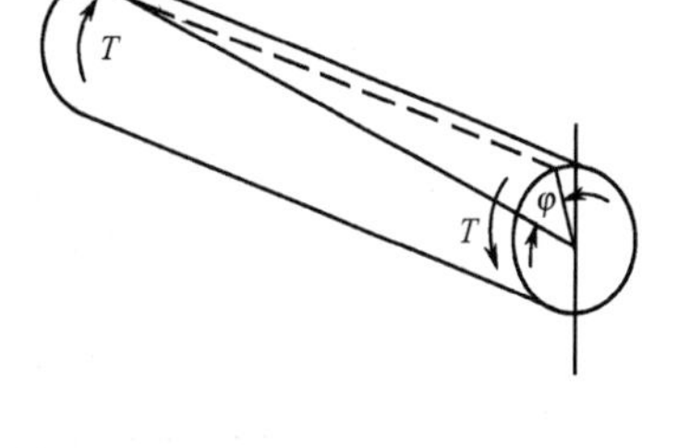

图 14.20 轴的扭转角

轴的弯曲刚度和扭转刚度计算公式可参考手册或有关资料。

14.5 轴毂连接

轴毂连接主要用来连接轴与轴上回转零件（齿轮、带轮等）的轮毂，实现周向固定并传递运动和转矩。常用的轴毂连接有键连接、销连接、成形连接和过盈连接等，其中键连接应用最为广泛。

14.5.1 键连接的类型和特点

键是标准件，设计时可根据使用要求从标准中选择，再对键进行强度校核。常用键连接的类型有平键连接、半圆键连接、楔键连接、切向键连接和花键连接等。

1. 平键连接

（1）平键连接的类型。平键的截面形状是矩形，两侧面为工作面，工作时靠键与键槽侧面的挤压来传递运动和转矩。平键连接的结构简单，对中性好，装拆方便，应用广泛。平键按用途不同分普通平键、导向平键和滑键等。

① 普通平键。普通平键用于静连接，即工作时轴与轮毂间无相对的轴向移动。键的端

部形状如图 14.21 所示，有圆头（A 型）、方头（B 型）、半圆头（C 型）三种。

A 型和 C 型键在轴上的键槽是用指状铣刀加工的，如图 14.22（a）所示，键在槽中的轴向固定较好，缺点是键的头部侧面与轮毂上的键槽并不接触，使键的圆头部分不能被充分利用，且由于轴上键槽端部截面形状突变，会引起较大的应力集中。B 型键在轴上的键槽是用盘铣刀加工的，如图 14.22（b）所示，轴上键槽端部截面形状渐变，应力集中较小，但对于尺寸较大的键，需用紧定螺钉固定在轴上的键槽中，以防松动。A 型键应用最广，C 型键则多用于轴端。

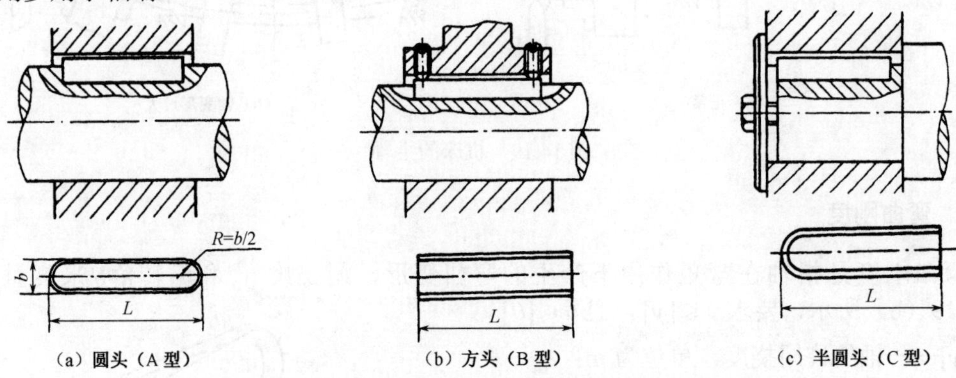

（a）圆头（A 型）　（b）方头（B 型）　（c）半圆头（C 型）

图 14.21　普通平键连接（下方图为键及键槽的示意图）

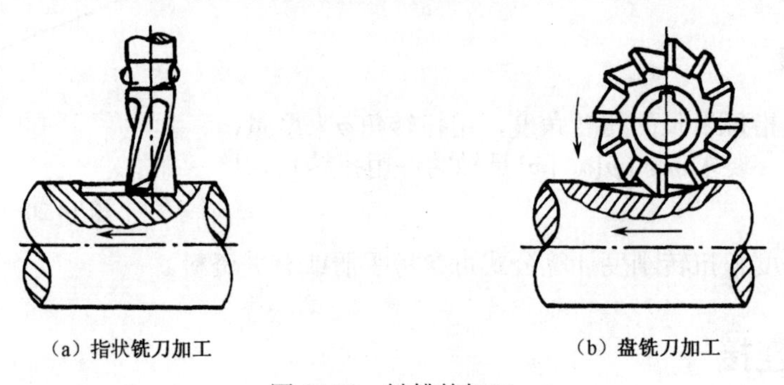

（a）指状铣刀加工　（b）盘铣刀加工

图 14.22　键槽的加工

② 导向平键和滑键。导向平键和滑键用于动连接，轮毂可在轴上做轴向移动。导向平键是一种较长的键，用螺钉固定在轴上的键槽中，如图 14.23 所示，轮毂上的键槽与键是间隙配合，轮毂可沿键做轴向滑移，此时键起导向作用，如变速箱中的滑移齿轮。为拆卸方便，在导向平键中部设有起键用的螺纹孔。

当轴上零件滑移距离较大时（200～300mm），宜采用滑键。滑键固定在轮毂上，如图 14.24 所示，轴上的键槽与键是间隙配合，键随轮毂一起沿键槽做轴向滑移，这样，只需在轴上铣出较长的键槽，而键可以做得较短，如车床光轴与溜板箱就采用了滑键连接。

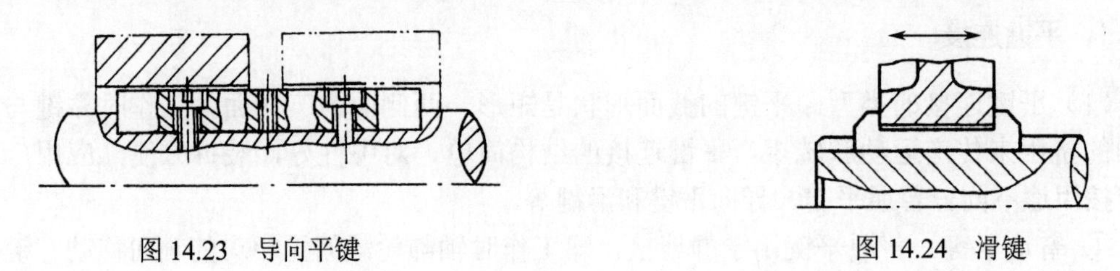

图 14.23　导向平键　　图 14.24　滑键

（2）平键连接的设计计算。

① 平键连接的尺寸选择。平键是标准件，设计时根据轴的直径 d 从国家标准中查得键的剖面尺寸 b（键宽）$\times h$（键高），L（键长）则略小于轮毂长并应符合长度系列标准。普通平键和键槽的主要尺寸见表 14-6。

标记：

圆头普通平键为：键 $b\times L$　GB 1096—2003（90）

方头（或半圆头）普通平键为：键 B（或 C）$b\times L$　GB 1096—2003（90）

表 14-6　普通平键和键槽的主要尺寸（摘自 GB 1095—2003、GB 1096—2003）　（mm）

轴	键	键槽											
公称直径 d	公称尺寸 $b\times h$	宽度 b						深度				半径 r	
		公称尺寸 b	极限偏差					轴 t		毂 t_1			
			较松键连接		一般键连接		较紧键连接						
			轴 H9	毂 D10	轴 N9	毂 Js9	轴和毂 P9	公称尺寸	极限偏差	公称尺寸	极限偏差	最小	最大
>10～12	4×4	4	+0.030 0	+0.078 +0.030	0 −0.030	±0.015	−0.012 −0.042	2.5	+0.1 0	1.8	+0.1 0	0.08	0.16
>12～17	5×5	5						3.0		2.3		0.16	0.25
>17～22	6×6	6						3.5		2.8			
>22～30	8×7	8	+0.036 0	+0.098 +0.040	0 −0.036	±0.018	−0.015 −0.051	4.0	+0.2 0	3.3	+0.2 0		
>30～38	10×8	10						5.0		3.3		0.25	0.40
>38～44	12×8	12	+0.043 0	+0.120 +0.050	0 −0.043	±0.0215	−0.018 −0.061	5.0		3.3			
>44～50	14×9	14						5.5		3.8			
>50～58	16×10	16						6.0		4.3			
>58～65	18×11	18						7.0		4.4			
>65～75	20×12	20	+0.052 0	+0.149 +0.065	0 −0.052	±0.026	−0.022 −0.074	7.5		4.9		0.40	0.60
>75～85	22×14	22						9.0		5.4			
键的长度系列	6, 8, 10, 12, 14, 18, 20, 22, 25, 28, 32, 36, 40, 45, 50, 56, 63, 70, 80, 90, 100, 110, 125, 140, 160, 180, 200, 220, 250, 280, 320, 360												

注：① 在键槽工作图中，轴槽用 t 或（$d-t$）标注，轮毂槽深用（$d+t_1$）标注。

② （$d-t$）和（$d+t_1$）两组组合尺寸的极限偏差按相应的 t 和 t_1 极限偏差选取，但（$d-t$）极限偏差的值应取负值。

② 平键连接的强度验算。平键连接的受力情况如图 14.25 所示。设载荷沿键长与键高方向均匀分布，不计摩擦力。

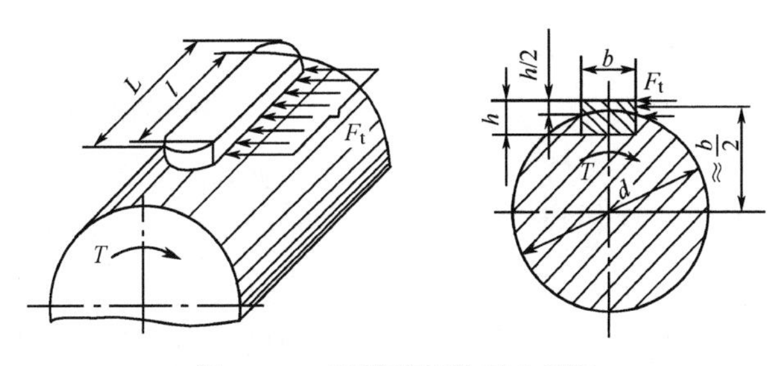

图 14.25　平键连接的受力情况

对普通平键等静连接，主要失效形式是键、轴上或毂上键槽三者中较弱零件（通常是轮毂）的工作面被压溃，键的剪断则很少出现。故设计时一般只需验算挤压强度，其计算式为：

$$\sigma_{\mathrm{P}} \approx \frac{F_{\mathrm{t}}}{(h/2)\cdot l} = \frac{4T}{dhl} \leqslant [\sigma]_{\mathrm{P}} \quad \mathrm{MPa} \tag{14-5}$$

对导向平键等动连接，主要失效形式是键、轴上或毂上键槽三者中较弱零件（通常是轮毂）的工作面过度磨损，故设计时应限制压强，其强度计算式为：

$$p = \frac{4T}{dhl} \leqslant [p] \quad \mathrm{MPa} \tag{14-6}$$

式中，F_{t}——传递的圆周力，单位为 N；

T——传递的转矩，单位为 N·mm；

d——轴的直径，单位为 mm；

h——键的高度，单位为 mm；

l——键的工作长度，$\begin{cases} \text{A 型键：} l=L-b \\ \text{C 型键：} l=L-b/2 \\ \text{B 型键：} l=L \end{cases}$

$[\sigma_{\mathrm{P}}]$——键连接中较弱零件的许用挤压应力，单位为 MPa，见表 14-7；

$[p]$——键连接中较弱零件的许用压强，单位为 MPa，见表 14-7。

表 14-7　键连接的许用应力（MPa）

许用应力	连接方式	键连接中较弱零件的材料	载荷性质		
			静载荷	轻微冲击载荷	冲击载荷
$[\sigma_{\mathrm{P}}]$	静连接	钢	125～150	100～120	60～90
		铸铁	70～80	50～60	30～45
$[p]$	动连接	钢	50	40	30

如果键连接的强度不够，可适当加大键的长度，但不宜超过 2.5d；也可采用双键连接，使双键相隔 180° 布置；还可和过盈配合结合使用。用双键时，考虑到载荷分布的不均匀性，计算时只能按 1.5 个键计算。

（3）平键连接的配合种类。平键连接采用基轴制配合，按键宽配合的松紧程度可分为较松键连接、一般键连接和较紧键连接三种。其中较松键连接主要用在导向键上；较紧键连接主要用于传递重载、冲击载荷及双向传递转矩处；在一般机械装置中常采用一般键连接。

2. 半圆键连接

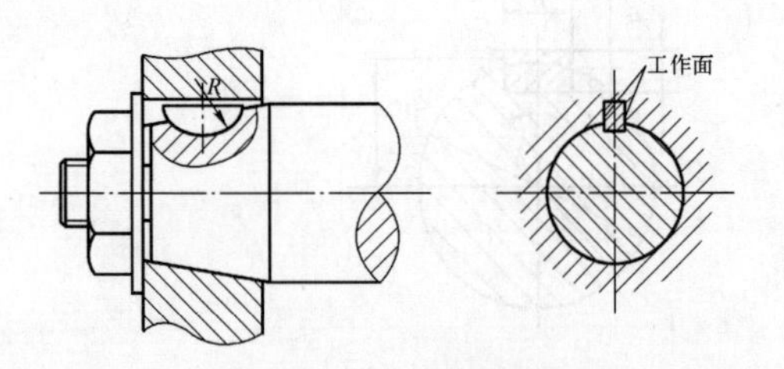

图 14.26　半圆键连接

半圆键连接（见图 14.26）的工作面也是两侧面，对中性好，工作时靠其侧面的挤压来传递扭矩，且轴槽呈半圆形，键能在轴槽内自由摆动，以适应轮毂键槽底面的斜度，故易于装拆，尤其适用于锥形轴端的连接。但由于轴槽较深，对轴强度削弱大，只适宜轻载连接。

3. 楔键连接

楔键分普通楔键（见图 14.27）和钩头楔键（见图 14.28）两种。普通楔键又有圆头（见图 14.27（a））、方头（见图 14.27（b））和单圆头（见图 14.27（c））三种形式。

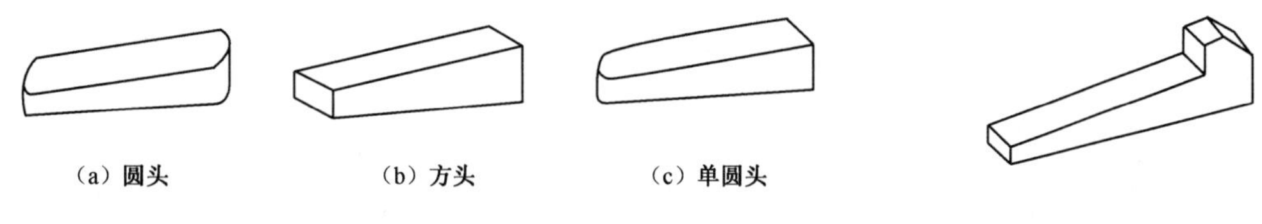

图 14.27　普通楔键　　　　图 14.28　钩头楔键

楔键的上、下两表面为工作面，键的上表面和与之相配合的轮毂槽底面，均制有 1∶100 斜度。装配时需用力打紧，将键楔紧在轴毂间的键槽内（见图 14.29（a））。工作时，靠键楔紧产生的摩擦力来传递转矩，并可传递小部分单向轴向力和起轴向固定作用。由于键侧面有间隙，故楔键连接的对中性差，仅适用于精度要求不高、载荷平稳的低速场合，冲击、振动、变载下易松动。钩头楔键（见图 14.29（b））常用于轴端，钩头供拆卸用，并需加安全防护罩。如用在中间，键槽长度应比键长 2 倍以上才能装入。

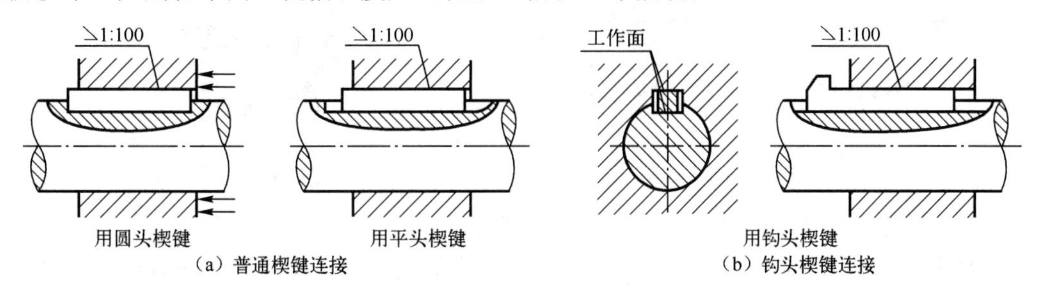

图 14.29　楔键连接

4. 切向键连接

切向键由两个斜度为 1∶100 的楔键拼合而成（见图 14.30），其上、下两工作面互相平行。装配时把一对楔键分别自轮毂两端打入，使其斜面相贴合。工作时，靠工作面上的挤压产生的摩擦力来传递转矩。一个切向键只能传递单向转矩，需双向传递转矩时，则必须用两个切向键且成 120°～130° 布置。

切向键连接键槽对轴削弱较大，故主要用于轴径大于 100mm 且对中性要求不高、转速较低和载荷很大的重型机械中。

5. 花键连接

花键连接（见图 14.31）是由多个键齿与键槽在轴和轮毂孔的周向均布而成的，即花键连接是由带键齿的轴（外花键）和轮毂（内花键）组成的，其主要参数为小径 d（公称尺寸）、大径 D、齿宽 B 和齿数 N。

花键齿的两侧面为工作面，工作时靠轴与轮毂齿侧面的挤压传递转矩。由于花键连接是多齿均匀承载的，且齿槽较浅、应力集中小，对轴的强度削弱减少，所以承载能力高，轴上零件对中性、导向性较好，广泛应用于飞机、汽车、机床和农业机械等载荷较大、定心精度要求较高的动、静连接中。但加工花键需专用设备，制造成本高。

根据齿形的不同，花键连接可分为矩形花键（GB 1144—2001）和渐开线花键（GB 3478.1—2008）两种。

矩形花键（见图 14.31（a））的齿侧边为直线，制造容易，应用最广泛。矩形花键采用小径定心方式，因内花键的小径可用内圆磨床加工，外花键的小径可用专用花键磨床加工，能消除热处理引起的变形，故定心精度高。

渐开线花键（见图 14.32（b））的两侧齿形是压力角α=30°的渐开线，可用齿轮机床加工，工艺性较好，常用于载荷较大、定心精度要求较高及轴径较大的场合。渐开线花键常采用齿侧定心方式，具有自动定心的特点。

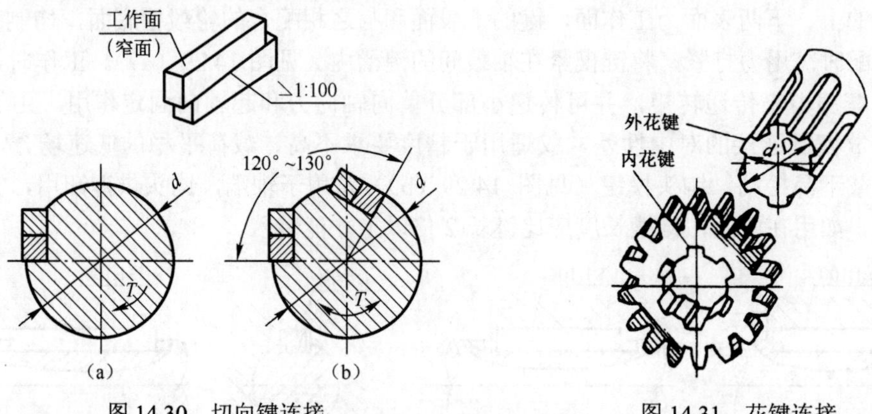

图 14.30　切向键连接　　图 14.31　花键连接

在渐开线花键连接中，外花键齿形是渐开线（α = 45°），内花键齿形是直线的连接又称为三角形花键（见图 14.32（c））连接，其齿数较多而键齿细小，常用于载荷较轻和直径较小或轴与薄壁零件的连接。

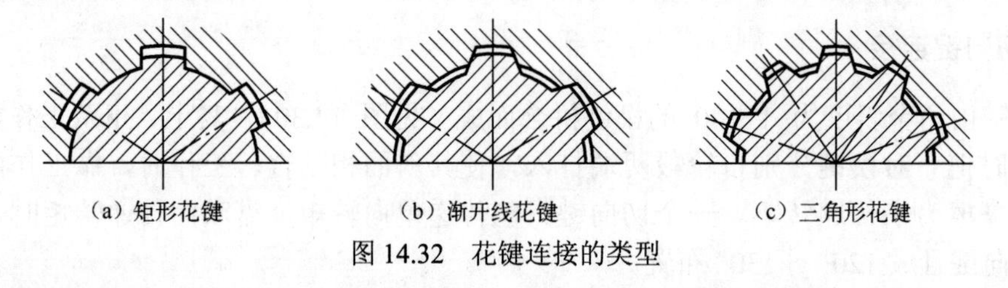

图 14.32　花键连接的类型

花键连接的设计计算方法与平键连接类似，可参考有关的机械设计手册。

14.5.2　销连接

销连接主要用于固定零件间的相对位置，做定位销，如图 14.33（a）所示；也可用于轴毂连接，传递不大的载荷，做连接销，如图 14.33（b）所示；还可在安全保护装置中做过载剪断元件，即安全销，如图 14.33（c）所示。

销已标准化，按其形状分为圆柱销、圆锥销和特殊形式销等。圆锥销具有 1:50 的锥度，使连接具有可靠的自锁性，多次装拆对定位精度影响较小，且装拆方便，故可用于需经常装拆的场合。实际中还常用到一些特殊形式的销（见图 14.34），如为保证销安装后不致松脱，可采用开尾圆锥销（见图 14.34（a））；为方便装拆，圆锥销上端可做成外螺纹（见

图 14.34（b））或内螺纹等。

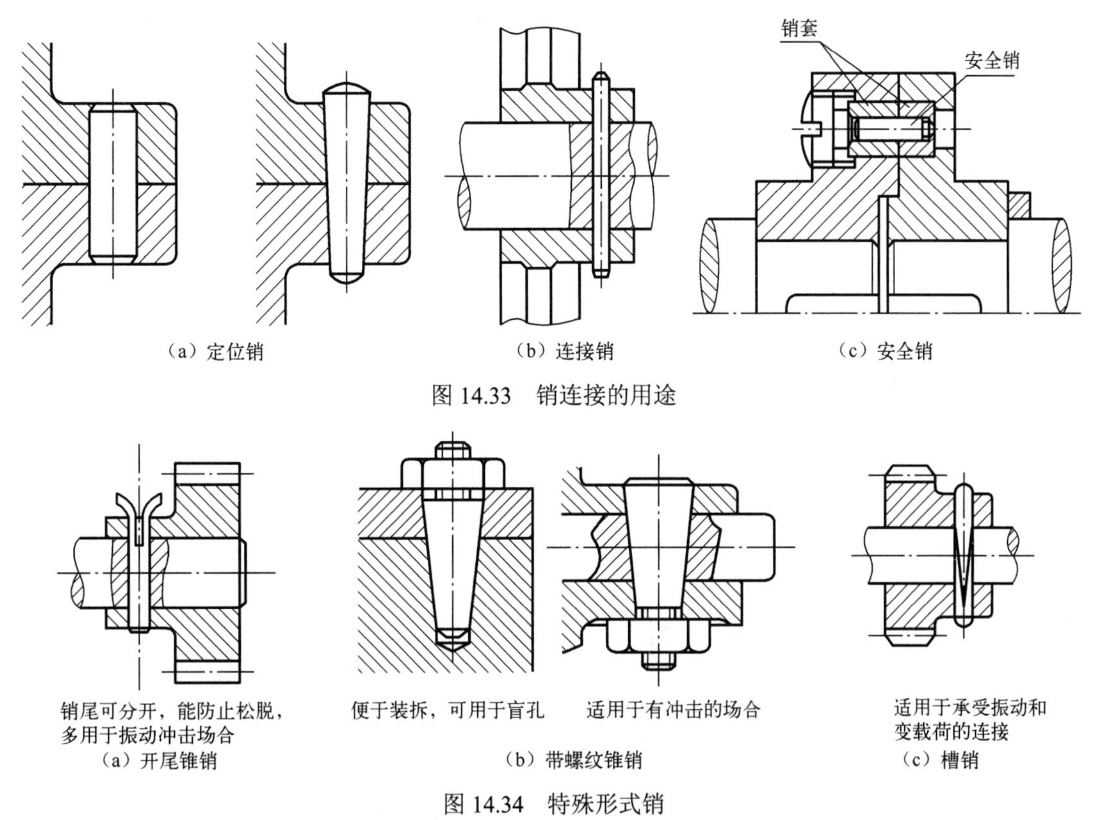

（a）定位销　　（b）连接销　　（c）安全销

图 14.33　销连接的用途

销尾可分开，能防止松脱，多用于振动冲击场合
（a）开尾锥销

便于装拆，可用于盲孔　　适用于有冲击的场合
（b）带螺纹锥销

适用于承受振动和变载荷的连接
（c）槽销

图 14.34　特殊形式销

14.5.3　成形连接

成形连接是指利用非圆截面的轴与相应轮毂孔构成的连接。由于不用键或花键，故又称无键连接。轴和毂孔可做成柱形（见图 14.35（a））或锥形（见图 14.35（b）），前者只能传递转矩，但可用作无载荷下做轴向移动的动连接，后者还能传递轴向力。成形连接没有产生应力集中的键槽和尖角，承载能力高，对中性好，装拆方便，但制造工艺复杂，故目前应用仍不普遍。

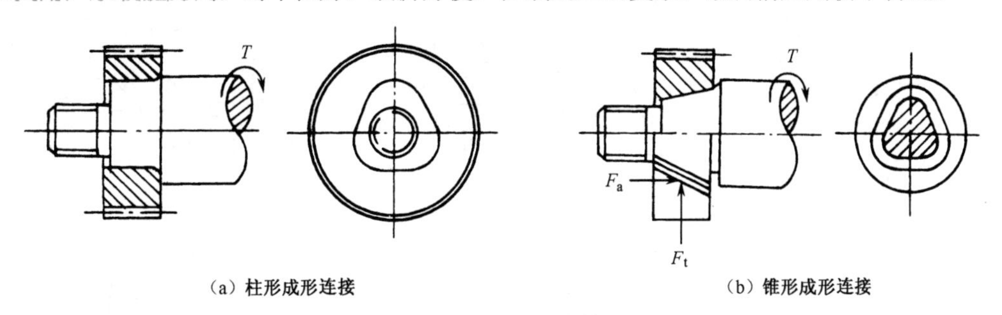

（a）柱形成形连接　　（b）锥形成形连接

图 14.35　成形连接

14.5.4　过盈配合连接

过盈配合连接是指利用轴与轮毂间的过盈配合形成的连接，能同时实现周向和轴向固定，工作时靠配合面间的径向压力所产生的摩擦力来传递载荷。过盈配合具有结构简单，对中性好，对轴强度削弱少，在冲击振动载荷下能可靠工作等优点；缺点是对配合尺寸的

精度要求高且装拆困难。

按配合面形状不同，过盈配合连接有圆柱面过盈连接和圆锥面过盈连接两种形式，装配时可采用压入法或温差法。

习 题 14

14.1 按承载情况，轴可分为哪几类？试举例说明。

14.2 轴的常用材料有几种？能否靠采用高强度合金钢来提高轴的刚度？

14.3 对轴的结构设计有哪些基本要求？

14.4 轴的哪些直径应符合零件标准或标准尺寸？哪些直径可随结构而定？

14.5 轴上零件的轴向定位和固定有哪些方法？轴上零件的周向固定有哪些方法？各有何特点？

14.6 常用键连接的类型有哪几种？试比较它们的工作特点和应用场合。

14.7 圆头、方头及半圆头普通平键各有何优缺点？分别用在什么场合？轴上的键槽是怎样加工的？

14.8 花键连接有哪些类型？各有何特点？

14.9 销连接有哪些主要的用途？

14.10 标出图 14.36 中轴的局部尺寸 R'、D_1、D、b、R'' 及 d_1、b_1、R 的值。

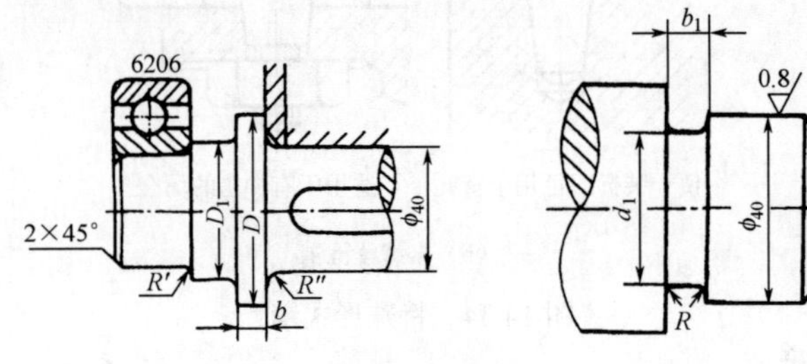

图 14.36

14.11 试分析图 14.37（a）、（b）、（c）中的结构错误，分别说明理由并画出正确的结构图。

14.12 某传动轴由电动机带动，传递的功率 P=3kW，轴的转速 n=960r/min，轴的材料为 45 号钢，试估算轴的最小直径。

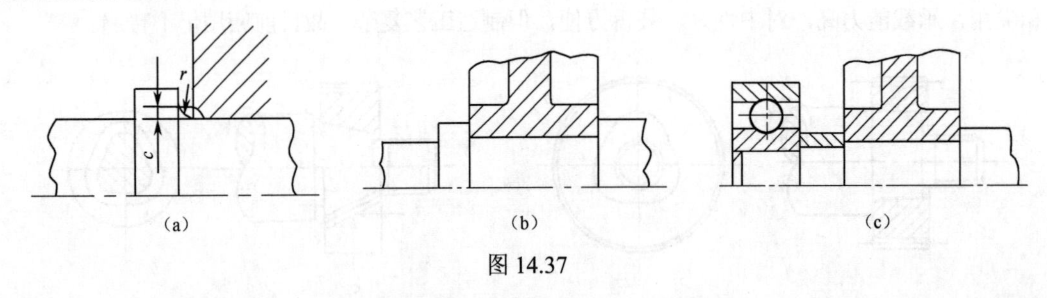

图 14.37

14.13 如图 14.38 所示为一直齿圆柱齿轮减速器的低速轴，试校核与齿轮配合处的轴强度。已知齿轮所受圆周力 F_t =1493N，径向力 F_r =544N，齿轮分度圆直径 d=300mm，轴承跨距 L=138mm，轴与轮毂配合处的直径 d=42mm。轴的材料为 45 号钢，调质处理。

14.14 试设计如图 14.39 所示单级斜齿圆柱齿轮减速器中的输出轴。已知：从动轴传递的功率 P=8kW，转速为 n=280r/min。从动轴上斜齿轮的轮毂宽 B=60mm，分度圆直径 d=265mm，所受圆周力 F_t=2059N，径向力 F_r=763.8N，轴向力 F_a=405.7N，轴端装联轴器。设选用 6200 型深沟球轴承，轴承采用油润滑，工作为单向传动。要求：（1）完成该轴的结构设计；（2）根据弯扭合成强度验算轴的强度。

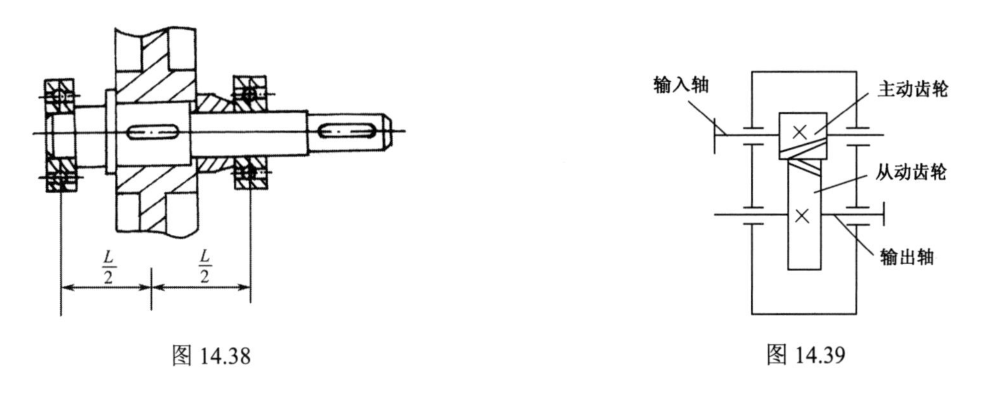

图 14.38　　　　图 14.39

14.15　试设计一齿轮与轴的普通平键连接。已知传递的功率为 7.5kW，转速为 1450r/min，轴径 d=85mm，轮毂宽 B=90mm，轴、键的材料均为钢，带轮材料为铸铁，载荷有轻微冲击。

第15章　轴　　承

15.1　概述

轴承是用来支承轴的零件或部件，其功用是保证轴的旋转精度，减少回转轴与支承面之间的摩擦和磨损。

按照轴承工作时摩擦性质的不同，轴承可分为滑动轴承和滚动轴承两大类。

由于滚动轴承具有摩擦阻力小，启动灵敏，工作稳定，效率高等优点，且由专业工厂生产，已实现高度标准化，选用、润滑、密封、维护都很方便，因此在一般用途机器中，最广泛使用的是滚动轴承。它的缺点是抗冲击能力较差，高速工作时出现噪声，工作寿命也不及液体摩擦的滑动轴承。

与滚动轴承相比，滑动轴承具有一些独特的优点：如结构简单，易于制造，装拆方便，承载能力强，具有良好的抗冲击性和良好的吸振性能，工作平稳，回转精度高等，因此，在某些条件下，以使用滑动轴承为宜。目前，滑动轴承主要应用在工作转速特别高、承载极重、对轴的回转精度要求特别高、冲击与振动巨大、径向空间尺寸受到限制或必须剖分安装（如曲轴的轴承）以及在一些特殊条件下工作的场合，如金属切削机床、汽轮机、内燃机、铁路机车、破碎机、轧钢机、航空发动机附件、雷达、卫星通信地面站等机械中。滑动轴承的主要不足之处是启动摩擦阻力大，润滑维护要求高等。

15.2　滑动轴承

工作时轴承和轴颈的支承面之间形成滑动摩擦的轴承，称为滑动轴承。

滑动轴承按承受载荷方向的不同，可分为径向滑动轴承和推力滑动轴承两大类。

按摩擦（润滑）状态不同，滑动轴承又可以分为液体摩擦（润滑）滑动轴承和非液体摩擦（润滑）滑动轴承。其中液体摩擦滑动轴承的轴承和轴颈表面被足够的压力油膜完全隔开，并按压力油膜形成机理的不同，分为液体静压滑动轴承和液体动压滑动轴承。非液体摩擦滑动轴承则依靠吸附于轴承和轴颈表面的极薄油膜，来降低摩擦和磨损。

15.2.1　滑动轴承的结构

滑动轴承一般由轴承座、轴瓦（或轴套）、润滑装置和密封装置等几部分组成。

1．径向滑动轴承

径向滑动轴承主要承受径向载荷，它的主要结构形式有以下几种。

（1）整体式径向滑动轴承。整体式径向滑动轴承的结构如图 15.1 所示。轴承座 1 用螺栓固定在机架上，顶部装有安装润滑装置的螺纹孔 4。实际上，将轴直接穿入在机架上加工出来的轴承孔中，即构成了最简单的整体式径向滑动轴承。整体式轴承中与轴颈直接配合的零件称为轴套 2，轴套与轴承座孔的配合常用 H9/s7，其上开有油孔 3，并在内表面上开有输送润滑油的油沟，如图 15.2（b）所示，简单的轴套内孔则无油沟，如图 15.2（a）所示。

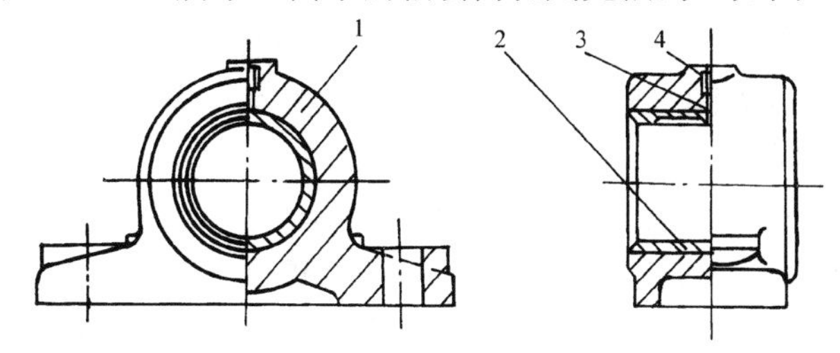

1—轴承座；2—轴套；3—油孔；4—螺纹孔

图 15.1　整体式径向滑动轴承

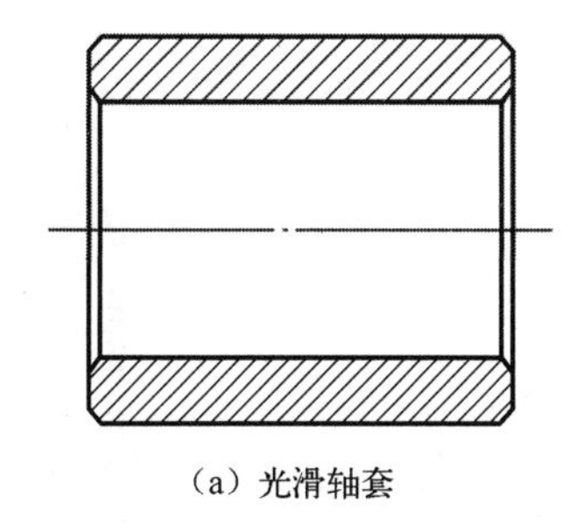

（a）光滑轴套

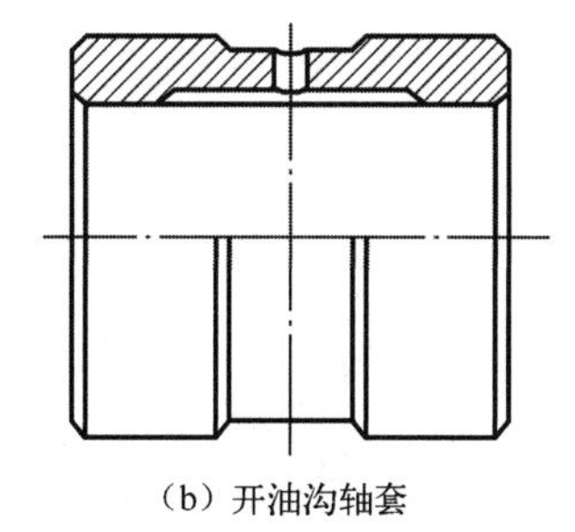

（b）开油沟轴套

图 15.2　轴套

整体式径向滑动轴承结构简单，制造成本低，但只能沿轴向装拆轴承或轴颈，且轴承磨损后径向间隙无法调整，必须更换新的轴套。因此多用在低速、轻载或间歇工作的场合，如绞车、手动起重机等简单机械中，其结构尺寸已标准化，具体见 JB/T 72560—2007。

（2）对开式径向滑动轴承。对开式径向滑动轴承的结构如图 15.3 所示，它由轴承盖 1、轴承座 5、上轴瓦 3、下轴瓦 4 和连接螺栓 2 等组成。轴承座用螺栓固定于机架上。为保证轴承盖与轴承座能上下对中和防止横向移动，二者的结合面呈阶梯状。轴承盖与轴承座采用螺栓连接并适度压紧上、下轴瓦。通常轴承盖和轴承座之间留有 5mm 左右的间隙，并在上、下轴瓦的对开面上垫上适量的调整垫片。当轴瓦稍有磨损时，可适当减少调整垫片并对轴瓦剖分面进行刮削、研磨，以调整轴颈和轴瓦间的间隙。

如图 15.4 所示为对开式轴承的轴瓦结构。它分上、下两块轴瓦，轴瓦两端的凸缘用来轴向定位，并可以承受一定的轴向载荷。

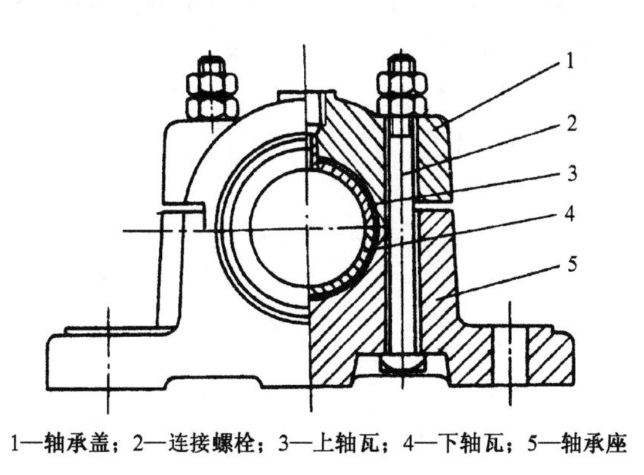

1—轴承盖；2—连接螺栓；3—上轴瓦；4—下轴瓦；5—轴承座

图 15.3　对开式径向滑动轴承

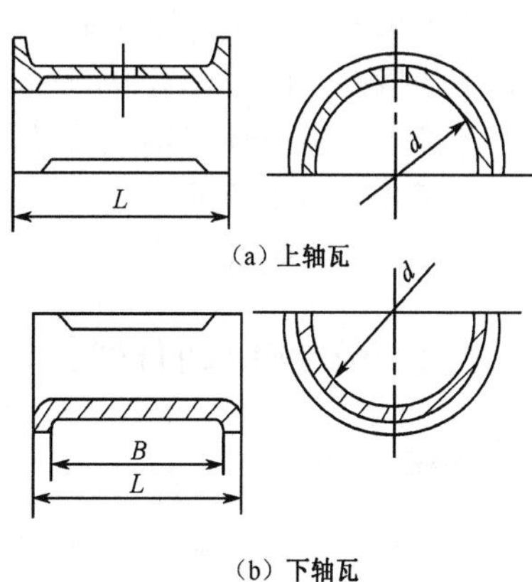

(a) 上轴瓦

(b) 下轴瓦

图 15.4　剖分式轴瓦

为使润滑油能均匀地流到整个工作表面，轴瓦上要开油孔和油沟。油孔用来供应润滑油，油沟用来输送和分布润滑油。常见的油沟形式有轴向的（见图 15.5（a））、周向的（见图 15.5（b））和斜向的（见图 15.5（c））。油孔和油沟应开在非承载区，以保证承载区油膜的连续性。轴向油沟长度应较轴瓦长度稍短，以免油从油沟端部流失。

对开式径向滑动轴承具有装拆方便、磨损后间隙可以调整等优点，克服了整体式轴承的两大不足，所以应用广泛，并已标准化，见 JB/T 2561～2563—2007。

（3）自位滑动轴承。自位滑动轴承的结构如图 15.6 所示，其轴瓦与轴承盖、轴承座之间为球面接触，轴瓦可自动调位以适应轴颈在轴弯曲时产生的偏斜，从而避免轴颈与轴瓦接触不良引起的局部磨损。自位滑动轴承主要用于轴承的宽度 B 与轴颈直径 d 之比大于 1.5，或轴的挠度较大，或两轴承内孔难以保证同心的场合。

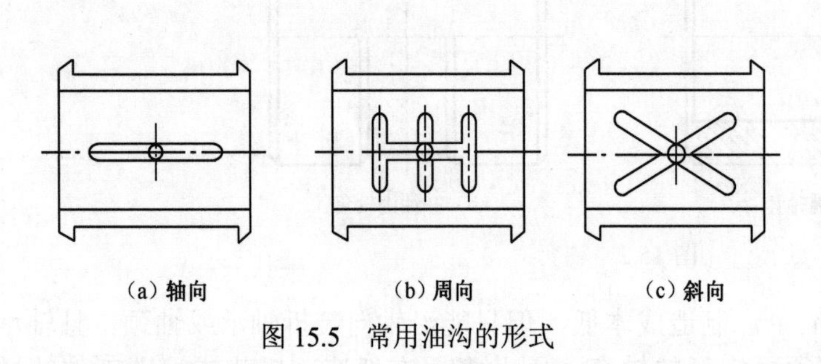

图 15.5　常用油沟的形式

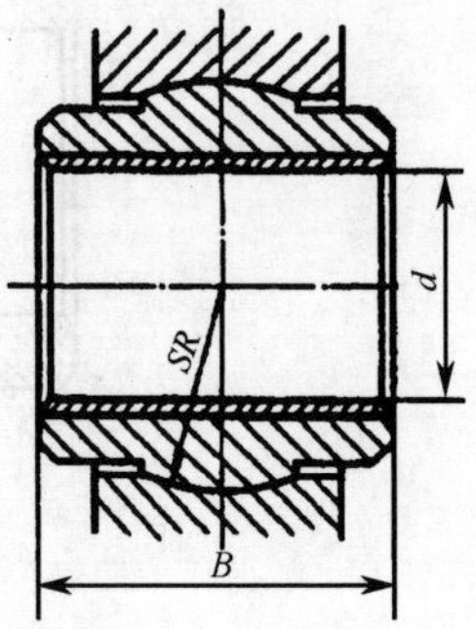

图 15.6　自位滑动轴承

2. 推力滑动轴承

承受轴向载荷的滑动轴承称为推力滑动轴承。如图 15.7 所示为一常见的推力滑动轴承，它由轴承座 1、衬套 2、轴套 3 和止推垫圈 4、销钉 5 等组成。止推垫圈底部制成球面，以便对中，并用销钉 5 与轴承座固定。润滑油从下部用压力注入并经上部流出。

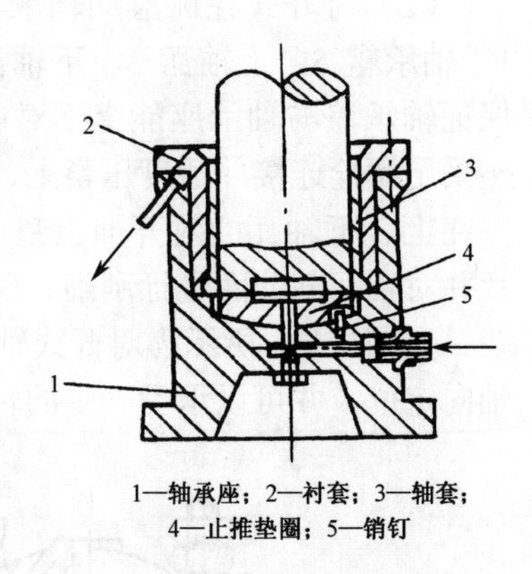

1—轴承座；2—衬套；3—轴套；4—止推垫圈；5—销钉

图 15.7　推力滑动轴承

按推力轴颈支承面的不同，推力滑动轴承可分为实心式、空心式、单环式、多环式等形式，如图 15.8 所示。实心式端面止推轴颈由于工作时轴心与边缘磨损不均匀，以致轴心部分压强极高，润滑油容易被挤出，所以较少采用。空心式端面止推轴颈和单环式轴颈可使压力分布趋于均匀，应用较多。多环式轴颈支承面积较大，适用于推力较大的场合，并能承受双向轴向载荷。

15.2.2　滑动轴承的材料

1. 轴承材料

轴承材料主要是指轴瓦（轴套）和轴承衬的材料。因为轴瓦是滑动轴承中直接和轴颈接触并有相对滑动的重要零件，最常见的失效形式是磨损、胶合（烧瓦）或疲劳破坏，所以要求其材料具有足够的强度、良好的减摩性、耐磨性和抗胶合性；良好的顺应性和嵌入性；足够的强度和耐腐蚀性；良好的导热性、经济性；容易跑合、易于加工等性能。但一种材料不可能同时满足上述多种要求，只能根据具体情况满足主要的使用要求。

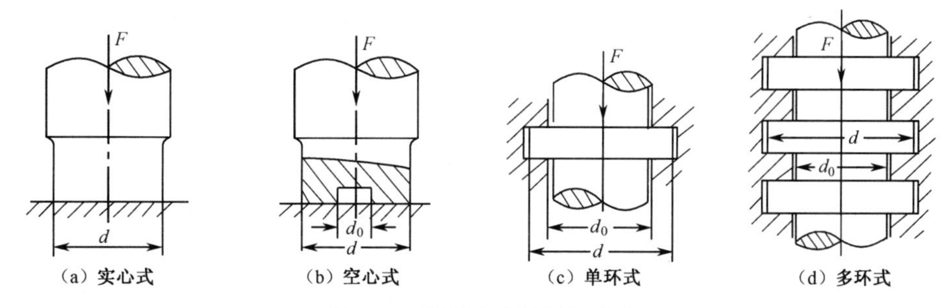

图 15.8　普通止推轴颈的形式

轴承的常用材料有金属、粉末冶金和非金属材料三大类。

（1）金属材料。常用金属轴承材料有轴承合金、铜合金和铸铁等，其性能及应用见表 15-1。

表 15-1　常用金属轴承材料性能及应用

轴承材料		最高工作温度（℃）	轴颈硬度（HBS）	性能比较				应用场合
				抗胶合性	顺应性嵌入性	耐蚀性	疲劳强度	
锡基轴承合金	ZSnSb11Cu6 ZSnSb8Cu4	150	150	1	1	1	5	用于高速、重载下工作的重要轴。变载荷下易于疲劳，价格贵
铅基轴承合金	ZPbSb16Sn16Cu2 ZPbSb15Sn5Cu3Cd2	150	150	1	1	3	5	用于中速、中等载荷的轴承，不宜受显著冲击。可作为锡锑轴承合金的代用品
锡青铜	ZCuSn10P1	280	300～400	3	5	1	1	用于中速、重载及受变载荷的轴承
	ZCuSn5Pb5Zn5							用于中速、中载的轴承
青铜	ZCuPb30	280	300	3	4	4	2	用于高速、重载轴承。能承受变载和冲击
铝青铜	ZCuAl10Fe3	280	300	5	5	5	2	宜用于润滑充分的低速、重载轴承
黄铜	ZcuZn16Si4	200	200	5	5	1	1	宜用于低速、中载轴承
铸铁	HT150 HT200 HT250	150	200～250	4	5	1	1	宜用于低速、轻载的不重要轴承，价廉

注：性能比较，1～5 依次由最佳到最差。

轴承合金（巴氏合金）常用的有锡基和铅基两种，该材料的减摩性、耐磨性、顺应性、嵌入性、抗胶合性和塑性都很好，但强度低，价格高，通常用铸造的方法将其浇铸在材料强度较高的轴瓦（轴套）内表面，形成减摩层（轴承衬层）。这样，既改善和提高了轴瓦的承载性能，又节省了贵重金属。

铜合金有青铜和黄铜两类，用作轴承材料的大多为铸造铜合金，青铜是采用较多的材料。

铸铁有灰铸铁和耐磨铸铁等，铸铁轴瓦的主要优点是价格便宜。

（2）粉末冶金材料。粉末冶金材料是将铜或铁等金属粉末与石墨高压成形，并经烧结而成的多孔性结构材料，利用其空隙中可贮油、受热时析出的特点，可在相当长时间内不必加油，故又称含油轴承。该材料适用于速度不高、无冲击的轻载场合或加油不方便的场合，如食品机械、纺织机械、洗衣机等机械中。

（3）非金属材料。非金属材料主要有塑料、硬木、橡胶和石墨等，使用最多的是塑料。

15.2.3 滑动轴承的润滑

1. 润滑剂的选择

绝大部分滑动轴承采用润滑油润滑。润滑油牌号应根据轴颈的圆周速度 v，轴颈的压强 p 和轴承的工作温度 t 等进行选取。

对于润滑要求不高、难以经常供油，或低速重载以及做摆动运动之处的滑动轴承，常采用润滑脂润滑。可根据轴承所受压力、速度和工作温度来选择润滑脂的牌号。在某些特殊场合可考虑使用气体或固体润滑剂。

2. 润滑方式及装置的选择

润滑方式根据供油方式可分为间歇供油和连续供油。

（1）间歇供油。

① 对于油润滑，可采用手工油壶注油和油杯注油定期供油。

② 对于脂润滑，则只能进行间歇供油。常用的润滑装置为压注式油杯，如图 15.9（a）所示，加油时将钢球和弹簧压下，通过油枪加润滑脂。如图 15.9（b）所示为旋盖式油杯，通过拧紧旋盖将杯体内的油脂压入轴承。

间歇供油容易疏忽，只适用于低速、轻载和不重要的轴承，比较重要的轴承均应采用连续供油润滑方式。

（2）连续供油。

① 滴油润滑。针阀油杯如图 15.10（a）所示，当手柄垂直放置时，针阀被提起，底部油孔打开，油流入轴承，调节螺母可调节针阀提升的高度以控制进油量；当手柄水平放置时，针阀被压下，堵住油孔，停止供油。芯捻油杯如图 15.10（b）所示，它是利用纱线芯捻的毛细管作用将油引入轴承的，但供油量无法调节，且机器不工作时仍会供油。

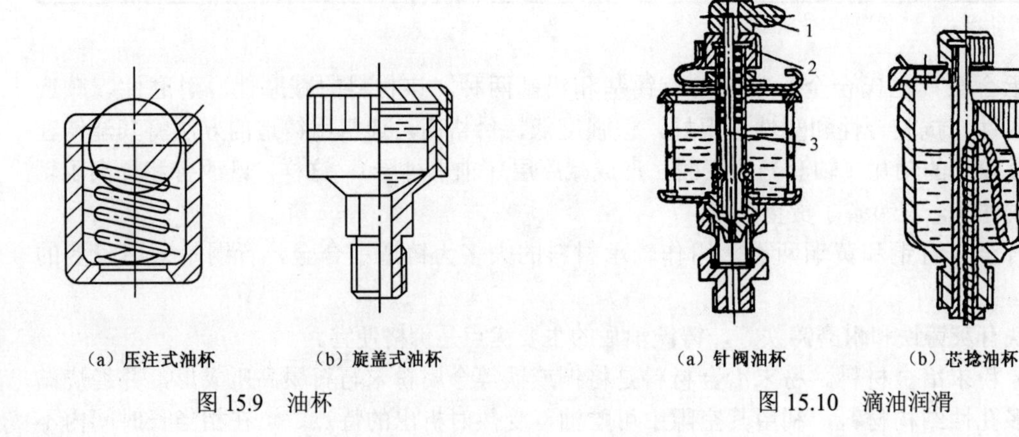

（a）压注式油杯　（b）旋盖式油杯

图 15.9　油杯

（a）针阀油杯　（b）芯捻油杯

图 15.10　滴油润滑

② 油环润滑。油环润滑如图 15.11 所示，当轴旋转时，下部浸入油池中的油环将油带到轴颈上，使轴承得到润滑。轴颈的转速 n 如果过大油将被甩掉，过小则油环带不起油，故油环润滑只适用于（60～100）r/min＜n＜（1500～2000）r/min 的轴颈处。为增加供油量可在环内表面上开几个沟槽，当轴颈长度超过 100mm 时，应采用两个油环。

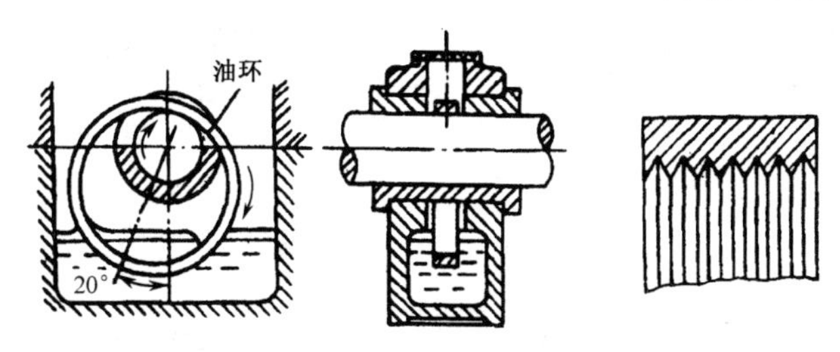

图 15.11　油环润滑

③ 飞溅润滑。飞溅润滑与油环润滑相似，不同的是直接利用轴上的回转零件（如齿轮等）浸入油池中做带油元件。

④ 压力循环润滑。用油泵将压力油经油管送至轴承中，使用后的油可再送回油箱，经冷却、过滤后重复使用。该润滑方法可靠、完善，供油量充足且可调节，但供油设备复杂，费用高，一般仅用于重要的高速、重载或载荷变化较大的轴承，如内燃机的连杆轴承。

滑动轴承润滑方式可根据经验公式（15-1），求得系数 K 再查表 15-2 后确定：

$$K = \sqrt{pv^3} \tag{15-1}$$

式中，p——轴颈的平均压强（MPa）；

v——轴颈的圆周速度（m/s）。

表 15-2　滑动轴承润滑方式的选择

K	≤1900	＞（1900～16000）	＞（16000～30000）	＞30000
润滑方式	脂润滑	滴油润滑	飞溅润滑、油环润滑	压力循环润滑
润滑剂	润滑脂	润滑油		

15.3　滚动轴承

15.3.1　概述

以滚动摩擦为主的轴承称为滚动轴承。滚动轴承已经标准化，并由轴承厂大批生产。设计人员的任务主要是熟悉标准，正确选用。

1．滚动轴承的基本构造

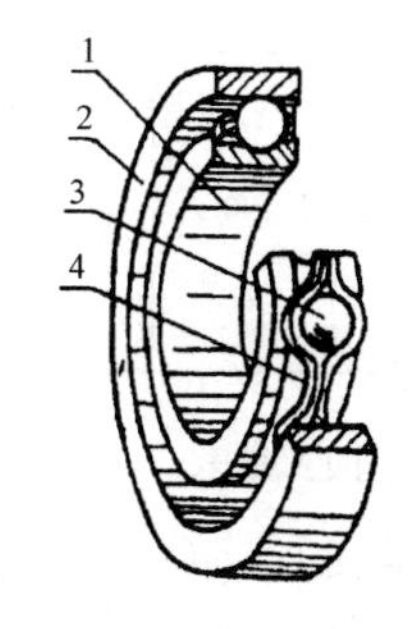

1—内圈；2—外圈；3—滚动体；
4—保持架

图 15.12　滚动轴承的基本构造

如图 15.12 所示是滚动轴承的基本构造示意图。滚动轴承一般由内圈 1、外圈 2（内圈和外圈统称为套圈）、滚动体 3 和保持架 4 组成，内圈装在轴颈上，外圈装在轴承座孔内。一般内圈随轴颈一起转动，外圈固定不动，当内外圈相对旋转时，滚动体将沿着内外圈之间的滚道滚动。保持架的作用是把滚动体均匀地隔开，以避免滚动体间直接接触而增加磨损。

滚动轴承中滚动体是必不可少的元件，常用滚动体的形状如图 15.13 所示。

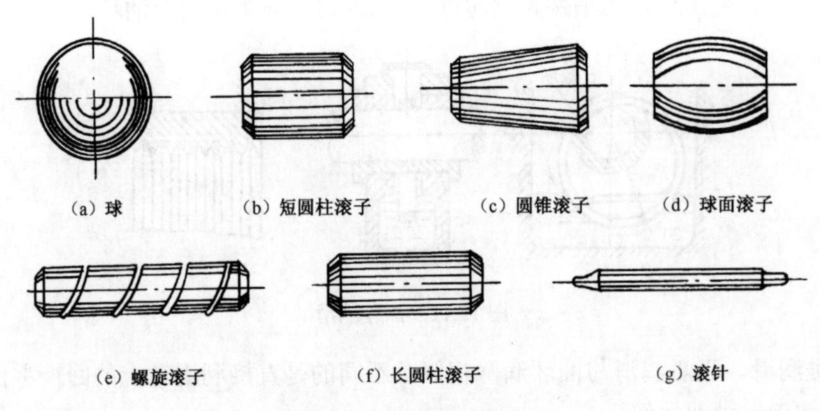

图 15.13　常用滚动体的形状

滚动轴承的内圈、外圈和滚动体均采用强度高、耐磨性好和冲击韧性高的含铬合金制造，常用材料有 GCr6、GCr9、GCr15、GCr15SiMn 等，经热处理后硬度应达 60～65HRC，并需磨削抛光。保持架多用低碳钢板冲压成形，也可采用有色金属或塑料。

2．滚动轴承的类型和特性

滚动轴承有多种不同的分类方法，主要有以下几种。

（1）按轴承承受载荷的方向或公称接触角的不同分类。公称接触角α是指滚动体与套圈接触点的公法线方向与轴承径向平面之间的夹角。公称接触角越大，轴承承受轴向载荷的能力也越大。所以轴承按承受载荷的方向分类也就是按公称接触角的不同分类，见表 15-3。

表 15-3　轴承按公称接触角分类

轴 承 类 型	向 心 轴 承		推 力 轴 承	
	径向接触	角接触	角接触	轴向接触
公称接触角α	$\alpha=0°$	$0°<\alpha\leqslant45°$	$45°<\alpha<90°$	$\alpha=90°$
图例（以球轴承为例）		α	α	α

① 向心轴承。包括$\alpha=0°$ 的径向接触轴承和　$0°<\alpha\leqslant45°$ 的向心角接触轴承。径向轴承主要承受径向载荷，有些可以承受较小的轴向载荷；向心角接触轴承可以同时承受径向载荷和轴向载荷。如图 15.12 所示即为向心轴承的结构简图。

② 推力轴承。包括　$45°<\alpha<90°$ 的推力角接触轴承和$\alpha=90°$ 的轴向接触轴承。推力角接触轴承主要承受轴向载荷，也可以承受较小的径向载荷；轴向接触轴承只能承受轴向载荷。

如图 15.14 所示即为推力轴承基本构造示意图。推力轴承中与轴颈紧套在一起的为轴圈 2，与机座相连的为座圈 1，3 是滚动体，4 是保持架。

（2）按滚动体的形状分类。滚动轴承可分为球轴承和滚子轴承。

（3）按工作时能否调心分类。可分为调心轴承和非调心轴承。轴承内、外圈轴线相对倾斜时所夹的锐角θ称为倾斜角，如图 15.15 所示。调心轴承的外圈滚道为球面，允许有较大的倾斜角存在，即具有自动调整轴心线位置的能力，可以补偿因加工、安装误差和轴变形等造成的角偏差。

（4）按游隙能否调整分类。分为可调游隙轴承和不可调游隙轴承。轴承的游隙分径向游隙 u_r 和轴向游隙 u_a。它们分别表示一个套圈固定，另一个套圈沿径向或轴向由一个极限位置到另一极限位置的移动量，如图 15.16 所示。游隙过大轴易产生振动和噪声，游隙过小轴承易发热磨损，这些均会导致轴承寿命降低。所以实际中应按使用条件选择或调整游隙。

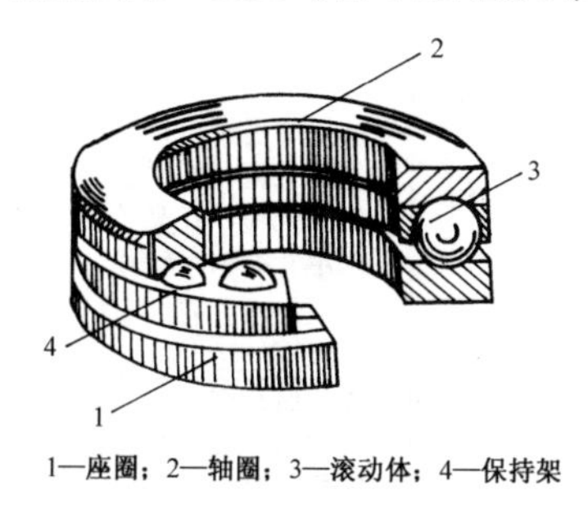

1—座圈；2—轴圈；3—滚动体；4—保持架

图 15.14 推力轴承的基本构造

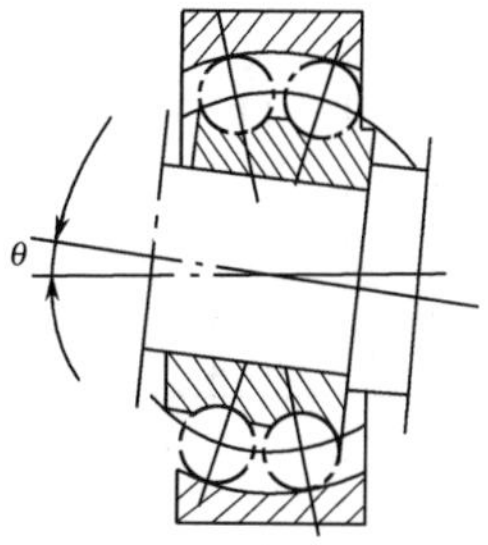

θ

图 15.15 倾斜角

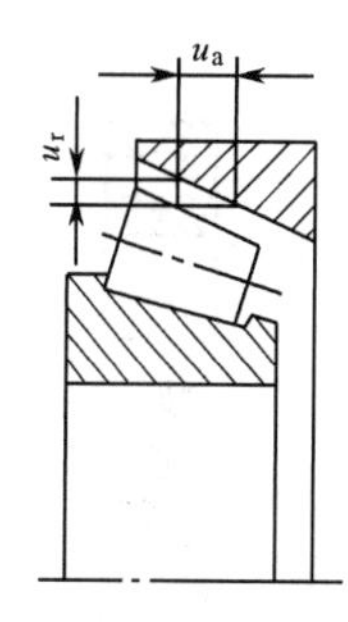

图 15.16 轴承的游隙

可调游隙轴承（如角接触球轴承、圆锥滚子轴承等）在安装时必须将游隙调整到合适的大小，而不可调游隙轴承（如深沟球轴承、圆柱滚子轴承等）的游隙在制造时已定。

滚动轴承的类型很多，现将常用的各类滚动轴承的性能和特点简要介绍于表 15-4 中。

表 15-4 常用各类滚动轴承的性能和特点

轴承名称	结构简图	承载方向简图符号	类型代号	尺寸系列代号	基本额定动载荷比	极限转速比	允许倾斜角θ	主要特性
调心球轴承	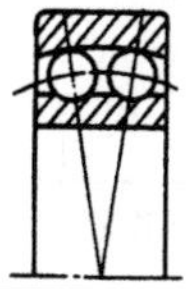	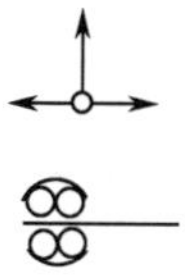	1 （1） 1 （1）	（0）2 22 （0）3 23	0.6～0.9	中	2°～3°	主要承受径向载荷，也能承受较小的轴向载荷，一般不宜承受纯轴向载荷。因外圈滚道表面是以轴承中点为中心的球面，故能自动调心
调心滚子轴承	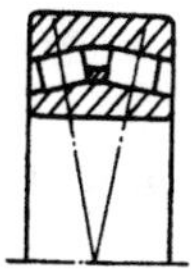	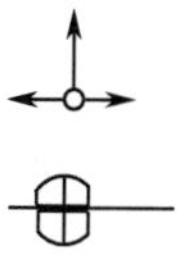	2	13 22 23 30 31 32 40 41	1.8～4	低	1.5°～2.5°	性能、特点与调心球轴承相同，但承受的径向载荷较大，而允许倾斜角θ较小
圆锥滚子轴承	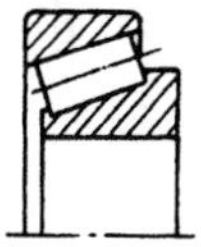	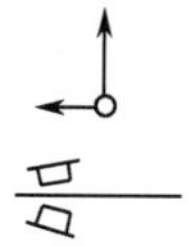	3	02 03 13 20 22 23 29 30 31 32	1.1～25	中	2°	能同时承受较大的径向、轴向联合载荷，承载能力大于 7 类轴承。内、外圈可分离，便于调整游隙，装拆方便，成对使用

续表

轴承名称		结构简图	承载方向简图符号	类型代号	尺寸系列代号	基本额定动载荷比	极限转速比	允许倾斜角θ	主要特性
推力球轴承		推力球轴承		5	11 12 13 14	1	低	不允许	推力球轴承只能承受单向轴向载荷，双向推力球轴承能承受双向轴向载荷。 载荷作用线必须与轴线相重合，不允许有角偏差。高速时离心力大，球与保持架摩擦发热严重，寿命较低，故极限转速低
		双向推力球轴承			22 23 24				
深沟球轴承				6 6 6 6 16 6 6 6 6	17 37 18 19 （0）0 （1）0 （0）2 （0）3 （0）4	1	高	2°～10°	应用广泛，价格最低。主要承受径向载荷，同时也能承受一定的轴向载荷。在高转运速时，可用来承受纯轴向载荷
角接触球轴承				7	19 （1）0 （0）2 （0）3 （0）4	1.0～1.4	较高	2°～10°	能同时承受径向、轴向联合载荷，也可单独承受轴向载荷，有接触角α=15°（70000C）、α= 25°（70000AC）、α=40°（70000B）三种、α越大，承受轴向载荷的能力也越高。一般成对使用
圆柱滚子轴承	外圈无挡边	外圈无挡边		N	10 （0）2 22 （0）3 23 （0）4	1.5～3	高	2°～4°	外圈（或内圈）可以分离，故不能承受轴向载荷，由于是线接触，所以可承受较大的径向载荷。此类轴承还可以不带外圈或内圈
	内圈无挡边	内圈无挡边		NU	10 （0）2 22 （0）3 23 （0）4				

注：① 基本额定动载荷比：同尺寸系列各类轴承的基本额定动载荷与深沟球轴承的基本额定动载荷之比。

② 极限转速比：同尺寸系列 0 级公差的各类轴承脂润滑时的极限转速与深沟球轴承脂润滑时的极限转速之比。比值大于 90%～100%为高，比值在 60%～90%为中，比值小于 60%为低。

表 15-4 所列轴承中，深沟球轴承、圆锥滚子轴承、单列推力球轴承、角接触球轴承和圆柱滚子轴承这五种是最为常用的滚动轴承，也是我们应重点掌握的。

目前，国内外滚动轴承在品种规格方面越来越趋向轻型化、微型化、部件化和专用化。例如，现已开发出装有传感器的汽车轮毂轴承单元，可对轴承工况进行监测与控制。

15.3.2 滚动轴承的代号

在常用的各类滚动轴承中，每种类型又有几种不同的结构、尺寸和公差等级等，以便适应不同的技术要求。为了统一表征各类轴承的特点，便于组织生产和选用，GB/T 272—2017 规定了轴承代号的表示方法。

滚动轴承代号由前置代号、基本代号和后置代号组成，如表 15-5 所示。现分述如下。

表 15-5 滚动轴承的代号组成

前置代号	基本代号					后置代号							
轴承的分部件代号	5	4	3	2	1	内部结构代号	密封与防尘结构代号	保持架及材料代号	特殊轴承材料代号	公差等级代号	游隙代号	配置代号	其他代号
	组合代号			内径代号									
	类型号	尺寸系列代号											
		宽度系列代号	直径系列代号										

注：基本代号下面的 1～5 表示代号自右向左的位置序数。

1. 基本代号

基本代号用字母和数字来表明轴承的基本类型、结构和尺寸，是轴承代号的基础，应着重掌握。

（1）类型代号用数字或字母表示（参见表 15-5），个别情况下可以省略。

（2）尺寸系列代号由轴承的宽（高）度系列代号和直径系列代号组合而成，用数字表示（参见表 15-5）。

宽（高）度系列是指内径、外径相同的同类轴承在宽（高）度方面的变化系列。对向心轴承，代号为 8、0、1、2、3、4、5、6，宽度依次递增；对推力轴承，代号为 7、9、1、2，高度依次递增。

直径系列是指内径相同的同类轴承在外径和宽度方面的变化系列。其代号为 7、8、9、0、1、2、3、4、5，尺寸依次递增（如图 15.17 所示），轴承的承载能力也依次增强。

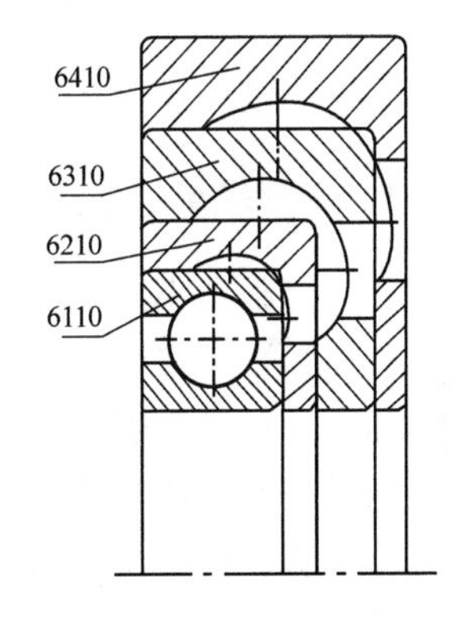

图 15.17 直径系列的对比

尺寸系列代号中 0 附近的代号为常用代号。宽（高）度系列代号和直径系列代号组合成尺寸系列代号时，有时宽（高）度系列代号可省略不写（参见表 15-5）。类型代号和尺寸系列代号组合在一起，称为组合代号。

（3）内径代号。轴承内径代号用两位数字表示。常用内径 d=10～480mm 的轴承内径代号见表 15-6，其余内径代号规定详见有关标准或手册。

表 15-6 常用滚动轴承的内径代号

内径代号	00	01	02	03	04～99
轴承内径（mm）	10	12	15	17	数值×5

2. 前置代号

前置代号用字母表示成套轴承的分部件。如用 L 表示可分离轴承的可分离套圈；K 表示轴承的滚动体与保持架组件等。一般轴承不需作此说明，则前置代号可省略不写。

3. 后置代号

后置代号用字母或字母加数字表示，是轴承在内部结构、尺寸公差、技术要求等方面有改变时添加的补充代号。后置代号有八组（见表 15-5），下面介绍几组常用的代号。

（1）内部结构代号表示同一类型轴承的不同内部结构，用字母表示。如：接触角为 15°、25° 和 40° 的角接触球轴承分别用 C、AC 和 B 表示内部结构的不同。

（2）轴承的公差等级分为 2 级、4 级、5 级、6x 级、6 级和 0 级六个级别，精度等级依次降低，其代号分别为/P2、/P4、/P5、/P6x、/P6 和/P0。公差等级中，6x 级仅适用于圆锥滚子轴承；0 级为普通级，应用最广，常省略不标。

（3）常用的轴承径向游隙系列分为 1 组、2 组、0 组、3 组、4 组和 5 组六个组别，径向游隙依次增大，0 组是基本游隙组，常省略不标，其余的游隙组别在轴承代号中分别用/C1、/C2、/C3、/C4、/C5 表示。公差代号与游隙代号同时标注时可省去字母 C。

关于滚动轴承详细代号的其他内容可查阅 GB/T 272—2017。

滚动轴承代号的表示方法举例如下：

6212：表示内径为 60mm，宽度系列代号为 0（省略），直径系列代号为 2 的深沟球轴承。

71910B/P63：表示内径为 50mm，宽度系列代号为 1，直径系列代号为 9，接触角为 40°，公差等级为 6 级，3 组游隙的角接触球轴承。

15.3.3 滚动轴承的选用

选用滚动轴承应在熟悉各类轴承特性的基础上进行，同时还应考虑以下几方面因素：

1. 考虑轴承的受载情况

（1）当载荷小而平稳时，可选择球轴承；载荷大而有冲击时，可选用滚子轴承。

（2）当轴承仅受径向载荷时，一般选择深沟球轴承、圆柱滚子轴承或滚针轴承。

（3）当轴承仅受轴向载荷时，一般选用推力轴承。

（4）当轴承同时承受径向载荷和轴向载荷时，应根据它们的相对值考虑：

① 当轴向载荷远小于径向载荷时，可选用向心球轴承（深沟球轴承、调心球轴承等）。

② 当轴向载荷比径向载荷小时，可选用接触角α较小的角接触球轴承或滚子轴承。

③ 当轴向载荷比径向载荷大时，可选用接触角α较大的角接触球轴承或滚子轴承。

④ 当轴向载荷远大于径向载荷时，可采用向心轴承和推力轴承组合使用，以分别承受径向载荷和轴向载荷，这样效果和经济性都较好。

2. 考虑轴承的转速

滚动轴承的极限转速 $n_{\lim}$ 是指在一定载荷及润滑条件下，普通级公差等级的轴承许可的最高转速。选用轴承时，一般应使其工作转速低于极限转速。

在同样条件下，球轴承的极限转速比滚子轴承高，所以转速和回转精度高时宜选用球轴承。

当转速高时滚动体的离心惯性力很大，会使推力轴承的工作条件恶化，故推力轴承的极限转速较低，因此对轴向载荷较大或只受轴向载荷作用的高速轴（轴径圆周速度大于

5m/s)，宜选用角接触球轴承。

3．考虑轴承的调心性能

轴承的倾斜角应小于允许值（见表 15-3），否则会增加轴承的附加载荷而降低其寿命。因此对刚性差或安装精度较低的轴，宜选用调心轴承。调心轴承应成对使用，否则不起调心作用。

4．考虑经济性

普通结构的轴承比特殊结构的轴承价格低；球轴承比滚子轴承价格低；公差等级越低价格越低。在选用轴承时，应该在保证使用要求的前提下，尽可能选用价格低的轴承。

此外，还要考虑安装空间、方便装拆等其他因素。

15.3.4　滚动轴承的设计计算

1．滚动轴承的失效形式

（1）疲劳点蚀。以深沟球轴承为例，分析滚动轴承的受力状况（如图 15.18 所示）。在径向载荷 F_r 的作用下，一方面各滚动体在不同位置所受的载荷是不同的；另一方面，由于内、外圈的相对转动和滚动体的公转与自转，使得滚动体与内、外圈滚道的接触点不断地发生变化。所以轴承内圈、外圈和滚动体所受的载荷呈周期性变化，即它们的接触应力呈周期性变化。滚动轴承工作时，在此交变应力的反复作用下，首先在滚动体或滚道的表面下一定深度处产生疲劳裂纹，继而扩展到接触表面，形成疲劳点蚀。轴承出现点蚀后，将产生噪声、冲击和振动，引起回转精度降低和工作温度升高，从而不能正常工作。

（2）塑性变形。当滚动轴承间歇摆动或转速很低时，一般不会产生疲劳损坏。但如果承受很大的静载荷或冲击载荷，会使轴承滚道和滚动体接触处产生较大的局部应力，出现表面永久变形，从而使轴承在运转中产生剧烈振动和噪声，丧失正常工作能力。

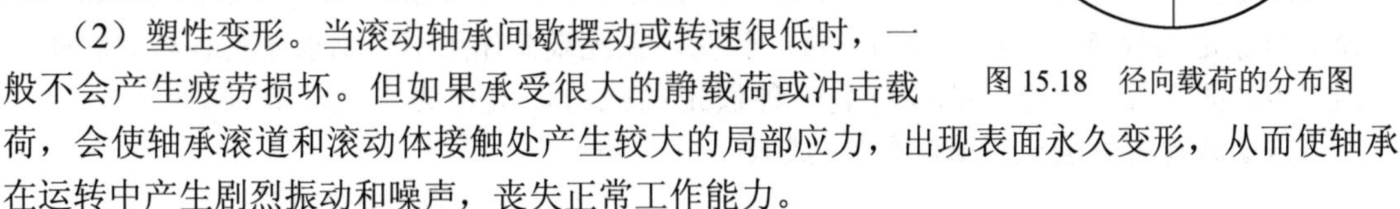

图 15.18　径向载荷的分布图

此外，由于使用、维护和保养不当或密封润滑不良等因素，也能引起轴承早期磨损，胶合，内、外圈和保持架破损等不正常失效。对上述不正常失效只能靠正确地使用、维护和保养等措施予以避免。

2．滚动轴承的计算准则

在选择轴承时，应针对轴承的失效形式进行必要的计算，其计算准则为：

（1）对于一般转速（$10r/min < n < n_{lim}$）的轴承，其主要失效形式是疲劳点蚀，故应对轴承进行疲劳强度计算，称为轴承的动载荷计算或寿命计算。

（2）对于转速很低（$n \leqslant 10r/min$）、基本不转动或摆动的轴承，其主要失效形式是塑性变形，故应对轴承进行静强度计算，称为轴承的静载荷计算。

15.3.5 滚动轴承的寿命计算

1. 基本概念

在进行寿命计算前，先要明确一些有关的基本概念。

（1）轴承寿命。轴承中任一元件出现疲劳点蚀前轴承运转的总转数，称为轴承寿命。

（2）可靠度。即轴承寿命的可靠度，是指一组近于相同的轴承在同一条件下运转时，所期望达到或超过某一规定寿命的百分率。

（3）基本额定寿命。一组同一型号的轴承，由于材料均质程度、热处理和工艺等很多随机因素的影响，即使在相同条件下运转，寿命也不一样，有的甚至相差几十倍。

基本额定寿命是指一批相同型号的轴承，在常规运转条件下、可靠度达 90%时的轴承寿命，即 90%的轴承在发生疲劳点蚀前能达到或超过的寿命。

基本额定寿命用轴承运转的总转速 L 表示，单位为 10^6r；也可以用轴承在某一转速下的工作小时数 L_h 表示，单位为 h，则 $L_h=\dfrac{10^6}{60n}L$。

（4）基本额定动载荷。基本额定动载荷是指当 L=1（10^6r）时，假想轴承所能承受的载荷，用 C 表示，单位为 kN 或 N，它是在大量试验的基础上得到的。

不同型号轴承的基本额定动载荷是不同的：对于向心轴承，是指纯径向载荷，称为径向基本额定动载荷，用 C_r 表示；对于推力轴承，是指纯轴向载荷，称为轴向基本额定动载荷，用 C_a 表示。基本额定动载荷标志了轴承的承载能力，C 值越大，轴承的承载能力越高。C_r 或 C_a 的值可在滚动轴承标准或有关手册中查得。

（5）当量动载荷。轴承的基本额定动载荷是在假想的运转条件下确定的，如其载荷条件为：向心轴承仅承受纯径向载荷，推力轴承仅承受纯轴向载荷。实际上，大多数场合下，轴承是同时承受径向载荷和轴向载荷的，所以，在进行轴承计算时，必须把实际载荷转换成与额定动载荷条件相一致的当量动载荷，在此载荷作用下，轴承才具有与实际载荷作用下相同的寿命。换算后的载荷是一种假定的载荷，故称为当量动载荷。

当量动载荷用 P 表示，单位为 kN 或 N。

2. 寿命计算的基本公式

大量试验表明，滚动轴承的基本额定寿命与基本额定动载荷、当量动载荷之间的关系为：

$$L=\left(\frac{C}{P}\right)^{\varepsilon}10^6\ \ \mathrm{r} \tag{15-2}$$

式中，ε为寿命指数，对于球轴承ε=3，对于滚子轴承ε=10/3。

实际计算时，习惯用小时表示轴承寿命，则上式可写为：

$$L_h=\frac{10^6}{60n}\left(\frac{C}{P}\right)^{\varepsilon}\ \ \mathrm{h} \tag{15-3}$$

式中，n 为轴的转速（r/min）

考虑到轴承在温度高于 100℃场合中工作时，基本额定动载荷 C 有所降低，故引进温度

系数 f_t，对 C 值予以修正；考虑到工作中的冲击和振动会使轴承寿命降低，为此又引进载荷系数 f_p。f_t、f_p 值可参见表 15-7、表 15-8。故：

$$L_h = \frac{10^6}{60n}\left(\frac{f_t C}{f_p P}\right)^{\varepsilon} \quad \text{h} \tag{15-4}$$

上式用于轴承寿命计算，即已知轴承型号、载荷等其他条件，验算其寿命是否满足要求，从而判定该轴承是否合用。

表 15-7　温度系数 f_t

轴承工作温度（℃）	100	125	150	175	200	225	250	300
温度系数 f_t	1	0.95	0.90	0.85	0.80	0.75	0.70	0.60

表 15-8　载荷系数 f_p

载 荷 性 质	f_p	举　例
无冲击或轻微冲击	1.0～1.2	电机、汽轮机、通风机等
中等冲击	1.2～1.8	车辆、动力机械、起重机、减速器、冶金机械、水力机械、卷扬机、木材加工机械、传动装置、机床等
强大冲击	1.8～3.0	破碎机、轧钢机、钻探机、振动筛等

若已知载荷情况，选定预期寿命 L_h'，则可根据下式选择轴承的型号：

$$C' = \frac{f_p P}{f_t}\left(\frac{60n}{10^6} L_h'\right)^{1/\varepsilon} \quad \text{N} \tag{15-5}$$

所选轴承需具有足够的承载能力，即其基本额定动载荷 C 应不小于上式计算出的 C' 值。

各类机器中轴承预期使用寿命 L_h' 的参考值列于表 15-9 中。

表 15-9　轴承使用寿命参考值

机 器 种 类		使用寿命（h）
不经常使用的仪器及设备		500
航空发动机		500～2000
间断使用的机器	中断使用不致引起严重后果的手动机械、农业机械等	4000～8000
	中断使用会引起严重后果的机械，如升降机、运输机、吊车等	8000～12000
每天工作 8h 的机器	利用率不太高的齿轮传动、电动机等	12000～20000
	利用率较高的通风设备、机床等	20000～30000
每天工作 24h 的机器	一般可靠性的空气压缩机、电动机、水泵等	50000～60000
	高可靠的电站设备、给水装置等	＞100000

3．当量动载荷的计算

由轴承寿命计算公式可知，寿命计算的关键是求出当量动载荷 P。当量动载荷与实际载荷的关系为：

$$P=XF_r+YF_a \quad (15\text{-}6)$$

式中，F_r、F_a——轴承的径向载荷及轴向载荷；

X、Y——径向动载荷系数及轴向动载荷系数。根据相对轴向载荷 F_a/C_{0r}，由判别值 e 和 F_a/F_r 用插入法查表 15-10 确定。

表 15-10 系数 X、Y 及系数 X_0、Y_0

轴承类型（代号）		相对轴向载荷 F_a/C_{0r}	判别值 e	$F_a/F_r \leqslant e$		$F_a/F_r > e$		X_0	Y_0
				X	Y	X	Y		
深沟球轴承（60000）		0.014 0.028 0.056 0.084 0.11 0.17 0.28 0.42 0.56	0.19 0.22 0.26 0.28 0.30 0.34 0.38 0.42 0.44	1	0	0.56	2.30 1.99 1.71 1.55 1.45 1.31 1.15 1.04 1.00	0.6	0.5
角接触球轴承	70000C $\alpha=15°$	0.015 0.029 0.058 0.087 0.12 0.17 0.29 0.44 0.58	0.38 0.40 0.43 0.46 0.47 0.50 0.55 0.56 0.56	1	0	0.44	1.47 1.40 1.30 1.23 1.19 1.12 1.02 1.00 1.00	0.5	0.46
	70000AC $\alpha=25°$	—	0.68	1	0	0.41	0.87		0.38
	70000B $\alpha=40°$	—	1.14	1	0	0.35	0.57		0.26
圆锥滚子轴承（30000）		—	查手册	1	0	0.40	查手册		查手册

注：① 本栏内数据适用于基本游隙组深沟球轴承。

② C_{0r} 是轴承的径向基本额定静载荷。X、Y、e、C_{0r} 各值根据试验确定。

对于只受纯径向载荷的向心轴承（如圆柱滚子轴承、滚针轴承），其当量动载荷 $P=F_r$。

对于只受纯轴向载荷的推力轴承（如推力球轴承），其当量动载荷 $P=F_a$。

对于接触角 $0° < \alpha < 90°$ 的角接触轴承（如圆锥滚子轴承、角接触球轴承），应先计算其轴向载荷，才能得到其当量动载荷。下面将专门讨论角接触轴承轴向载荷的计算方法。

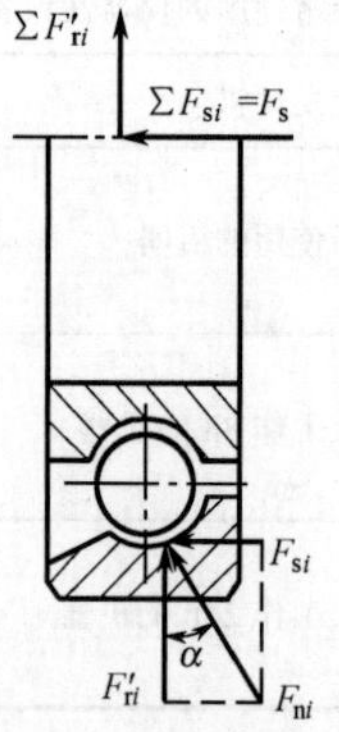

4．角接触轴承的载荷计算

（1）内部轴向力。角接触轴承由于结构上存在着接触角α，当它承受径向载荷 F_r 时，作用在承载区内第 i 个滚动体上的法向力 F_{ni} 可分解为径向分力 F'_{ri} 和轴向分力 F_{si}（见图 15.19）。所有滚动体上所受径向分力的和 $\sum F'_{ri}$ 与径向载荷 F_r 相平衡，所受轴向分力的和 $\sum F_{si}$ 称为轴承的内部轴向力 F_s。F_s 的值可按照表 15-11 中的公式求得，其方向由外圈宽边指向窄边。

$\sum F'_{ri}$

$\sum F_{si}=F_s$

F_{si}

α

F'_{ri}

F_{ni}

图 15.19 径向载荷产生的轴向分量

表 15-11　角接触轴承内部轴向力 F_s

轴承类型	角接触球轴承			圆锥滚子轴承（30000 型）
	α=15°（70000C 型）	α=25°（70000AC 型）	α=40°（70000B 型）	
F_s	eF_r	$0.68F_r$	$1.14F_r$	$F_r/(2Y)$

可见角接触轴承工作时，既受外部工作轴向力 F_A 的作用，又受内部轴向力 F_s 的影响。

（2）轴向载荷的计算。为了使角接触轴承的内部轴向力自相抵消，以免发生轴向窜动，通常这类轴承都要成对使用，对称安装。安装方式有两种：如图 15.20（a）所示为两外圈窄边相对（正装），如图 15.20（b）所示为两外圈宽边相对（反装）。图中 O_1、O_2 点分别为轴承 1 和轴承 2 的压力中心，即支反力作用点；F_A 为轴向外载荷。所以计算轴承的轴向载荷时不但要考虑 F_A 和 F_s，还要考虑安装方式的影响。正装的结构简单，装拆也方便。

O_1、O_2 与轴承端面的距离 a_1、a_2 可由手册查得，简化计算时可近似认为支点在轴承宽度的中点。

下面以如图 15.20（a）所示一对正装的角接触球轴承为例进行讨论。

图中，F_{r1}、F_{r2} ——轴承 1 和轴承 2 的径向载荷；F_{s1}、F_{s2}——轴承 1 和轴承 2 的内部轴向力。设 F_A 与 F_{s1} 同向。

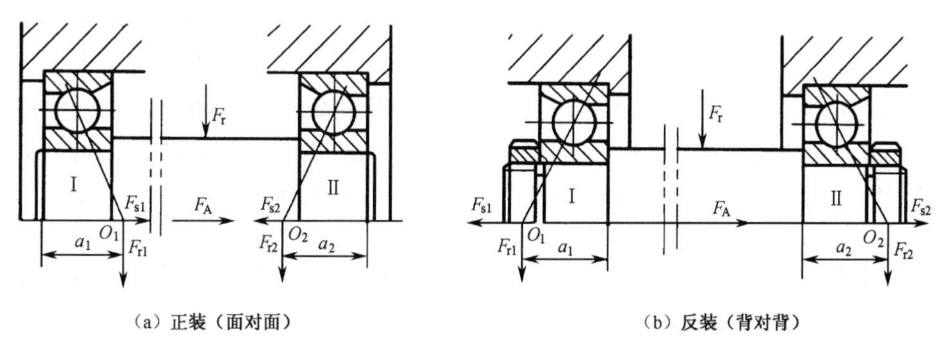

（a）正装（面对面）　　（b）反装（背对背）

图 15.20　角接触轴承的载荷计算

① 若 $F_A+F_{s1}>F_{s2}$（见图 15.21（a））。轴有向右移动的趋势，右端轴承Ⅱ被端盖顶住而被压紧。轴承Ⅱ上将受到平衡力 F'_{s2} 的作用，而轴承Ⅰ则处于放松状态。轴与轴承组件处于平衡状态，则 $F_A+F_{s1}=F_{s2}+F'_{s2}$，即 $F'_{s2}=F_A+F_{s1}-F_{s2}$。

（a）　　（b）

图 15.21　轴向力示意图

轴承Ⅰ（放松端）仅受内部轴向力 F_{s1} 的作用，承受的轴向载荷为：

$$F_{a1}=F_{s1} \tag{15-7a}$$

轴承Ⅱ（压紧端）受内部轴向力 F_{s2} 和平衡力 F'_{s2} 的共同作用，故承受的轴向载荷为：

$$F_{a2}=F_{s2}+F'_{s2}=F_A+F_{s1} \tag{15-7b}$$

② 若 $F_A+F_{s1}<F_{s2}$（见图 15.21（b））。则轴承 I 被压紧，而轴承 II 放松，同样可由力的平衡条件得轴承 1（压紧端）承受的轴向载荷为：

$$F_{a1}=F_{s1}+F'_{s1}=F_{s2}-F_A \tag{15-8a}$$

轴承 II（放松端）承受的轴向载荷为：

$$F_{a2}=F_{s2} \tag{15-8b}$$

由此可得计算两支点轴向载荷的步骤如下：

a．根据轴承类型和安装方式，计算内部轴向力 F_{s1} 和 F_{s2}，并画出方向。

b．根据承载状况判断轴承的压紧端及放松端。

c．压紧端的轴向载荷等于除去压紧端本身的内部轴向力外，所有轴向力的代数和。

d．放松端的轴向载荷等于放松端本身的内部轴向力。

此方法同样适合于角接触球轴承反装的场合及圆锥滚子轴承。

5．轴承寿命计算示例

例 15.1 某装置上选用型号为 6310 的深沟球轴承，已知轴的转速 n=1200r/min，轴承承受的轴向载荷 F_a=1600N，径向载荷 F_r=5000N，有轻微冲击，工作温度低于 100℃。求此轴承的工作寿命。

解： 本题属于已知轴承型号求轴承寿命，应用公式（15-4）$L_h=\frac{10^6}{60n}\left(\frac{f_tC}{f_pP}\right)^{\varepsilon}$ 求解。

（1）确定 C 值。已知轴承型号为 6310，查轴承标准可知：C_r=61800N，C_{0r}=38000N。

（2）计算当量动载荷 P。由 F_a/C_{0r}=1600/38000 = 0.042，用插入法查表 15-10 得 e=0.24。因 F_a/F_r=1600/5000 = 0.32＞e，由表 15-10 查得 X=0.56，Y=1.85。由式（15-6）得：

$$P=XF_r+YF_a=0.56\times5000+1.85\times1600=5760\text{N}$$

（3）计算轴承寿命。由表 15-7 查得 f_t=1，由表 15-8 取 f_p=1.2；对球轴承 ε=3。将以上有关数据代入式（15-4），得轴承寿命：

$$L_h=\frac{10^6}{60n}\left(\frac{f_tC}{f_pP}\right)^{\varepsilon}=\frac{10^6}{60\times1200}\left(\frac{1.0\times61800}{1.2\times5760}\right)^3\approx9925\text{h}$$

例 15.2 某减速器高速轴，已知其转速 n=1000r/min，轴颈 d=30mm，轴承 1 仅受径向载荷 F_{r1}=2000N；轴承 2 的径向载荷 F_{r2}=1600N，轴向载荷 F_{a2}=560N；常温下工作，载荷平稳，要求轴承使用寿命 L'_h=6000h。拟采用深沟球轴承，试选择轴承型号。

解： 本题属于按规定寿命期限进行轴承选型设计，应用公式（15-5）$C'=\frac{f_pP}{f_t}\left(\frac{60n}{10^6}L'_h\right)^{1/\varepsilon}$ 求出所需的基本额定动载荷 C'。

（1）求出当量动载荷 P。因向心轴承 1 仅受径向载荷，轴承 2 既受径向载荷又受轴向载荷，故轴承 1 的当量动载荷 $P_1=F_{r1}$=2000N，轴承 2 的当量动载荷 $P_2=XF_{r2}+YF_{a2}$。

计算时用到的径向系数 X、轴向系数 Y 要根据 e 值查取，e 值又取决于 F_a/C_{0r} 的值，而 C_{0r} 是轴承的径向额定静载荷，在轴承型号未选出前是不知道的，所以需采用试算法。

根据轴颈 d=30mm，初选 6206 型轴承。查手册得 C_r=19500N；C_{0r}=11500N。

F_a/C_{0r}=560/11500≈0.049，查表 15-10 得 e=0.25。

因 F_{a2}/F_{r2}=560/1600=0.35＞e，查表 15-10 得 X=0.56，Y=1.78。

故 $P_2= XF_{r2}+YF_{a2}$=0.56×1600+1.78×560=1892.8N。

（2）计算所需的基本额定动载荷 C。$P_1＞P_2$，取两者中的较大值，即按轴承 1 的值计算。根据已知条件由表 15-7 查得 f_t=1，查表 15-8 取 f_p=1，球轴承 ε=3。由式（15-5）得：

$$C' = \frac{f_p P_1}{f_t}\left(\frac{60n}{10^6}L'_h\right)^{1/\varepsilon} = \frac{2000}{1}\sqrt[3]{\frac{60\times1000\times6000}{10^6}} \approx 14228\text{N} < C$$

说明试选的 6206 型轴承 $C=C_r$=19500N 满足此要求，且二者较接近，所以所选轴承型号合适。

如果试选型号的 $C'＞C$，或虽满足 $C'＜C$ 但二者相差较大时，均应改选轴承型号，直到获得合适的结果。

例 15.3 一工程机械传动装置中的轴，根据工作条件决定采用一对角接触球轴承支承（见图 15.22），并暂定轴承型号为 7208AC。已知轴承载荷 F_{r1}=1000N，F_{r2}=2060N，F_A=880N，转速 n=5000r/min，运转中受中等冲击，预期寿命 L'_h=2800h，试问所选轴承型号是否恰当。

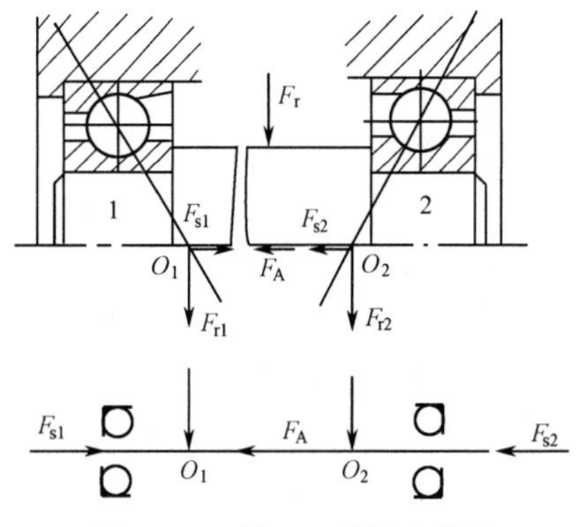

图 15.22　例 15.3 的轴承装置

解：（1）计算内部轴向力 F_{s1} 和 F_{s2}。

由表 15-10 查得轴承的内部轴向力为：

$$F_{s1}=0.68F_{r1}=0.68\times1000=680\text{N}$$（方向见图 15.22）

$$F_{s2}=0.68F_{r2}=0.68\times2060=1400.8\text{N}$$（方向见图 15.22）

（2）计算轴承 1、2 的轴向力 F_{a1}、F_{a2}。

因为

$$F_A+F_{s2}=880+1400.8=2280.8\text{N}>F_{s1}$$

所以轴承 1 为压紧端：$F_{a1}=F_A+F_{s2}$=880+1400.8=2280.8N。

而轴承 2 为放松端：$F_{a2}=F_{s2}$=1400.8N。

（3）计算轴承 1、2 的当量动载荷。由表 15-10 查得 e=0.68，而

$$F_{a1}/F_{r1}=2280.8/1000\approx2.28>e$$

$$F_{a2}/F_{r2}=1400.8/2060=0.68=e$$

查表 15-10 可得：X_1=0.41、Y_1=0.87；X_2=1、Y_2=0。

故当量动载荷为：

$$P_1=X_1F_{r1}+Y_1F_{a1}=0.41\times1000+0.87\times2280.8\approx2394.3\text{N}$$

$$P_2=X_2F_{r2}+Y_2F_{a2}=1\times2060+0\times1400.8=2060\text{N}$$

（4）计算轴承寿命。因轴的结构要求两端选择同样型号的轴承，所以其中当量动载荷大的轴承寿命短。今 $P_1＞P_2$，故只需计算轴承 1 的寿命。

因受中等冲击载荷，查表 15-8 取 f_p=1.5；工作温度正常，查表 15-7 得 f_t=1；球轴承 ε=3。查手册得 7208AC 轴承的径向基本额定动载荷 C_r=35200N。所以轴承 1 的寿命为：

$$L_{h1}=\frac{10^6}{60n}\left(\frac{f_t C}{f_p P_1}\right)^{\varepsilon}=\frac{10^6}{60\times 5000}\left(\frac{1.0\times 35200}{1.5\times 2394.3}\right)^3\approx 3137.3\text{h}>L'_h$$

所选轴承型号合适。

15.3.6 滚动轴承的静强度计算

如前所述，对于那些在工作载荷下基本上不旋转的轴承（如起重机吊钩上用的推力轴承），或者慢慢地摆动以及转速极低的轴承，其主要失效形式是塑性变形，设计时必须进行静强度计算。此外，对有短期严重过载、转速较高的轴承，或对承受强大冲击载荷、一般转速的轴承，除进行寿命计算外，还应进行静强度计算。

轴承受载最大的滚动体与滚道接触中心处引起的接触应力达到某一定值（对于调心球轴承为 4600MPa；滚子轴承为 4000MPa；其他型号的球轴承为 4200MPa）时的载荷，称为基本额定静载荷，将其作为轴承静强度的界限，用 C_0 表示。

基本额定静载荷对于向心轴承是指径向额定静载荷 C_{0r}，对于推力轴承是指轴向额定静载荷 C_{0a}。轴承标准中列有各型号轴承的基本额定静载荷值可供查用。

确定基本额定静载荷 C_0 时的受载条件与基本额定动载荷 C 时的条件相同。因此，在进行轴承静强度计算时，也需考虑实际受载情况与规定 C_0 的条件的差异，将轴承上作用的载荷换算成假想的当量静载荷 P_0。

一般的，当量静载荷的计算公式为：

$$P_0=X_0F_r+Y_0F_a \tag{15-9}$$

式中，X_0、Y_0 为静载荷时的径向载荷系数、轴向载荷系数，其值可查表 15-10。

对向心轴承，若由式（15-9）计算出的 $P_0<F_r$，则应取 $P_0=F_r$。

限制轴承产生过大塑性变形的静强度计算公式为：

$$C_0\geqslant S_0P_0 \tag{15-10}$$

式中，S_0 称为滚动轴承静强度安全系数，S_0 的选择见表 15-12。

表 15-12　滚动轴承静强度安全系数 S_0

使用要求和载荷性质	S_0
对旋转精度或平稳性要求较高，或承受强大冲击的载荷	1.2～2.5
一般情况	0.8～1.2
对旋转精度或平稳性要求较低，或基本没有冲击振动的载荷	0.5～0.8

15.4 滚动轴承的组合设计

经过寿命计算选定了轴承的类型尺寸后，如果没有合理的结构保证，则可能使轴承在工作时由于设计时的一些理想条件得不到保证而不能在设计寿命内正常工作，甚至提前失效。下面介绍轴承组合设计时通常要考虑的一些方面。

15.4.1 轴承的周向固定和配合

轴承套圈的周向固定，靠外圈与轴承座孔、内圈与轴颈之间配合的合理选择来保证。

滚动轴承是标准件，因此其内圈与轴颈的配合采用基孔制，外圈与轴承座孔的配合采用基轴制。国标规定轴承内径和外径的公差带采用上偏差为零、下偏差为负值的单向分布，而普通的圆柱公差带都在零线以上，所以轴承内圈与轴颈的配合较紧，外圈与座孔的配合较松。

轴承的配合不能过紧或过松。配合过紧，将使轴承内部游隙减小甚至完全消失而导致轴承的不规则变形；配合过松，将降低轴承的旋转精度，加剧振动。选择轴承配合时，应考虑载荷的大小、方向和性质，转速的高低，工作温度以及套圈是否回转等因素。一般情况下，转动套圈常采用过盈配合，固定套圈常采用间隙或过渡配合；转速越高、载荷越大、冲击振动越严重、工作温度越高时，轴承内圈与轴颈的配合应越紧；游动的套圈和经常装卸的轴承配合应较松；当轴承安装在薄壁外壳或空心轴上时，配合应较紧。具体配合的选择可查标准 GB/T 275—2015 或参考有关手册。

轴承是外购件，故配合时不需标注轴承内径或外径的公差带代号。轴承内圈与轴配合时，常采用的公差带代号为 r6、n6、m6、k6、js6 等；轴承外圈与座孔的配合，常采用的公差带代号为 M7、K7、J7、H7、G7 等。

15.4.2 轴承的轴向固定

滚动轴承的轴向固定，分为轴承内圈与轴的固定及轴承外圈与座孔的固定，其作用是使轴和轴承在受到轴上零件的轴向力后不产生轴向相对移动。

轴承内圈的一端常用轴肩做单向固定，另一端常采用弹性挡圈、轴端挡圈、圆螺母和止动垫圈等定位形式（可参照 14.2 节轴的结构设计）。轴承外圈常用的轴向固定方式如表 15-13 所示。

表 15-13　轴承外圈常用的轴向固定方式

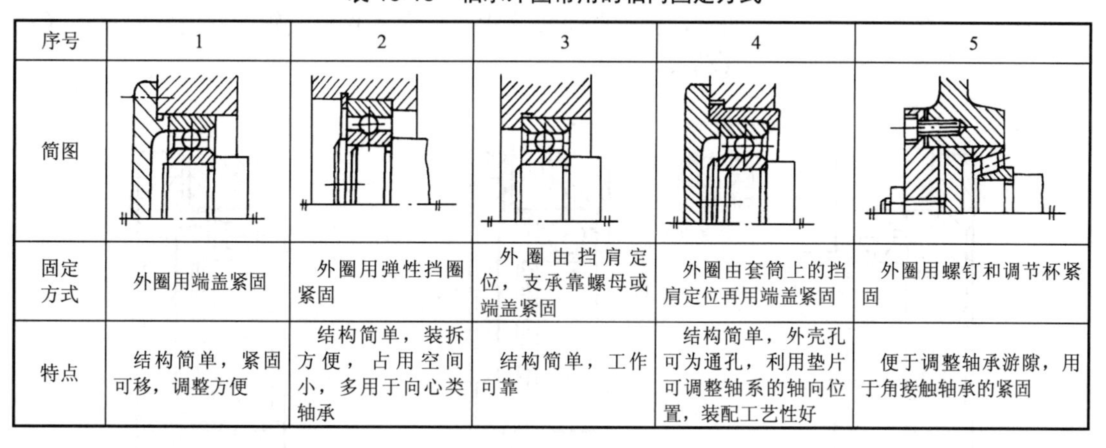

序号	1	2	3	4	5
简图					
固定方式	外圈用端盖紧固	外圈用弹性挡圈紧固	外圈由挡肩定位，支承靠螺母或端盖紧固	外圈由套筒上的挡肩定位再用端盖紧固	外圈用螺钉和调节杯紧固
特点	结构简单，紧固可移，调整方便	结构简单，装拆方便，占用空间小，多用于向心类轴承	结构简单，工作可靠	结构简单，外壳孔可为通孔，利用垫片可调整轴系的轴向位置，装配工艺性好	便于调整轴承游隙，用于角接触轴承的紧固

轴承的轴向固定可以是单向固定也可以是双向固定。

轴的支承结构，既要保证轴在工作时有确定的位置，不发生轴向窜动，又应允许其在适当的范围内可有微小的自由伸缩，以补偿轴的热伸长。轴的滚动轴承支承结构最常用的有以下三种。

1. 两端固定

在轴的两个支点上，每个支点只限制轴在不同方向上的单向轴向移动，两个支点合起来就限制了轴的双向轴向移动，这种支承结构称为两端固定，如图 15.23（a）所示。为了补偿轴的受热伸长，对于深沟球轴承，在一端轴承的外圈与端盖间应留有轴向补偿间隙 c，如图 15.23（b）所示，一般取 c=0.2～0.4mm；对于角接触球轴承或圆锥滚子轴承等可调游隙的轴承，应由轴承内部的游隙来补偿。此结构适用于工作温度变化不大的短轴（轴的跨距≤350mm）。

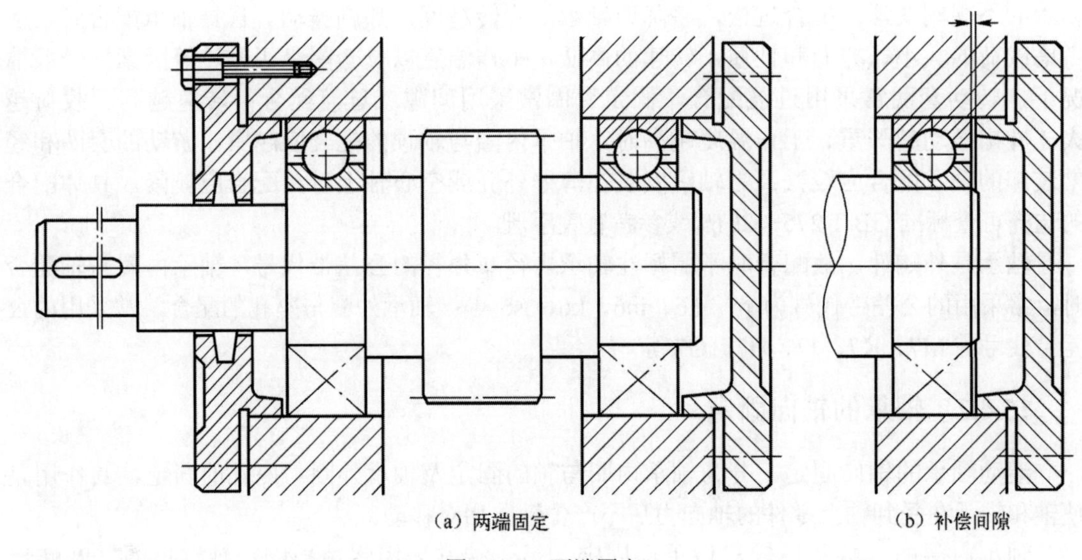

图 15.23　两端固定

2．一端固定、一端游动

当轴的距跨较大（L＞350mm）或工作温度较高（t＞70℃）时，应采用一端固定、一端游动的方式。如图 15.24（a）所示，轴的两个支点中，一个支点限制轴的双向轴向移动（左端），另一个支点则可做轴向移动（右端）。

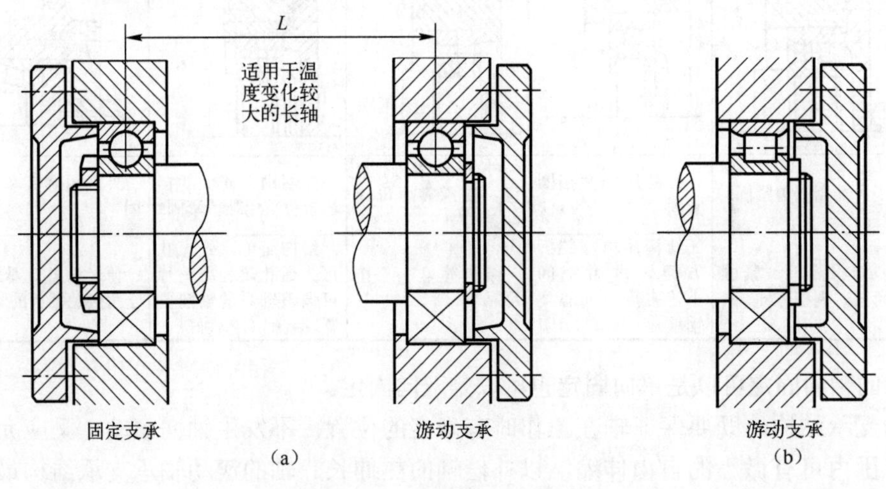

图 15.24　一端固定、一端游动

可做轴向移动的轴承称为游动轴承，游动轴承只能采用不可调游隙轴承，以避免因移动而影响游隙量，导致轴承运转不灵。

采用深沟球轴承做游动支承时，因其游隙不大，应在轴承外圈与端盖间留有适当的间隙，如图 15.24（a）所示；采用圆柱滚子轴承（内、外圈可分离）做游动支承时，如图 15.24（b）所示，因轴承内部本身允许相对移动，故不需留间隙，但内、外圈要做双向固定，以免同时移动，造成过大错位。注意：游动轴承内圈必须双向固定，以免轴颈在轴承内圈上滑动。

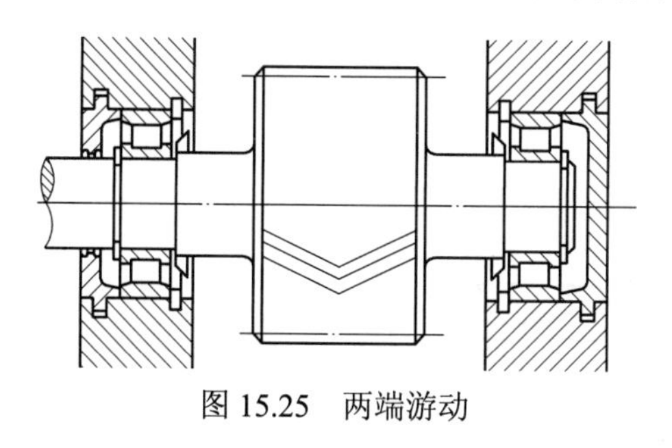

图 15.25　两端游动

3．两端游动

如图 15.25 所示，人字齿轮传动，由于轮齿两侧螺旋角不易做到完全对称，为了防止轮齿卡死或两侧受力不均，应采用轴系能左、右微量轴向游动的结构。图中小齿轮轴两端都选用圆柱滚子轴承，滚动体与外圈间可轴向移动。但需注意，为保证该轴系在箱体中有固定位置，与其相啮合的大齿轮轴必须两端固定。

15.4.3　轴承组合位置的调整

轴承组合位置的调整包括轴承间隙的调整和轴系轴向位置的调整，以保证轴上零件处于设计时的正确位置。

1．轴承间隙的调整

轴承间隙的调整方法通常有：

（1）靠加减轴承盖与机座间垫片厚度进行调整，如图 15.23（a）所示。

（2）利用螺钉通过轴承外圈压盖移动外圈位置进行调整，如图 15.26 所示，调整之后，用螺母锁紧防松。

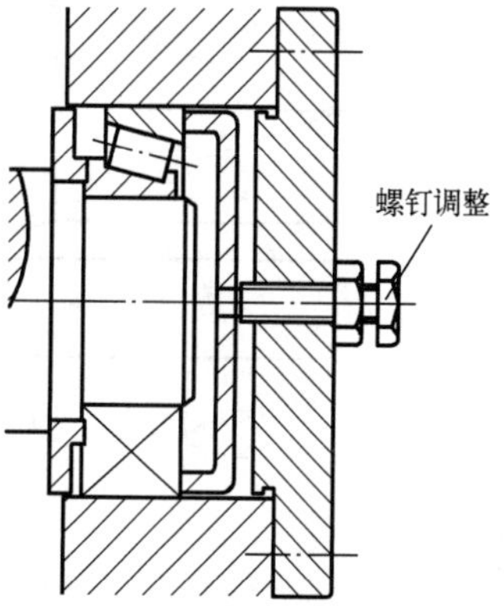

螺钉调整

图 15.26　利用调整螺钉调整轴承间隙

2．轴系轴向位置的调整

有时轴上安装的零件有严格的轴向位置要求，如图 15.27（a）所示的蜗杆传动，要求蜗轮中间平面通过蜗杆的轴线；又如图 15.27（b）所示的锥齿轮传动，要求两齿轮的锥顶重合于一点，这些都要求整个轴系的轴向位置能够调整。

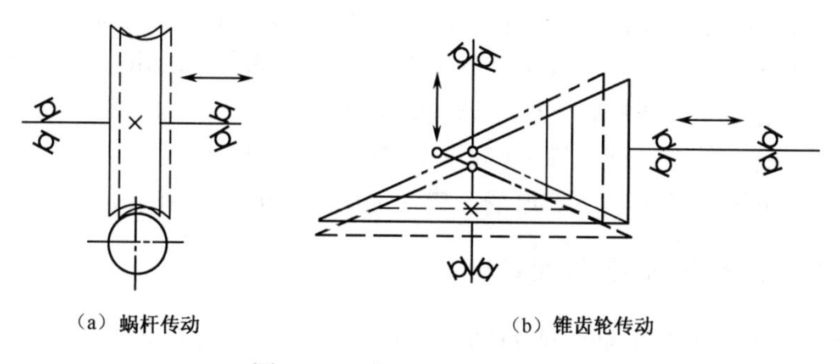

（a）蜗杆传动　　（b）锥齿轮传动

图 15.27　装配时轴的位置调整

如图 15.28（a）所示的圆锥齿轮，是利用增、减套杯与箱体间的一组垫片 1 来实现套杯轴向位置调整的，因为轴承组合可随套杯作轴向移动，故可实现齿轮啮合位置的调整。端盖与套杯间的另一组垫片 2 则用来调整轴承的游隙。如图 15.28（b）所示轴承的游隙靠螺母调整，操作不便，且轴上有螺纹，削弱了轴的强度。

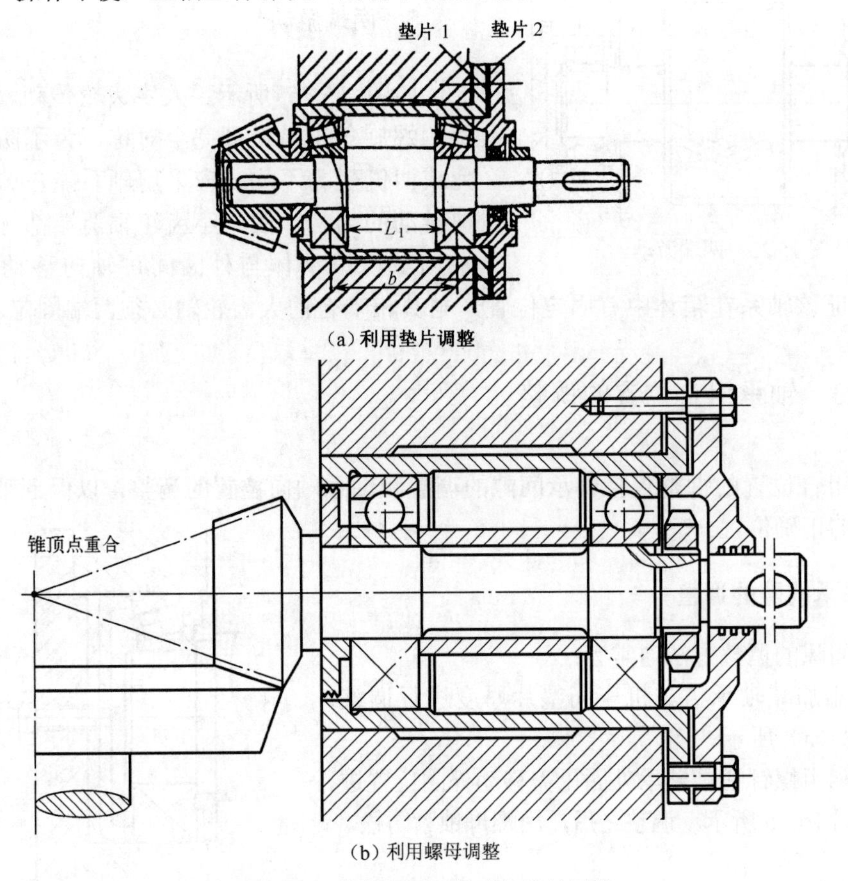

图 15.28　轴的位置及轴承间隙的调整

15.4.4　滚动轴承的预紧

所谓预紧，就是在安装时对轴承施加一定的轴向预紧力，以消除轴承内部的原始游隙，并使滚动体和内、外圈接触处产生弹性预变形，保持轴承内、外圈均处于压紧状态，使轴承承受外载荷后，不出现游隙。

轴承预紧的目的是提高轴承的旋转精度，增加轴承装置的刚性，减小轴在工作时的振动和噪声，主要用在对轴旋转精度要求高的场合，如机床的主轴轴承。

轴承预紧的方法有：在轴承外圈（或内圈）间加金属垫片（如图 15.29（a）、（b）所示）并加预紧力、磨窄外圈（或内圈）（如图 15.29（c）、（d）所示）并加预紧力，也可以在两轴承内圈之间、外圈之间加入不等厚的套筒（如图 15.29（e）所示）来获得预紧。

15.4.5　支承部位的刚度和同轴度

如果轴和轴承座的刚度不够，或两轴承座孔的同轴度不符合要求，都会卡住滚动体，使轴承无法正常工作。因此，在设计时应使轴承座孔壁足够厚，并用加强肋增强其刚性，如图 15.30 所示。

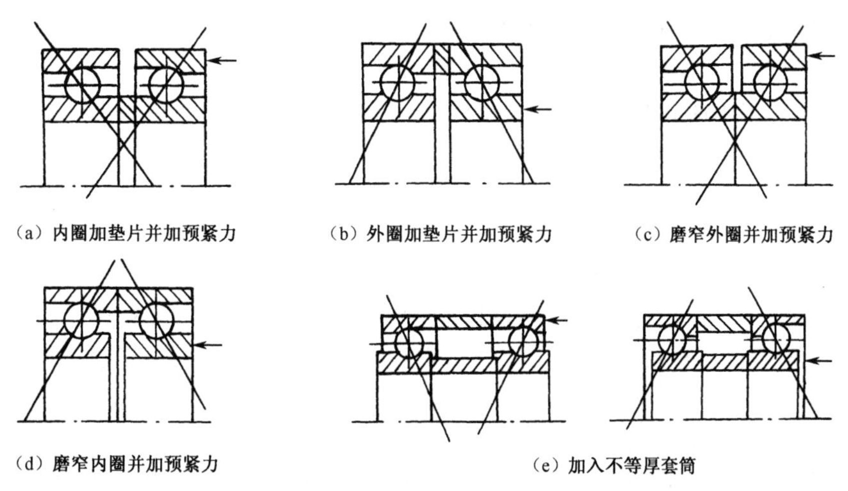

图 15.29　滚动轴承的预紧结构

为保证同一轴上各轴孔的同轴度，箱体一般采用整体铸造的方法生产，并一次性镗出孔径相同的轴承座孔。如同一根轴上装有不同外径的轴承时，可在轴承外径较小的轴孔处加一衬套，如图 15.31 所示。

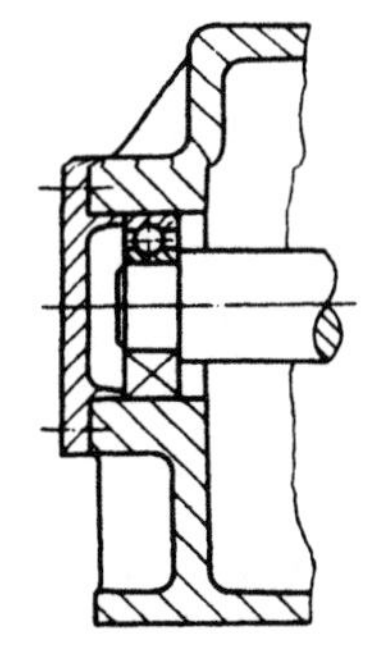

图 15.30　用加强肋增强轴承座孔的刚性

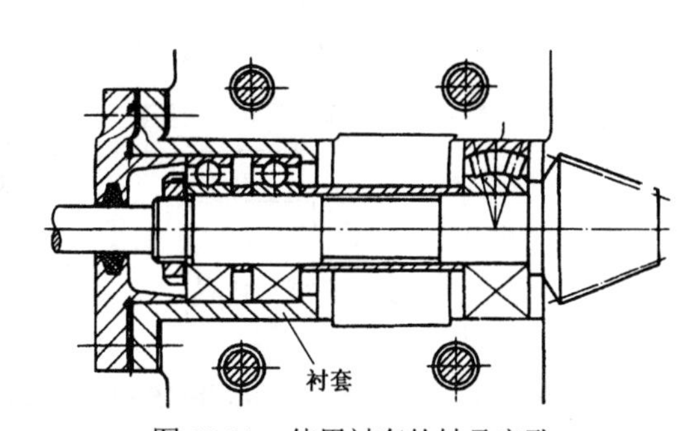

图 15.31　使用衬套的轴承座孔

15.4.6　滚动轴承的安装与拆卸

滚动轴承的套圈和滚动体，具有较高的加工精度和表面粗糙度。为了保证轴承的工作精度和寿命，必须正确仔细地进行安装和拆卸，以免造成轴承的早期损坏。

在安装和拆卸轴承时，作用力应沿圆周方向均匀或对称地作用，并直接加在紧配合的套圈端面上，绝对不允许通过滚动体传递压力，否则将使滚道和滚动体等丧失正确形状甚至卡死。轴承的保持架、密封圈、防灰盖等零件容易变形，安装和拆卸轴承时的作用力也不能加在这些零件上。为此，安装、拆卸轴承时必须选择正确的方法及采用专用工具。

1. 滚动轴承的安装

安装之前，应把轴承、轴、孔及油孔等用煤油或汽油清洗干净，避免污物和硬的颗粒掉入轴承，擦伤滚动表面。需用黄油润滑时要涂上清洁的黄油。轴承的安装方法应根据轴承的结构、尺寸大小及配合性质而定。

（1）圆柱孔轴承的安装。

① 当内圈与轴颈配合较紧、外圈与轴承座孔配合较松时，可用压力机或手锤通过装配套管在内圈上施加压力，将轴承压装到轴颈上，如图 15.32（a）所示，然后将轴连同轴承一起装入轴承座孔内。装配套管用软金属材料制成。

② 当外圈与轴承座孔配合较紧、内圈与轴颈配合较松时，同样可借助装配套管，先把轴承装入轴承座孔内，再将轴装进轴承，如图 15.32（b）所示。

③ 对于内圈与轴颈间需要较大过盈量的大、中型轴承，常采用预热法，即将轴承吊挂在油箱中均匀加热至 80℃～100℃，使轴承预热后再取出套入轴颈中。预热时轴承不能与箱底接触，因为箱底的温度超过油温，这样会造成轴承过热。

（2）角接触轴承的安装。角接触球轴承的安装方法与一般圆柱孔轴承的安装方法相同。圆锥滚子轴承内、外圈可分离，应分别安装，内圈与保持架一起装在轴颈上，外圈单独装在轴承座孔中，如图 15.33 所示。角接触轴承属可调游隙轴承，故安装时要仔细调整其轴向游隙和预紧量。

轴承游隙和预紧量的大小，与支承结构的形式、轴承间距、轴与外壳的材料等有关，应根据工作要求计算确定。轴向游隙可用千分表检测，游隙的大小可通过端盖、调整环、调节螺钉等进行调整。

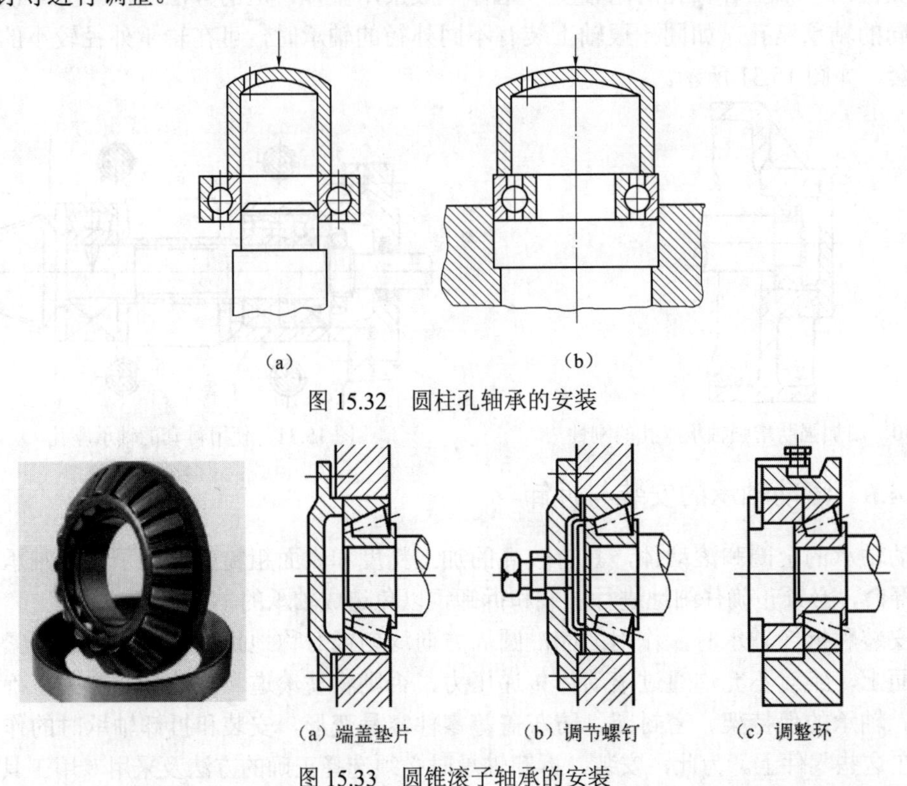

（a）　（b）

图 15.32　圆柱孔轴承的安装

（a）端盖垫片　（b）调节螺钉　（c）调整环

图 15.33　圆锥滚子轴承的安装

（3）推力轴承的安装。推力轴承的轴圈与轴一般为过渡配合，座圈与机体的孔座一般为间隙配合，所以容易安装。安装时，座圈与机体的孔座需有 0.2～0.3mm 的间隙 a，如图 15.34 所示，否则轴心线的对中误差将使轴承迅速磨损。对于双向推力轴承，轴圈必须进行轴向固定，以防止其相对轴发生转动。

（4）滚针轴承的安装。滚针轴承（见图 15.35）安装时将滚针紧密排列在轴承沟内，使圆周上的总间隙 K_1 为 0.5～1.5mm，轴向间隙 K_2=0.2～0.4mm，径向间隙 K_3 的值较大，约相当于直径相同的滑动轴承的间隙。有些滚针轴承，其工作面即为配合零件本身，安装这类轴承时，可使用一个比实际轴的直径小 0.1～0.2mm 的特制的假轴 1（见图 15.36（a）)，在假轴上和包容件孔 2 的表面上涂一层黄油，使滚针不致散开，然后把滚针依次地放入假轴和套筒间，装完后再装上限动圈 3 并用实际的轴 4 将假轴 1 挤出，如图 15.36（b）所示。全部装好后，应检验其转动情况，要求转动灵活，无任何咬啃现象。

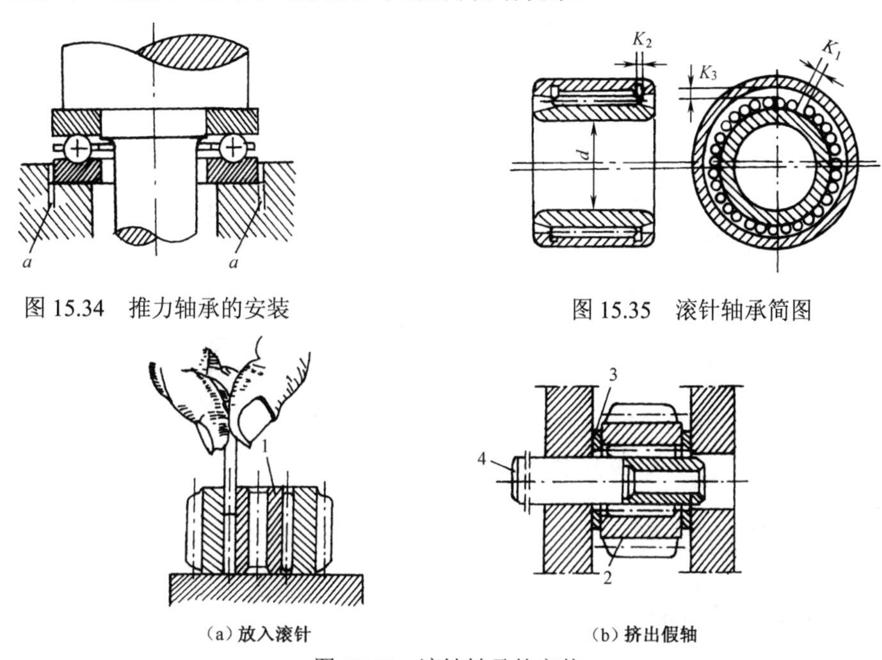

图 15.34　推力轴承的安装

图 15.35　滚针轴承简图

（a）放入滚针

（b）挤出假轴

图 15.36　滚针轴承的安装

2. 滚动轴承的拆卸

拆卸滚动轴承时要注意保护轴、座孔及其他零件不受损伤；对需继续使用的轴承，应保证拆卸后完整无损。因此拆卸轴承时，拆卸力不能直接或间接地作用在滚动体上，应采用专门的拆卸工具，使拆卸力分别直接加在轴承的内圈或外圈上。

在拆卸内外圈不可分离的轴承时，由于一般内圈与轴颈配合较紧，外圈与轴承座孔配合较松，故可先将轴承与轴一起从座孔中取出，再从轴上拆下轴承。如图 15.37 所示为几种拆卸内圈的工具和装置，图 15.37（a）中利用拆卸器的钩头直接钩住内圈，旋转螺杆，将轴承拉出；图 15.37（b）中利用压力机进行拆卸；图 15.37（c）中则是将高压油经油孔、油槽压入轴承与轴颈的配合表面，使内圈扩张后拆出的，此方法多用于大型轴承。

在拆卸内外圈可分离的轴承时，可先把轴连同内圈一起取出，再用压力机等将外圈取出、内圈取下。

固定轴承的轴肩高度和轴承衬套的孔径，应符合轴承安装尺寸的规定，以便于拆卸。图 15.38（a）中轴肩 h 过高，拆卸器无法钩住轴承内圈；图 15.38（b）中衬套孔径 d_0 过小，均会造成不可拆卸。

当轴肩和挡肩的高度必须增大时，可在轴上铣槽加拆卸垫圈或在套筒壳体上做出拆卸螺纹孔，供拆卸轴承之用。

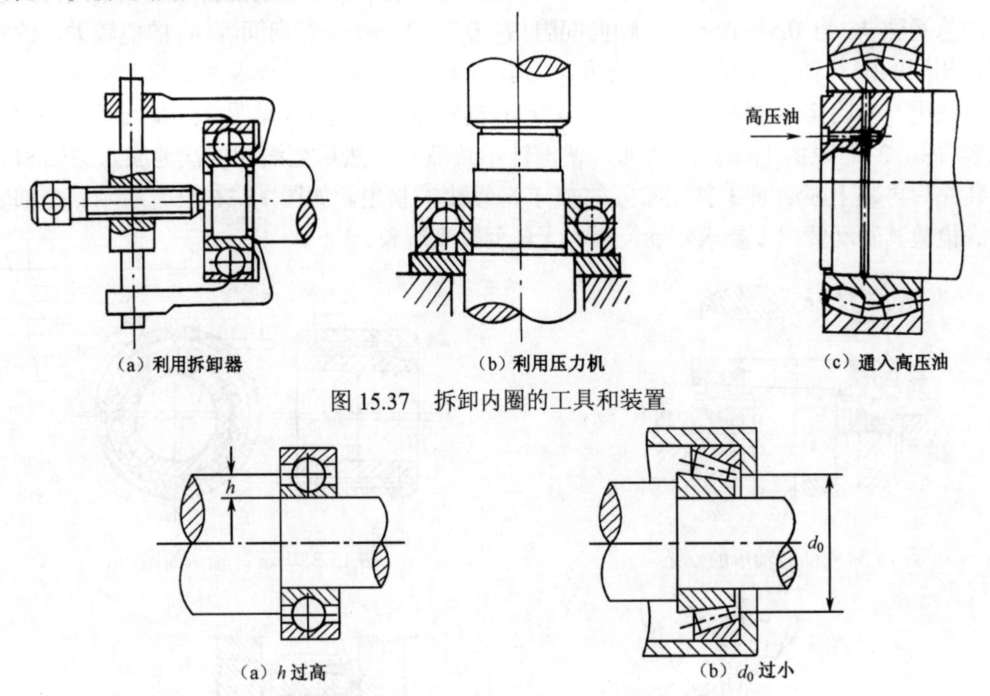

（a）利用拆卸器　　（b）利用压力机　　（c）通入高压油

图 15.37　拆卸内圈的工具和装置

（a）h 过高　　（b）d_0 过小

图 15.38　滚动轴承不可拆卸的结构

15.5　滚动轴承的润滑

15.5.1　润滑剂的选择

滚动轴承的润滑剂常用润滑油或润滑脂，可根据 *dn* 值查表 15-14 确定（*d* 为轴承内径，*n* 为轴的转速）。

表 15-14　滚动轴承润滑剂及润滑方式的选择

		dn 值（$\times10^5$mm·r/min）				
润滑剂		润滑脂	润　滑　油			
润滑方式		脂润滑	飞溅润滑、浸油润滑	滴油润滑	喷油润滑	油雾润滑
轴承类型	深沟球轴承	1.6	2.5	4.0	6.0	>6.0
	调心球轴承	1.6	2.5	4.0	—	—
	角接触球轴承	1.6	2.5	4.0	6.0	>6.0
	圆柱滚子轴承	1.2	2.5	4.0	6.0	>6.0
	圆锥滚子轴承	1.0	1.6	2.3	3.0	—
	调心滚子轴承	0.8	1.2	—	2.5	—
	推力球轴承	0.4	0.6	1.2	1.5	—

由于润滑脂不易流失，便于密封和维护，使用周期长，所以应用较多。

当 *dn* 值过高或具备润滑油源的装置（如变速箱、减速器），可采用油润滑。选用润滑油时，根据 dn 值和工作温度由图 15.39 查出润滑油的黏度值，再由黏度值从润滑油产品目录中选出相应的润滑油牌号。

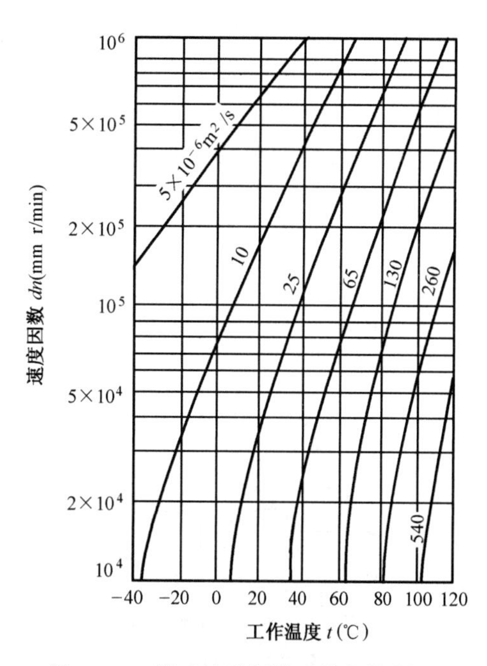

图 15.39　滚动轴承润滑油黏度的选择

15.5.2　润滑方式

由于 dn 值实际上反映了轴颈的圆周速度，所以滚动轴承的润滑方式可根据轴承类型和 dn 值的大小来确定（见表 15-13）。

1．脂润滑

脂润滑常采用人工方式定期将润滑脂填入轴承空腔内。润滑脂的填充量过多，会增大阻力，引起轴承发热，故一般填充量不得超过轴承空隙的 1/3～1/2，速度越高，填充量应越少。添脂时，可拆去轴承盖，也可以不拆轴承盖，在适当部位加设油杯（见图 15.40）。滚动轴承常用润滑脂的性质及适用场合见表 15-15。

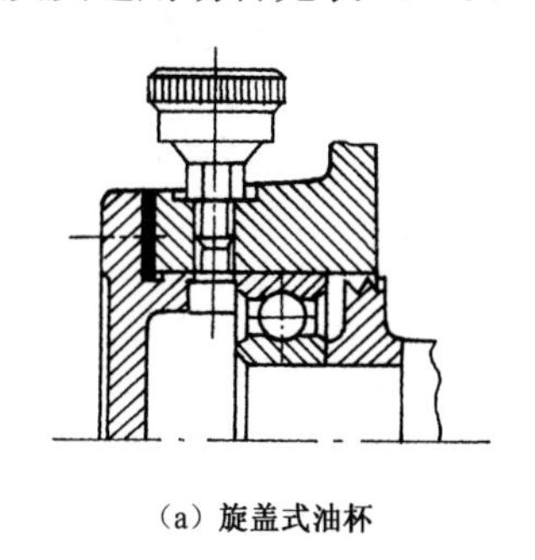
（a）旋盖式油杯

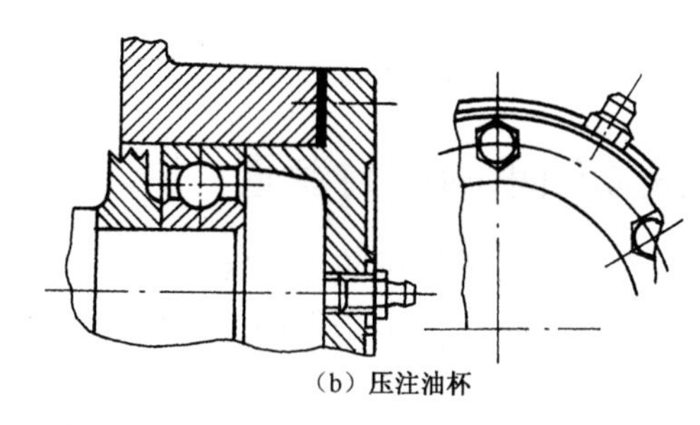
（b）压注油杯

图 15.40　脂润滑用油杯

表 15-15　滚动轴承常用润滑脂的性质及适用场合

种　类	性　质	适用场合
钙基润滑脂	耐水不耐热	温度较低（t<70℃），环境潮湿的场合
钠基润滑脂	耐热不耐水	温度较高（t<120℃），环境干燥的场合
钙钠基润滑脂	耐水又耐热	温度较高（70℃～80℃），环境较潮湿的场合
锂基润滑脂	耐热耐水，高、低温使用性能均较好	高载荷、工作温度变化大（-20℃～120℃），环境潮湿的场合

注：可用通用锂基润滑脂代替钙基润滑脂、钠基润滑脂及钙钠基润滑脂。

2．油润滑

（1）浸油润滑。轴承局部浸入润滑油中（见图 15.41）时，油面不应高于最低滚动体的中心。该方式对油的搅动阻力较大，使得功率损耗大，高速运转的滚动轴承不宜采用。

（2）飞溅润滑。飞溅润滑常用在一般齿轮减速器中，利用转动零件的旋转，将油飞溅至箱盖内壁，再沿油沟导入轴承进行润滑。

（3）滴油润滑。为保证滴油畅通，滴油润滑一般采用黏度较低的 L-AN15 全损耗系统用油。

（4）压力喷油润滑。油泵将油增压后，通过油管和喷嘴将油喷到轴承内圈与滚动体之间，润滑效果好，适用于高速、重载和要求润滑可靠的轴承中。

（5）油雾润滑。利用专门的油雾发生器（见图 15.42），将润滑油经雾化后通入轴承的方法称为油雾润滑。该方式冷却效果好，并可精确调节供油量，缺点是油雾散逸在空气中，容易污染环境，适用于高速、重载、发热量较大的滚动轴承。

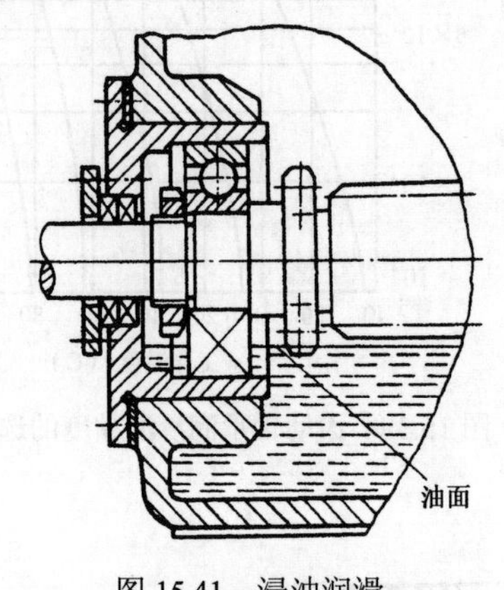

图 15.41　浸油润滑

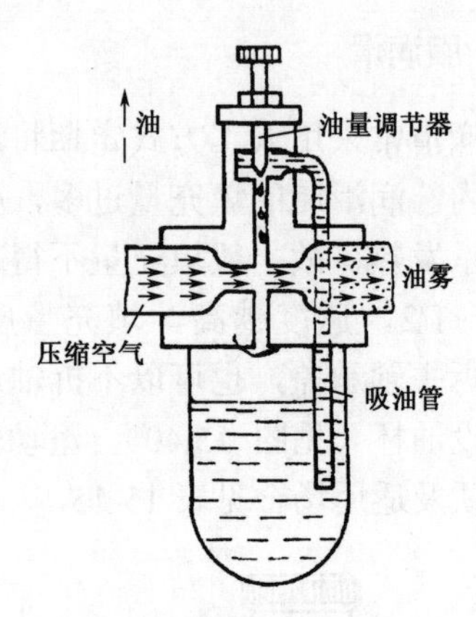

图 15.42　油雾发生器

15.6　滚动轴承的密封装置

滚动轴承的密封装置可防止润滑剂流失，阻止灰尘、水、切屑微粒和其他杂物进入轴承，使轴承保持良好的润滑条件和工作环境，保证轴承达到预期的工作寿命。密封装置可分为接触式及非接触式两大类。详见第 8 章 8.2 节。

15.7　滑动轴承和滚动轴承的性能对比

在进行机械设计时，应结合具体情况，选择一种最能满足实际工作要求且较经济的轴承。表 15-16 是滑动轴承和滚动轴承的主要性能特点对比，供选用时参考。

表 15-16　滑动轴承和滚动轴承的性能对比

性　能	滑 动 轴 承		滚 动 轴 承
	液体摩擦轴承	非液体摩擦轴承	
承载能力与转速的关系	在一定转速下，随转速的增高而增大	随转速的增高而降低	一般无关，但在特别高的转速时有所降低
工作时转速	中、高速	低速	低、中速
承受冲击载荷能力	好	较好	较差
功率损失	较小	较大	较小
一对轴承的效率	约为 0.995	约为 0.97	约为 0.99
启动阻力	大	大	小

续表

性能		滑动轴承		滚动轴承
		液体摩擦轴承	非液体摩擦轴承	
噪声		工作稳定时基本无噪声	较小	高速时较大
旋转精度		较高	较低	较高，预紧后更高
安装精度要求		较高	较低	较高
外廓尺寸	径向	小	小	大
	轴向	较大	较大	小
润滑剂		液体或固体	油、脂或固体	油或脂
润滑剂用量		较多	较少	一般较少，高速时较多
维护		较复杂，油质要洁净	较简单	油质要洁净，脂润滑时只需定期维护
密封要求		较高	较低	较高
更换易损零件		需经常更换轴瓦，有时需修复轴颈		很方便，一般不需修理轴颈
寿命		长	有限	有限
经济性		造价较高	批量生产，价格低	中等

习　题　15

15.1　试比较滑动轴承和滚动轴承的工作特点和应用场合。

15.2　径向滑动轴承的主要结构形式有哪些？各有何特点？

15.3　浇铸轴承衬的目的是什么？在轴瓦上开油沟要注意什么问题？

15.4　轴承材料一般应满足哪些要求？常用轴承的材料有哪些？

15.5　滚动轴承的常用类型有哪些？滚动轴承在选择类型时应主要考虑哪些因素？

15.6　为什么圆锥滚子轴承和角接触球轴承一般要成对使用？其安装方式有哪两种？

15.7　说明滚动轴承代号的意义：30215/P5、6404、7208AC、LN206。

15.8　试述滚动轴承的失效形式及设计准则。

15.9　轴的支承结构最常用的有哪三种？各适用于什么场合？

15.10　在什么情况下要调整轴的轴向位置？有哪些调整方法？

15.11　在某装配图中，轴承内圈与轴的配合标记为ϕ65H7/m6，轴承外圈与机座孔的配合标记为ϕ120J7/h6，有何错误？应如何纠正？

15.12　某水泵轴的转速n=2900r/min，轴颈直径d=35mm，两轴承上的径向力$F_{r1}=F_{r2}$=1810N，轴向载荷由轴承2承受，F_{A2}=740N，载荷有轻微冲击，正常工作温度低于100℃，试问若选用6307轴承，轴承工作寿命L_h为多少？

15.13　一斜齿轮减速器从动轴，用两只7210AC型角接触球轴承，如图15.43所示。已知两轴承所受的径向力分别为F_{r1}=3800N，F_{r2}=4600N，轴向力F_A=2000N，轴的转速n=120r/min，若要求轴承的使用寿命为5年，两班制工作，载荷平稳，正常温度下工作。试校核该轴承是否满足要求？

15.14　根据工作条件，已决定在某机器转轴的两端各采用一个深沟球轴承，已知轴的直径d=30mm，转速n=2600r/min，轴承所受径向载荷F_r=2300N，轴向载荷F_A=540N，正常温度下工作，载荷平稳，要求轴承预期寿命L_h'=6000h，试选择轴承型号。

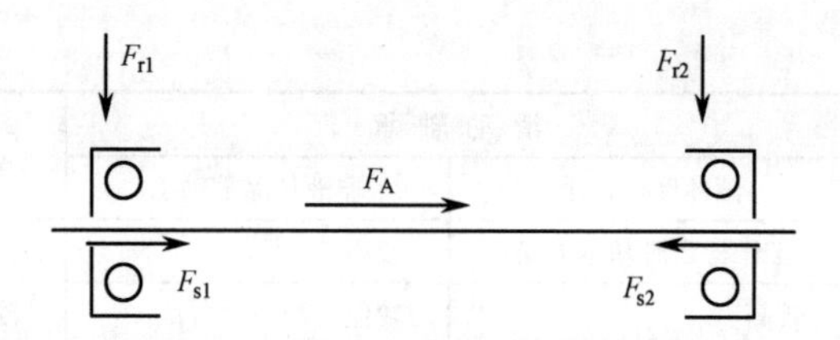

图 15.43

15.15 某圆锥齿轮减速器的输入轴，拟采用两只 32008 型角接触圆锥滚子轴承，如图 15.44 所示。已知两轴承所受的径向力分别为 F_{r1}=650N，F_{r2}=1980N，轴向力 F_A=360N，轴的转速 n=960r/min，轴承预期寿命 L_h'=15000h，载荷有中等冲击。试校核该轴承是否符合要求。

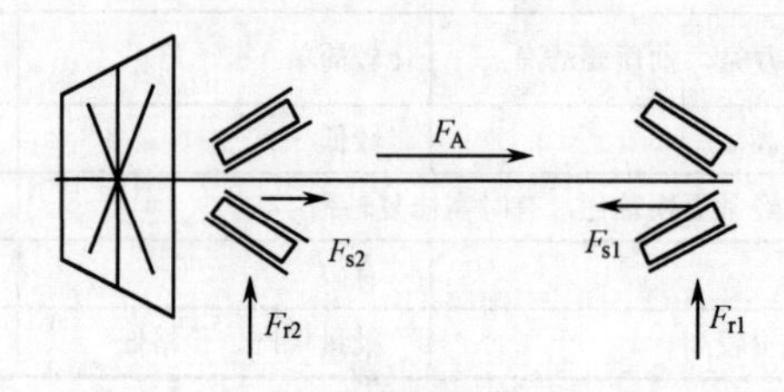

图 15.44

15.16 滑动轴承润滑方式有哪些？如何选择？

15.17 如何选择滚动轴承的润滑方式？脂润滑的滚动轴承如何确定润滑脂的填充量？

15.18 滚动轴承常用的密封形式有哪几种？各适用于何种场合？

第 16 章　联轴器和离合器

联轴器与离合器都是由若干零件组成的通用部件，用来将轴与轴（或轴与旋转零件）连成一体，使它们一同运转，以传递转矩和运动。联轴器在机器运转过程中，两轴不能分离，只有在机器停止转动后经过拆卸才能将它们分开。离合器则可根据工作需要，在机器运转过程中使两轴随时结合或分离。

由于联轴器与离合器的类型很多，本章仅介绍几种常用类型的结构和特性。

16.1　联轴器

16.1.1　联轴器的类型

联轴器所连接的两轴，由于制造及安装误差、承载后的变形及温度变化的影响，往往存在着某种程度的相对位移与偏斜，如图 16.1 所示。

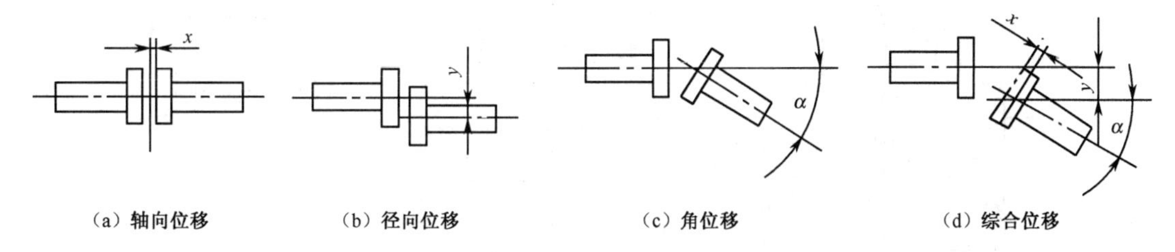

图 16.1　联轴器所连接两轴的偏移形式

根据联轴器补偿两轴相对位移能力的不同，可将其分为刚性联轴器和挠性联轴器两大类。刚性联轴器是不能补偿两轴间相对位移的联轴器。挠性联轴器对两轴间相对位移有一定的补偿能力，根据其补偿位移方法的不同又可分为无弹性元件的挠性联轴器和有弹性元件的挠性联轴器两类。

此外，还有一些具有特殊用途的联轴器，如具有过载安全保护功能的安全联轴器等。

16.1.2　常用联轴器的结构和特性

1．刚性联轴器

常用的刚性联轴器有凸缘联轴器和套筒联轴器等，这里只介绍应用最广的凸缘联轴器（GB/T 5843—2003）。它利用螺栓连接两半联轴器的凸缘，以实现两轴的连接。如图 16.2 所示是其主要的结构形式。

凸缘联轴器要求两轴严格对中，其对中方法有两种：一种是普通的凸缘联轴器，通常是靠铰制孔用螺栓与孔的紧配合实现对中的，如图 16.2（a）所示；另一种是靠两半联轴器上分别制出凸肩和凹槽，互相嵌合而实现对中的，半联轴器之间采用普通螺栓连接，如图 16.2（b）所示。后者对中性好，但装拆时轴必须先做轴向移动，才能做径向位移。

凸缘联轴器结构简单，价格低廉，能传递较大的转矩，但对两轴之间的相对位移缺乏补偿能力，因此对两轴的对中性要求很高。当两轴之间有位移或偏斜存在时，就会在机件内引起附加载荷和剧烈磨损，严重影响轴和轴承的正常工作。此外，由于全部零件都是刚性的，所以在传递载荷时不能缓冲吸振。凸缘联轴器广泛地用于低速大转矩、载荷平稳、轴的刚性和对中性好的轴的连接。

2．挠性联轴器

由于制造、安装误差和工作时零件变形等原因，使两轴对中不易保证时，宜采用挠性联轴器。

（1）无弹性元件的挠性联轴器。常用的无弹性元件的挠性联轴器有：齿式联轴器、十字滑块联轴器和万向联轴器等。

① 齿式联轴器。齿式联轴器（JB/T 8854.1—2001）是无弹性元件联轴器中应用较广泛的一种，它是通过内外齿的相互啮合，来实现两半联轴器连接的。如图 16.3 所示，齿式联轴器由两个带有外齿的凸缘内套筒 1 和两个带有内齿的外套筒 2 所组成。安装时两内套筒用键与轴连接，两外套筒用螺栓 4 连为一体，并通过内、外齿的啮合传递转矩。由于外齿的齿顶部分呈鼓状，且与内齿啮合时具有适当的顶隙和侧隙，所以对两轴的综合位移具有良好的补偿能力。润滑油通过注油孔 3 注入，并利用密封圈 5 来防止泄漏。

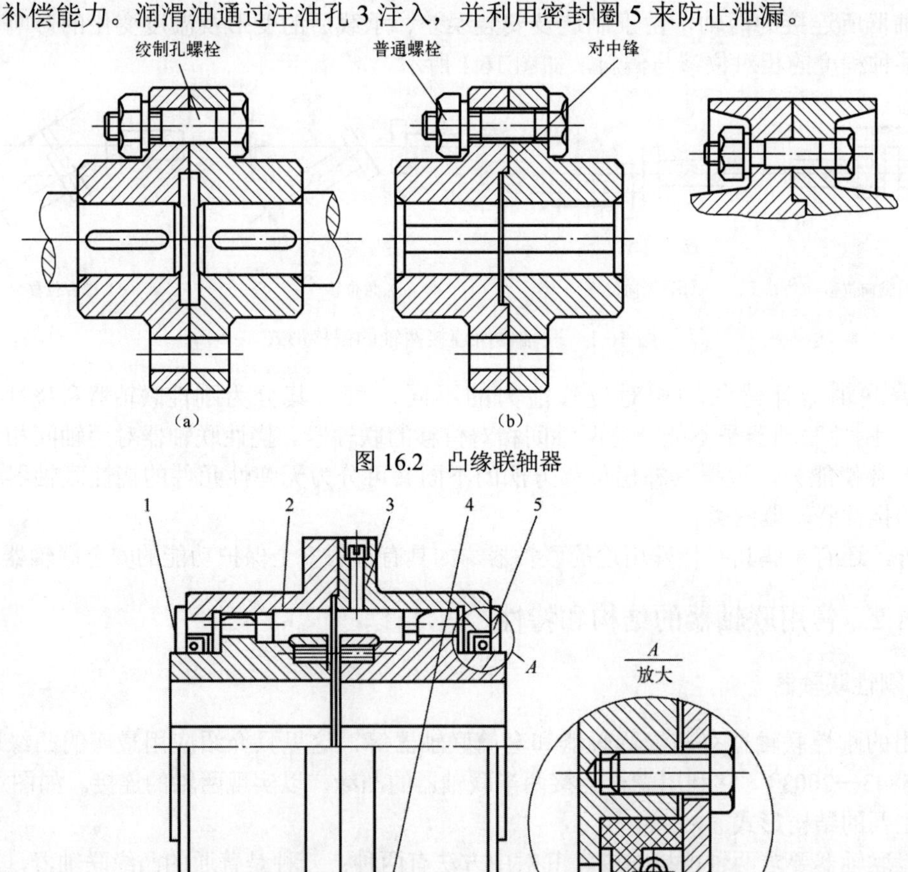

图 16.2　凸缘联轴器

图 16.3　齿式联轴器

齿式联轴器具有转速高（可达 3500r/min），传递转矩大（可达 10^6N·m），并能补偿较大综合位移，对安装精度要求不高等优点，但结构笨重，造价较高，故多用在重型机械中。

② 十字滑块联轴器。十字滑块联轴器如图 16.4（a）所示，由左套筒 1、右套筒 3 和十字滑块 2 组成。左、右套筒用键分别与两轴连接，十字滑块两端面带有互相垂直的凸肩，在安装时分别嵌入 1、3 相应的凹槽中，将两轴连接为一体。如果两轴的轴线不重合，回转时凸肩可在凹槽中滑动，故可补偿两轴间的相对位移和偏斜，如图 16.4（b）所示。

十字滑块联轴器结构简单，制造方便。由于套筒与十字滑块组成移动副，不能相对转动，故主动轴与从动轴的角速度应相等。在转速较高时，十字滑块的偏心（补偿两轴间相对位移）将会产生较大的离心惯性力，故选用时应注意其工作转速不得大于规定值。该联轴器适用于转速低、刚性大，且无剧烈冲击的场合。

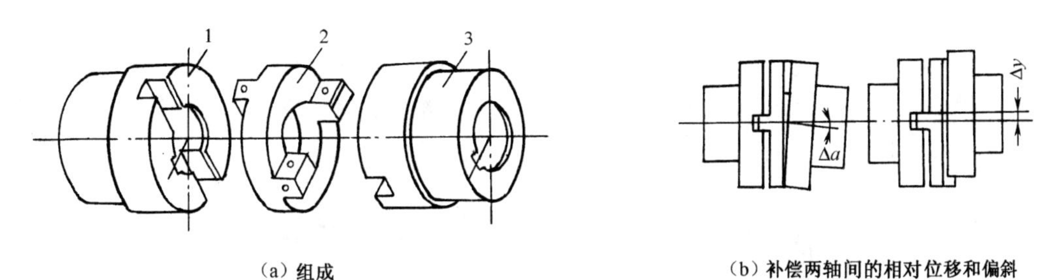

（a）组成　　（b）补偿两轴间的相对位移和偏斜

1—左套筒；2—十字滑块；3—右套筒

图 16.4　十字滑块联轴器

③ 万向联轴器。万向联轴器如图 16.5 所示，由两个分别装在轴端的叉形万向接头 1、2 和一个十字形中间连接件 3 组成，主要用于两轴相交的传动，两轴的夹角α最大可达 35°～45°，但α过大会使传动效率显著降低。该联轴器在运输机械中应用较广。

单个万向联轴器，当主动轴 I 角速度ω_1 为常数时，从动轴II的角速度ω_2 并不是常数，而是在一定范围内变化的，两轴交角越大，从动轴的角速度变化越大，从而造成传动时产生附加动载荷。为避免这种情况，常将两个万向联轴器成对使用，如图 16.6 所示。采用这种方式时，中间轴 C 上两端的叉形接头必须在同一平面内，且主、从动轴与中间轴 C 的两个夹角必须相等，即$\alpha_1=\alpha_2$，这样才可保证$\omega_1=\omega_2$。

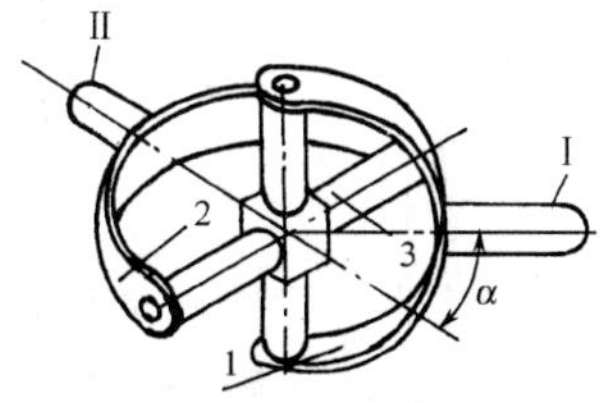

1、2—万向接头；3—中间连接件；
I—主动轴；II—从动轴

图 16.5　万向联轴器

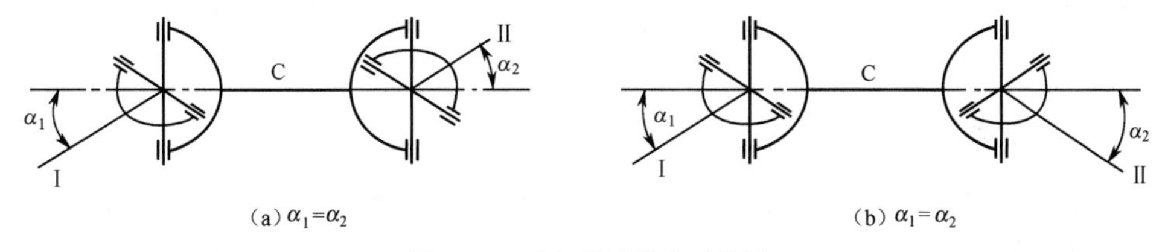

（a）$\alpha_1=\alpha_2$　　（b）$\alpha_1=\alpha_2$

图 16.6　万向联轴器成对使用

（2）有弹性元件的挠性联轴器。有弹性元件的挠性联轴器中装有弹性元件，不仅可利用弹性元件的弹性变形来补偿两轴间的相对位移，而且具有缓冲吸振的能力，目前得到广泛的应用。制造弹性元件的材料有金属和非金属两种，金属弹性元件强度高、尺寸小而寿命长；非金属弹性元件质量轻、价格低且减振缓冲性好，特别适用于工作载荷变化较大的场合。以下介绍的是几种常用的非金属弹性元件联轴器。

① 弹性套柱销联轴器。弹性套柱销联轴器（GB/T 4323—2017）如图 16.7 所示，其构造与凸缘联轴器相似，只是用套有弹性套的柱销代替了连接螺栓，利用弹性套的弹性变形来补偿两轴的相对位移。弹性套常用耐油橡胶制成，柱销常用 45 号钢制成。

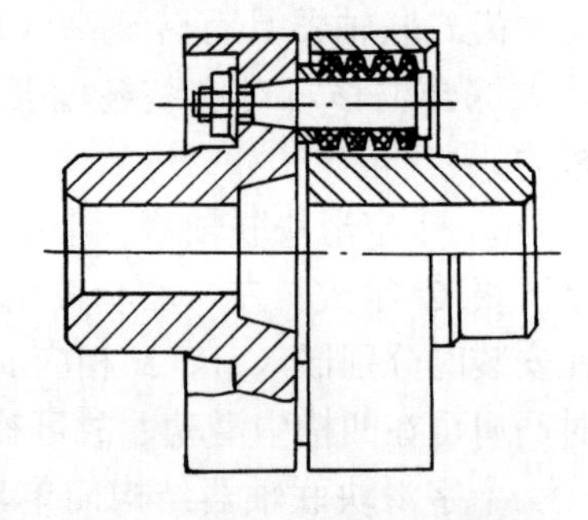

图 16.7　弹性套柱销联轴器

弹性套柱销联轴器制造容易，装拆方便，但弹性套易磨损，寿命较短，常用于载荷平稳、需正反转或启动频繁、转速较高的传递中小转矩的轴。

② 弹性柱销联轴器。弹性柱销联轴器（GB/T 5014—2017）如图 16.8 所示，它与弹性套柱销联轴器很相似，仅用弹性柱销将两个半联轴器连接起来。为防止柱销脱落，两侧装有挡板。柱销的材料多用尼龙，也可用酚醛布棒等其他材料制造。

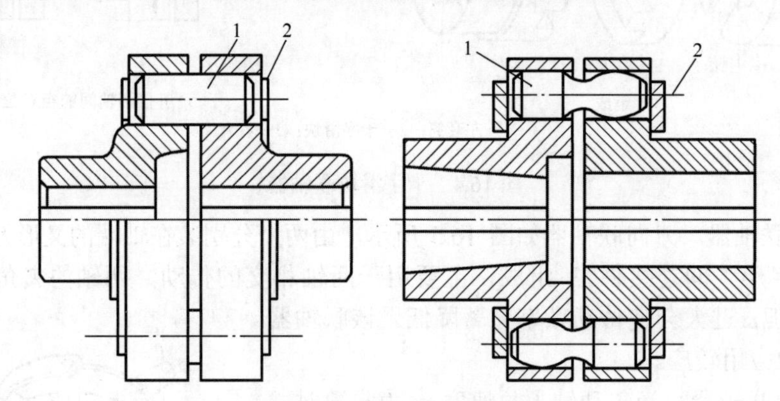

图 16.8　弹性柱销联轴器

这种联轴器与弹性套柱销联轴器相比，结构更简单，传递转矩的能力更大，制造安装方便，寿命长，适用于轴向窜动较大、正反转变化较多和启动频繁的场合。由于尼龙柱销对温度较敏感，故工作温度应限制在-20℃～+70℃的范围内。

③ 轮胎联轴器。轮胎联轴器（GB/T 5844—2003）如图 16.9 所示，由橡胶或橡胶织物制成轮胎形的弹性元件 1，通过压板 2 及螺钉 3 和两个半联轴器 4 相连。

该联轴器富有弹性，补偿两轴相对位移量大，绝缘性能好，运转无噪声，易于装配，适用于潮湿多尘，冲击大，启动频繁及经常正反转的场合。但转矩大时会因过大扭转变形而产生附加轴向载荷，且径向尺寸较大。

3．安全联轴器

安全联轴器在机器过载或受到冲击时，联轴器中的连接件会自动断开，从而避免机器重要零部件受到损坏。如图 16.10 所示为常用的销钉式安全联轴器，它的传力件是销钉，其直径根据传递极限转矩时所受的剪力确定。销钉装在两段钢套中，正常工作时，销钉强度足够；过载时，销钉首先被切断。由于更换销钉必须停车，销钉式安全联轴器主要用于偶然性过载的机器中。

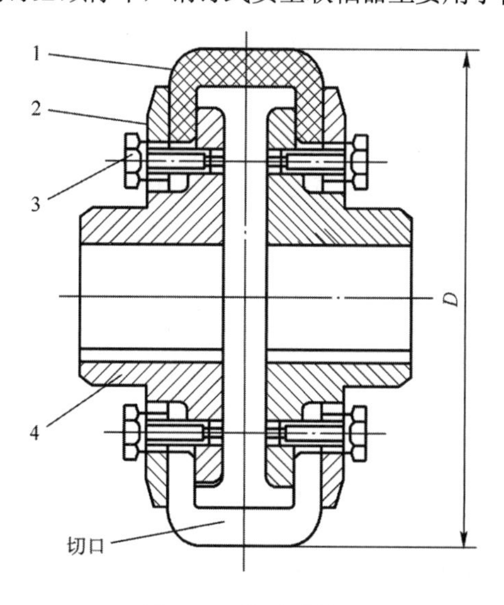

图 16.9　轮胎联轴器

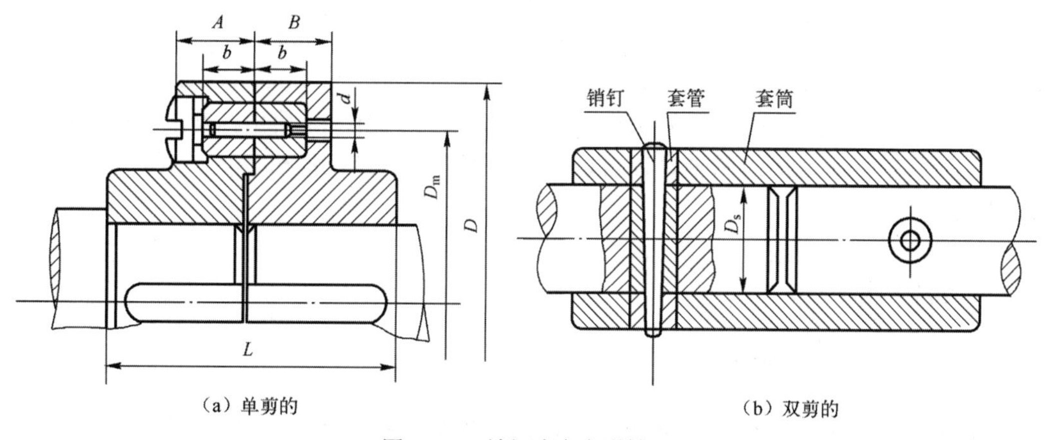

（a）单剪的　　（b）双剪的

图 16.10　销钉式安全联轴器

16.1.3　联轴器的选择

常用联轴器多已标准化或规格化（见有关资料或手册），故一般先依据机器的工作条件和使用要求确定联轴器的类型；再根据联轴器所传递的转矩、转速和被连接轴的直径，从标准或手册中选择所需型号及尺寸。另外，必要时还需要对联轴器中的易损零件进行强度验算。

1．选择联轴器的类型

选择类型时应保证机器工作条件及使用要求与所选联轴器的特性相一致。例如，当两轴能精确对中，轴的刚性较好时，可选用刚性联轴器，否则应选用挠性联轴器；对转速较高且有冲击振动的轴，应选用有弹性元件的挠性联轴器；对大功率的重载传动，可选用齿式联轴器；当径向位移较大时，可选用十字滑块联轴器；对角位移较大或两轴线相交的连接，应选用万向联轴器等。由于类型选择涉及因素较多，一般要参考以往使用联轴器的经验，进行选择。

2. 选择联轴器的型号和尺寸

联轴器的型号和尺寸根据轴径、计算转矩及转速，从标准或手册中选取。选择时应同时满足以下条件：

（1）计算转矩 T_c 不超过联轴器的许用转矩[T]，即 $T_c \leqslant [T]$。考虑机器启动时的动载荷和运转中可能出现的过载现象，按轴上的最大转矩作为计算转矩。$T_c=K_AT$，T 为工作转矩；K_A 为工作情况系数，由表 16-1 查取。转矩的单位均为 N·m。

表 16-1　联轴器的工作情况系数 K_A

工作机		K_A			
		原动机			
分类	工作情况及举例	电动机、汽轮机	四缸和四缸以上内燃机	双缸内燃机	单缸内燃机
Ⅰ	转矩变化很小，如发电机、小型通风机、小型离心泵	1.3	1.5	1.8	2.2
Ⅱ	转矩变化小，如透平压缩机、木工机床、输送机	1.5	1.7	2.0	2.4
Ⅲ	转矩变化中等，如搅拌机、增压泵、有飞轮的压缩机、冲床	1.7	1.9	2.2	2.6
Ⅳ	转矩变化和冲击载荷中等，如织布机、水泥搅拌机、拖拉机	1.9	2.1	2.4	2.8
Ⅴ	转矩变化和冲击载荷大，如造纸机、起重机、挖掘机、碎石机	2.3	2.5	2.8	3.2
Ⅵ	转矩变化大并有极强烈冲击载荷，如压延机、无飞轮的活塞泵、重型初轧机	3.1	3.3	3.6	4.0

（2）转速 n 不超过联轴器的许用转速[n]，即 $n \leqslant [n]$。[T]、[n]值由标准或手册中查得。

注意：联轴器所连接的两轴直径可以不同，但需与选定的联轴器的孔径、长度及结构形式相一致。

16.2　离合器

16.2.1　离合器的类型

根据工作原理不同，离合器可分为牙嵌式、摩擦式和电磁式三类；按控制方式可分为操纵式和自动式两类。操纵式离合器必须通过操纵接合元件才能实现接合或分离，按操纵方式不同，分为机械离合器、电磁离合器、液压离合器和气压离合器四种类型。自动式离合器不需要外来操纵，在一定条件下接合元件能实现自动分离和接合。自动式离合器分为超越离合器、离心离合器和安全离合器三种。

对离合器的基本要求有：操纵方便而且省力，接合和分离迅速平稳，动作准确，结构简单，维修方便，使用寿命长等。离合器的类型很多，下面介绍几种典型的离合器。

16.2.2　常用离合器的结构和特性

1. 牙嵌式离合器

牙嵌式离合器如图 16.11 所示，由两个端面制有凸牙的半离合器 1、3 组成，半离合器 1 用平键固定在主动轴上，另一半离合器 3 用导向平键（或花键）与从动轴连接，并可由操纵杆带动滑环 4 使其轴向移动，从而实现离合器的分离或接合。对中环 2 用来使两轴对中。

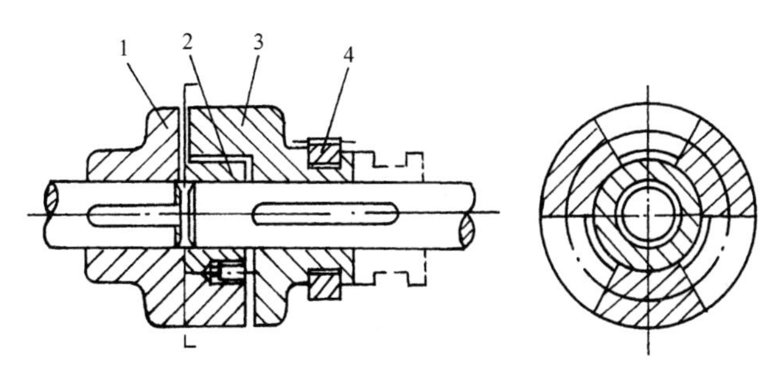

1—半离合器；2—对中环；3—半离合器；4—滑环

图 16.11　牙嵌式离合器

牙嵌式离合器通过凸牙的啮合来传递转矩和运动。常用的凸牙牙形有矩形、梯形和锯齿形等。矩形凸牙不便于接合与分离，磨损后无法补偿，仅用于静止状态的手动接合；梯形凸牙强度高，能传递较大的转矩，易于接合，且能自动补偿磨损产生的牙侧间隙，因此应用较广；锯齿形凸牙强度高，但只能传递单向转矩。

牙嵌式离合器结构简单，外廓尺寸小，两轴接合后不会发生相对移动，并能传递较大的转矩，适用于要求主、从动轴完全同步运转的高精度机床，但接合时有冲击，为减小齿间冲击，防止打断凸牙，必须在两轴静止或转速差很小时进行接合或分离。

2. 摩擦式离合器

摩擦式离合器是利用接触面间产生的摩擦力来传递转矩的，可分为单片式和多片式两种。

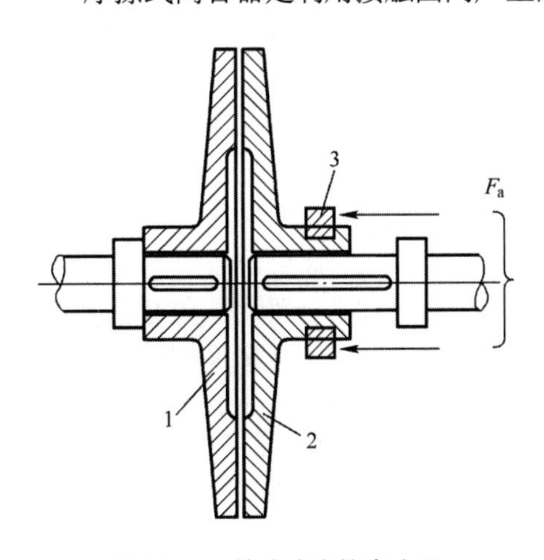

图 16.12　单片式摩擦离合器

（1）单片式摩擦离合器。单片式摩擦离合器如图 16.12 所示，又称为单盘式摩擦离合器。主动圆盘 1 固定在主动轴上，从动圆盘 2 用导向平键（或花键）与从动轴连接，并可以在轴上做轴向移动。通过操纵滑环 3，带动从动盘 2 做轴向移动，使两圆盘面 1、2 压紧或松开，以实现两轴的连接或分离。

单片式摩擦离合器结构简单，但径向尺寸大，而且只能传递不大的转矩，常用在轻型机械上。

（2）多片式摩擦离合器。为提高离合器传递转矩的能力，常采用多片式摩擦离合器（又称多盘式摩擦离合器）。如图 16.13 所示的多片式摩擦离合器，有两组相间安装的内、外摩擦片（见图 16.14），外鼓轮 2 和内套筒 4 分别用平键与主动轴 1 和从动轴 3 连接。外摩擦片 6 以其外齿插入外鼓轮内孔的轴向凹槽中，其内孔则不与任何零件接触，故外摩擦片可随主动轴一起转动。内摩擦片 7 以其孔壁凹槽与内套筒外缘上的轴向凸齿相配合，而其外缘则不与任何零件相接触，故内摩擦片可随从动轴一起回转，两组摩擦片均可在轴向力的推动下沿轴向移动，左、右轴向移动滑环 9 可使杠杆 10 压紧或放松摩擦片，从而实现离合器的接合与分离。调节螺母 8 用以调节摩擦片之间的压紧力。

内摩擦片也可以制成碟形，如图 16.14（c）所示，在承压时被压平而与外摩擦片贴紧，松开时在内摩擦片弹力的作用下，可迅速与外摩擦片分离。

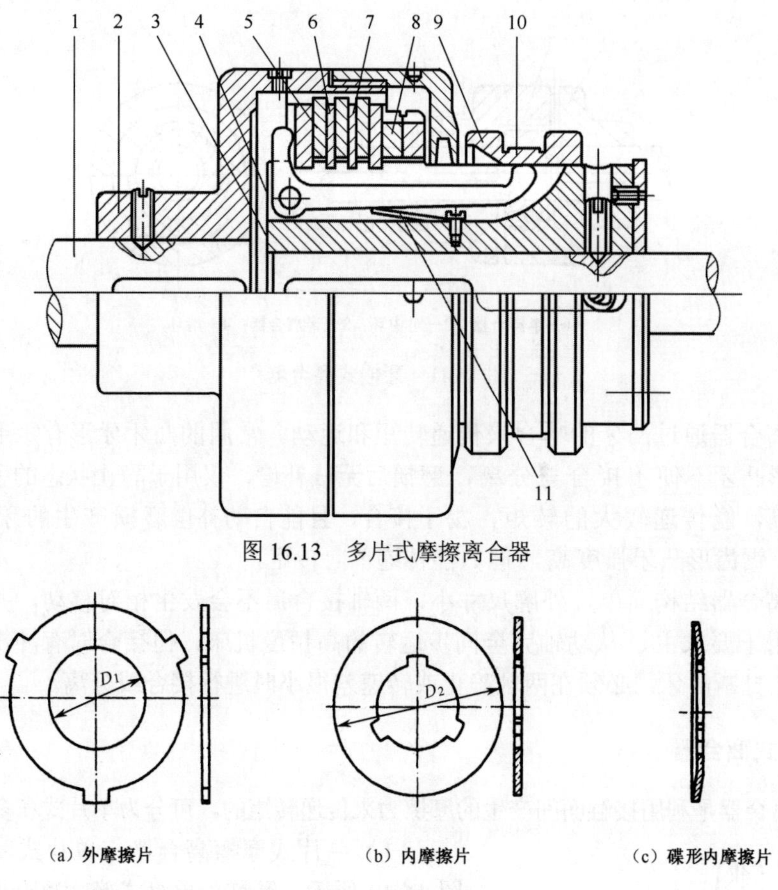

图 16.13　多片式摩擦离合器

（a）外摩擦片　　（b）内摩擦片　　（c）碟形内摩擦片

图 16.14　摩擦片结构图

多片式摩擦离合器传动能力较大，故应用较广。

上面介绍的单片式摩擦离合器和多片式摩擦离合器，都是机械操纵的摩擦式离合器。此外，摩擦式离合器的操纵方式还有电磁、液压、气压等，由此而形成的离合器结构各有不同，但其主体部分的工作原理是相同的。如图 16.15 所示为一种电磁摩擦离合器，是利用电磁力来操纵摩擦片的接合与分离的。当电磁绕组 2 通电时，电磁力使电枢顶杆 1 压紧摩擦片组 3，离合器处于接合状态；当电磁绕组不通电时，电枢顶杆放松摩擦片组，离合器处于分离状态。电磁摩擦离合器可实现远距离操纵，动作迅速，因而广泛应用在数控机床等机械中。

摩擦式离合器与牙嵌式离合器相比，其主要优点为：

（1）在任何转速下，两轴均可以接合或分离。

（2）接合过程平稳，冲击和振动小。

（3）过载时摩擦面打滑，可以起安全保护作用。缺点是传递的转矩较小，接合、分离过程中会产生滑动摩擦，引起发热与磨损。为散热和减轻磨损，可以把摩擦式离合器浸入油中工作。按是否浸入润滑油中工作，摩擦式离合器又分为干式和湿式两种。

牙嵌式离合器和摩擦式离合器都属于操纵式离合器，下面介绍两种常用的自动式离合器。

3．安全离合器

具有过载保护作用的离合器称为安全离合器。如图 16.16 所示为牙嵌式安全离合器，它与牙嵌式离合器很相似，仅是牙的倾斜角α较大，没有操纵机构。当传递转矩超过限定值时，接合牙上的轴向力将克服弹簧压紧力和摩擦阻力，而迫使离合器退出啮合，中断传动。可通过用螺母调节弹簧压力大小的方法控制传递转矩的大小。

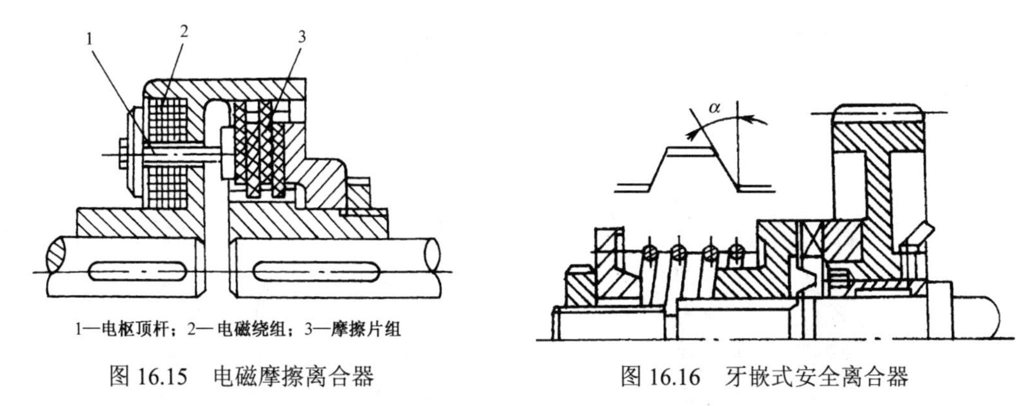

1—电枢顶杆；2—电磁绕组；3—摩擦片组

图 16.15　电磁摩擦离合器　　图 16.16　牙嵌式安全离合器

此外，还有利用摩擦片间过载打滑实现安全保护作用的摩擦式安全离合器。

4．定向离合器

定向离合器又称为超越离合器，它是利用机器本身转速、转向的变化，来控制两轴离合的离合器。如图 16.17 所示为应用最为普遍的滚柱式定向离合器，星轮 1 和外壳 2 分别装在主动件或从动件上，滚柱 3 被弹簧推杆 4 压向楔形空间的小端，与外壳和星轮接触，星轮和外壳都可作为主动件。按图示结构，当外壳为主动件并逆时针转动时，摩擦力带动滚柱进入楔形空间的小端，便楔紧在外壳和星轮之间，驱动星轮转动，离合器处于接合状态；当外壳顺时针转动时，摩擦力带动滚柱进入楔形空间的大端，而不再楔紧，外壳空转，离合器处于分离状态。当星轮为主动件时，星轮顺时针转动，离合器接合；星轮逆时针转动，离合器分离。由于这种离合器只能在一定的转向上传递转矩，故称为定向离合器，可在机械中用来防止逆转及完成单向传动。

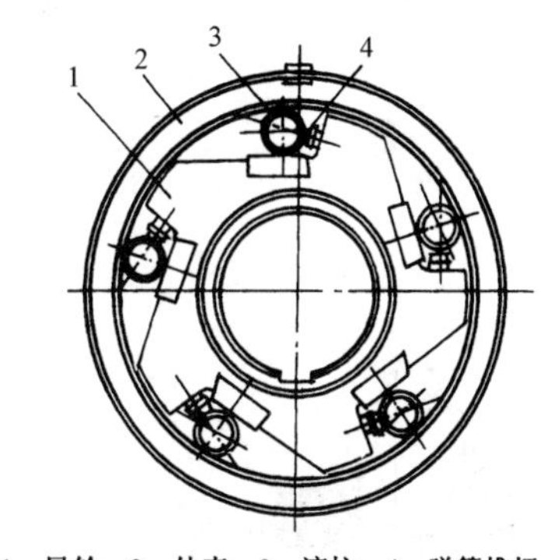

1—星轮；2—外壳；3—滚柱；4—弹簧推杆

图 16.17　滚柱式定向离合器

如果星轮为主动件，在外壳随星轮顺时针转动的同时，外壳又从另一运动系统获得旋向相同但转速较大的运动时，离合器也将处于分离状态，即从动件的角速度超过主动件时，不能带动主动件转动，这种从动件可以超越主动件的特性，常用于内燃机等启动装置中。

16.3　制动器简介

制动器是具有使运动部件（或运动机械）减速、停止或保持停止状态等功能的装置，是使机械中的运动部件停止或减速的机械零件，俗称刹车、闸。制动器主要由制架、制动件和操纵装置等组成，有些制动器还装有制动件间隙的自动调整装置。为了减小制动力矩和结构尺寸，制动器通常装在设备的高速轴上，但对安全性要求较高的大型设备（如矿井提升机、电梯等）则应装在靠近设备工作部分的低速轴上。

16.3.1 制动器的分类

根据制动原理分类，有摩擦式制动器和非摩擦式制动器。

摩擦式制动器靠制动件与运动部件之间的摩擦力制动。从结构分类，有外抱块式制动器（见图 16.18）、内张蹄式制动器（见图 16.19）、带式制动器（见图 16.20）、盘式制动器（见图 16.21）等。

（a）外形

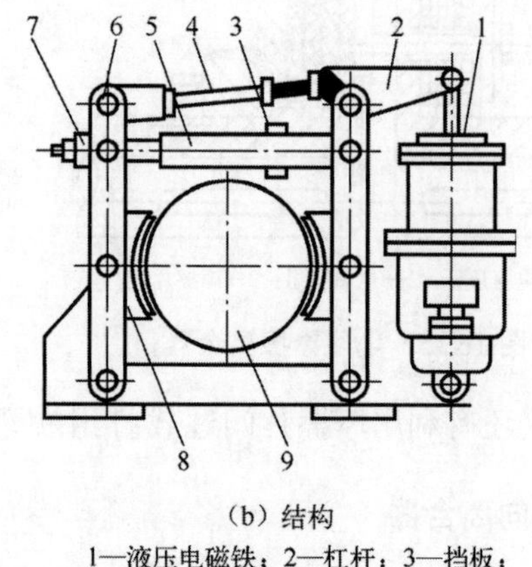

（b）结构

1—液压电磁铁；2—杠杆；3—挡板；4—螺杆；5—弹簧架；6—制动臂；7—拉杆；8—瓦块；9—制动轮

图 16.18 外抱块式制动器

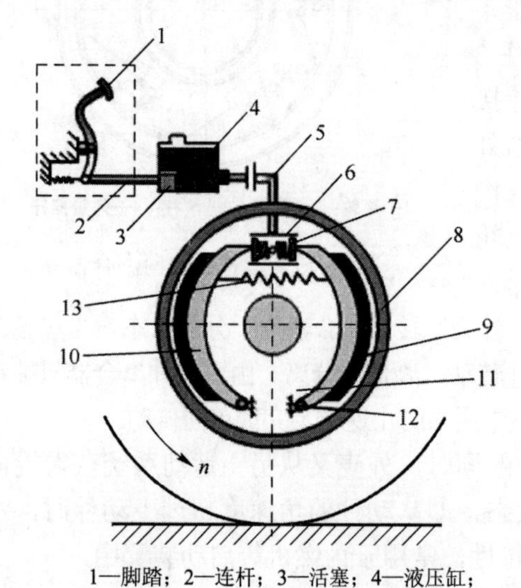

1—脚踏；2—连杆；3—活塞；4—液压缸；5—油管；6—液压缸；7—活塞；8—制动轮；9—摩擦瓦；10—制动蹄；11—腔体；12—销轴

图 16.19 内张蹄式制动器

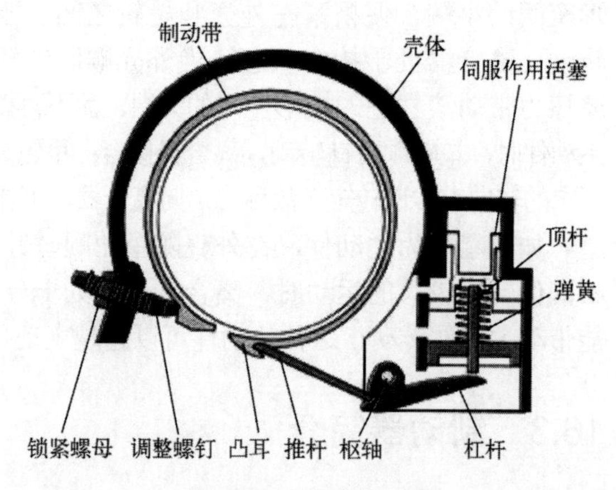

图 16.20 带式制动器

非摩擦式制动器。制动器的结构形式主要有磁粉制动器（利用磁粉磁化所产生的剪力来制动）、磁涡流制动器（通过调节励磁电流来调节制动力矩的大小）以及水涡流制动器等。

按工作状态分类，还可分为常闭式制动器（常处于紧闸状态，需施加外力方可解除制动）和常开式制动器（常处于松闸状态，需施加外力方可制动）。

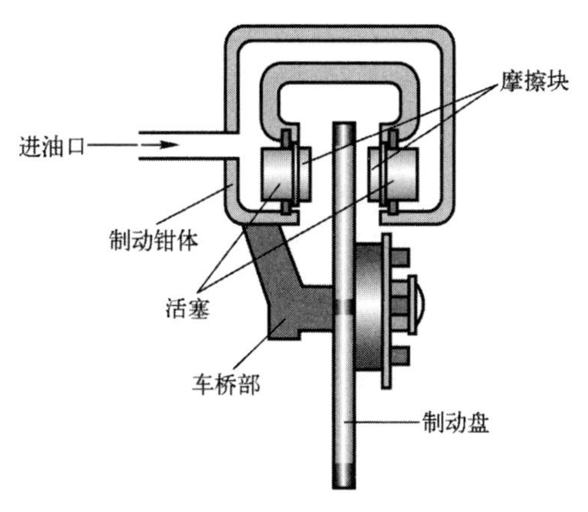

图 16.21　盘式制动器

16.3.2　常用制动器

1．外抱块式制动器

这类制动器的优点是制动和开启迅速，尺寸小，重量轻，瓦块更换方便，易于调整瓦块和制动轮之间的间隙，缺点是制动时冲击力大，不宜用于需很大制动力矩和频繁制动的场合。

2．内张蹄式制动器

这类制动器用一对有圆弧形摩擦蹄片的制动蹄，制动时，利用制动鼓的内圆柱面与制动蹄摩擦片的外表面作为一对摩擦表面在制动鼓上产生摩擦力矩，从而起到制动作用。

这类制动器的优点是结构紧凑，尺寸小，成本较低，而且具有良好的自动增力作用，制造技术层次较低，最先用于刹车系统，目前广泛用于结构尺寸受限制的机械设备和各种运输车辆上；缺点是由于摩擦片密封于刹车鼓内，造成摩擦片磨损后的碎屑无法散去，影响刹车鼓与摩擦片的接触面而影响刹车性能。

3．带式制动器

这类制动器结构简单，其包角大，制动力矩也大。但因为制动带磨损不均匀，易断裂；对轴的径向作用力也较大。带式制动器多用于集中驱动的起重设备及绞车上。

4．盘式制动器

盘式制动器优点是沿制动盘向施力，制动轴不受弯矩，径向尺寸小，制动性能稳定。由于刹车系统没有密封，因此刹车磨损的细屑不致于沉积在刹车片上，刹车时的离心力可以将一切水、灰尘等污染向外抛出，以保持一定的清洁，此外由于碟式刹车零件独立在外，更易于维修；缺点是对制动器的制造要求较高，摩擦片的耗损量较大，成本贵，而且由于摩擦片的面积小，相对摩擦的工作面也较小，需要的制动液压高，必须要有助力装置的车辆才能使用，所以只能适用于轻型车上。

16.3.3 制动器的选择原则

1．主机的性能和结构

为确保安全可靠，对于起重机的升降结构，矿山机械的提升机械应选用常闭式制动器。对于回转机构和行走机构选择常开式和常闭式都可以，但为了易于控制，推荐选用常开式制动器。

2．主机的工作条件、使用环境和保养条件

如果主机上有液压站，可选用带液压的制动器；如果要求环境清洁，并有直流电源时，可选用直流短程电磁制动器；如果主机要求制动平稳、无噪声，可选用液压制动器或磁粉制动器。

3．制动器的安装位置和容量

制动器通常装在设备的高速轴上，这样可以减小制动力矩和结构尺寸，但因为机械传动的中间环节多，可靠性差。对安全性要求较高的大型设备（如矿井提升机、电梯等）则应装在靠近设备工作部分的低速轴上，但这样会因为转动惯量大，所需制动力矩大，从而造成制动器的体积和质量也较大。安全制动器通常要求安装在低速轴上。

习　题　16

16.1　联轴器和离合器在功用上有什么区别？

16.2　无弹性元件的挠性联轴器和有弹性元件的挠性联轴器补偿位移的方式有何不同？

16.3　定向离合器处于如图 16.22 所示状态时，假设主动轴与外环 1 相连，从动轴与星轮 2 相连。试问以下三种情况中，哪种情况主动轴才能带动从动轴？

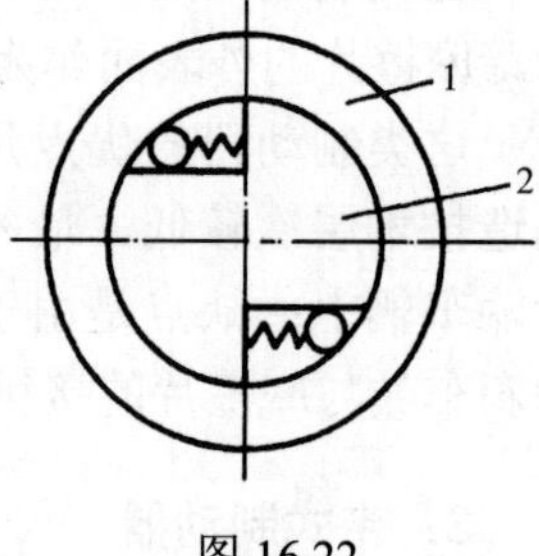

图 16.22

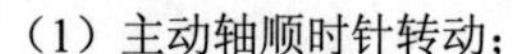

（1）主动轴顺时针转动；

（2）主动轴逆时针转动；

（3）主动轴、从动轴都逆时针转动，主动轴转速快。

第 17 章　机械的平衡与调速

机械动力学中的两个重要的问题是机械的平衡和调速。

机械在运转的过程中，只要不是等速直线运动或是惯性主轴与回转轴线时刻都重合的等角速度的转动，都将不同程度地产生惯性力（或惯性力矩）；随着运转过程中的动能变化，还将引起运转速度的波动。机械的平衡与调速就是要解决这些问题。

17.1　机械平衡的目的与分类

17.1.1　机械平衡的目的

机械运动时，各运动构件由于制造、装配误差，材质不均等原因造成质量分布不均，质心与回转中心不重合，将产生大小及方向呈周期性变化的惯性力。这些周期性变化的惯性力会使机械的构件和基础产生振动，从而降低机器的工作精度、机械效率及可靠性，缩短机器的使用寿命，当振动频率接近系统的共振范围时，将会波及周围的设备及厂房建筑。

消除惯性力和惯性力矩的影响，改善机构工作性能，尽可能减少和消除机器各个运动构件的惯性力，避免其引起不良后果，提高机械的运行质量和使用寿命，就是研究机械平衡的目的。

17.1.2　机械平衡的分类

机械平衡通常分为两类。

1．转子的平衡

机械中绕某一轴线回转的构件称为转子。这类转子又分为刚性转子和挠性转子两种情况。

（1）刚性转子的平衡。在机械中，转子的转速较低、共振转速较高且其刚性较好，运转过程中产生弹性变形很小时，这类转子称为刚性转子。当仅使其惯性力得到平衡时，称为静平衡。若不仅使惯性力得到平衡，还使其惯性力引起的力矩也得到平衡，称为动平衡。

（2）挠性转子的平衡。在机械中，对那些工作转速很高、质量和跨度很大、径向尺寸较小、运转过程中在离心惯性力的作用下产生明显的弯曲变形的转子，称为挠性转子。如航空发动机、汽轮机、发电机等大型高速转子。这要根据弹性梁（轴）的横向振动理论进行平衡，这类问题较为复杂，需要专门研究，本章不做介绍。

2．机构的平衡

机械中做往复移动和平面运动的构件，其所产生的惯性力无法通过调整其质量的大小或改变质量分布状态的方法得到平衡。但所有活动构件的惯性力和惯性力矩可以合成一个总惯性力和惯性力矩作用在机构的机座上。设法平衡或部分平衡这个总惯性力和惯性力矩对机座产生的附加动压力，消除或降低机座上的振动，这种平衡称为机构在机座上的平衡，或简称为机构的平衡。

17.2 回转件的静平衡

1. 回转件的静平衡计算

对于轴向宽度小（轴向长度与外径的比值 $L/D\leqslant0.2$）的回转件，例如砂轮、飞轮、盘形凸轮等，可以将偏心质量看作分布在同一回转面内，当回转件以角速度ω回转时，各质量产生的离心惯性力构成一个平面汇交力系，如该力系的合力不等于零，则该回转件不平衡，此时在同一回转面内增加或减少一个平衡质量，使平衡质量产生的离心惯性力 F 与原有各偏心质量产生的离心惯性力的矢量和 $\sum \boldsymbol{F}_i$ 相平衡，即

$$\boldsymbol{F}=\sum \boldsymbol{F}_i+\boldsymbol{F}_{\mathrm{b}}=0$$

上式可改写成：

$$me\omega^2=\sum m_i r_i\,\omega^2+m_{\mathrm{b}}r_{\mathrm{b}}\omega^2=0$$

化简为：

$$\sum m_i r_i+m_{\mathrm{b}}r_{\mathrm{b}}=0 \tag{17-1}$$

式中，m_i、r_i 分别为回转平面内各偏心质量及其向径；

m_{b}、r_{b} 分别为平衡质量及其向径；

m、e 分别为构件的总质量及其向径。

mr 称为质径积，当 $e=0$，即总质量的质心与回转轴线重合时，构件对回转轴线的静力矩等于 0，称为平衡。可见机械系统处于静平衡的条件是所有质径积的矢量和等于 0。

如图 17.1（a）所示的盘形转子，已知同一回转平面内的不平衡质量为 m_1、m_2、m_3、m_4，它们的向径分别为 r_1、r_2、r_3、r_4，则代入式（17-1）得：

$$m_1r_1+m_2r_2+m_3r_3+m_4r_4+m_{\mathrm{b}}r_{\mathrm{b}}=0$$

此向量方程式中只有 $m_{\mathrm{b}}r_{\mathrm{b}}$ 未知，可用图解法进行求解。如图 17.1（b）所示，根据任一已知质径积选定比例尺（kg·mm/mm），按向径的方向分别作向量 W_1、W_2、W_3、W_4，使其依次首尾相接，最后封闭图形的向量 W_{b} 即代表了所求的平衡质径积 $m_{\mathrm{b}}r_{\mathrm{b}}$。

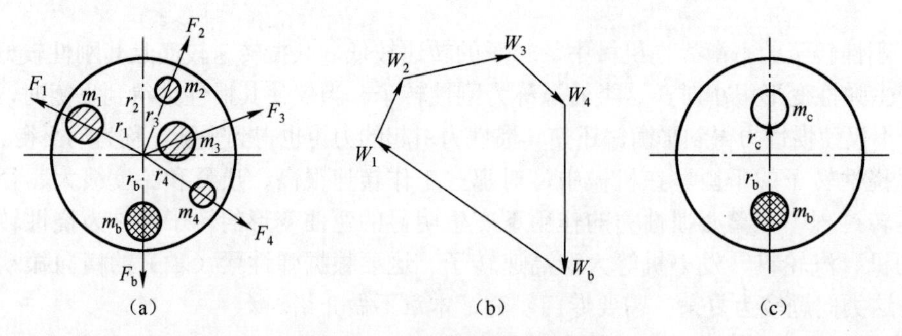

图 17.1 回转体的静平衡计算

根据结构特点选定合适的 r_{b}，即可求出 m_{b}。如果结构上允许，尽量将 r_{b} 选得大些以减小 m_{b}，避免总质量增加过多。

如果结构上不允许在该回转面内增、减平衡质量，如图 17.2 所示的单缸曲轴，则可另选两个校正平面Ⅰ和Ⅱ，在这两个平面内增加平衡质量，使回转件得到平衡。根据理论力学的平行力合成原理可得：

$$m_1r_1=m_br_bl_2/l$$

$$m_2r_2=m_br_bl_1/l$$

2．回转件的静平衡试验

由于转子的质量分布情况是很难知道的（如材料分布不匀、制造误差等），通故常用静平衡试验来确定所要求的平衡质量的大小和方位。

如图 17.3 所示为一试验方法：将互相平行的钢制刀口导轨水平放置，将欲平衡的转子支承在预先调好水平的导轨上，转子不平衡时其质心必在重力矩作用下偏离回转轴线，转子将在导轨上滚动直到质心转到铅垂下方。显然应将平衡质量置于转子质心的相反方向，不断调整平衡质量的大小和向径值，直到转子在任何位置均可静止不动。

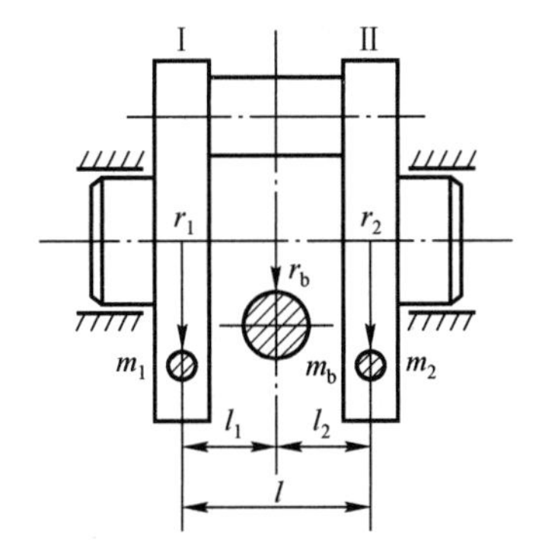

图 17.2　单缸曲轴的平衡

图 17.3　静平衡试验

此法简单可靠，精度也可满足一般生产要求，但效率较低。

17.3　回转件的动平衡

17.3.1　回转件的动平衡计算

有时受实际结构所限，不便在该回转面内增、减平衡质量，如图 17.2 所示单缸曲轴则需另选两个校正回转平面Ⅰ和Ⅱ，在两个校正平面内增加平衡质量，使回转体得到平衡。

由此可知：任一质径积都可用任意选定的两个校正回转平面Ⅰ、Ⅱ的两个质径积代替。若矢径不变，任一质量都可用任选的两个回转平面内的两个质量来代替。

现在我们来讨论轴向尺寸较大的回转体的平衡问题。这类构件如内燃机轴、机床主轴等，其质量不可能分布在同一回转平面内，但可以看作分布在垂直于轴线的若干个相互平行的回转平面内，各平行平面内的不平衡质量所产生的离心力就形成了空间力系。这类回转体虽然总质心处在回转轴上，满足静平衡条件，但是由于不平衡质量不在同一回转平面内，当其回转时各平行平面内的离心力就形成惯性力偶，仍然使其处于不平衡状态，即动不平衡，如图 17.4（a）所示。如何解决这个实际问题呢？下面我们就来分析一下各偏心质量位于不同平行平面内的回转体的平衡计算方法。

为使动不平衡的回转体达到完全平衡，必须满足如下条件：

$$\sum F_i = 0,\ \sum M_i = 0$$

即不仅使其各不平衡质量所产生的惯性力之和为零，而且要使这些惯性力所形成的惯性力偶矩之和也为零。满足上述条件的平衡称为动平衡。由于动平衡同时满足了静平衡条件，故达到动平衡的回转体一定是静平衡的，但满足静平衡的回转体不一定达到动平衡。

如图 17.4（a）所示回转体的不平衡质量分布在 1、2、3 三个回转平面内，其质量和向径分别为 m_1、m_2、m_3、r_1、r_2、r_3。当以角速度 ω 回转时，偏心质量所产生的离心惯性力及惯性力偶形成空间力系，为达到平衡，可选任意两个校正平面 T'、T''，将 m_1、m_2、m_3 向两平面内分解得：

$$m_1' = \frac{L_1''}{L} m_1,\ m_2' = \frac{L_2''}{L} m_2,\ m_3' = \frac{L_3''}{L} m_3$$

$$m_1'' = \frac{L_1'}{L} m_1,\ m_2'' = \frac{L_2'}{L} m_2,\ m_3'' = \frac{L_3'}{L} m_3$$

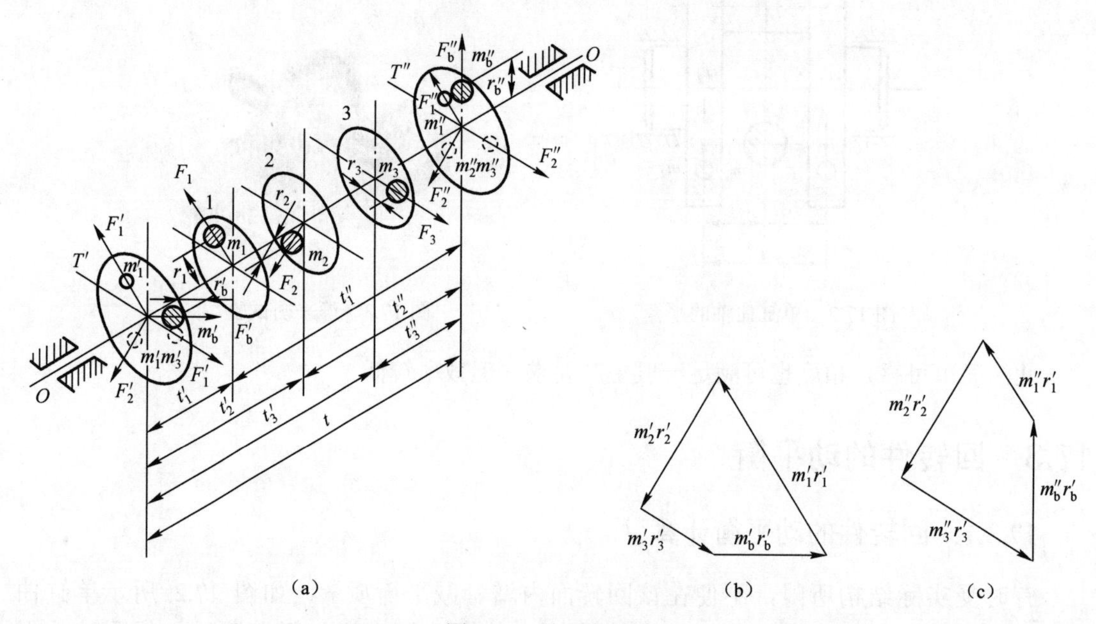

图 17.4　动平衡设计

这样，回转体的不平衡质量虽然分布在三个相互平行的回转平面 1、2、3 内，但完全可用集中在 T'、T''两平面内的相应不平衡质量所代换，它们所引起的不平衡完全相同。可分别在平面 T''、T''内，按质量分布在同一回转平面内的静平衡计算方法加以平衡。

对于平面 T'，列平衡方程：$m_1'r_1' + m_2'r_2' + m_3'r_3' + m_b'r_b' = 0$，作矢量图 17.4（b），求出 m_b'、r_b'，只要选定 r_b' 便可求出 m_b'。同理对于平面 T''，可得：$m_1''r_1' + m_2''r_2'' + m_3''r_3'' + m_b''r_b'' = 0$，作矢量图 17.4（c），求出 m_b''、r_b''，只要选定 r_b'' 便可求出 m_b''。

综上所述，任何一个回转构件，无论它的各不平衡质量实际分布如何，均可将其分解到任选的两个平面 T'和 T''上，只需在 T'、T''平面内各加一适当的平衡质量，即可使该回转体达到完全平衡。由此可见，至少有两个平衡平面才能使回转体达到动平衡。

17.3.2 回转件的动平衡试验

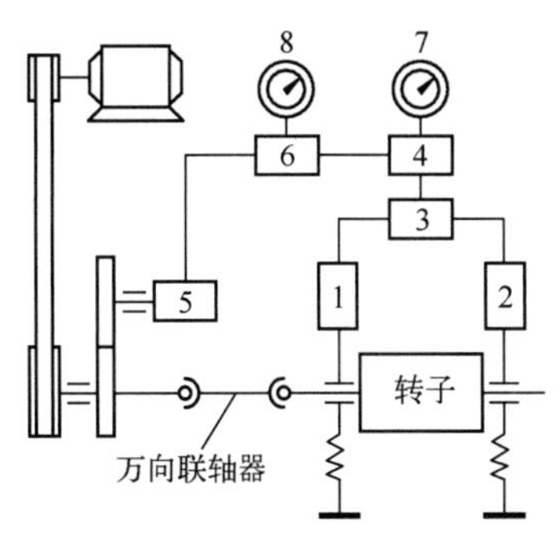

图 17.5 电测动平衡机原理示意图

与静平衡问题一样，通常也是用试验方法在动平衡机上完成动平衡的。动平衡机由驱动系统、工件的支承系统和不平衡测量系统三个主要部分组成，如图 17.5 所示，该图是电测动平衡机原理示意图。

一般用变速电机经皮带传动由联轴器与转子相连；不平衡测量系统把不平衡量引起的支承系统的振动参数，通过传感器 1、2 得到信号送到解算电路 3 进行处理，再经选频放大器 4 将信号放大后由指示器 7 显示不平衡量的大小。另外，由选频放大器放大后的信号与基准信号发生器 5 得到的信号一同送入鉴相器 6，经处理后由指示器 8 指示出不平衡的相位。

17.4 机械速度波动的调节

17.4.1 周期性速度波动的调节

机械在稳定运转阶段内工作，其速度有两种情况：一是做等速稳定运转；二是做周期性变速稳定运转。当机械做周期性变速稳定运转时，在一个周期内，驱动功等于阻力功，但在周期的每个瞬间，驱动功与阻力功两者并不相等；当驱动功大于阻力功时，动能增加，出现盈功；当驱动功小于阻力功时，动能减少，出现亏功。机械动能的增减引起速度的波动，这种速度波动称为周期性速度波动。

对于周期性速度波动，调节的主要方法是在机械中加入一个转动惯量很大的回转件——飞轮，以增加系统的转动惯量来减小速度变化的幅度。飞轮调速原理是：机械做变速稳定运转时，当驱动功大于阻力功出现盈功时，飞轮将多余的动能储存起来，以免原动件的转速增加太多；反之，当驱动功小于阻力功出现亏功时，飞轮将储存的动能释放出来，以使原动件的转速降低不大，这样可以减小机械运转速度变化的幅度。如图 17.6 所示，图中虚线表示未安装飞轮时的速度波动，实线表示安装飞轮后的速度波动。

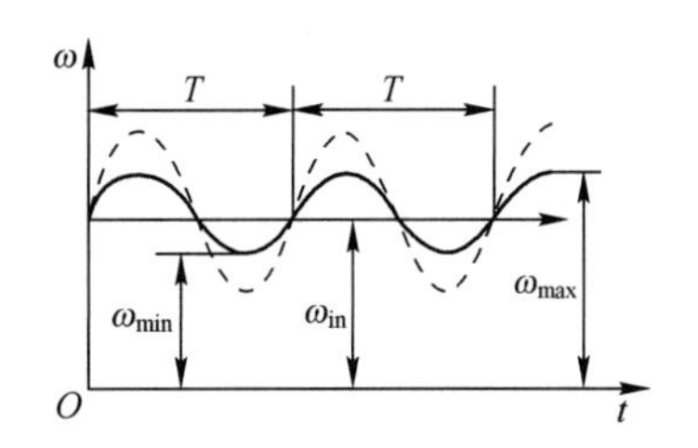

图 17.6 安装飞轮前后速度波动对比

17.4.2 非周期性速度波动

水轮机、汽轮机、燃气轮机和内燃机等与电动机不同，其输出的力矩不能自动适应本身的载荷变化，因而当载荷变动时，由它们驱动的机组就会失去稳定性。这类机组必须设置调速器，使其能随着载荷等条件变化，随时建立载荷与能源供给量之间的适应关系，以保证机组正常运转。

当外力（驱动力和阻力）的变化是随机的、不规则的、没有一定的周期性时，机械运转的速度也呈非周期性波动。当盈功过多时，速度可能变得太快；当亏功过多时，速度可能变得太慢。为此，必须调节驱动力做功和阻力做功的比值，此时飞轮已不能满足要求，只能采用特殊的装置使驱动力所做的功随阻力做功的变化而变化，并使两功趋于平衡，以使机械平稳运转，这种特殊的装置称为调速器。调速器的理论和设计问题，是机械动力学的研究内容。调速器的种类很多，其中应用最广泛的是机械式离心调速器，如图 17.7 所示。而以测速发电机或其他电子器件作为传感器的调速器，已在各个工业部门中广为应用。

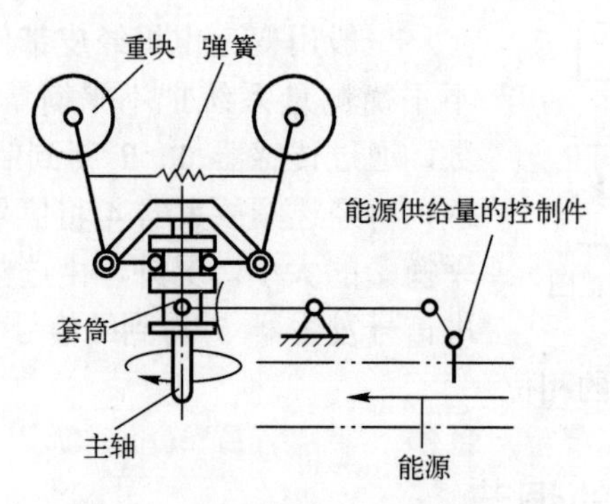

图 17.7　机械式离心式调速器原理图

习　题　17

17.1　机械平衡的目的是什么？

17.2　刚性回转件的静平衡和动平衡有何相同和不同？它们的平衡条件分别是什么？

17.3　为什么要进行平衡试验？

17.4　什么是速度波动？为什么机械运转时会产生速度波动？

17.5　飞轮的作用是什么？为什么飞轮要尽量安装在高速轴上？